工程监理细节100丛书

U1002107

混凝土工程监理细节100

李守巨 主编

中国建材工业出版社

图书在版编目(CIP)数据

混凝土工程监理细节100/李守巨主编.—北京:中国建材工业出版社,2007.1
(工程监理细节100丛书)
ISBN 978-7-80227-139-5

Ⅰ.混… Ⅱ.李… Ⅲ.混凝土施工-监督管理 Ⅳ.TU712

中国版本图书馆CIP数据核字(2006)第095139号

混凝土工程监理细节100
李守巨 主编

出版发行:中国建材工业出版社
地　　址:北京市西城区车公庄大街6号
邮　　编:100044
经　　销:全国各地新华书店
印　　刷:北京鑫正大印刷有限公司
开　　本:889mm×1194mm 1/16
印　　张:19
字　　数:382千字
版　　次:2007年1月第1版
印　　次:2007年1月第1次
定　　价:38.00元

网上书店:www.ecool100.com
本书如出现印装质量问题,由我社发行部负责调换。联系电话:(010)88386906

本书编委会

主　编　李守巨

副主编　上官子昌　李晓绯　白雅君

参　编　刘雅梅　王丽华　孙　博

李晓颖　闫景连　李国福

钱彭令　韩舒宁　王凤琴

江　潮　王怀斗　张光华

QIANYAN 前言

混凝土广泛用于各种工程建设项目，是目前我国乃至世界上用量最大的建筑结构材料。混凝土工程的质量，关系到建筑物及构筑物的结构安全，关系到千家万户的生命财产安全。

《混凝土结构工程施工质量验收规范》（GB 50204—2002）及其配套施工质量验收规范的颁布实施，大大促进了我国工程建设施工水平的发展。作为混凝土建设工程监理人员，必须努力学习新规范、新标准和新制度，以适应新形势对监理工作的要求。目前，混凝土工程监理方面的教材及参考书籍较少，为了更好地方便广大工程建设监理人员贯彻、理解、应用《混凝土结构工程施工质量验收规范》（GB 50204—2002）和相关工程质量验收规范，我们编写了这本《混凝土工程监理细节 100》。

本书着重介绍模板工程、钢筋工程、预应力工程、混凝土工程、现浇结构工程、装配式结构工程等的施工监理控制细节。可供从事混凝土监理人员与施工人员使用，也可作为相关专业师生的参考资料。

由于编写时间仓促，编者的经验和学识有限，加之当今我国建筑业施工水平的飞速发展，本书内容遗漏或不妥之处在所难免。敬请有关专家和广大读者予以批评指正。

编　者

2006 年 9 月

目　录　CONTENTS

HUNNINGTUGONGCHENGJIANLIXIJIE 100

目录 CONTENTS

1 模板工程

MOBANGONGCHENG

1.1 工程质量监理

1.1.1 施工监理要求

根据国家标准《混凝土结构工程施工质量验收规范》(GB 50204—2002)的规定，模板工程应遵守以下规定：

1. 模板及其支架应根据工程结构形式、荷载大小、地基土类别、施工设备和材料供应等条件进行设计。模板及其支架应具有足够的承载能力、刚度和稳定性，能可靠地承受浇筑混凝土的重量、侧压力以及施工荷载。

2. 在浇筑混凝土之前，应对模板工程进行验收。模板安装和浇筑混凝土时，应对模板及其支架进行观察和维护。发生异常情况时，应按施工技术方案及时进行处理。

3. 模板及其支架拆除的顺序及安全措施应按施工技术方案执行。

1.1.2 工程质量标准

1. 模板安装工程质量标准

(1) 主控项目(表 1-1)

表 1-1 主控项目内容及监理验收要求

项目内容	规范条款	监理验收要求	验收方法
模板支撑、立柱位置和垫板	第 4.2.1 条	安装现浇结构的上层模板及其支架时，下层楼板应具有承受上层荷载能力，或加设支架；上、下层支架的立柱应对准，并铺设垫板	检查数量：全数检查 检验方法：对照模板设计文件和施工技术方案观察
避免隔离剂沾污	第 4.2.2 条	在涂刷模板隔离剂时，不得沾污钢筋和混凝土接槎处	检查数量：全数检查 检验方法：观察

(2) 一般项目(表 1-2 ~ 表 1-5)

表 1-2　一般项目内容及监理验收要求

项目内容	规范条款	监理验收要求	验收方法
模板安装的一般要求	第 4.2.3 条	模板安装应满足下列要求： （1）模板的接缝不应漏浆；在浇筑混凝土前，木模板应浇水湿润，但模板内不应有积水； （2）模板与混凝土的接触面应清理干净并涂刷隔离剂，但不得采用影响结构性能或妨碍装饰工程施工的隔离剂； （3）浇筑混凝土前，模板内的杂物应清理干净； （4）对清水混凝土工程及装饰混凝土工程，应使用能达到设计效果的模板	检查数量：全数检查 检验方法：观察
用作模板地坪、模板质量	第 4.2.4 条	用作模板的地坪、胎模等应平整光洁，不得产生影响构件质量的下沉、裂缝、起砂或起鼓	检查数量：全数检查 检验方法：观察
模板起拱高度	第 4.2.5 条	对跨度不小于 4m 的现浇钢筋混凝土梁、板，其模板应按设计要求起拱；当设计无具体要求时，起拱高度宜为跨度的 1/1000 ~ 3/1000	检查数量：在同一检验批内，对梁，应抽查构件数量的 10%，且不少于 3 件；对板，应按有代表性的自然间抽查 10%，且不少于 3 间；对大空间结构，板可按纵、横轴线划分检查面，抽查 10%，且不少于 3 面 检验方法：水准仪或拉线、钢尺检查
预埋件、预留孔允许偏差	第 4.2.6 条	固定在模板上的预埋件、预留孔和预留洞均不得遗漏，且应安装牢固，其偏差应符合表 1－3的规定	检查数量：在同一检验批内，对梁、柱和独立基础，应抽查构件数量的 10%，且不少于 3 件；对墙和板，应按有代表性的自然间抽查 10%，且不少于 3 间；对大空间结构，墙可按相邻轴线间高度 5m 左右划分检查面，板可按纵横轴线划分检查面，抽查 10%，且均不少于 3 面 检验方法：钢尺检查
现浇结构模板安装允许偏差	第 4.2.7 条	现浇结构模板安装的偏差应符合表 1-4 的规定	检查数量：在同一检验批内，对梁、柱和独立基础，应抽查构件数量的 10%，且不少于 3 件；对墙和板，应按有代表性的自然间抽查 10%，且不少于 3 间；对大空间结构，墙可按相邻轴线间高度 5m 左右划分检查面，板可按纵、横轴线划分检查面，抽查 10%，且均不少于 3 面
预制构件模板安装允许偏差	第 4.2.8 条	预制构件模板安装的偏差应符合表 1-5 的规定	检查数量：首次使用及大修后的模板应全数检查；使用中的模板应定期检查，并根据使用情况不定期抽查

表 1-3　预埋件和预留孔洞的允许偏差

项目		允许偏差（mm）
预埋钢板中心线位置		3
预埋管、预留孔中心线位置		3
插　筋	中心线位置	5
	外露长度	+10.0
预埋螺栓	中心线位置	2
	外露长度	+10.0
预 留 洞	中心线位置	10
	尺寸	+10.0

注：检查中心线位置时，应沿纵、横两个方向量测，并取其中的较大值。

表 1-4　现浇结构模板安装的允许偏差及检验方法

项目		允许偏差（mm）	检验方法
轴线位置		5	钢尺检查
底模上表面标高		±5	水准仪或拉线、钢尺检查
截面内部尺寸	基础	±10	钢尺检查
	柱、墙、梁	+4，-5	钢尺检查
层高垂直度	不大于 5m	6	经纬仪或吊线、钢尺检查
	大于 5m	8	经纬仪或吊线、钢尺检查
相邻两板表面高低差		2	钢尺检查
表面平整度		5	2m 靠尺和塞尺检查

注：检查轴线位置时，应沿纵、横两个方向量测，并取其中的较大值。

表 1-5　预制构件模板安装的允许偏差及检验方法

项目		允许偏差（mm）	检验方法
长度	板、梁	±5	钢尺量两角边，取其中较大值
	薄腹梁、桁架	±10	
	柱	0，-10	
	墙板	0，-5	
宽度	板、墙板	0，-5	钢尺量一端及中部，取其中较大值
	梁、薄腹梁、桁架、柱	+2，-5	
高（厚）度	板	+2，-3	钢尺量一端及中部，取其中较大值
	墙板	0，-5	
	梁、薄腹梁、桁架、柱	+2，-5	
侧向弯曲	梁、板、柱	$l/1000$ 且≤15	拉线、钢尺量最大弯曲处
	墙板、薄腹梁、桁架	$l/1500$ 且≤15	
板的表面平整度		3	2m 靠尺和塞尺检查
相邻两板表面高低差		1	钢尺检查
对角线差	板	7	钢尺量两个对角线
	墙板	5	
翘曲	板、墙板	$l/1500$	调平尺在两端量测
设计起拱	薄腹梁、桁架、梁	±3	拉线、钢尺量跨中

注：l 为构件长度（mm）。

2. 模板拆除工程质量标准

(1) 主控项目(表1-6)

表1-6 主控项目内容及监理验收要求

项目内容	规范条款	监理验收要求	验收方法
底模及其支架拆除时的混凝土强度	第4.3.1条	底模及其支架拆除时的混凝土强度应符合设计要求;当设计无具体要求时,混凝土强度应符合表1-7的规定	检查数量:全数检查 检验方法:检查同条件养护试件强度试验报告
后张法预应力构件侧模和底模的拆除时间	第4.3.2条	对后张法预应力混凝土结构构件,侧模宜在预应力张拉前拆除;底模支架的拆除应按施工技术方案执行,当无具体要求时,不应在结构构件建立预应力前拆除	检查数量:全数检查 检验方法:观察
后浇带拆模和支顶	第4.3.3条	后浇带模板的拆除和支顶应按施工技术方案执行	检查数量:全数检查 检验方法:观察

表1-7 底模拆除时的混凝土强度要求

构件类型	构件跨度(m)	达到设计的混凝土立方体抗压强度标准值的百分率(%)
板	≤2	≥50
	>2,≤8	≥75
	>8	≥100
梁、拱、壳	≤8	≥75
	>8	≥100
悬臂构件	—	≥100

(2) 一般项目(表1-8)

表1-8 一般项目内容及监理验收要求

项目内容	规范条款	监理验收要求	验收方法
避免拆模损伤	第4.3.4条	侧模拆除时的混凝土强度应能保证其表面及棱角不受损伤	检查数量:全数检查 检验方法:观察
模板拆除、堆放和清运	第4.3.5条	模板拆除时,不应对楼层形成冲击荷载。拆除的模板和支架宜分散堆放并及时清运	检查数量:全数检查 检验方法:观察

1.2 施工监理控制细节

细节 组合小钢模板

(1) 钢模板

钢模板采用Q235钢材制成,钢板厚度2.5mm,对于宽度≥400mm的宽面钢模板的钢板厚度应采用2.75mm或3.0mm钢板。

钢模板主要包括平面模板、阴角模板、阳角模板、连接角模等，见表1-9。钢模板规格编码，见表1-10。

表1-9　钢模板的用途及规格

名称	图　示	用　途	宽度（mm）	长度（mm）	肋高（mm）
平面模板	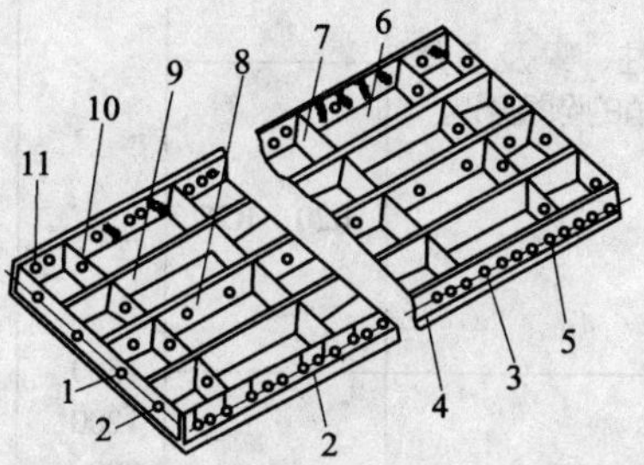 1—插销孔；2—U形卡孔；3—凸鼓；4—凸棱；5—边肋；6—主板；7—无孔横肋；8—有孔纵肋；9—无孔纵肋；10—有孔横肋；11—端肋	用于基础、墙体、梁、柱和板等多种结构的平面部位	600、550、500、450、400、350、300、250、200、150、100		
转角模板 阴角模板	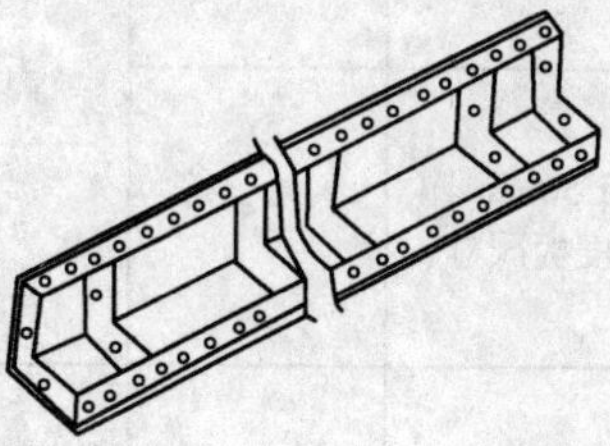	用于墙体和各种构件的内角及凹角的转角部位	150×150 100×150	1800 1500 1200 900 750 600 450	55
转角模板 阳角模板	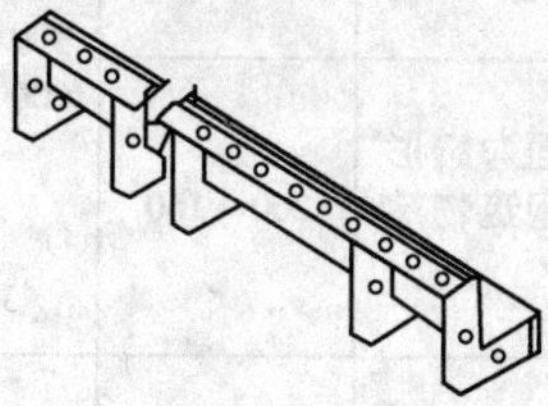	用于柱、梁及墙体等外角及凸角的转角部位	100×100 50×50		
转角模板 连接角模	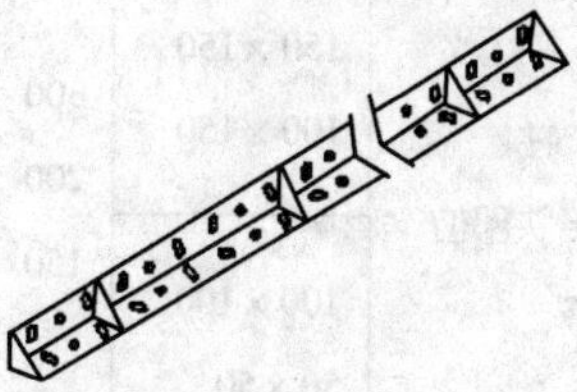	用于柱、梁及墙体等外角及凸角的转角部位	50×50		

续表

名称		图示	用途	宽度（mm）	长度（mm）	肋高（mm）
倒棱模板	角模棱板	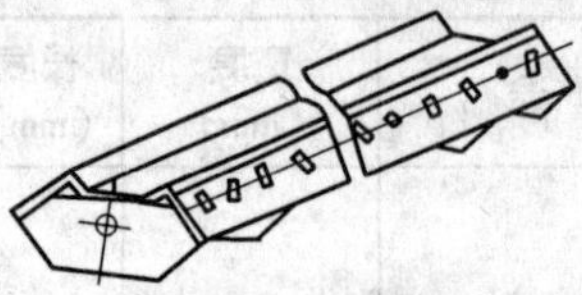	用于柱、梁及墙体等阳角的倒棱部位	17.45		
	圆模棱板	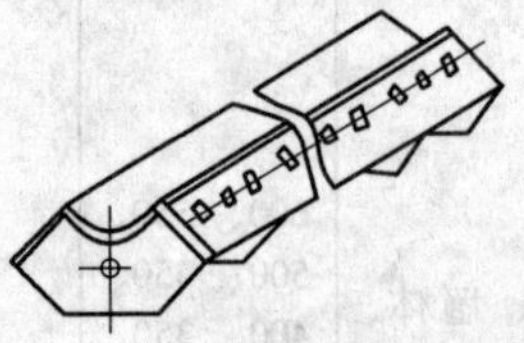		R20、R25		
梁腋模板		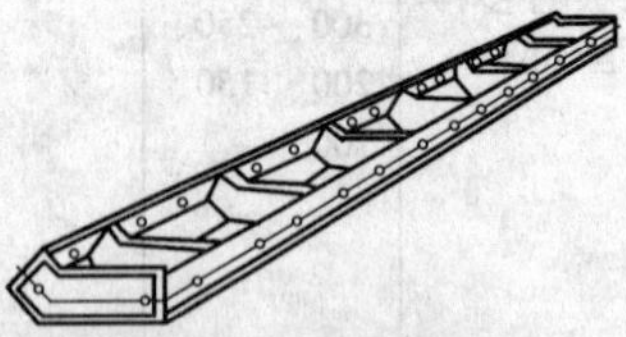	用于暗渠、明渠、沉箱及高架结构等梁腋部位	50×150 50×100	1500 1200 900 750 600 450	55
柔性模板		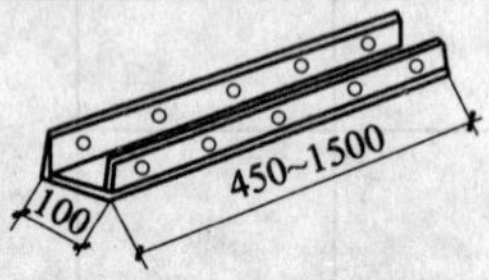	用于圆形筒壁、曲面墙体等部位	100		
搭接模板		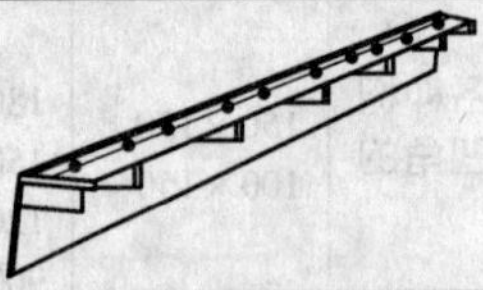	用于调节 50mm 以内的拼装模板尺寸	75		
可调模板	双曲	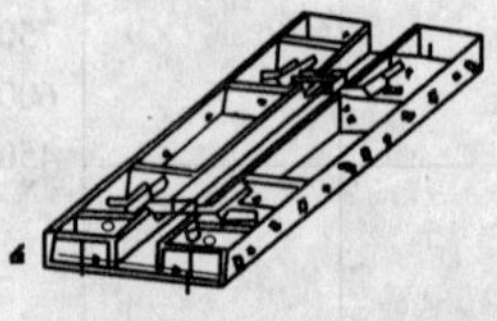	用于构筑物曲面部位	300～200	1500 900 600	55
	变角	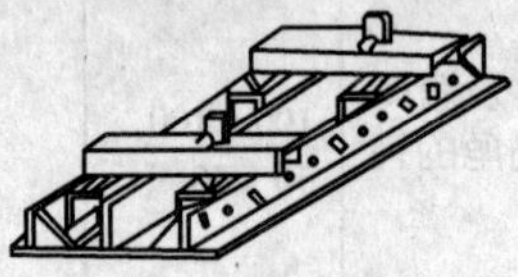	用于展开面为扇形或梯形的构筑物结构	200～160		
嵌补模板	平面嵌板	图略	用于梁、柱、板、墙等结构接头部位	200、150、100	300 200 150	55
	阴角嵌板			150×150 100×150		
	阳角嵌板			100×100 50×50		
	连接模板			50×50		

表 1-10　钢模板规格编码表（mm）

模板名称			模板长度													
			450		600		750		900		1200		1500		1800	
			代号	尺寸	代号	尺寸	代号	尺寸	代号	尺寸	代号	尺寸	代号	尺寸	代号	尺寸
平面模板代号P	宽度	600	P6004	600×450	P6006	600×600	P6007	600×750	P6009	600×900	P6012	600×1200	P6015	600×1500	P6018	600×1800
		550	P5504	550×450	P5506	550×600	P5507	550×750	P5509	550×900	P5512	550×1200	P5515	550×1500	P5518	550×1800
		500	P5004	500×450	P5506	500×600	P5007	500×750	P5009	500×900	P5012	500×1200	P5015	500×1500	P5018	500×1800
		450	P4504	450×450	P4506	450×600	P4507	450×750	P4509	450×900	P4512	450×1200	P4515	450×1500	P4518	450×1800
		400	P4004	400×450	P4006	400×600	P4007	400×750	P4009	400×900	P4012	400×1200	P4015	400×1500	P4018	400×1800
		350	P3504	350×450	P3506	350×600	P3507	350×750	P3509	350×900	P3512	350×1200	P3515	350×1500	P3518	350×1800
		300	P3004	300×450	P3006	300×600	P3007	300×750	P3009	300×900	P3012	300×1200	P3015	300×1500	P3018	300×1800
		250	P2504	250×450	P2506	250×600	P2507	250×750	P2509	250×900	P2512	250×1200	P2515	250×1500	P2518	250×1800
		200	P2004	200×450	P2006	200×600	P2007	200×750	P2009	200×900	P2012	200×1200	P2015	200×1500	P2018	200×1800
		150	P1504	150×450	P1506	150×600	P1507	150×750	P1509	150×900	P1512	150×1200	P1515	150×1500	P1518	150×1800
		100	P1004	100×450	P1006	100×600	P1007	100×750	P1009	100×900	P1012	100×1200	P1015	100×1500	P1018	100×1800
阴角模板（代号E）			E 1504	150×150×450	E 1506	150×600×600	E 1507	150×150×750	E 1509	150×150×900	E 1512	150×150×1200	E 1515	150×150×1500	E 1518	150×150×1800
			E 1004	100×150×450	E 1006	100×150×600	E 1007	100×150×750	E 1009	100×150×900	E 1012	100×150×1200	E 1015	100×150×1500	E 1018	100×150×1800
梁腋模板（代号IY）			IY 1004	100×50×450	IY 1006	100×50×600	IY 1007	100×50×750	IY 1009	100×50×900	IY 1012	100×50×1200	IY 1015	100×50×1500	IY 1018	100×50×1800
			IY 1504	150×50×450	IY 1506	150×50×600	IY 1507	150×50×750	IY 1509	150×50×900	IY 1512	150×50×1200	IY 1515	150×50×1500	IY 1518	150×50×1800
柔性模板（代号Z）			Z 1004	100×450	Z 1006	100×600	Z 1007	100×750	Z 1009	100×900	Z 1012	100×1200	Z 1015	100×1500	Z 1018	100×1800
搭接模板（代号D）			D 7504	75×450	D 7506	75×600	D 7507	75×750	D 7509	75×900	D 7512	75×1200	D 7515	75×1500	D 7518	75×1800
双曲可调模板（代号T）			—	—	T 3006	300×600	—	—	T 3009	300×900	—	—	T 3015	300×1500	T 3018	300×1800
			—	—	T 2006	200×600	—	—	T 2009	200×900	—	—	T 2015	200×1500	T 2018	200×1800
变角可调模板（代号B）			—	—	B 2006	200×600	—	—	B 2009	200×900	—	—	B 2015	200×1500	B 2018	200×1800
			—	—	B 1606	160×600	—	—	B 1609	160×900	—	—	B 1615	160×1500	B 1618	160×1800
阳角模板（代号Y）			Y 1004	100×100×450	Y 1006	100×100×600	Y 1007	100×100×750	Y 1009	100×100×900	Y 1012	100×100×1200	Y 1015	100×100×1500	Y 1018	100×100×1800
			Y 0504	50×50×450	Y 0506	50×50×600	Y 0507	50×50×750	Y 0509	50×50×900	Y 0512	50×50×1200	Y 0515	50×50×1500	Y 0518	50×50×1800
倒棱模板	角棱模板（代号JL）		JL 1704	17×450	JL 1706	17×600	JL 1707	17×750	JL 1709	17×900	JL 1712	17×1200	JL 1715	17×1500	JL 1718	17×1800
			JL 4504	45×450	JL 4506	45×600	JL 4507	45×750	JL 4509	45×900	JL 4512	45×1200	JL 4515	45×1500	JL 4518	45×1800
	圆棱模板（代号YL）		YL 2004	20×450	YL 2006	20×600	YL 2007	20×750	YL 2009	20×900	YL 2012	20×1200	YL 2015	20×1500	YL 2018	20×1800
			YL 3504	35×450	YL 3506	35×600	YL 3507	35×750	YL 3509	35×900	YL 3512	35×1200	YL 3515	35×1500	YL 3518	35×1800

（2）连接件

连接件由U形卡、L形插销、钩头螺栓、紧固螺栓、扣件、对拉螺栓等组成，见表1-11。

表1-11　连接件组成及用途

名称	图示	用途	规格	备注
U形卡	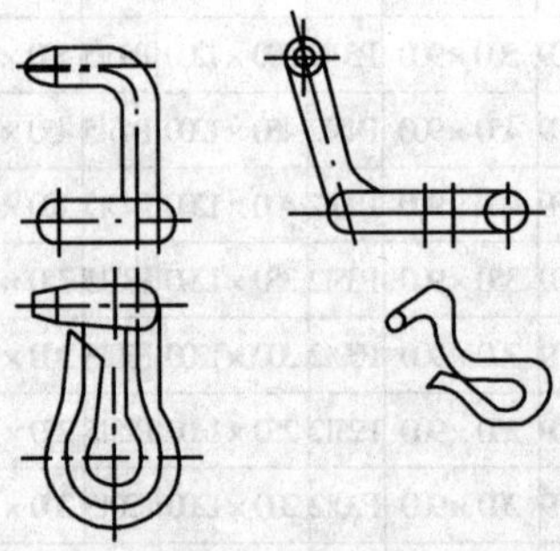	主要用于钢模板纵横向的自由拼接，将相邻钢模板夹紧固定	φ12	Q235圆钢
扣件　弓形扣件	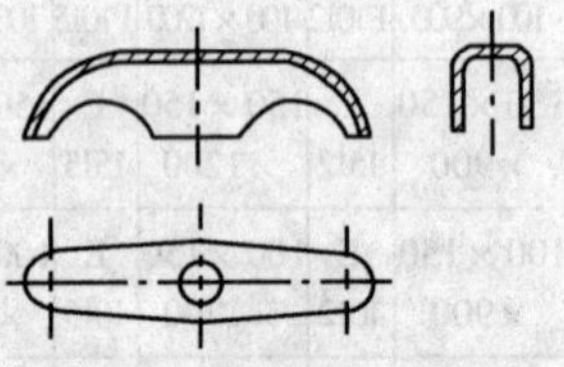	用于钢楞与钢模板或钢楞之间的紧固连接，与其他配件一起将钢模板拼装连接成整体，扣件应与相应的钢楞配套使用。按钢楞的不同形状，分别采用蝶形和弓形扣件，扣件的刚度与配套螺栓的强度相适应	26型 12型	
扣件　蝶形扣件	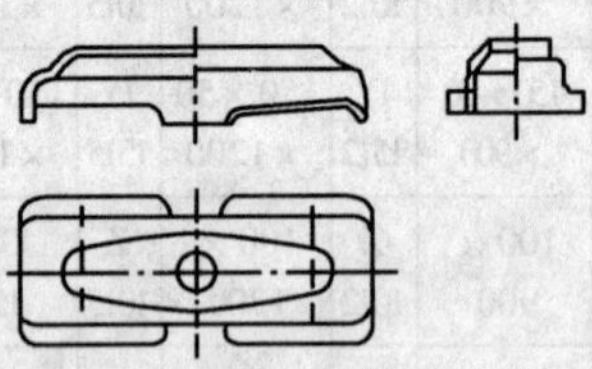		26型 18型	
L形插销	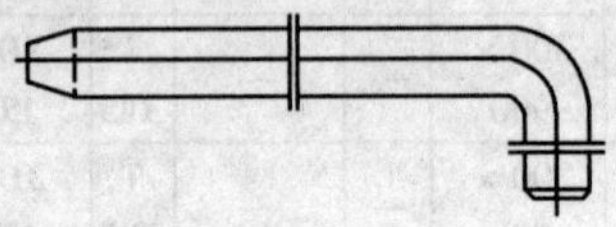	用来增强钢模板的纵向拼接刚度，保证接缝处板面平整	φ12，$l=345$	Q235钢板
钩头螺栓	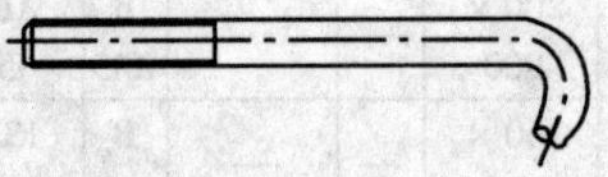	用于钢模板与内、外钢楞之间的连接固定	φ12，$l=205$、180	
紧固螺栓	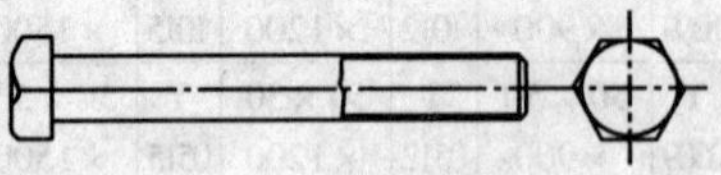	用于紧固内、外钢楞增强拼接模板的整体性	φ12，$l=180$	
对拉螺栓	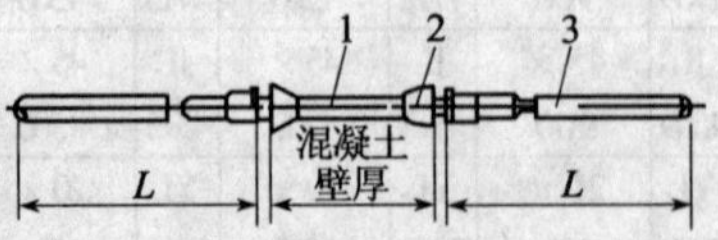 1—内拉杆；2—顶帽；3—外拉杆	用于拉结两竖向侧模板，保持两侧模板的间距，承受混凝土侧压力和其他荷载，确保模板有足够的强度和刚度	M12、M14、M16、T12、T14、T16、T18、T20	

对拉螺栓的规格和性能，见表1-12。扣件容件荷载见表1-13。

表1-12 对拉螺栓的规格和性能

螺栓直径（mm）	螺纹内径（mm）	净面积（mm^2）	容许拉力（kN）
M12	10.11	76	12.90
M14	11.84	105	17.80
M16	13.84	144	24.50
T12	9.50	71	12.05
T14	11.50	104	17.65
T16	13.50	143	24.27
T18	15.50	189	32.08
T20	17.50	241	40.91

表1-13 扣件容许荷载

项目	型号	容许荷载（kN）
蝶形扣件	26型	26
	18型	18
弓形扣件	26型	26
	12型	12

（3）支承件

1）钢楞

又称龙骨，主要用于支承钢模板并加强其整体刚度。钢楞的材料有Q235圆钢管、矩形钢管、内卷边槽钢、轻型槽钢、轧制槽钢等，可根据设计要求和供应条件选用。常用各种型钢钢楞的规格和力学性能，见表1-14。

表1-14 常用各种型钢钢楞的规格和力学性能

规格（mm）		截面积 A（cm^2）	重量（kg/m）	截面惯性矩 I（cm^4）	截面最小抵抗矩 W_x（cm^3）
圆钢管	ϕ48×3.0	4.24	3.33	10.78	4.49
	ϕ48×3.5	4.89	3.84	12.19	5.08
	ϕ51×3.5	5.22	4.10	14.81	5.81
矩形钢管	□60×40×2.5	4.57	3.59	21.88	7.29
	□80×40×2.0	4.52	3.55	37.13	9.28
	□100×50×3.0	8.64	6.78	112.12	22.42
轻型槽钢	[80×40×3.0	4.50	3.53	43.92	10.98
	[100×50×3.0	5.70	4.47	88.52	12.20
内卷边槽钢	[80×40×15×3.0	5.08	3.99	48.92	12.23
	[100×50×20×3.0	6.58	5.16	100.28	20.06
轧制槽钢	[80×43×5.0	10.24	8.04	101.30	25.30

2）柱箍

又称柱卡箍、定位夹箍，用于直接支承和夹紧各类柱模的支承件，可根据柱模的外形尺寸和侧压力的大小来选用（图1-1）。常用柱箍的规格和力学性能，见表1-15。

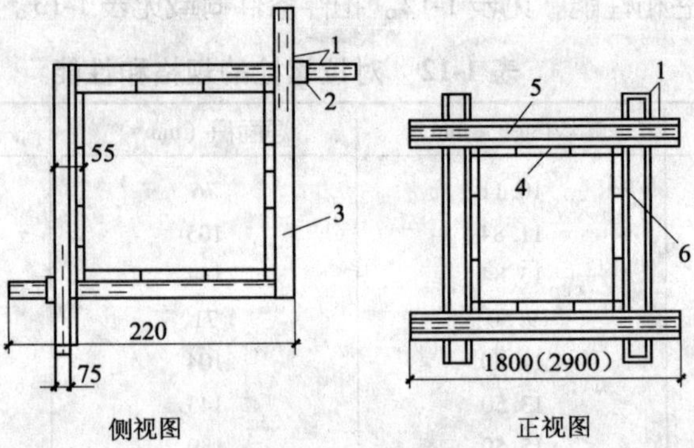

图 1-1　柱箍

1—插销；2—限位器；3—夹板；4—模板；5—型钢；6—型钢 B

表 1-15　常用柱箍的规格和力学性能

材料	规格（mm）	夹板长度（mm）	截面积 A（mm^2）	截面惯性矩 I_x（mm^4）	截面最小抵抗矩 W_x（mm^3）	适用柱宽范围（mm）
扁钢	-60×6	790	360	10.80×10^4	3.60×10^3	250～500
角钢	∟75×50×5	1068	613	34.86×10^4	6.83×10^3	250～750
轧制槽钢	[80×43×5 [100×48×5.3	1340 1380	1024 1074	101.30×10^4 198.30×10^4	25.30×10^3 39.70×10^3	500～1000 500～1200
钢管	ϕ48×3.5 ϕ51×3.5	1200 1200	489 522	12.19×10^4 14.81×10^4	5.08×10^3 5.81×10^3	300～700 300～700

注：采用 Q235 钢。

3）梁卡具

又称梁托架，是一种将大梁、过梁等钢模板夹紧固定的装置，并承受混凝土侧压力，其种类较多，其中钢管型梁卡具（图 1-2），适用于断面为 700mm×500mm 以内的梁；扁钢和圆钢管组合梁卡具（图 1-3），适用于断面为 600mm×500mm 以内的梁，上述两种梁卡具的高度和宽度都能调节。

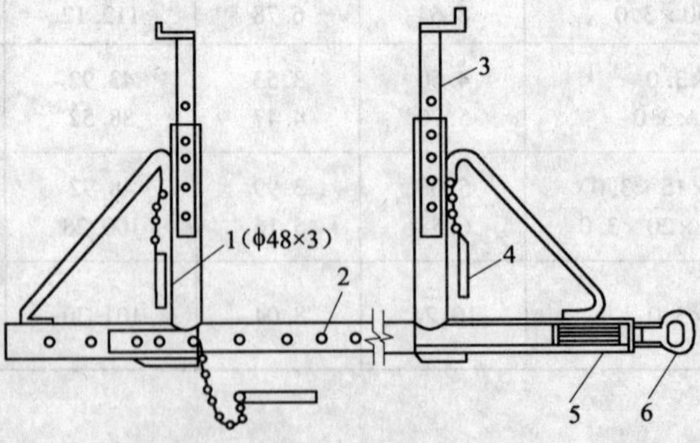

图 1-2　钢管型梁卡具

1—三角架；2—底座；3—调节杆；

4—插销；5—调节螺栓；6—钢筋环

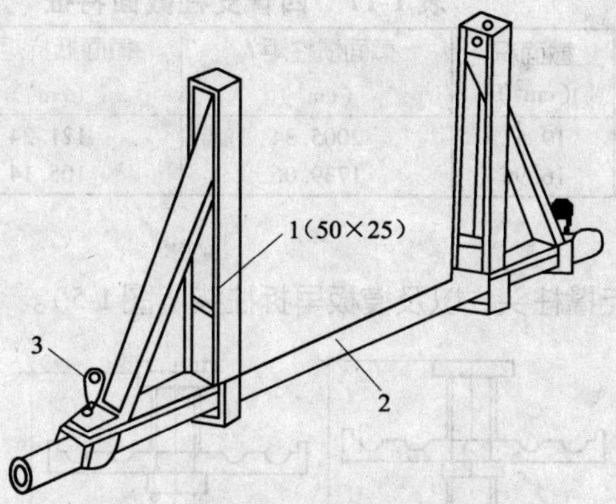

图 1-3 扁钢和圆钢管组合梁卡具

1—三角架；2—底座；3—固定螺栓

4）钢支柱

用于大梁、楼板等水平模板的垂直支撑，采用 Q235 钢管制作，有单管支柱和四管支柱多种形式（图 1-4）。单管支柱分 C—18 型、C—22 型和 C—27 型三种，其规格（长度）分别为 1812 ~ 3112mm、2212 ~ 3512mm 和 2712 ~ 4012mm。单管钢支柱的截面特征见表 1-16，四管支柱截面特征见表 1-17。

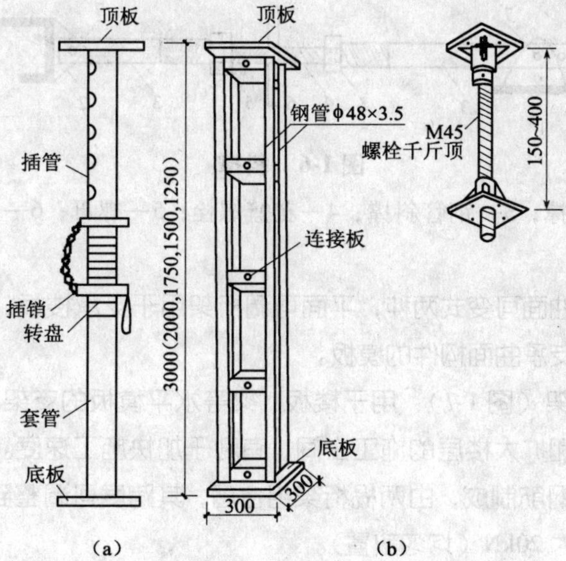

图 1-4 钢支柱

（a）单管支柱；（b）四管支柱

表 1-16 单管钢支柱截面特征

类型	项目	直径（mm）		壁厚（mm）	截面积（cm^2）	截面惯性矩 I_x（cm^4）	回转半径 r（cm）
		外径	内径				
CH	插管	48	43	2.5	3.57	9.28	1.16
	套管	60	55	2.5	4.52	18.70	2.03
YJ	插管	48	41	3.5	4.89	12.19	1.58
	套管	60	53	3.5	6.21	24.88	2.00

表 1-17　四管支柱截面特征

管柱规格（mm）	四管中心距（mm）	截面积（cm^2）	截面惯性矩 I_x（cm^4）	截面抵抗矩 W_x（cm^3）	回转半径 r（cm）
ϕ48 × 3.5	200	19.57	2005.34	121.24	10.12
ϕ48 × 3.0	200	16.96	1739.06	105.14	10.13

5）早拆柱头

用于梁和模板的支撑柱头，以及模板早拆柱头（图 1-5）。

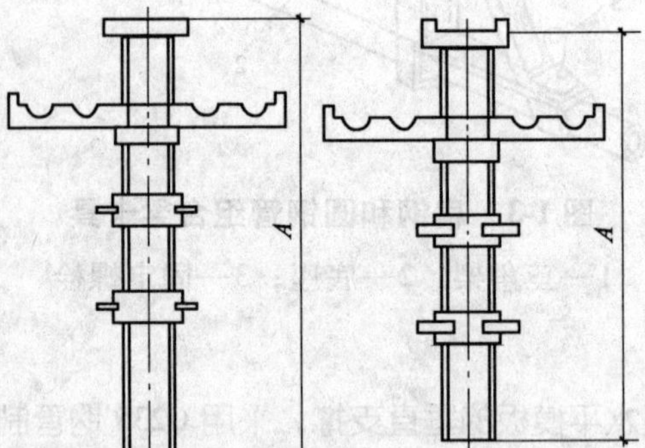

图 1-5　螺旋式早拆柱头

6）斜撑

用于承受单侧模板的侧向荷载和调整竖向支模的垂直度（图 1-6）。

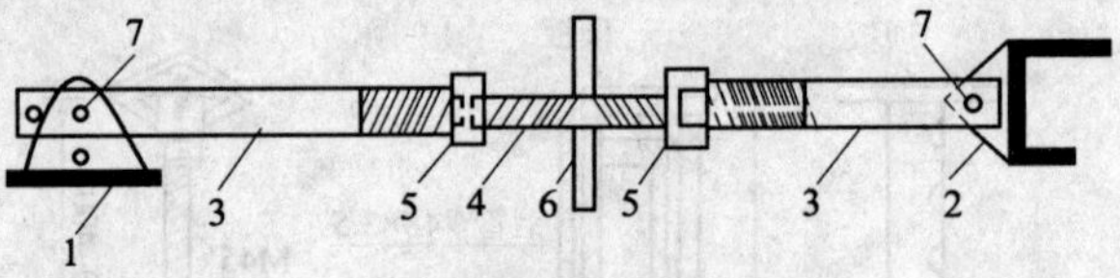

图 1-6　斜撑

1—底座；2—顶撑；3—钢管斜撑；4—花篮螺栓；5—螺母；6—旋杆；7—销钉

7）桁架

有平面可调和曲面可变式两种，平面可调桁架用于支承楼板、梁平面构件的模板，曲面可变桁架支承曲面构件的模板。

①平面可调桁架（图 1-7）：用于楼板、梁等水平模板的支架。用它支设模板，可以节省模板支撑和扩大楼层的施工空间，有利于加快施工速度。平面可调桁架采用角钢、扁钢和圆钢筋制成，由两榀桁架组合后，其跨度可调整到 2100 ~ 3500mm，一个桁架的承载力为 20kN（均匀放置）。

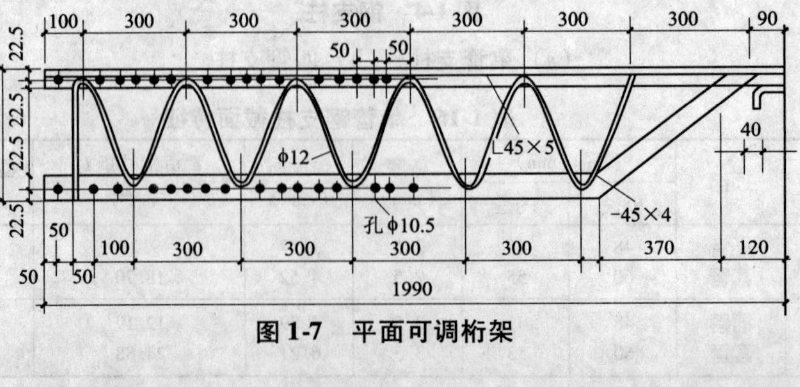

图 1-7　平面可调桁架

②曲面可变桁架（图1-8）：曲面可变桁架由桁架、连接件、垫板、连接板、方垫块等组成。适用于筒仓、沉井、圆形基础、明渠、暗渠、水坝、桥墩、挡土墙等曲面构筑物模板的支撑。

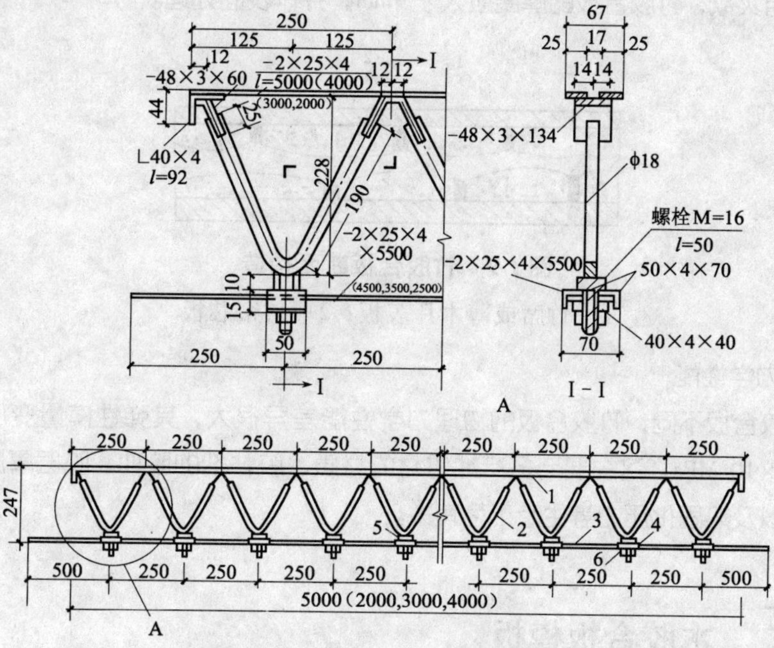

图1-8　曲面可变桁架示意图

1—内弦；2—腹肋；3—外弦；4—连接件；5—螺栓；6—方垫块

桁架的截面特征，见表1-18。

表1-18　桁架截面特征

项目	杆件名称	杆件规格（mm）	截面积 A（cm^2）	杆件长度 l（mm）	惯性矩 I_x（cm^3）	回转半径 r（cm）
平面可调桁架	上弦杆	∟63×6	7.2	600	27.19	1.94
	下弦杆	∟63×6	7.2	1200	27.19	1.94
	腹杆	∟36×4	2.72	876	3.3	1.1
		∟36×4	2.72	639	3.3	1.1
曲面可变桁架	内外弦杆	25×4	2×1=2	250	4.93	1.57
	腹杆	ϕ18	2.54	277	0.52	0.45

细节　竹胶合板模板

（1）尺寸及构造

混凝土模板用的竹胶合板（图1-9），其面板与芯板做法不同。芯板通常为竹帘单板，做法是将竹子内肉部分劈成竹条，宽度为14～17mm，厚度为3～5mm，在软化池中进行高温软化处理后，作烤青、烤黄、去竹衣及干燥等进一步处理。竹帘的编织可用人工或编织机编织。

采用覆木竹胶合板，即芯板仍用竹帘单板，但表板采用木单板。这种品种胶合板，既利用了竹材资源，又兼有木胶合板的表面平整度，利于进行表面处理，进而提高竹胶合板的质量。混凝土模板用竹胶合板的厚度常为9mm、12mm、15mm，为增加周转使用次数，竹胶合板的厚度应大于9mm，并作表面处理。

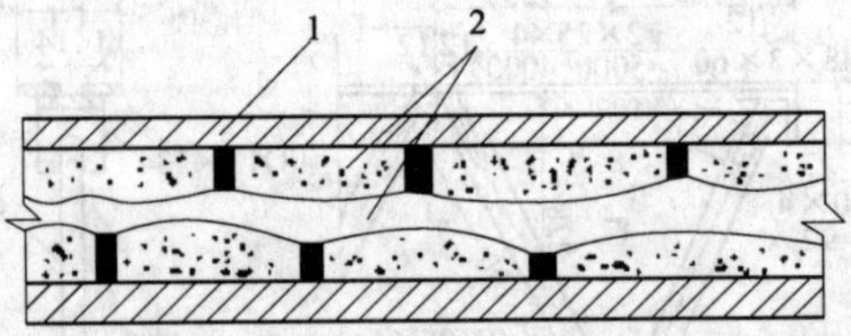

图1-9　竹胶合板断面构造

1—竹席或薄木片表板；2—竹帘芯板

（2）力学性能

与木胶合板不同，竹胶合板的物理力学性能差异很大，其弹性模量变化范围为（2～10）$\times 10^3$MPa。这主要与各产地竹材的材质、胶粘剂的胶种、胶层厚度、涂胶均匀程度以及热固化压力等生产工艺有关。

细节　木胶合板模板

（1）木胶合板规格与尺寸

模板用的木胶合板通常由5、7、9、11层等奇数层单板经热压固化而胶合成形。相邻层的纹理方向相互垂直，通常最外层表板的纹理方向和胶合板板面的长向平行（图1-10），因此，整张胶合板的长向为强方向，短向为弱方向，使用时必须加以注意。

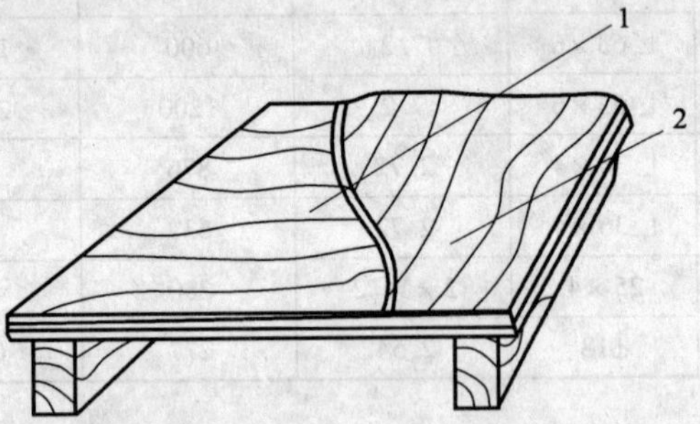

图1-10　木胶合板纹理方向与使用

1—表板；2—芯板

模板用木胶合板的幅面尺寸，一般宽度为1200mm左右，长度为2400mm左右，厚约12～18mm。

（2）胶合性能

模板用胶合板的胶粘剂主要是酚醛树脂。此类胶粘剂胶合强度高，耐水、耐热、耐腐蚀等性能良好，其突出的是耐沸水性能及耐久性优异。

GB/T 17656 对混凝土模板用木胶合板的胶合强度做了规定（表 1-19），其中对不同树种胶合板的胶合强度，应符合最低的树种指标值。

表 1-19　模板用胶合板的胶合强度指标值

树　　种	胶合强度（单个试件指标值）（N/mm^2）
桦木	≥1.00
克隆、阿必东、马尾松、云南松、荷木、枫香	≥0.80
柳桉、拟赤杨	≥0.70

施工单位购买混凝土模板用胶合板时，首先要判别是否属于 I 类胶合板，即判别该批胶合板是否采用了酚醛树脂胶或其他性能相当的胶粘剂。受试验条件限制，不能做胶合强度试验时，可以用沸水煮小块试件快速简单判别。方法是从胶合板上锯截下 20mm 见方的小块，放在沸水中煮 0.5～1h。用酚醛树脂作为胶粘剂的试件煮后不会脱胶，而用脲醛树脂作为胶粘剂的试件煮后脱胶。

（3）承载能力

木胶合板的承载能力与胶合板的厚度、静弯曲强度以及弹性模量有关。表 1-20 列出 GB/T 17656 中模板用胶合板的纵向弯曲强度、弹性模量指标值。由于生产胶合板的树种及产地各异，胶合板的静弯曲强度以及弹性模量值不稳定，表 1-19 中的两项指标值目前仅作指导生产厂用，不作为使用单位对胶合板的考核指标。

表 1-20　模板用胶合板纵向弯曲强度和弹性模量指标值

树　　种	弹性模量（MPa）	静弯曲强度（MPa）
柳桉	3.5×10^3	25
马尾松、云南松、落叶松	4.0×10^3	30
桦木、克隆、阿必东	4.5×10^3	35

施工单位若需要应对所购置的胶合板进行测试，以确定其静弯曲强度和弹性模量。

细节　压型钢板模板

压型钢板模板，是采用镀锌或经防腐处理的薄钢板，经成型机冷轧成具有梯波形截面的槽形钢板或开口式方盒状钢壳的一种工程模板材料。多用于钢结构现浇混凝土楼板工程，亦可用于现浇混凝土结构。

（1）压型钢板材料

1）压型钢板一般采用 0.75～1.6mm 厚的 Q235 薄钢板冷轧制而成。用于组合板的压型钢板，其净厚度（不包括镀锌层或饰面层的厚度）不小于 0.75mm。

2）用于组合板和非组合板的压型钢板，均应采用镀锌钢板。用作组合板的压型钢板，其镀锌厚度尚应满足在使用期间不致锈蚀的要求。

3）压型钢板与钢梁采用栓钉连接的栓钉钢材，一般与其连接的钢梁材质相同。

（2）压型钢板规格

其截面一般为梯波形，其规格一般为：板厚 0.75 ~ 1.6mm，最厚达 3.2mm；板宽 610 ~ 760mm，最宽达 1200mm；板肋高 35 ~ 120mm，最高达 160mm，肋宽 52 ~ 100mm；板的跨度从 1500 ~ 4000mm，最经济的跨度为 2000 ~ 3000mm，最大跨度达 12000mm。板的重量 9.6 ~ 38kg/m²。

细节　定型模板连接工具

定型模板的连接除木模采用螺栓与圆钉外，一般采用 U 形卡、L 形插销、钩头螺栓、对拉螺栓、坚固螺栓和扣件等（表 1-21）。

表 1-21　定型模板连接工具

连接工具	用　途	图　示
U 形卡	用于钢模纵横向自由拼接。相邻模板的 U 形卡安装间距一般不大于 300mm，即每隔一孔卡插一个	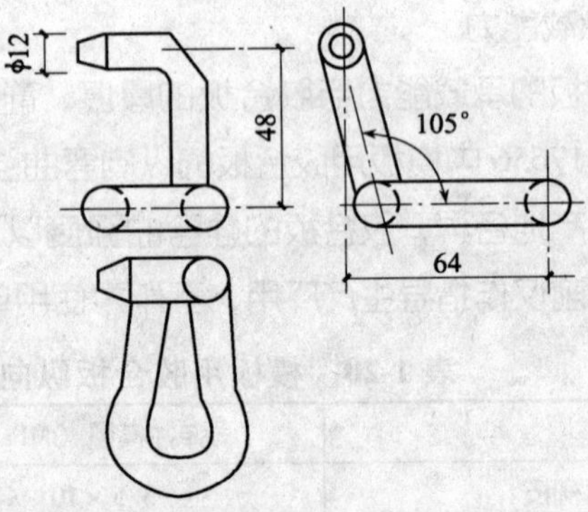
L 形插销	用来插入钢模板端部横肋的插销孔内，以增强两相邻模板接头处的刚度和保证接头处板面平整	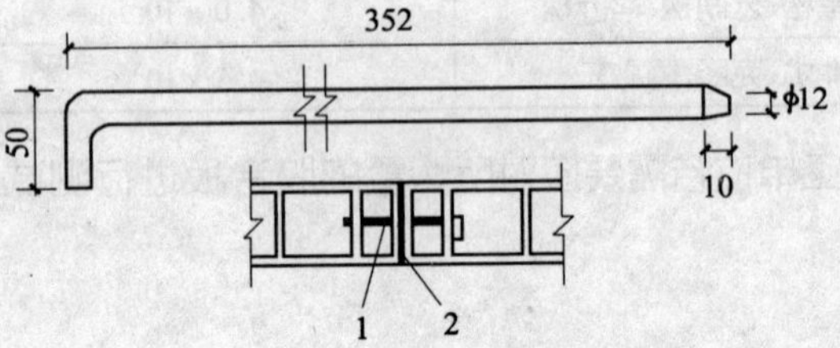 1—L 形插销；2—模板端部
钩头螺栓	用于钢模板与内外钢楞的连接固定。安装间距一般不大于 600mm。长度应与采用的钢楞尺寸相适应	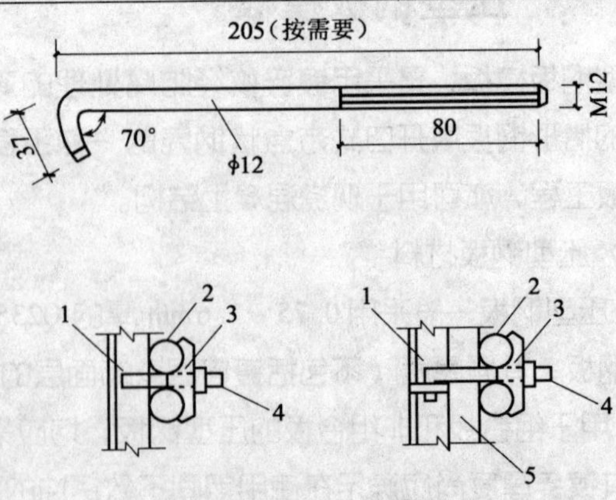 1—模板；2—横楞；3—3 型扣件；4—钩头螺栓；5—直楞

续表

连接工具	用途	图示
紧固螺栓	用于紧固内外钢楞，长度应与采用的钢楞尺寸相适应	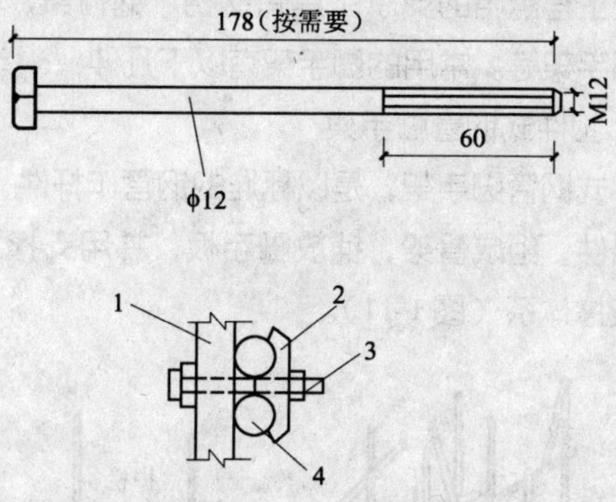 1—直楞；2—3 型扣件；3—紧固螺栓；4—横楞
对拉螺栓	用于连接墙壁两侧模板，对拉装置的种类和规格尺寸，可按设计要求和供应条件选用。螺栓粗细应保证安全承受混凝土的侧压力	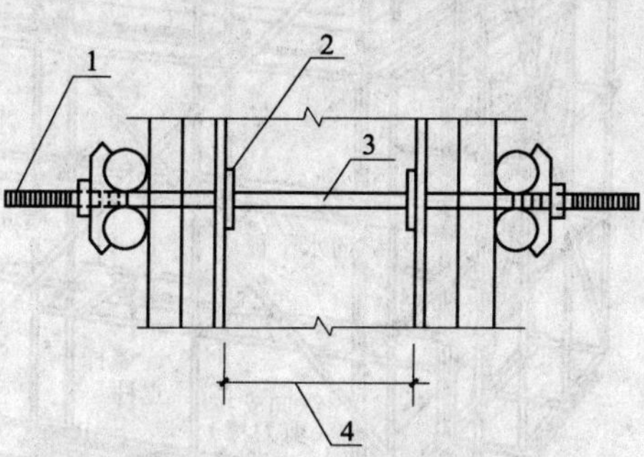 1—M12 对拉螺栓；2—钢板撑头；3—ϕ12；4—混凝土墙壁厚
扣件	用于钢楞与钢模板或钢楞之间的扣紧。扣件分大小两种，与钢楞配套使用，按钢楞的不同形状，分别采用蝶形扣件和 3 形扣件。扣件的刚度与配套螺栓的强度相适应	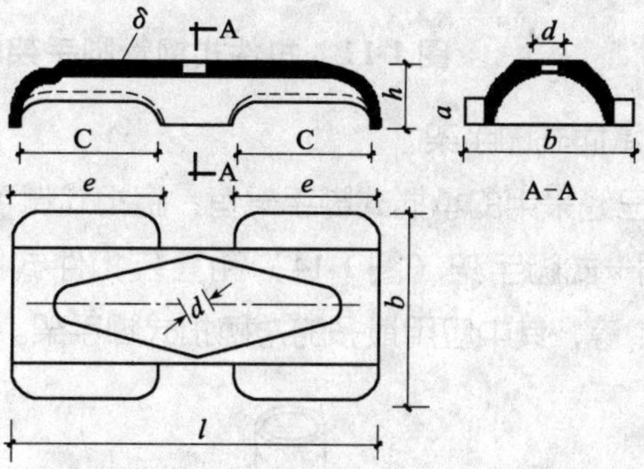 （a） 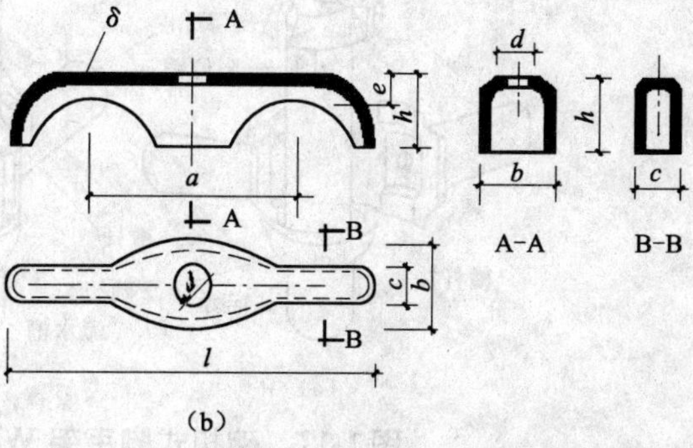 （b） （a）蝶形扣件示意图；（b）3 形扣件示意图

细节　支承工具

模板工程常用的支承工具有钢楞、钢桁架、钢筋托具、钢管卡具、柱箍、钢管架以及脚手架等。常用的脚手架有以下几种：

（1）扣件式钢管脚手架

扣件式钢管脚手架，是以标准的钢管作杆件（立杆、横杆与斜杆），以特制的扣件作连接件，组成骨架，铺放脚手板，并用支撑与防护构配件搭设而成的多用途的脚手架支撑体系（图1-11）。

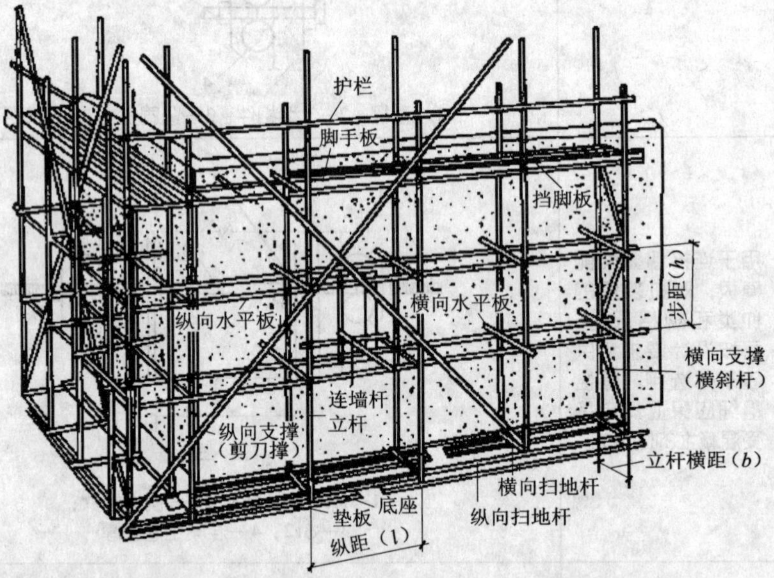

图1-11　扣件式钢管脚手架的组成示意图

（2）承插式脚手架

我国已经采用的承插式脚手架有：碗扣式脚手架（图1-12）、楔紧式脚手架（图1-13）、插卡式脚手架（图1-14）和套装扣件式脚手架（图1-15）、卡板式脚手架（图1-16）等，其中应用最多的为碗扣式脚手架。

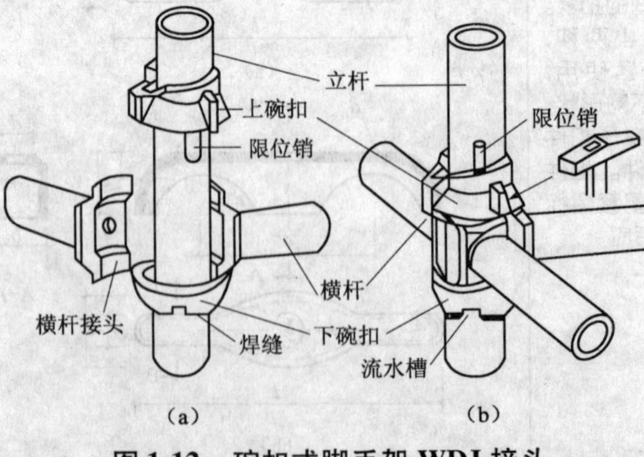

图1-12　碗扣式脚手架WDJ接头

（a）连接前；（b）连接后

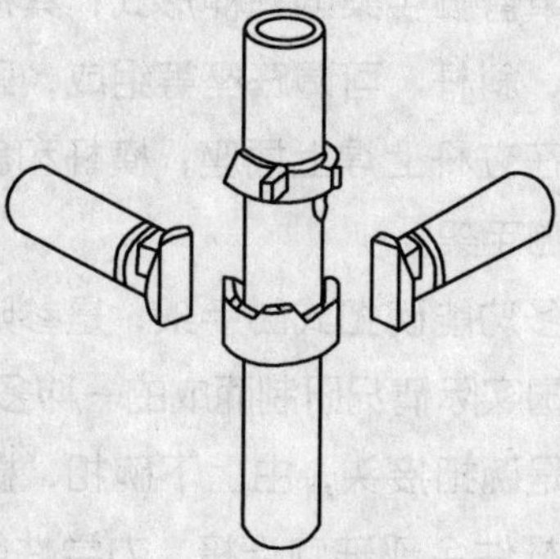

图 1-13　楔紧式脚手架接头示意图

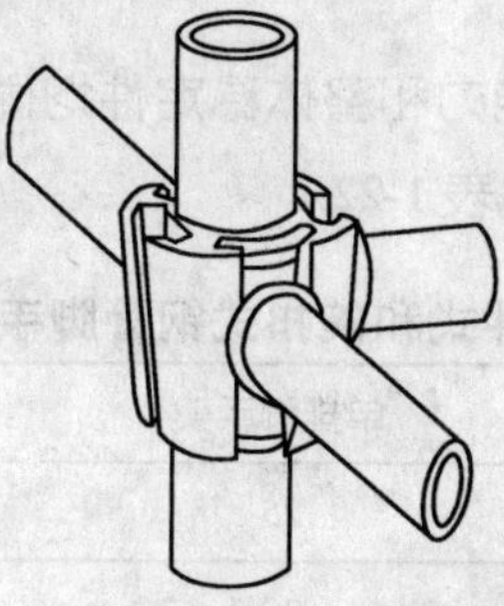

图 1-14　插卡式脚手架接头示意图

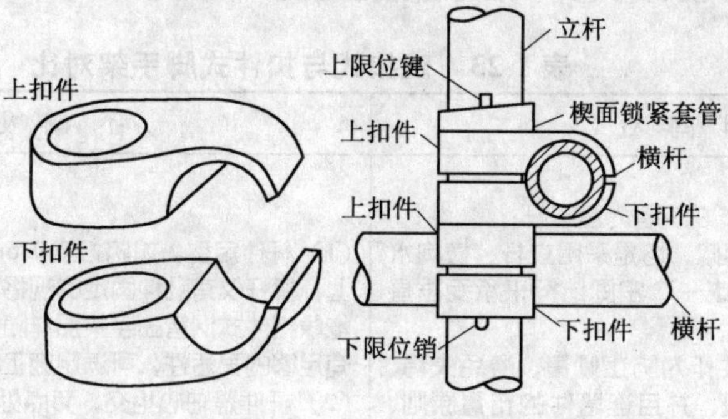

图 1-15　套装扣件式脚手架接头示意图

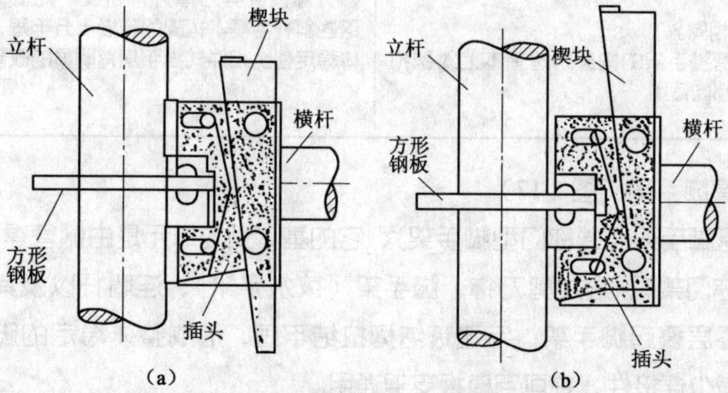

图 1-16　卡板式脚手架接头示意图

（a）松开楔板；（b）打入楔板

碗扣式脚手架是承插式单管脚手架的一种形式，其构造与扣件式钢管脚手架基本相同，主要由立杆、横杆、斜杆、可调底座等组成，只是立杆与横杆、斜杆之间的连接不是采用扣件，而是在立杆上焊上插座，横杆和斜杆上焊上插头，利用插头插入插座，拼成多种尺寸的脚手架。

碗扣式钢管脚手架或称多功能碗扣式脚手架，是参照国外同类型脚手架中先进接头和配件的构造，结合我国实际情况研制而成的一种多功能钢管脚手架。

这种脚手架的核心部件是碗扣接头，由上下碗扣、横杆接头和上碗扣的限位销等组成。它具有结构简单，杆件全部轴向连接，力学性能好，接头构造合理，工作安全可靠，拆装方便，操作容易，构件自重轻，作业强度低，零部件少，损耗率低，功能多等优点。

由于碗扣式脚手架的承载能力和整体稳定性均优于扣件式脚手架，故其允许搭设高度亦比扣件式脚手架高，见表1-22。

表1-22　扣件式和碗扣式钢管脚手架允许搭设高度（m）

脚手架种类	单排脚手架	双排脚手架
扣件式钢管脚手架	25	50
碗扣式钢管脚手架	30	60

碗扣式脚手架与扣件式脚手架的对比可见表1-23。

表1-23　碗扣式与扣件式脚手架对比

相　同　处	不　同　处
（1）均采用 $\phi48\times3.5$ 的钢管为基本杆； （2）在构架形式上相似，均是采用立杆、横向水平杆、纵向水平杆组成一个空间结构来承受垂直荷载； （3）均是采用连墙件作为防止倾覆、避免失稳、传递水平荷载的手段，并且连墙件的布置原则、构造做法也是相同的； （4）施工操作时，两种脚手架的搭设顺序和拆除顺序相同； （5）使用范围相同。 所以扣件式钢管脚手架的构架原理基本上对碗扣式钢管脚手架都能适用	（1）杆件定型。如碗扣按0.6m的间距固定于立杆上；横杆仅有几种固定的规格，故在构架尺寸上不能像扣件式钢管脚手架那样随意，但经适当组合仍有足够的灵活性，可满足施工的需要； （2）杆件是轴心相交，节点处为紧固式承插接头。由于接头构造合理，结构受力性能好，比扣件式钢管脚手架具有更强的承载能力； （3）除设置剪刀撑外，还按一定要求设置斜杆。这些斜杆与基本构架的连接十分牢固，因而使其整体稳定性比扣件式脚手架有明显的改善和提高

（3）门式钢管脚手架（图1-17）

门式钢管脚手架（简称门型脚手架），它的基本受力单元是由钢管焊接而成的门型钢架（简称门架），通过剪刀撑、脚手架（或水平梁）、连墙杆以及其加连接杆、配件组装的逐层叠起脚手架，与建筑结构拉结牢固，形成整体稳定的脚手架结构，其特点是可减少连接件，并可与模板支架通用。

这种脚手架搭设高度一般限制在35m以内，采取一定加固措施后可达60m左右。架高在40～60m范围内，结构架可一层同时操作，装修架可二层操作；架高在19～

38m 范围内，结构架可二层同时操作，装修架可三层同时作业；架高 17m 以下，结构架可三层同时作业，装修架可四层同时作业。

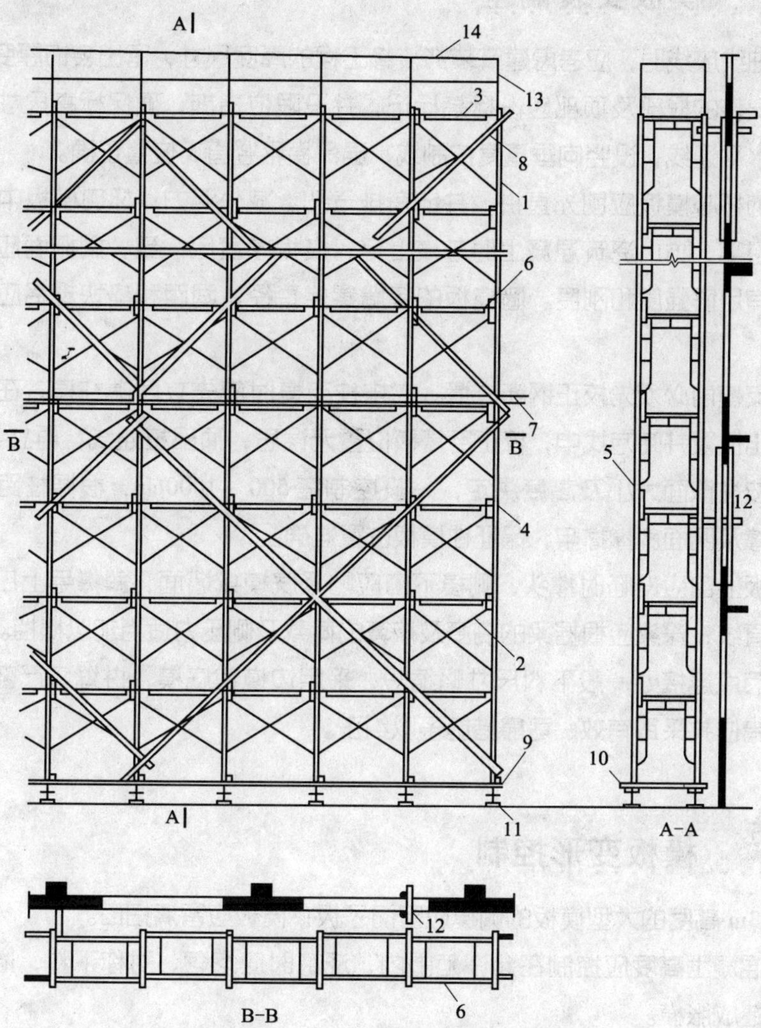

图 1-17　门式钢管脚手架的组成

1—门架；2—交叉支撑；3—挂扣式脚手板；4—连接棒；5—锁臂；6—水平架；7—水平加固杆；8—剪刀撑；9—扫地杆；10—封口杆；11—可调底座；12—连墙杆；13—栏杆柱；14—栏杆扶手

施工荷载限定为：均布荷载结构架 3.0kN/m^2，装修架 2.0kN/m^2，架上不应走手推车。

细节　模板安装准备

模板安装应按编制的模板设计文件和施工技术方案施工。在浇筑混凝土前，应对模板工程进行验收。模板安装和浇筑混凝土时，应检查和维护模板及其支架，发现异常情况时，应按施工技术方案及时进行处理。

细节 模板安装偏差

模板轴线放线时，应考虑建筑装饰装修工程的厚度尺寸，留出装饰厚度。

模板安装的根部及顶部应设标高标记，并设限位措施，确保标高尺寸准确。支模时应拉水平通线，设竖向垂直度控制线，确保横平竖直，位置正确。

基础的杯芯模板应刨光直拼，并钻有排气孔。减少浮力；杯口模板中心线应准确，模板钉牢，防止浇筑混凝土时芯模上浮；模板厚度应一致，搁栅面应平整，搁栅木料要有足够强度和刚度。墙模板的穿墙螺栓直径、间距和垫块规格应符合设计要求。

柱子支模前必须先校正钢筋位置。成排柱支模时应先立两端柱模，在底部弹出通线，定出位置并兜方找中，校正与复核位置无误后，顶部拉通线，再立中间柱模。柱箍间距按柱截面大小及高度决定，一般控制在500～1000cm，根据柱距选用剪刀撑、水平撑及四面斜撑撑牢，保证柱模板位置准确。

梁模板上口应设临时撑头，侧模下口应贴紧底模或墙面，斜撑与上口钉牢，保持上口呈直线；深梁应根据梁的高度及核算的荷载及侧压力适当加以横挡。

梁柱节点连接处一般下料尺寸略缩短，采用边模包底模，拼缝应严密，支撑牢靠，及时错位并采取有效、可靠措施予以纠正。

细节 模板变形控制

超过3m高度的大型模板的侧模应留门子板；模板应留清扫口。

浇筑混凝土高度应控制在允许范围内，浇筑时应均匀、对称下料，避免局部侧压力过大造成胀模。

控制模板起拱高度，消除在施工中因结构自重、施工荷载作用引起的挠度。对跨度不小于4m的现浇钢筋混凝土梁、板，其模板应按设计要求起拱；当设计无具体要求时，起拱高度宜为跨度的1/1000～3/1000。

细节 木胶合板模板安装

木胶合板是一组单板（薄木片）按相邻层木纹方向相互垂直组坯相互胶合成的板材。其表板和内层板对称配置在中心层或板芯的两层。混凝土模板用的木胶合板属具有高耐气候性、耐水性的工类胶合板，胶合剂为酚醛树脂胶。

（1）木胶合板用作混凝土模板具有的特点

1）板幅大，板面平整。既可减少安装工作量，节省现场人工费用，又可减少混凝土外露表面的装饰及磨棱接缝的费用；

2）承载能力大，特别是经表面处理后耐磨性好，能多次重复使用；

3）材质轻，厚18mm的木胶板，单位面积重量为50kg，模板的运输、堆放、使用和管理等都较为方便；

4）保温性能好，能防止温度变化过快，冬期施工有助于混凝土的保温；

5）锯截方便，易加工成各种形状的模板；

6）便于按工程的需要弯曲成形，用作曲面模板。

（2）施工要点

胶合板板面质量直接影响拆模后混凝土的表面质量，特别是清水混凝土。生产胶合板的木材树种较杂。质量差的，在浇筑混凝土后拆模时，混凝土表面留下黄褐色或红褐色（亦称着色）的斑痕，有时也会影响到新浇筑混凝土的正常硬化。为了使胶合板板面具有良好的耐碱性、耐水性、耐热性、耐磨性以及脱模性，增加胶合板的重复使用次数，因此必须选用经过板面处理的胶合板。未经处理的胶合板（亦称白坯板或素板）可在其表面冷涂刷一层涂料胶，亦称作表层胶，构成保护膜。表层胶的胶种有：聚氨酯树脂类、环氧树脂类、酚醛树脂类、聚酯树脂类等。经表面处理的胶合板，使用时一般应注意以下几个问题：

1）模板拆除后，严禁从高处向下扔；以免损伤板面处理层；

2）脱模后立即清洗板面浮浆，堆放整齐；

3）胶合板周边涂封边胶，及时清除水泥浆。若在模板拼缝处粘贴纸胶带或水泥袋纸，则易脱模，不损伤胶合板边角；

4）胶合板板面尽量不钻洞。遇有预留孔洞等用普通板材拼补。现场有修补材料，及时修补，防止损伤面扩大。

细节 55型、78型钢框胶合板楼板模板安装

（1）支撑系统

梁、板模板的支撑系统有以下几种：

1）独立式钢支撑

由支撑杆、支撑头和折叠三脚架组成，是一种可伸缩微调的独立式钢支撑，主要用于建筑物水平结构作垂直支撑。单根支撑杆也可用作斜撑、水平撑。

支撑杆由内外两个套管组成。内管采用 $\phi48 \times 3.5$ 钢管，内管上每隔100mm有一个销孔，可插入回形销钉调整支撑高度；外管采用 $\phi60 \times 3.5$ 钢管，外管上部焊有一节螺纹管，同微调螺母配合，微调范围150mm。由于采用内螺纹调节，螺纹不外露，可以防止螺纹的碰损和污染。支撑头插入支撑杆顶部，支撑头上焊有4根小角钢。85mm宽的方向用于搭接单根空腹工字钢梁；170mm宽的方向用于搭接双根钢梁。折叠三脚架的腿部用薄壁钢板压制成［形，核心部分有左右2个卡瓦，靠偏心锁紧。折叠三脚架打开后卡住支撑杆，用锁紧把手紧固，使支撑杆独立、稳定（图1-18）。

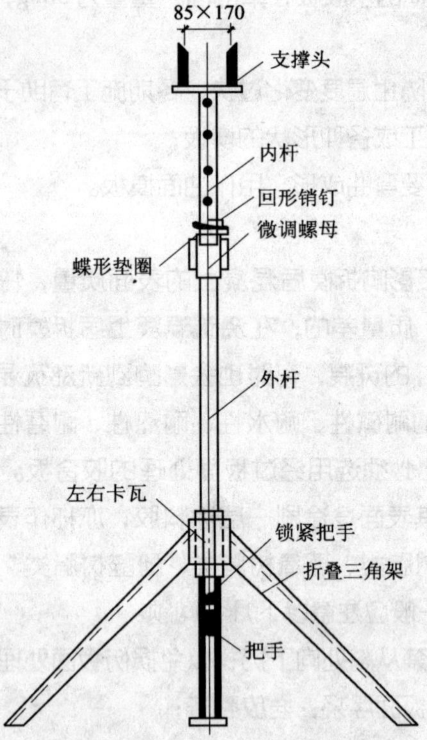

图 1-18　独立式钢支撑

独立式钢支撑的型号及性能，见表 1-24。

表 1-24　独立式钢支撑的型号及性能

型　　号	LJC－3	LJC－3.4	LJC－4.1	LJC－4.9	LJC－5.5
支撑可调高度（m）	1.7～3.0	1.9～3.4	2.3～4.1	2.7～4.9	3.5～5.5
微调装置螺纹	内螺纹外螺纹	外螺纹	外螺纹	外螺纹	外螺纹
每根支撑杆重量（kg）	15.5	18.7	27.5	32.2	35.7
每个折叠架重量（kg）	3.4	3.4	3.4	3.4	3.4
支撑头上口尺寸（mm）	85×170	85×170	85×170	85×170	85×170
支撑杆允许荷载（kN）	11.89～32.22	18.62～33.32	26.46～44.10	19.60～44.10	

注：LJC－3、LJC－3.4……表示梁的长度 3、3.4m。

2）空腹工字钢梁

空腹工字钢梁上下翼缘采用 1.5mm 厚冷轧薄钢板压制而成，腹部斜杆为 40mm×35mm 薄壁矩形焊接钢管，翼缘内侧开口处用 1.2mm 厚薄钢板封口（图 1-19）。其型号、规格和性能，见表 1-25。

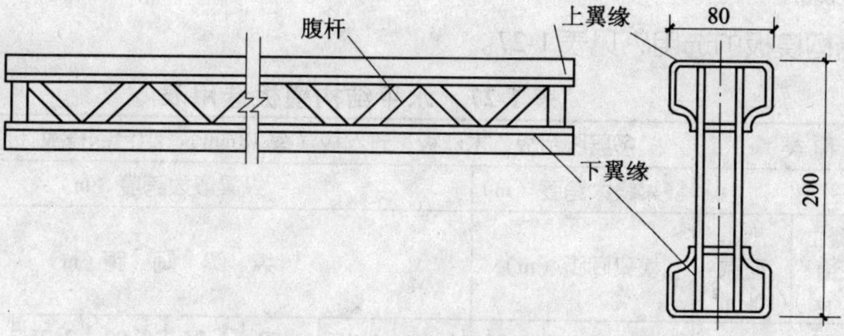

图 1-19　空腹工字钢梁

表 1-25　空腹工字钢梁的型号、规格及性能

型号	长度（m）	重量（kg/m）	允许弯矩（kN·m）	允许剪力（kN）	设计线荷载（kN/m）	跨中最大挠度（mm）
LJL－1.3 LJL－2 LJL－2.5 LJL－3	1.3 2 2.5	8	9.49	18.82	3.82	1.88

注：1. 设计线荷载按楼板厚 200mm，施工荷载 2.5kN/m²，横梁间距 600mm，跨度 2m 考虑。
2. 跨中最大挠度按 2 倍设计线荷载考虑。

3）钢木工字梁

钢木工字梁其上下翼缘采用木方，腹板由薄钢板压制而成，并与翼缘木方连接，腹板之间用薄壁钢管铆接（图 1-20）。上下翼缘木方尺寸为 80mm × 40mm，其型号、长度见表 1-26。

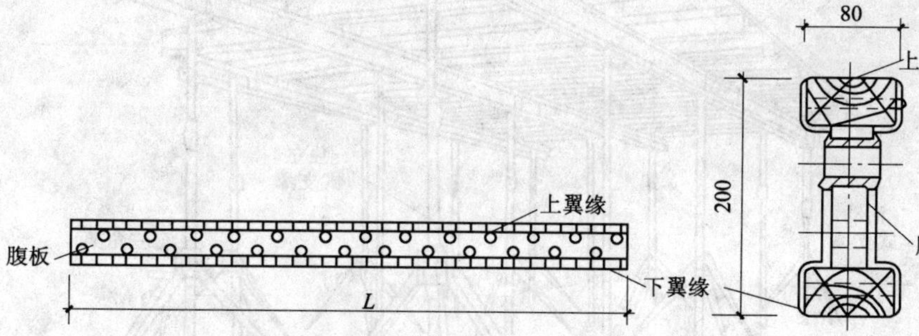

图 1-20　钢木工字梁

表 1-26　钢木工字梁的型号、长度

型　　号	长度 L（m）
LJML－2.5	2.5
LJML－3	3
LJML－3.5	3.5
LJML－4	4
LJML－4.5	4.5
LJML－5	5
LJML－5.5	5.5
LJML－6	6

（2）模板的选用

水平结构模板的选用，见表1-27。

表1-27　水平结构模板选用表

模板种类			多层胶合板、木丝板、竹丝板（厚18mm）、组合钢模板（厚55mm）										
允许跨度			横梁最大跨度（m）			纵梁最大跨度（m）							
混凝土板厚（cm）	混凝土自重（kN/m²）	施工荷载（kN/m²）	横梁间距（m）			纵梁间距（m）							
			0.5	0.6	0.75	1.00	1.25	1.50	1.75	2.00	2.25	2.50	3.00
10	2.50	2.50	3.65	3.43	3.19	2.90	2.69	2.53	2.40	2.30	2.21	2.13	2.01
12	3.00	2.50	3.51	3.30	3.06	2.78	2.58	2.43	2.31	2.21	2.12	2.05	1.93
14	3.50	2.50	3.39	3.19	2.96	2.69	2.49	2.35	2.23	2.13	2.05	1.98	1.86
16	4.00	2.50	3.28	3.09	2.87	2.60	2.42	2.27	2.16	2.07	1.99	1.92	1.80
18	4.50	2.50	3.19	3.00	2.78	2.53	2.35	2.21	2.10	2.01	1.93	1.86	1.75
20	5.00	2.50	3.10	2.92	2.71	2.46	2.29	2.15	2.04	1.98	1.88	1.81	1.71
22	5.50	2.50	3.03	2.85	2.64	2.40	2.23	2.10	1.99	1.91	1.83	1.77	1.66
24	6.00	2.50	2.93	2.78	2.58	2.35	2.18	2.05	1.95	1.86	1.79	1.73	1.63
26	6.50	2.50	2.90	2.72	2.53	2.30	2.13	2.01	1.91	1.82	1.75	1.69	1.59
28	7.00	2.50	2.84	2.67	2.48	2.25	2.09	1.97	1.87	1.79	1.72	1.66	1.56
30	7.50	2.50	2.78	2.62	2.43	2.21	2.05	1.93	1.83	1.75	1.68	1.63	1.53

注：1. 一般高层建筑水平模板支撑系统的需用量可按经验估算备料。每平方米水平模板平均需用0.5根钢支撑和2m长空腹工字钢梁（或钢木工字梁）。
2. 当纵梁跨度大于规定时，可在梁中部增设一根普通钢支撑（钢立柱）。

楼板模板组装后的情况，见图1-21。

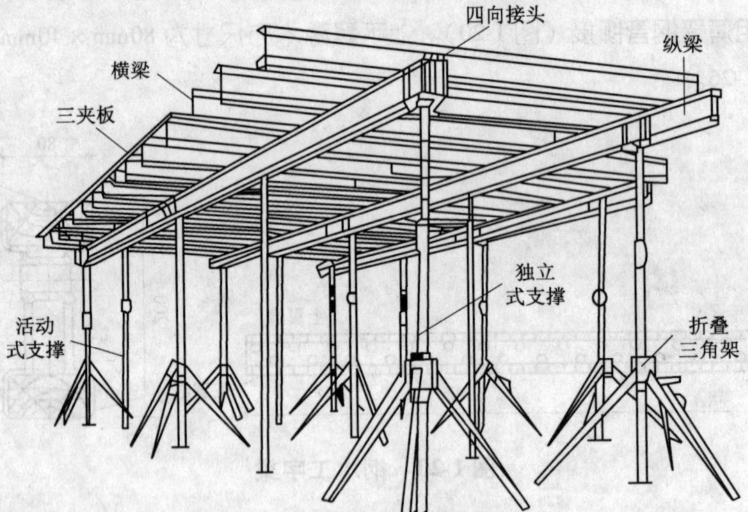

图1-21　楼板模板支设情况

细节　75系列钢框胶合板组合模板安装

（1）板块及连接部件

1）平面模板块

平面模板（图1-22）以600mm为最宽尺寸，作为标准板，级差为50mm或其倍数，宽度小于600mm的为补充板。长度以2400mm为最长尺寸，级差为300mm（表1-28）。

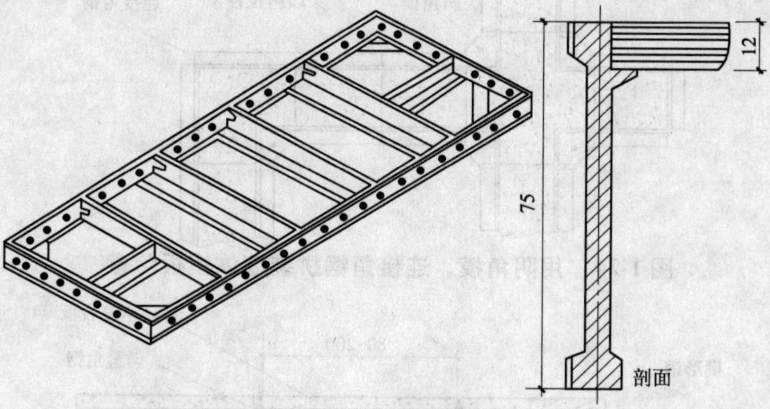

图1-22　平面模板块

表1-28　平面模板规格（mm）

项　　目	尺　　寸
高　度	75
宽　度	200、250、300、450、600
长　度	900、1200、1500、1800、2400

2）连接模板

连接模板有阴角模、连接角钢与铰接模三种。为加强阴角模边框的刚度，采用了专有热轧型钢，其角肢宽度为150mm×150mm，150mm×100mm两种，长度为900mm、1200mm、1500mm，共6种规格。75模板体系中设阳角模，凡结构阳角处均采用∟75×75连接角钢，其优点是每一平面上可少两条拼缝，加工简单，成本低，精度高。铰接模宽度有200mm、150mm两种，长度为900mm、1200mm、1500mm，共6种规格。平面模板，连接角模、铰接模共44种规格。以宽度600mm标准板为主体与其他狭窄的补充板、调缝板、连接角钢、铰接模等组合，可满足拼装柱、梁板、电梯井筒模各种结构尺寸的需要。

图1-23～图1-25为各种角模及其使用方法。

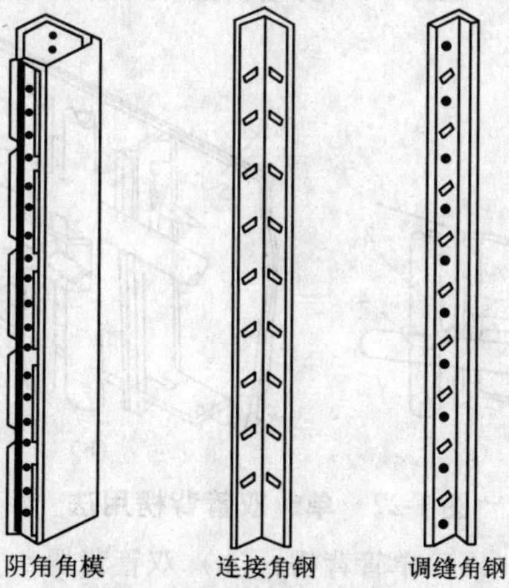

图1-23　各种角模

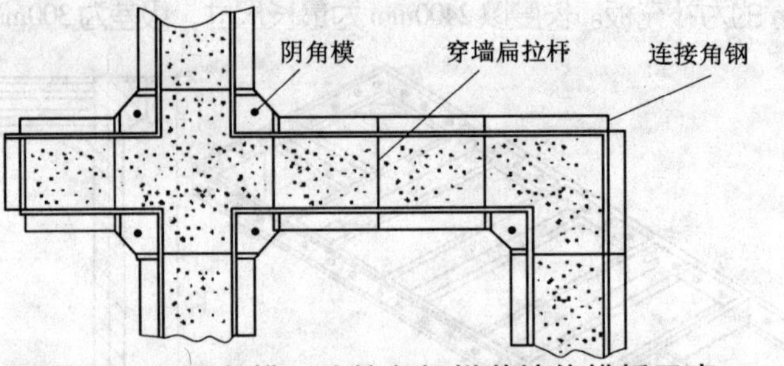

图 1-24　用阴角模、连接角钢拼装墙体模板示意

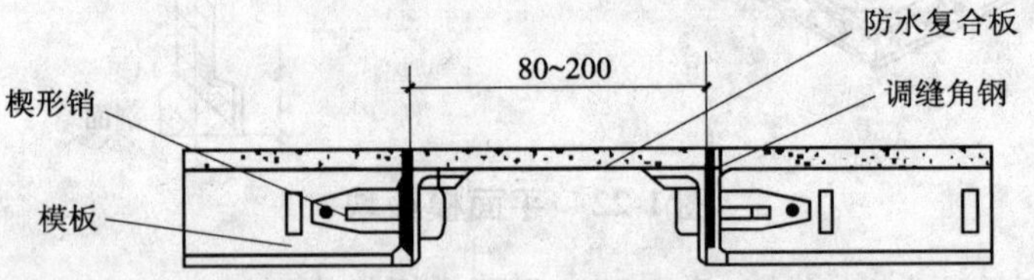

图 1-25　用调缝角钢拼装 80～200mm 非标准模板示意

（2）配件用法

配件有连接件、支承架两部分。

1）连接件

连接件有楔形销、单双管背楞卡，L 形插销、扁杆对拉、厚度定位板等，其用法见图 1-26 和图 1-27。

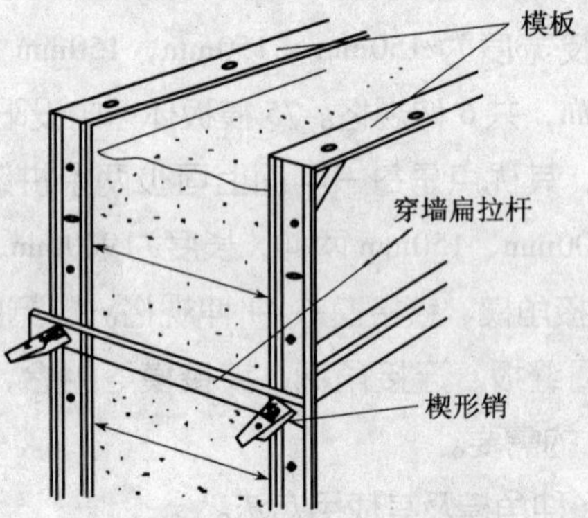

图 1-26　穿墙扁拉杆用法

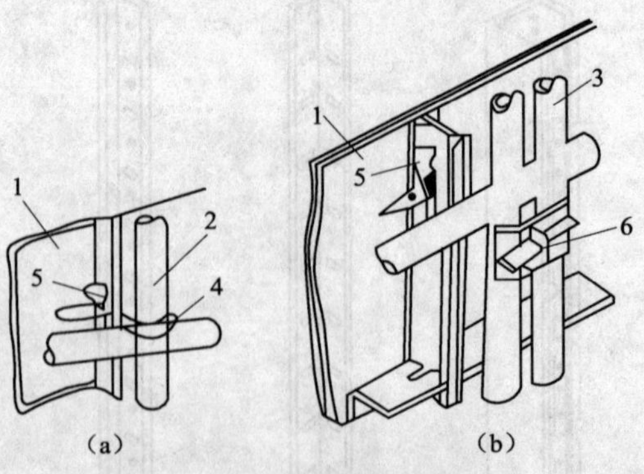

图 1-27　单、双管背楞用法

（a）单管背楞；（b）双管背楞

1—模板；2—单管背楞；3—双管背楞；4—单背楞卡；5—楔形销；6—双背楞卡

2）支承件

支承件有脚手架钢管背楞、操作平台、斜撑等；其用法见图 1-28。

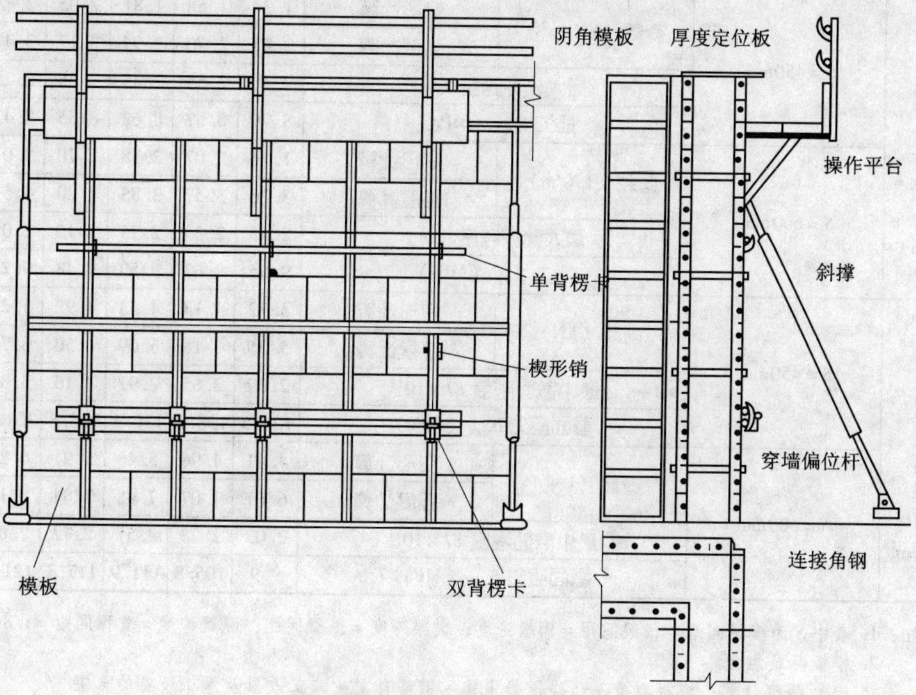

图 1-28　操作平台及斜撑用法

细节　无框带肋胶合板模板安装

（1）组成

该模板主要由面板、纵肋和边肋三个主要构件组成。面板主要分覆膜胶合板、覆膜高强竹胶合板和覆膜复合板三类。面板、纵肋、边肋均为定型构件，可以灵活组合，适用于各种不同平面和高度的建筑物、构筑物模板工程命名用，具有广泛的通用性能。

（2）选用与组装

1）楼板模板选用，参见表 1-29。

表 1-29　楼板模板选用参考表

混凝土楼板厚度（cm）				10	12	14	16	18
面板厚度选择 h（mm）	荷载（kN/m²）	变形计算		2.76	3.28	3.80	4.33	4.85
		强度计算		5.76	5.78	6.30	6.83	7.35
	$S=450$mm	$h=12$mm	挠度（l/f）	761	641	554	485	433
			应力 δ_{max}（MPa）	5.52	6.07	6.62	7.17	7.72
		$h=15$mm	挠度（l/f）	—	—	—	—	—
			应力 δ_{max}（MPa）	—	—	—	—	—
	$S=600$mm	$h=15$mm	挠度（l/f）	627	527	455	400	—
			应力 δ_{max}（MPa）	6.31	6.94	7.56	8.20	—
		h = 18mm	挠度（l/f）	—	—	—	—	619
			应力 δ_{max}（MPa）	—	—	—	—	6.13

续表

混凝土楼板厚度（cm）				10	12	14	16	18
横梁跨度选择 l（mm）	$S=450$mm	荷载（kN/m^2）	变形计算	1.34	1.58	1.81	2.05	2.28
			强度计算	2.47	2.70	2.94	3.17	3.41
		最大允许跨度（m）		2.70	2.55	2.45	2.35	2.25
		应力 δ_{max}（MPa）		8.79	8.57	8.62	8.55	8.43
	$S=600$mm	荷载（kN/m）	变形计算	1.76	2.07	2.38	2.70	3.01
			强度计算	3.26	3.57	3.88	4.20	4.51
		最大允许跨度（m）		2.45	2.35	2.25	2.15	2.05
		应力 δ_{max}（MPa）		9.55	9.63	9.59	9.48	9.25
纵梁刚度选择 $EI\times10^{11}$（$N\cdot mm^2$）	$S=450$mm	荷载（kN）	变形计算	3.72	4.13	4.53	4.92	5.23
			强度计算	5.55	6.18	6.09	6.50	6.75
		最小截面刚度 $EI\times10^{11}$		2.39	2.65	2.91	3.16	3.36
		截面应力 δ_{max}（MPa）		124.5	138.7	136.6	145.8	151.5
	$S=600$mm	荷载（kN）	变形计算	4.41	4.96	5.46	5.91	6.27
			强度计算	6.61	7.07	7.48	7.84	8.12
		最小截面刚度 $EI\times10^{11}$		2.03	2.28	2.51	2.72	2.88
		截面应力 δ_{max}（MPa）		9.9	105.8	111.9	117.3	121.5

注：1. 表中 S 为横梁间距。横梁间距 = 面板跨度；横梁跨度 = 纵梁间距；纵梁跨度 = 支撑间距 = 1.8m。

2. 模板荷载组合

（1）强度计算：模板自重 + 新浇混凝土重 + 钢筋自重 + 施工人员及施工设备的自重。

（2）变形计算：模板自重 + 新浇筑混凝土重 + 钢筋自重。

3. 纵梁截面应力系按所选定的 2 根内卷边槽钢 $EI=4.21\times10^{11}$ $N\cdot mm^2$，截面抵抗矩 $W=40120mm^3$ 求得。

2）墙、柱、楼板模板的组装，见图 1-29 ~ 图 1-31。

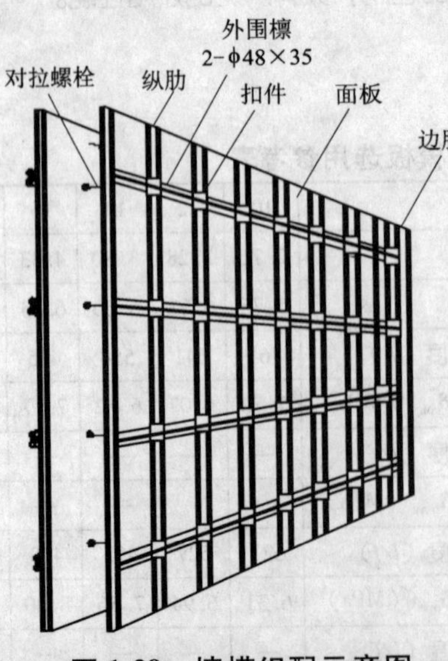

图 1-29　墙模组配示意图

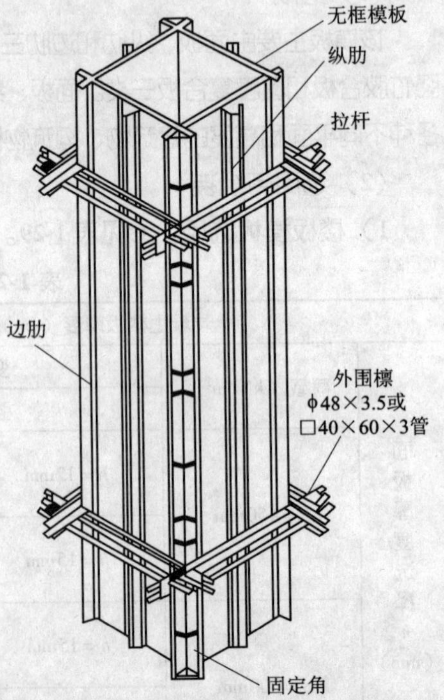

图 1-30　柱模组配示意图

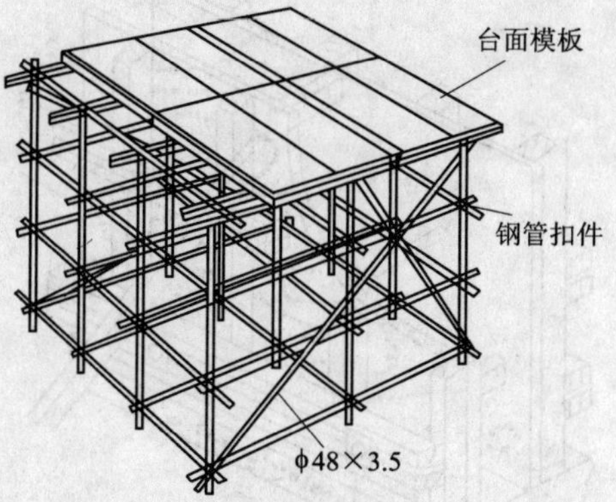

图 1-31 楼板模板组配示意图

细节 竹胶合板模板安装

（1）特点

在我国木材资源有限的情况下，以竹材为原料，制成混凝土模板用竹胶合板，具有收缩率、膨胀率和吸水率低、承载能力大等优点，是一种大有前途的新型建筑模板。

（2）施工要点

利用胶合板幅面大的特点，整张胶合板直接用作混凝土模板。

1）楼（顶）板模板

胶合板用作楼板模板时，常规的支模方法为：用 ϕ48 × 3.5 脚手钢管搭设排架，排架上铺放间距为 400mm 左右的 50mm × 100mm 木方，作为面板下的楞木（图 1-32）。竹胶合板常用厚度为 12mm。木方的间距随胶合板厚度作调整。这种支模方法简单易行，现已在施工现场大面积采用。

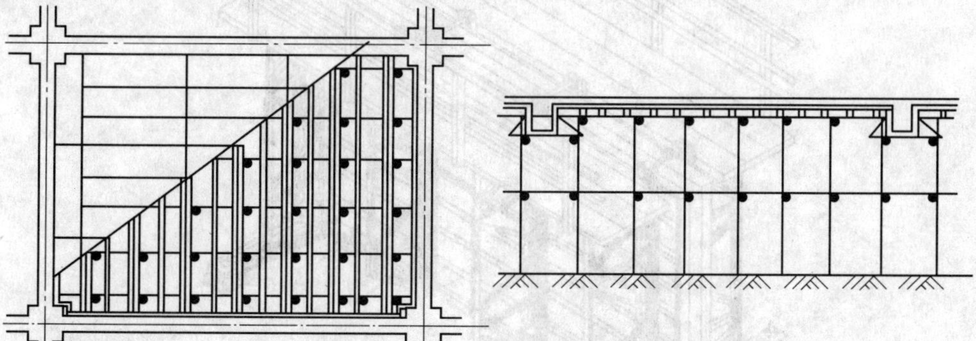

图 1-32 楼板模板采用整张胶合板作面板

2）墙模板

胶合板用作墙模板时，常规的支模方法为：胶合板面板外侧的内楞用 50mm × 100mm 木方，外楞用 ϕ4.8 × 3.5 脚手钢管，内外模用 3 形卡及穿墙螺栓拉结（图 1-33）。

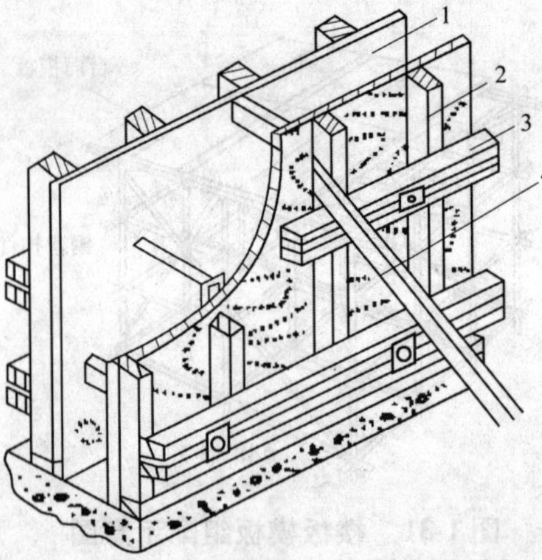

图 1-33　墙模板采用胶合板面板

1—胶合板；2—内楞；3—外楞；4—斜撑

细节　大模板安装

（1）大模板的用途及组成

1）用途

大模板主要用于剪力墙结构或框架—剪力墙结构中的剪力墙的施工，也可用于筒体结构中竖向结构的施工。

2）组成

大模板由面板、骨架、支撑系统、操作平台及附件组成（图 1-34）。

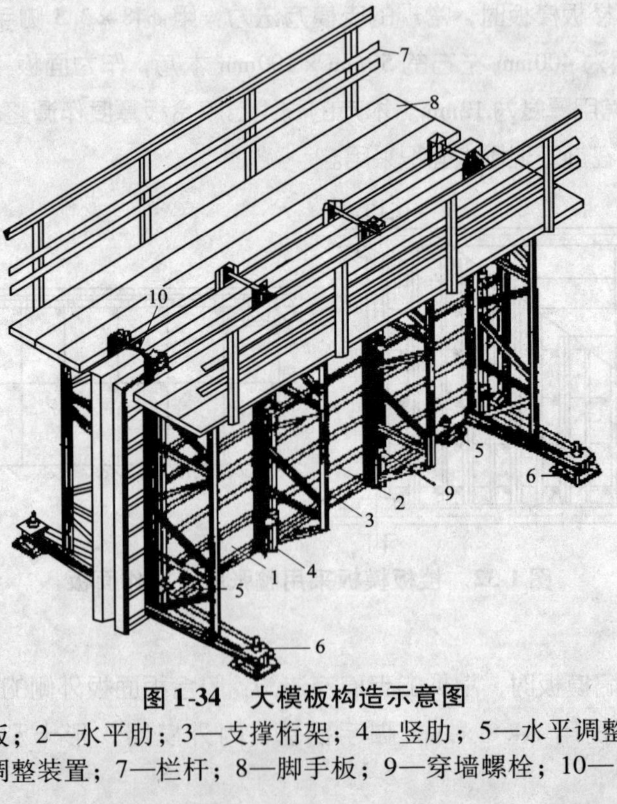

图 1-34　大模板构造示意图

1—面板；2—水平肋；3—支撑桁架；4—竖肋；5—水平调整装置；6—垂直调整装置；7—栏杆；8—脚手板；9—穿墙螺栓；10—固定卡具

①内墙模板

有整体式、组合式、拼装式和筒形式几种，具体内容见表1-30。

表1-30　内墙模板种类表

种　类	介　　绍
整体式大模板	这类模板是按每面墙的大小，将面板、骨架、支撑系统和操作平台组拼焊成整体。其特点是：每一层结构的横墙与纵墙混凝土必须要分两次浇筑，工序多，工期长，且横、纵墙间存在垂直施工缝。另外，这类模板只适用于大面积标准化剪力墙结构施工，如果结构的开间、进深尺寸改变，则需另配制模板施工。其构造见图1-35 这类大模板多采用钢板作面板，具有板面平整光洁、易于清理、耐磨性好等特点，且强度和刚度良好，可周转使用200次以上，比较经济
组合式大模板	由板面、支撑系统、操作平台等部分组成。它是目前常用的一种模板形式。这种模板是在横墙平模的两端分别附加一个小角模和连接钢板，即横墙平模的一端焊扁钢作连接件与内纵墙模板连接，见图1-36节点Ⓐ；另一端采用长销孔固定角钢与外墙模板连接，见图1-36节点Ⓑ，以使内、外纵墙模板组合在一起，实现能现时浇筑纵横墙混凝土的一种新型模板。为了适应开间、进深尺寸的变化，除了以常用的轴线尺寸为基数作为基本模板外，还另配以30cm、60cm的竖条模板，与基本模板端部用螺栓连接，做到能使大模板的尺寸扩展，因而能适应不同开间、进深尺寸的变化板面系统由面板、横肋和竖肋以及竖向（或横向）龙骨所组成，见图1-36 面板通常采用4～6mm的钢板，也可选用胶合板等材料。横肋一般采用［8槽钢，间距280～350mm；竖肋一般用6mm扁钢，间距400～500mm，使板面能双向受力
拼装式大模板	是将面板、骨架、支撑系统以及操作平台全部采用螺栓或销钉连接固定组装成的大模板（图1-37），这种大模板比组合式大模板拆改方便，也可减少因焊接而产生的模板变形问题，其特点是：可以根据房间大小拼装成不同规格的大模板，适应开间、轴线尺寸变化的要求；结构施工完毕后，还可将拼装式大模板拆散另作他用，从而减少工程费用的开支。面板可以采用钢板或木（竹）胶合板，亦可采用组合式钢模板或钢框胶合板模板。采用组合钢模板或者钢框胶合板模板作面板，以管架或型钢作横肋和竖肋，用角钢（或槽钢）作上下封底，用螺栓和角部焊接作连接固定。它的特点是板面模板可以因地制宜，就地取材。大模板拆散后，板面模板仍可作为组合钢模板使用
筒形大模板	筒形大模板是将一个房间或电梯井的两道、三道或四道现浇墙体的大模板，通过固定架和铰链、脱模器等连接件，组成一组大模板群体。它的特点是一个房间的模板整体吊装和拆除，因而能减少塔吊吊次；模板的稳定性能好，不易倾覆。缺点是自重较大，堆放时占用施工场地大，拆模时需落地，不易在楼层上周转使用 筒形模有：模架式筒形模（图1-38），这是较早使用的一种筒模，通用性较差 组合式铰接筒模（图1-39），在筒模四角采用铰接式角模与大模板相连，利用脱模器开启，完成模板支拆 电梯井筒模（图1-40），是将模板与提升机及支架结合为一体，可用于进深为2～2.5m、开间为3m的电梯井施工

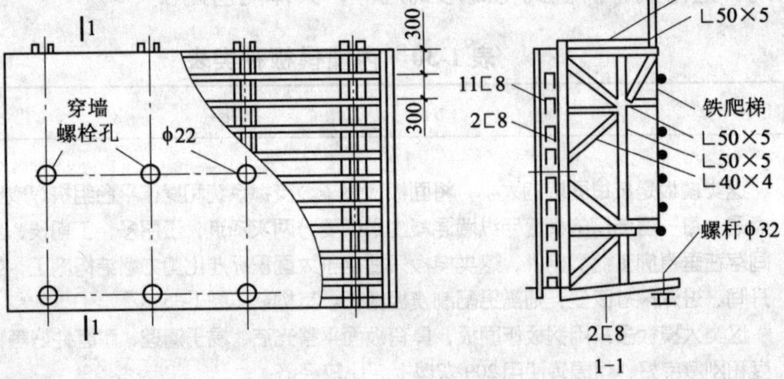

图 1-35　整体式大模板

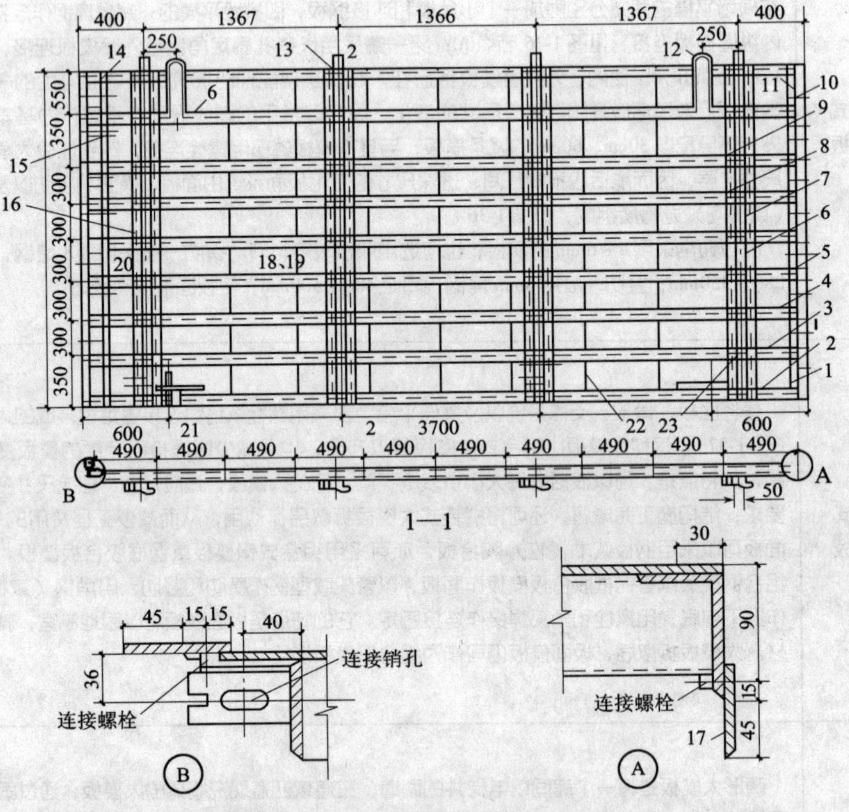

图 1-36　组合大模板板面系统构造

1—面板；2—底横肋（横龙骨）；3、4、5—横肋（横龙骨）；

6、7—竖肋（竖龙骨）；8、9、22、23—小肋（扁钢竖肋）；

10、17—拼缝扁钢；11、15—角龙骨；12—吊环；

13—上卡板；14—顶横龙骨；16—撑板钢管；18—螺母；

19—垫圈；20—沉头螺钉；21—地脚螺栓

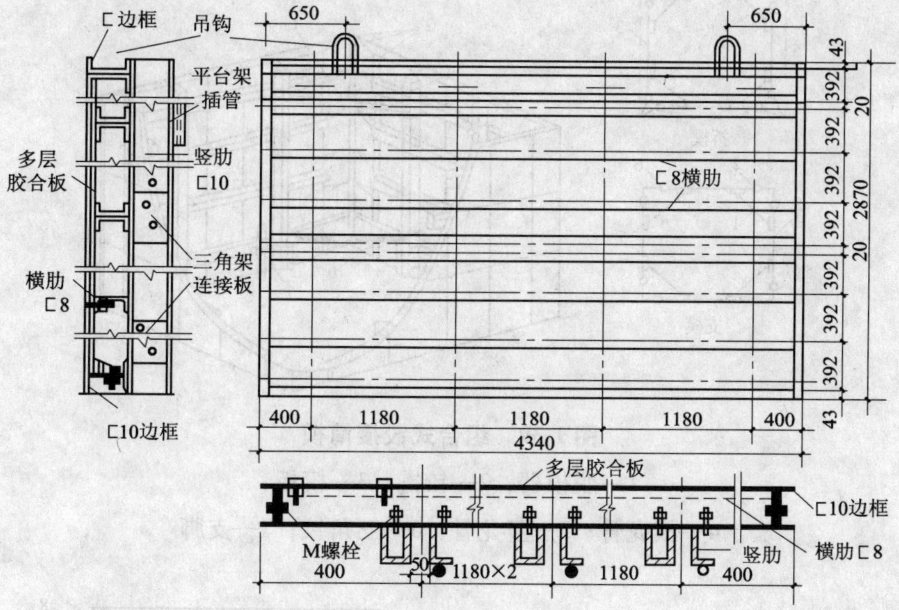

图 1-37　拼装式大模板

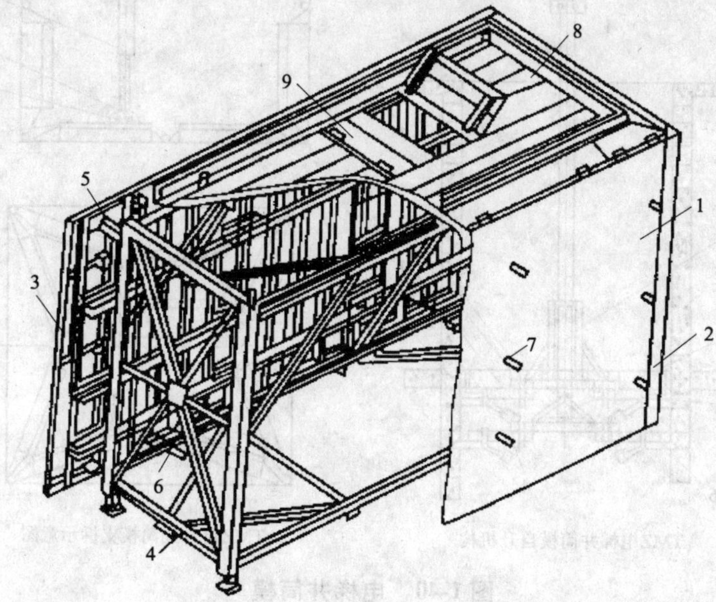

图 1-38　模架式筒形模

1—模板；2—内角模；3—外角模；

4—刚架；5—挂轴；6—支杆；

7—穿墙螺栓；8—操作平台；9—进出口

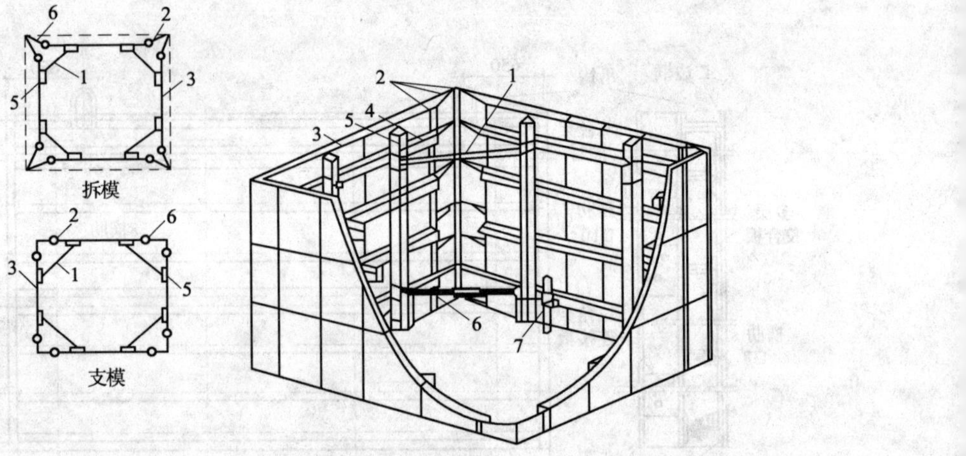

图 1-39　组合式铰接筒模

1—脱模器；2—铰链；3—模板；

4—横龙骨；5—竖龙骨；6—三角铰；7—支脚

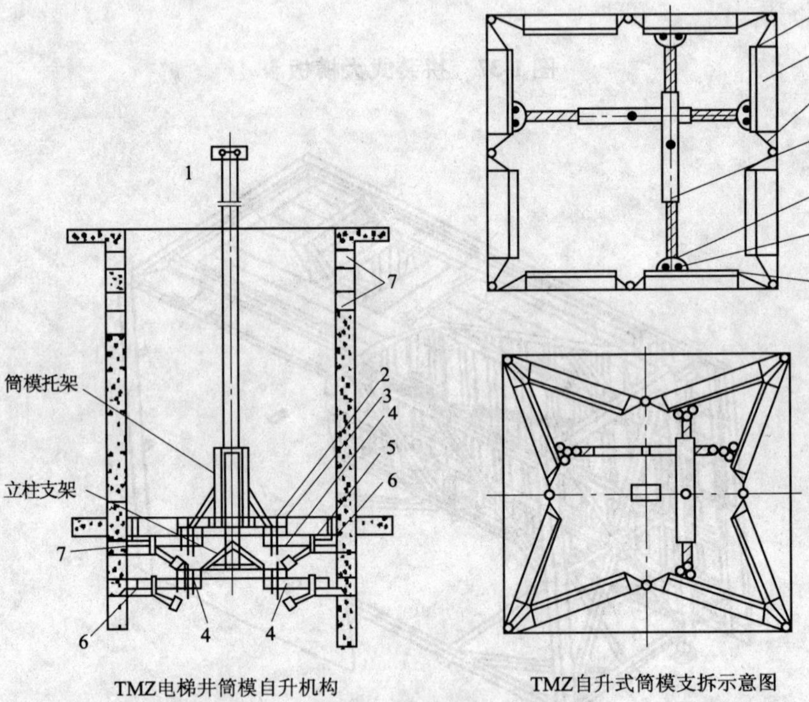

TMZ电梯井筒模自升机构　　　TMZ自升式筒模支拆示意图

图 1-40　电梯井筒模

1—吊具；2—面板；3—方木；4—托架调节梁；5—调节丝杠；

6—支腿；7—支腿洞；8—四角角膜；9—模板；

10—直角形铰接式角；11—退模器；

12—“3”形扣件；13—竖龙骨；14—横龙骨

②外墙模板

用于全现浇大模板剪力墙结构建筑的外墙模板，可以采用与内墙模板相同的材料和形式加工，但由于它所处的特殊部位，因此在构造上与内墙模板有所不同。全现浇剪力墙结构工程的外墙大模板，一般由内侧和外侧两片模板组成，其内侧大模板可采用与内墙模板相同的做法。外侧模板的构造则不同。

a. 外墙模板尺寸规定：

（a）宽度

比内侧模板多出一个内墙的厚度。

（b）高度

比内侧模板下端多出 10 ~ 15cm，以使模板下部与外墙面贴紧，形成导墙，防止漏浆。

b. 门窗洞口的设置要求：

（a）将门窗洞口部位的模板骨架取掉，按门窗洞口的尺寸，在骨架上作一边框，与大模板焊接为一体（图 1-41）。门窗洞口宜在内侧大模板上开设，以便在振捣混凝土时便于进行观察。

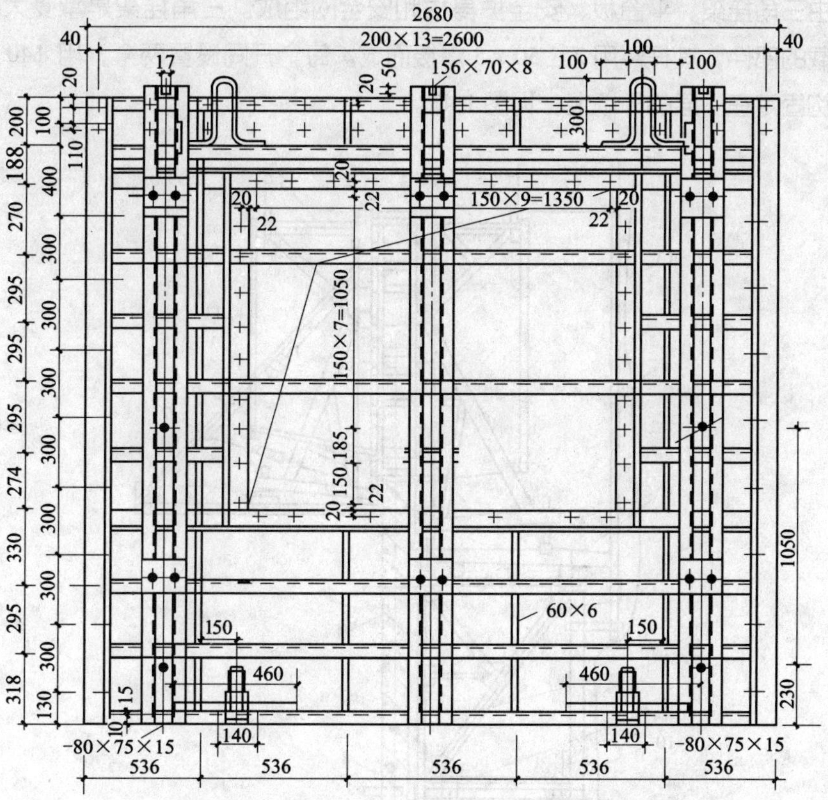

图 1-41　外墙大模板门窗洞口做法

（b）保存原有的大模板骨架，将门窗洞口部位的钢板面取掉。同样做一个型钢边框，并采取散支散拆或板角结合做法（图 1-42）。

做法是门窗洞口各侧面做成条形模板，用铰链固定在大模板骨架上。各个角部用钢材做成专用角模。支模时用钢筋钩将各片侧模支撑就位，然后安装角模，角模与侧模采用企口缝搭接。

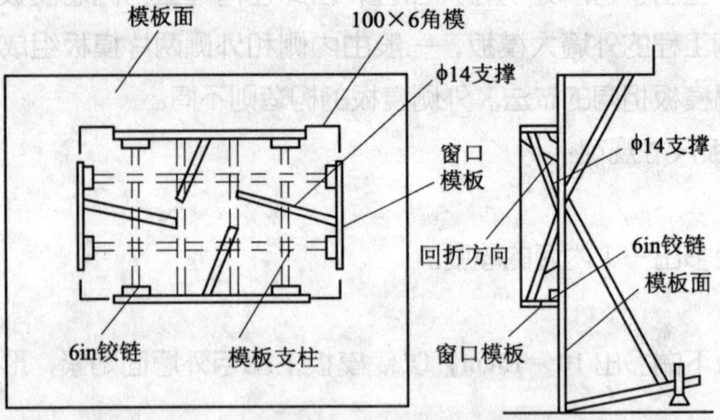

图1-42　外墙窗洞口模板固定方法

c. 外墙外侧大模板支设平台

外墙外侧大模板在有阳台的部位，可以支设在阳台上，但要注意调整好水平标高。在没有阳台的部位，要搭设支模平台架，将大模板搭设在支模平台架上。支模平台架由三角挂架、平台板、安全护身栏和安全网组成。三角挂架是承受大模板和施工荷载的部件，其杆件用2∟50×5焊接而成。每个开间设置两个，用φ40的L形螺栓挂钩固定在下层的外墙上，见图1-43。

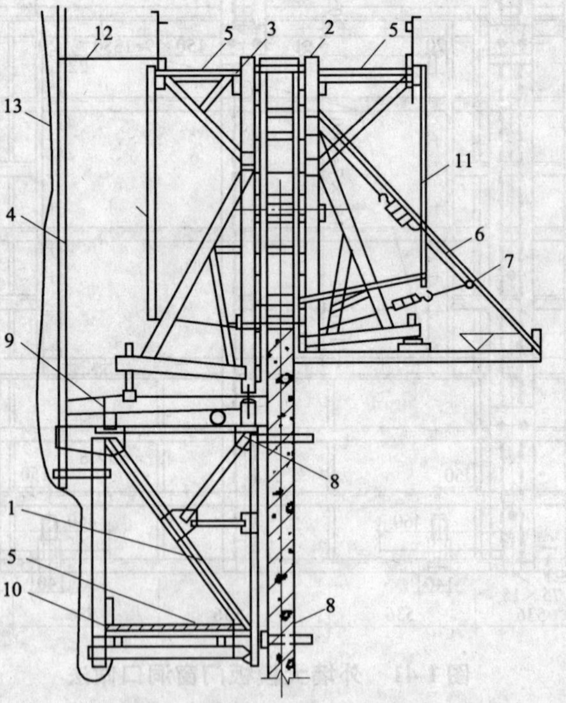

图1-43　三角挂架平台

1—三角挂架；2—外墙内侧大模板；3—外墙外侧大模板；

4—护身栏；5—操作平台；6—防侧移撑杆；7—防侧移位花篮螺栓；

8—L形螺栓挂钩；9—模板支承滑道；10—下层吊笼吊杆；

11—上人爬梯；12—临时拉结；13—安全网

（2）大模板配置方法

1）按建筑物的平面尺寸确定模板型号

根据建筑设计的轴线尺寸，确定模板的尺寸，凡外形尺寸和节点构造相同的模板均为同一种型号。当节点相同，外形尺寸变化不大时，可以用常用的开间、进深尺寸为基准模板，另以适当尺寸配模板条。每道墙体由两片大模板组成，一般可采用正反号表示。同一侧墙面的模板为正号，另一侧墙面用的模板则为反号，正反号模板数量相等，以便于安装时对号就位。

2）根据流水段大小确定模板数量

常温条件下，大模板施工一般每天完成一个流水段，所以在考虑模板数量时，必须以满足一个流水段的墙体施工来确定。另外，在考虑模板数量时，还应考虑特殊部位的施工需要。如电梯间以及山墙模板的型号和数量。

3）根据开间、进深、层高确定模板的外形尺寸

①模板高度

模板高度与层高及楼板厚度有关，可以通过下式计算：

$$H = h - h_1 - c_1 \tag{1-1}$$

式中 H——模板高度，mm；

h——楼层高度，mm；

h_1——楼板厚度，mm；

c_1——余量，考虑找平层砂浆厚度、模板安装不平等因素而采用的一个常数，通常取20～30mm。

②横墙模板的长度

与房间进深轴线尺寸、墙体厚度及模板搭接方法有关，按下式确定：

$$L_1 = l_1 - l_2 - l_3 - c_2 \tag{1-2}$$

式中 L_1——横墙模板长度，mm；

l_1——进深轴线尺寸，mm；

l_2——外墙轴线至内墙皮的距离，mm；

l_3——内墙轴线至墙面的距离，mm；

c_2——为拆模方便设置的常数，一般为50mm，此段空隙用角钢填补，mm。

③纵墙模板的长度

与开间轴线尺寸、墙体厚度、横墙模板厚度有关，按下式确定：

$$L_2 = l_4 - l_5 - l_6 - c_3 \tag{1-3}$$

式中 L_2——纵墙模板长度，mm；

l_4——开间轴线尺寸，mm；

l_5——内横墙厚度。如为端部开间时，l_5尺寸为内横墙厚度的1/2加山墙轴线到内墙皮的尺寸；

l_6——横墙模板厚度×2；

c_3——模板搭接余量，为使模板能适应不同墙体的厚度而取的一个常数，通常为40mm。

细节 滑升模板安装

滑升模板（以下简称滑模），是现浇混凝土结构工程施工中一种机械化程度较高的工具式模板。这种模板已广泛用于贮仓、水塔、烟囱、桥墩、竖井壁、框架柱等竖向结构的施工，而且已发展用于高层和超高层民用建筑的竖向结构施工。

（1）滑模装置组成部件

滑模装置主要由模板系统、操作平台系统、液压系统以及施工精度控制系统等部分组成（图1-44）。

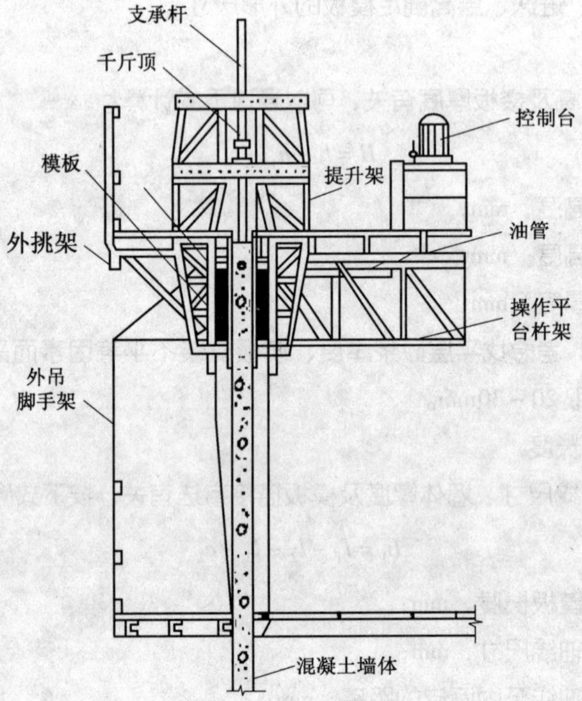

图1-44 滑升模板装置组成示意图

1）模板系统

①模板

模板又称作围板，依赖围圈带动其沿混凝土的表面向上滑动。模板的主要作用是使混凝土按设计要求的截面形状成型。模板用材一般以钢材为主。如采用定型组合钢模板，则需在边框增加与围圈固定相适应的连接孔。

模板按其所在部位和作用的不同，可分为内模板、外模板、堵头模板、角模以及变截面处的衬模板等。为了防止混凝土在浇筑时外溅，外模板的上端比内模板可高出100～200mm。钢模板可采用厚2～3mm的钢板冷压成型，或用厚2～3mm钢板与∟30～∟50角钢制成（图1-45）。模板的高度，墙体模板为1m左右，柱模板可为

1.2m 高，烟囱等筒壁结构可采用 1.4～1.6m。其宽度以考虑组装及拆卸方便为宜，一般为 300mm。当施工对象的墙体尺寸变化不大时，亦可根据施工条件将模板宽度加大，以节约组装和拆卸用工；另外，亦可配以少量的 200mm、150mm 宽的模板，个别小于 50mm 的空隙，可配以木条包薄钢板补严。模板宽度的实际尺寸应比公称尺寸小 2mm。

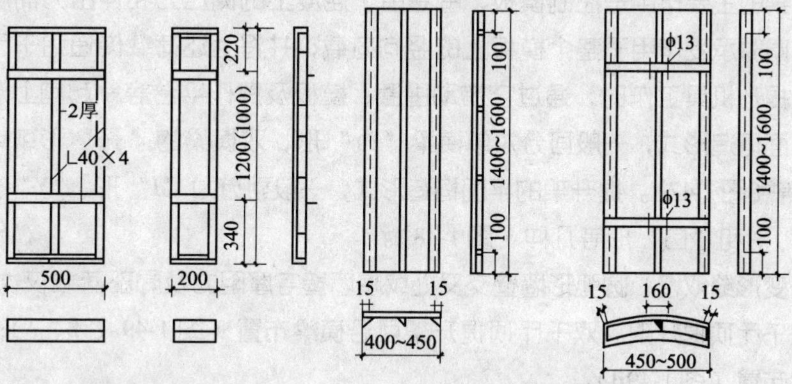

一般墙体钢模板　　内外固定式烟囱钢模板

图 1-45　钢模板示意图

墙板结构与框架结构柱的阴阳角处宜采用同样材料制成的角模（图 1-46）。角模的上下口倾斜度应与墙体模板相同。阴阳角处可做成小圆弧形。

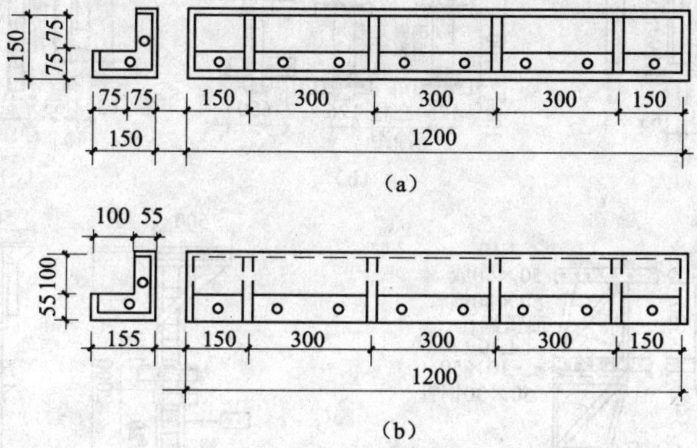

图 1-46　角模板

（a）阴角模板；（b）阳角模板

②围圈

围圈又称作围檩。其主要作用是使模板保持组装的平面形状并将模板与提升架连接成一个整体。围圈承受由模板传递来的混凝土侧压力、冲击力和风荷载等水平荷载，同时还承受滑升时的摩阻力、作用于操作平台上的静荷载和施工荷载等竖向荷载，并将其传递到提升架、千斤顶和支承杆上。围圈在转角处应设计成刚性节点，围圈接头应采用等刚度的型钢连接，连接螺栓每边不得小于 2 个。在使用荷载作用下，相邻提升架之间围圈的垂直与水平方向的变形不应大于跨度的 1/500。围圈放置在提升架立柱的围圈支托上，可用 U 形螺栓固定。当提升架之间的布置距离较大时（大于 3m），或操作平台的桁架直接支承在围圈上时，可在上下围圈之间加设腹杆，形成平面桁架，以提高承受竖向荷载的能力。

③提升架

提升架又称作千斤顶架。它是安装千斤顶并与围圈、模板连接成整体的主要构件。提升架的主要作用是控制模板、围圈由于混凝土的侧压力和冲击力而产生的位移变形；同时承受作用于整个模板上的竖向荷载，并将上述荷载传递给千斤顶和支承杆。当提升机具工作时，通过它带动围圈、模板及操作平台等一起向上滑动。提升架的立面构造形式，一般可分为单横梁“∩”形，双横梁的“开”形或单立柱的“Γ”形等（图 1-47）。提升架的平面构造形式，一般可分为“I”形、“Y”形、“X”形、“∩”形和“口”形等几种（图 1-48）。

对于变形缝双墙、圆弧形墙壁交叉处或厚墙壁等摩阻力及局部荷载较大的部位，可采用双千斤顶提升架。双千斤顶提升架可沿横梁布置（图 1-49a、b、c）；也可垂直于横梁布置（图 1-49d）。

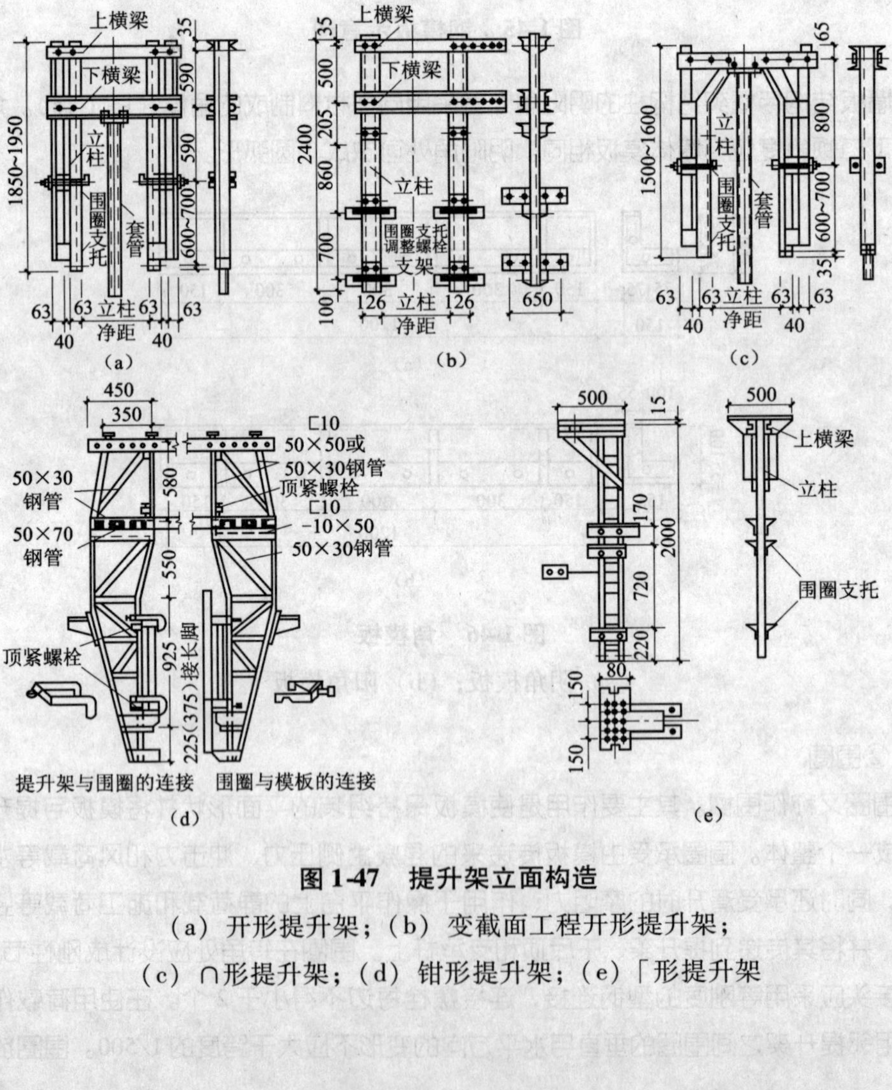

图 1-47　提升架立面构造

（a）开形提升架；（b）变截面工程开形提升架；

（c）∩形提升架；（d）钳形提升架；（e）Γ形提升架

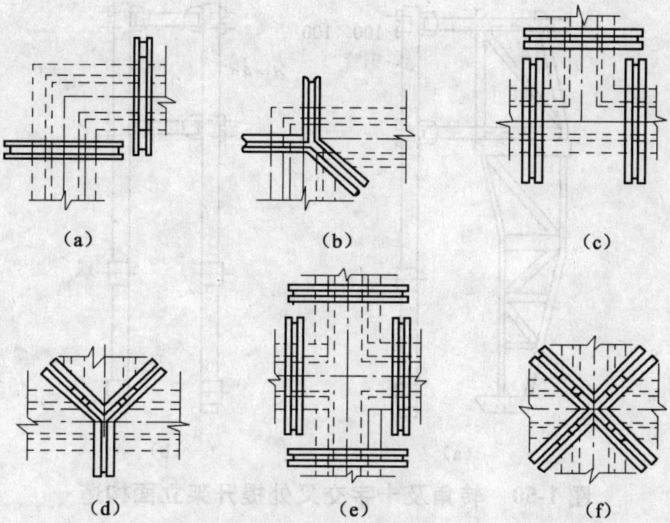

图 1-48　提升架平面构造示意图

（a）L 形墙用“I”形提升架；（b）L 形墙用“Y”形提升架；

（c）T 形墙用“I”形提升架；（d）T 形墙用“Y”形提升架；

（e）十字形墙用“I”形提升架；（f）十字形墙用“X”形提升架

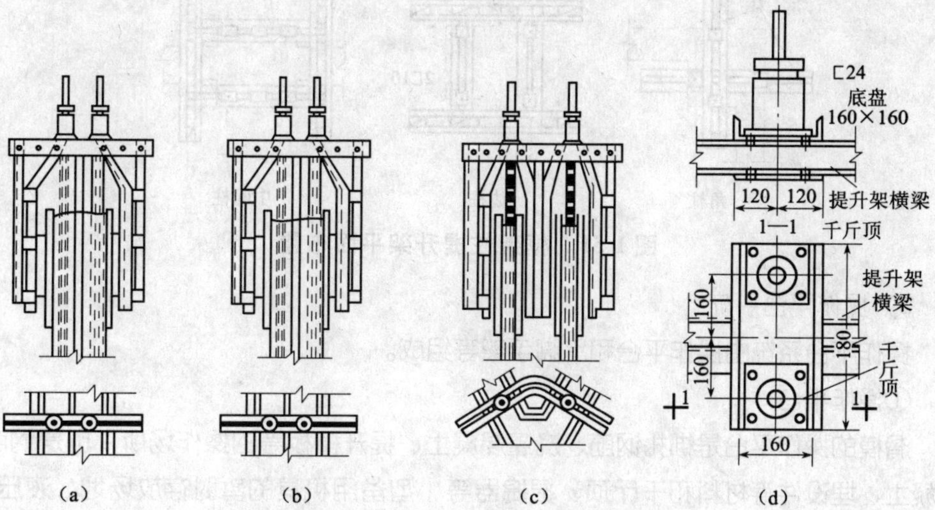

图 1-49　双千斤顶提升架示意图

（a）用于伸缩缝双墙；（b）用于厚墙壁；

（c）用于折角形墙壁；（d）垂直于模梁布置

墙体转角和十字交接处，提升架立柱可采用 100mm × 100mm ×（4 ~ 6）mm 方钢管制作（图 1-50）。

提升架必须有足够的刚度，应按实际的水平荷载和竖向荷载进行计算。提升架的横梁与立柱必须刚性连接，两者的轴线应在同一水平面内，在使用荷载作用下，立柱的侧向变形应不大于 2mm。提升架横梁至模板顶部的净高度，对于配筋结构不宜小于 500mm，对于无筋结构不宜小于 250mm。

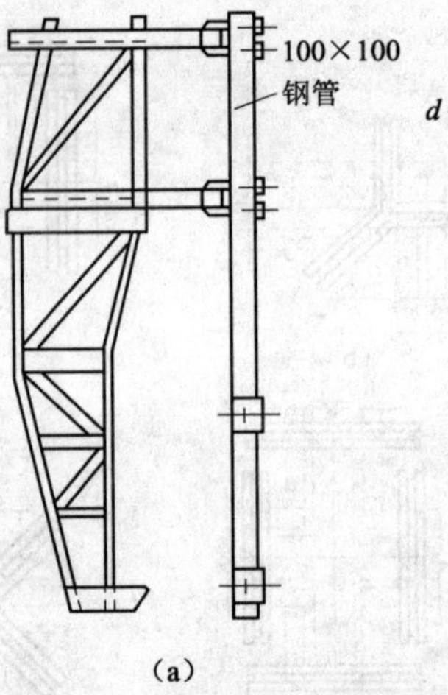

图 1-50 转角及十字交叉处提升架立面构造

(a) 转角处提升架；(b) 十字交叉处提升架

在框架结构框架柱部位的提升架，可采取纵横梁“井”字式布置，在提升架上可布置几台千斤顶，其荷载应均匀分布（图 1-51）。

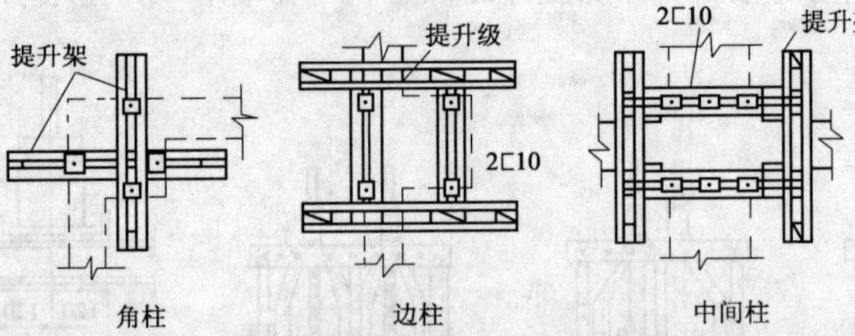

图 1-51 框架柱提升架平面布置

2）操作平台系统

操作平台系统由操作平台和吊脚手架等组成。

①操作平台

滑模的操作平台是绑扎钢筋、浇灌混凝土、提升模板等的操作场所；也是钢筋、混凝土、埋设件等材料和千斤顶、振捣器等小型备用机具的暂时存放场地。液压控制机械设备，一般布置在操作平台的中央部位。房屋建筑工程采用滑模施工时，操作平台板可采用固定式或活动式。对于逐层空滑楼板并进施工工艺，操作平台板宜采用活动式，以便平台板揭开后，对现浇楼板进行支模、绑扎钢筋和浇灌混凝土或进行预制楼板的安装。一般将提升架立柱内侧，提升架之间的平台板采用固定式；提升架立柱外侧的平台板，采用活动式（图 1-52）。

操作平台分为主操作平台和上辅助平台两种，一般只设置主操作平台。当主操作平台被墙体的钢筋所分割，使混凝土水平运输受阻，或为了避免各工种间的相互干扰，有时也可设置上辅助平台。上辅助平台承重桁架（或大梁）的支柱，大都支承于提升架的顶部。设置上辅助平台时，应特别注意其稳定性（图 1-53）。

②吊脚手架

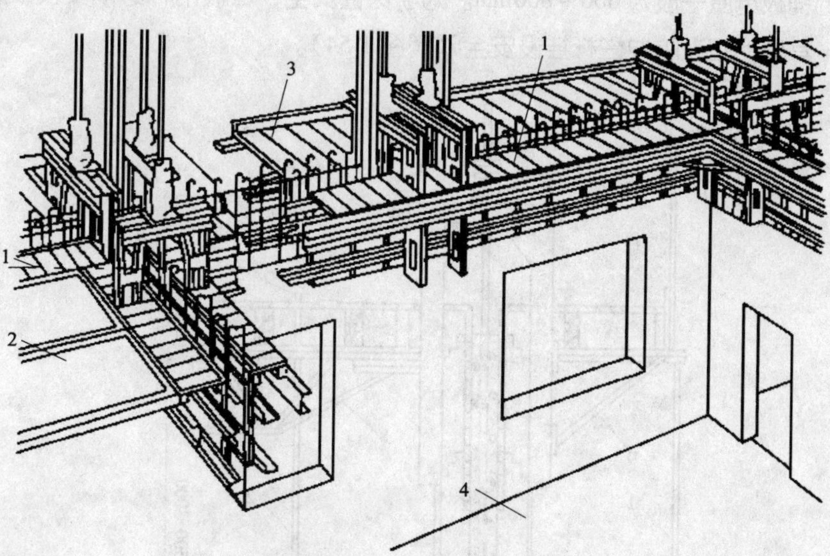

图 1-52　活动平台板操作平台

1—固定平台板；2—活动平台板；

3—外挑操作平台；4—下一层已施工完的现浇楼板

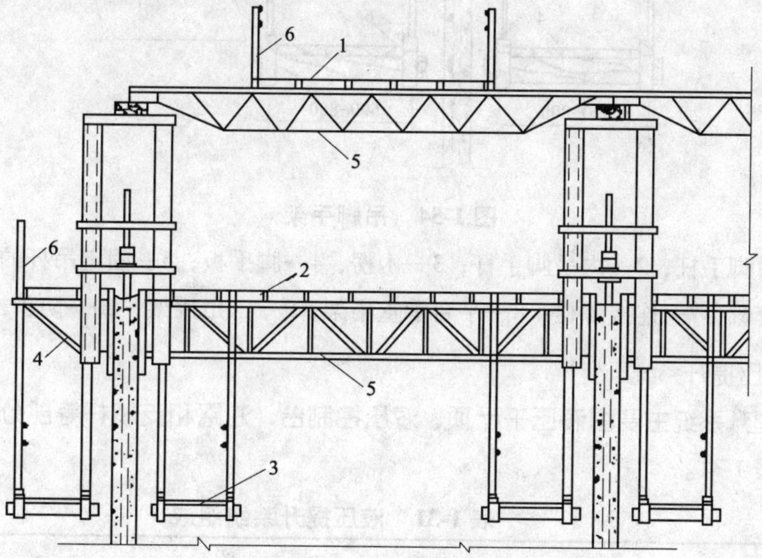

图 1-53　双层操作平台

1—上辅助平台；2—主操作平台；3—吊脚手架；

4—三角挑架；5—承重桁架；6—防护栏杆

吊脚手架又称下辅助平台或吊架，是供检查墙（柱）混凝土质量并进行修饰、调整和拆除模板（包括洞口模板）、引设轴线、高程以及支设梁底模板等操作之用。外吊脚手架悬挂在提升架外侧立柱和三角挑架上，内吊脚手架悬挂在提升架内侧立柱和操作平台上。外吊脚手架可根据需要悬挂一层或多层（也可局部多层）。吊脚手架的吊杆可用 φ16 ~ φ18 的圆钢或 50mm × 4mm 的扁钢制成，也可采用柔性链条。吊脚手架的铺板宽度一般为 600 ~ 800mm。为了保证安全，每根吊杆必须安装双螺母予以锁紧，其外侧应设防护栏杆挂设安全网（图 1-54）。

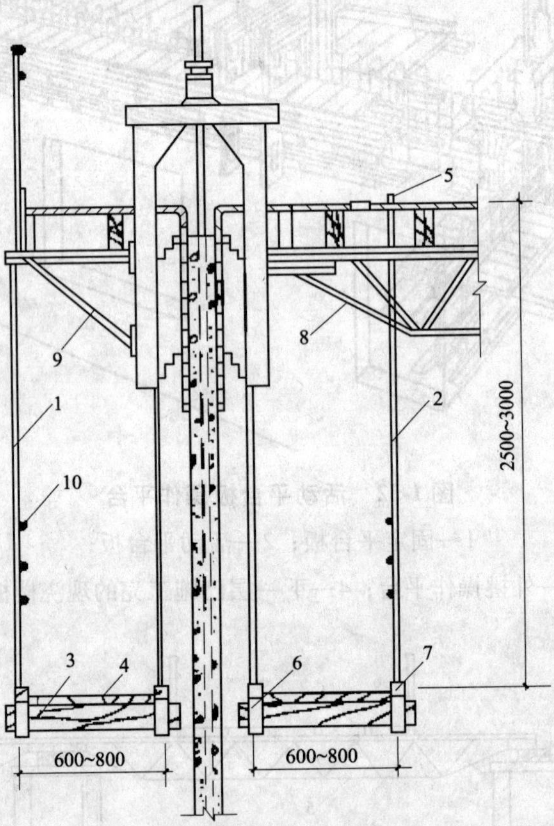

图 1-54　吊脚手架

1—外吊脚手杆；2—内吊脚手杆；3—木楞；4—脚手板；5—固定吊杆的卡棍；6—套靴；7—连接螺栓；8—平台承重桁架；9—三角挑架；10—防护栏杆

3）液压提升系统

液压提升系统主要由液压千斤顶、液压控制台、油路和支承杆等部分组成，具体内容见表 1-31。

表 1-31　液压提升系统组成

组成部分	介　　绍
液压千斤顶	液压千斤顶又称为穿心式液压千斤顶或爬升器。其中心穿过支承杆，在周期式的液压动力作用下，千斤顶可沿支承杆作爬升动作，以带动提升架、操作平台和模板随之一起上升。目前国内生产的滑模液压千斤顶型号主要有滚珠式、楔块式、松卡式等
液压控制台	液压控制台是液压传动系统的控制中心，是液压滑模的心脏。主要由电动机、齿轮油泵、换向阀、溢流阀、液压分配器和油箱等组成（图 1-55）。其工作过程为：电动机带动油泵运转，将油箱中的油液通过溢流阀控制压力后，经换向阀输送到液压分配器，然后，经油管将油液输入进千斤顶，使千斤顶沿支承杆爬升。当活塞走满行程之后，换向阀变换油液的流向，千斤顶中的油液从输油管、液压分配器，经换向阀返回油箱。每一个工作循环，可使千斤顶带动模板系统爬升一个行程 液压系统安装完毕，应进行试运转，首先进行充油排气，然后加压至 $12N/mm^2$，每次持压 5min，重复 3 次，各密封处无渗漏，进行全面检查，待各部分工作正常后，再插入支承杆

续表

组成部分	介　　绍
油路系统	油路系统是连接控制台到千斤顶的液压通路，主要由油管、管接头、液压分配器和截止阀等元器件组成。油管一般采用高压无缝钢管及高压橡胶管两种。根据滑模工程面积大小决定液压千斤顶的数量及编组形式。主油管内径应为 14 ~ 19mm，分油管内径应为 10 ~ 14mm，连接千斤顶的油管内径应为 6 ~ 10mm。无缝钢管一般采用内径为 8 ~ 25mm，试验压力为 32N/mm^2。与液压千斤顶连接处宜采用高压胶管。油管耐压力应大于油泵工作压力的 2 倍
支承杆	支承杆又称爬杆、千斤顶杆或钢筋轴等。它支承着作用于千斤顶的全部荷载。目前使用的额定起重量为 30kN 的珠式卡具液压千斤顶，其支承杆一般采用 ϕ25 的 Q235 圆钢制作。如使用额定起重量为 30kN 的楔块式卡具液压千斤顶时，亦可采用 ϕ25 ~ ϕ28 的螺纹钢筋作支承杆。对于框架柱等结构，可直接以受力钢筋作支承杆使用。为了节约钢材用量，应尽可能采用工具式支承杆。ϕ25 圆钢支承杆的连接方法，常用的有以下三种：螺纹扣连接、榫接和坡口焊接（图 1-56）。支承杆的焊接，一般在液压千斤顶上升到接近支承杆顶部时进行，接口处若有偏斜或凸痕，要用手提砂轮机处理平整。也可在千斤顶底部超过支承杆后进行，但由于该千斤顶处于脱空卸荷状态，将荷载转移至相邻的千斤顶承担，因而在进行滑模装置设计时，即应考虑到这一因素。采用工具式支承杆时，应在安装千斤顶的提升架横梁下部，悬吊一般内径稍大于支承杆外径的钢套管，套管可上下移动和自由移动，套管上提后的长度与横板下口相平，其下端外径最好做成上大下小的锥度，以减少滑升时摩阻力。套管随千斤顶和提升架同时滑升，在混凝土内形成管孔，以防支承杆与混凝土黏结。工具式支承杆可以在滑升到顶后一次抽拔，也可在滑升过程中分层抽拔；但分层抽拔时，应间隔进行，每层抽拔数量不应超过支承杆总数的 1/4，并应对抽拔过程中卸荷的千斤顶采取必要的支顶安全措施

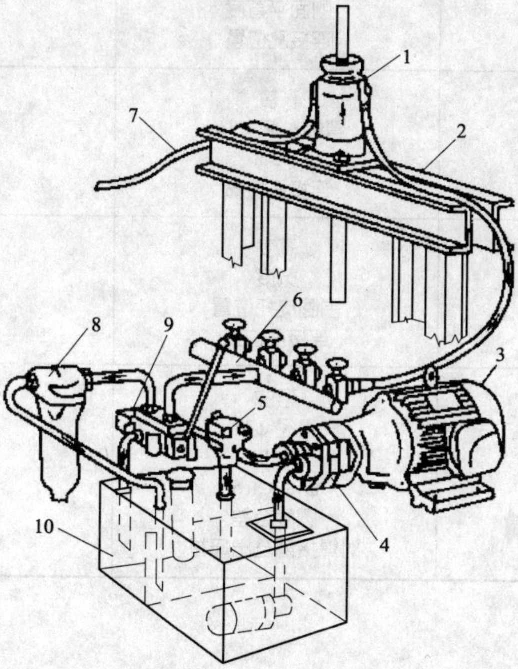

图 1-55　液压传动系统

1—液压千斤顶；2—提升架；3—电动机；

4—油泵；5—溢流阀；6—液压分配器；

7—油管；8—滤油器；9—换向阀；10—油箱

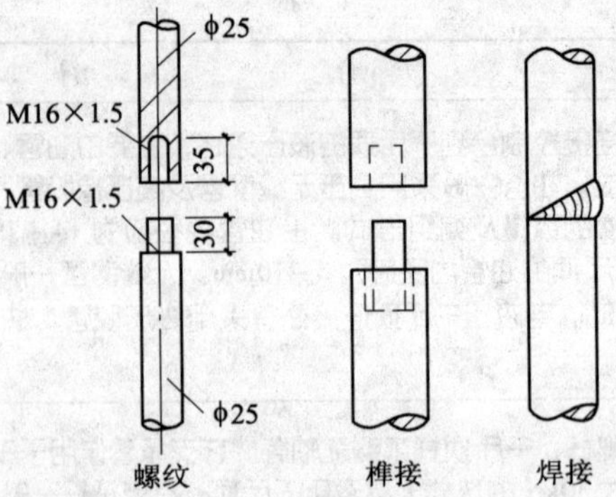

图 1-56　ϕ25 支承杆的连接

(2) 滑模装置的制作与组装

1) 滑模装置制作的允许偏差

滑模装置各种构件的制作应符合有关的钢结构制作规定，其允许偏差应符合表1-32的规定。构件表面，除支承杆及接触混凝土的模板表面外，均应刷除锈涂料。

表 1-32　构件制作的允许偏差

名　称	内　容	允许偏差（mm）
钢模板	高度 宽度 表面平整度 侧面平直度 连接孔位置	±1 -0.7~0 ±1 ±1 ±0.5
围圈	长度 弯曲长度≤3m >3m 连接孔位置	-5 ±2 ±4 ±0.5
提升架	高度 宽度 围圈支托位置 连接孔位置	±3 ±3 ±2 ±0.5
支承杆	弯曲 直径 ϕ25 ϕ28 ϕ48×3.5 圆度公差 对焊接缝凸出母材	<（1/1000）L -0.5~+0.5 -0.5~+0.5 -0.2~+0.5 -0.25~+0.25 <+0.25

注：L 为支承杆加工长度。

2) 组装要求

①模板的组装应符合下列规定：

a. 安装好的模板应上口小、下口大，单面倾斜度宜为模板高度的 0.2%～0.5%；

b. 模板高 1/2 处的净间距应与结构截面等宽。

②模板的倾斜度可采用下列两种方法：

a. 改变围圈间距法

在制作和组装围圈时，使下围圈的内外围圈之间的距离大于上围圈的内外围圈之间的距离。这样，当模板安装后，即可得到要求的倾斜度（图1-57a）。

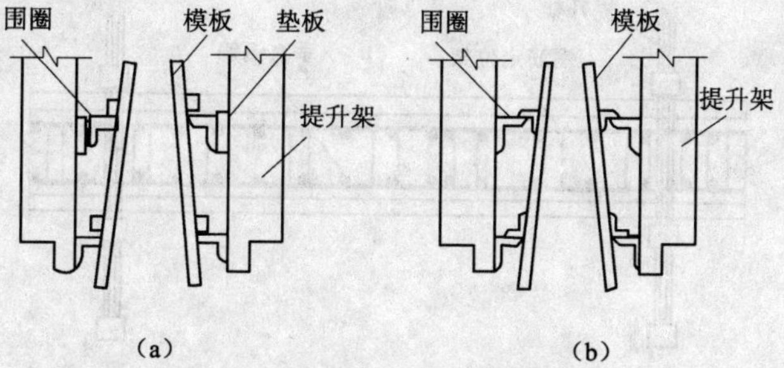

图1-57　模板倾斜度示意图

（a）改变围圈间距法；（b）改变模板厚度法

b. 改变模板厚度法

制作模板时，将模板背后的上横带角钢立边向下，使上围圈支顶在上横带角钢立边上。下横带的角钢立边向上，使下围圈支顶在横板的立肋上（图1-57b），此时，模板的上下围圈处即形成一个横带角钢立边厚度的倾斜度。当倾斜度需要变化或角钢立边厚度不能满足要求时，可在围圈与模板的横带之间加设一定厚度的垫板或铁片。采用这种方法时，每侧的上下围圈仍保持垂直。木模板的倾斜度，也可通过在横带与围圈之间加垫板或铁片形成。

模板组装时，其倾斜度的检查，可用倾斜度样板（图1-58）。

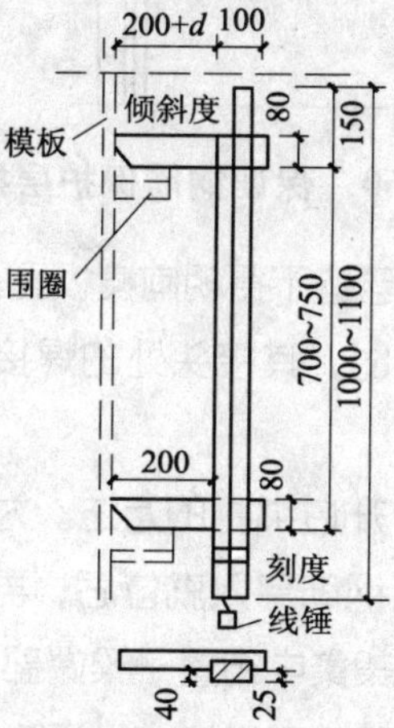

图1-58　模板倾斜度样板

d—倾斜度要求的尺寸

（3）滑模施工要求

1）钢筋绑扎

钢筋绑扎时，应符合下列规定：

①每层混凝土浇灌完毕后，在混凝土表面上至少应有一道绑扎好的横向钢筋；

②竖向钢筋绑扎时，应在提升架上部设置钢筋定位架（图 1-59），以保证钢筋位置准确。直径较大的竖向钢筋接头宜采用气压焊、电渣压力焊、套筒式冷挤压接头及锥螺纹接头等新型钢筋接头；

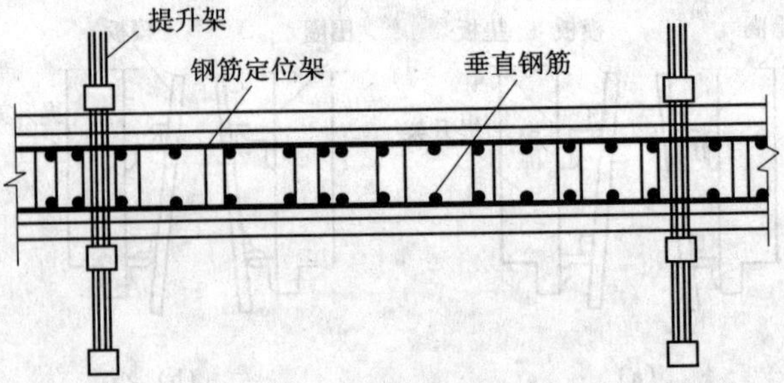

图 1-59　垂直钢筋定位架

③双层配筋的竖向结构，其中肋应成对并立排列，钢筋网片间应有 A 字形拉结筋或用焊接钢筋骨架定位；

④应有保证钢筋保护层的措施，可在模板上口设置带钩的圆钢筋对保护层进行控制，其直径按保护层的厚度确定（图 1-60）；

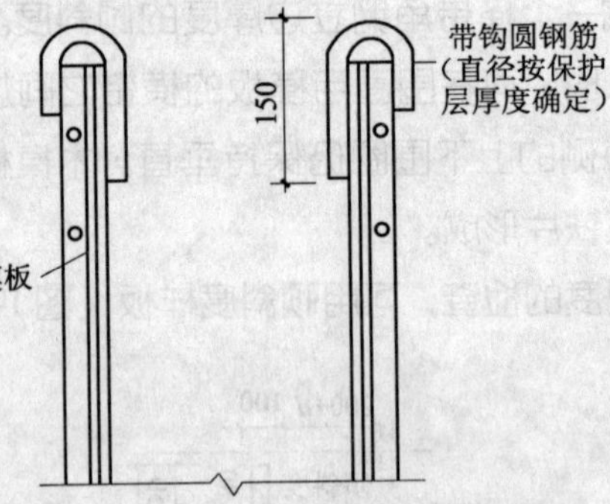

图 1-60　保证钢筋保护层措施

⑤凡带弯钩的钢筋，绑扎时弯钩不得朝向模板面，以防止弯钩卡住模板；

⑥支承杆作为结构受力钢筋时，其接头处的焊接质量，必须满足有关钢筋焊接规范的要求。

梁的横向钢筋，可采取边滑升边绑扎的方法。为便于横向钢筋的绑扎，可将箍筋做成上部开口的形式，待水平钢筋穿入就位后，再将上口绑扎封闭。亦可采用开口式活动横梁提升架，或将提升架集中布置于梁端部，将梁钢筋预制成自承重骨架，直接吊入模板内就位。自承重骨架的起拱值：当梁跨度小于或等于 6m 时，应为跨度的 2‰～3‰；当梁跨度大于 6m 时，应由计算确定。

2）留设预埋件

预埋件的固定，一般可采用短钢筋与结构主筋焊接或绑扎等方法连接牢固，但不得突出模板表面。模板滑过预埋件后，应立即清除表面的混凝土，使其外露，其位置偏差不应大于 20mm。对于安放位置和垂直度要求较高的预埋件，不应以操作平台上的某点作为控制点，以免因操作平台出现扭转而使预埋件位置偏移。应采用线锤吊线或经纬仪定垂线等方法确定位置。

3）混凝土的配制

用于滑模施工的混凝土，除应满足设计所规定的强度、抗渗性、耐久性等要求外，尚应满足下列规定：

①混凝土早期强度的增长速度，必须满足模板滑升速度的要求。

②薄壁结构的混凝土宜用硅酸盐水泥或普通硅酸盐水泥配制。

③混凝土入模时坍落度，应符合表1-33的规定。

表1-33　混凝土浇筑时的坍落度

结构种类	坍落度（cm）	
	非泵送混凝土	泵送混凝土
墙板、梁、柱	5～7	14～20
配筋密肋的结构（筒壁结构及细柱）	6～9	14～20
配筋特密结构	9～12	16～22

注：采用人工捣实时，非泵送混凝土的坍落度可适当增加。

④在混凝土中掺入的外加剂或掺合料，其品种和掺量应通过试验确定。配制混凝土的粗骨料，最好采用卵石，其最大粒径不得超过结构最小厚度的1/5和钢筋最小净距的3/4，对于墙壁结构，一般不宜超过20mm。另外，在颗粒级配中，可适当加大细骨料的用量，一般要求粒径在7mm以下的细骨料宜达到50%～55%，粒径在0.2mm以下的细骨料宜在5%以上，以提高混凝土的工作度，减少模板滑升时的摩阻力。配制混凝土的水泥，在一个工程上宜采用同一工厂生产的同一强度等级的产品，以便于掌握其特性。水泥的品种，应根据施工的气温、模板的滑升速度及施工对象而选用。一般情况下，高温宜选用凝结速度较慢的水泥，低温宜选用凝结较快、早期强度较高的水泥。气温过高时，宜加入缓凝、减水复合外加剂；气温过低时，宜加入高效减水剂和低温早强、抗冻外加剂。

⑤采用高强度混凝土时，尚应满足流动性、可泵性和可滑性等要求。并应使入模后的混凝土凝结速度与模板滑升速度相适应。混凝土配合比设计初定后，应先进行模拟试验，再作调整。混凝土的初凝时间宜控制在2h左右，终凝时间可视工程对象而定，一般宜控制在4～6h。

4）混凝土运输

混凝土的运输，一般可采用井架吊斗或塔吊吊罐，也可直接吊混凝土小车等，将混凝土吊至操作平台上，再利用人工入模浇灌。这种方法需用人工较多，而且运输时间亦较长，不利于滑模的快速施工。有些单位应用混凝土输送泵配合布料杆，解决混凝土的运输和直接入模问题，取得了较好的成果。

5）布料方法

①墙体混凝土布料方法：先把混凝土布在每个房间，然后由人工锹运入模。在逐间布料时，应按每个房间平行长墙方向，布料在靠墙边的位置上，再用锹入模。

②墙体混凝土布料时间：应控制在每个浇灌层（约20cm厚）混凝土，在1h内浇灌入模，振捣完毕。要求每层混凝土之间不得留有任何施工缝。

③为防止出现结构扭转现象，在奇数层的墙体滑模混凝土布料顺序，应按顺时针方向逐间布料；在偶数层时，应按逆时针方向逐间布料。

④必要时，还需考虑到季节风向、气温与日照等因素进行布料。

⑤楼板混凝土布料顺序；先远后近，逐间布料。一般先从东北角开始，逐间往东南方向布料，直到南边为止。随后，将布料机空转，至西北部位，再逐间往南方向布料，直至西南边外墙为止。

⑥在楼板混凝土逐间布料以后，随即振实。

6）混凝土的浇筑

浇筑混凝土前，必须合理划分施工区段，安排操作人员，以使每个区段的浇筑数量和时间大致相等，混凝土的浇筑应满足下列规定：

①必须分层均匀交圈浇灌，每一浇灌层的混凝土表面应在一个水平面上，并应有计划匀称地变换浇筑方向。

②分层浇灌的厚度不宜大于200mm，各层浇灌的间隔时间，应不大于混凝土的凝结时间（相当于混凝土达0.35kN/cm^2贯入阻力值），当间隔时间超过时，对接槎处应按施工缝的要求处理。

③在气温高的季节，宜先浇灌内墙，后浇灌阳光直射的外墙；先浇灌直墙，后浇灌墙角和墙垛；先浇灌较厚的墙，后浇灌薄墙。

④预留孔洞、门窗口、烟道口、变形缝及通风管道等两侧的混凝土，应对称均衡浇灌。开始向模板内浇灌的混凝土，浇灌时间一般宜控制在2h左右，分2~3层将混凝土浇灌至600~700mm高度。然后进行模板的初滑。正常滑升阶段的混凝土浇灌，每次滑升前，宜将混凝土浇灌至距模板上口以下50~100mm处，并应将最上一道横向钢筋留置在混凝土外，作为绑扎上一道横向钢筋的标志。在浇筑混凝土的同时，应随时清理黏附在模板内表面的砂浆，保持模板洁净。防止结硬后增加滑升的摩阻力。

7）混凝土振捣

混凝土的振捣应满足下列要求：

①振捣混凝土时，振捣器不得直接触及支承杆、钢筋或模板；

②振捣器应插入前一层混凝土内，但深度不宜超过50mm；

③在模板滑动的过程中，不得振捣混凝土。

坍落度较大的混凝土，可用人工振捣；坍落度较小的混凝土，宜用移动方便的小型插入式振捣器振捣（目前我国生产有棒头直径为30或50mm，棒长230mm）。如小型振捣器不易解决，亦可采用普通高频振捣器，但在其头部200mm左右处应做好明显的标志。操作时，严格控制棒头插入混凝土的深度，不得超过标志。

8）滑板滑升

模板的滑升分为初始滑升、正常滑升和完成滑升三个阶段（表1-34）：

表 1-34 滑板滑升阶段表

阶 段	主 要 内 容
初始滑升阶段	模板的初始滑升，必须在对滑模装置和混凝土结状态进行检查后进行。初滑时，应将全部千斤顶同时缓慢平稳升起 50～100mm，脱出模的混凝土用手指按压有轻微的指印和不粘手，及滑升过程中耳闻有“沙沙”声，说明即已具备滑升条件。当模板滑升至 200～300mm 高度后，应稍事停歇，对所有提升设备和模板系统进行全面检查、修整后，即可转入正常滑升。混凝土出模强度宜控制在 0.2～0.4MPa，或贯入阻力值为 0.30～1.05MPa
正常滑升阶段	正常滑升，其分层滑升的高度应与混凝土分层浇灌的厚度相配合，一般不宜大于 200mm。两次提升的时间间隔不应．超过 1.5h。在气温较高时，应增加 1～2 次中间提升，中间提升的高度为 30～60mm，以减少混凝土与模板间的摩阻力。模板滑升时，应使所有的千斤顶充分地进、排油。提升过程中，如出现油压增至正常滑升滑压值的1.2 倍，尚不能使全部液压千斤顶升起时，应停止提升操作，立即检查原因，及时进行处理。在滑升过程中，操作平台应保持水平。各千斤顶的相对标高差不得大于 40mm，相邻两个提升架上千斤顶的升差不得大于 20mm。连续变截面结构，每滑升一个浇灌层高度，应进行一次模板收分。模板一次收分量不宜大于 10mm。在滑升过程中，应检查和记录结构垂直度、扭转及结构截面尺寸等偏差数值，检查及纠偏、纠扭应符合下列规定： ①对连续变截面和整体刚度较小的结构，每提升一个浇灌层高度应检查、记录一次 ②对整体刚度较大的结构，每滑升 1m 至少应检查、记录一次 ③在纠正结构垂直度偏差时，应缓缓进行，避免出现硬弯 ④当采用倾斜操作平台的方法纠正垂直度偏差时，操作平台的倾斜度应控制在 1% 之内 ⑤对圆形筒壁结构，任意 3m 高度上的相对扭转值不应大于 30mm
完成滑升阶段	模板的完成滑升阶段，又称作末升阶段。当模板滑升至距建筑物顶部标高 1m 左右时，滑模即进入完成滑升阶段，此时应放慢滑升速度，并进行准确的抄平和找正工作，以使最后一层混凝土能够均匀地交圈，保证顶部标高及位置的正确

9）变截面壁厚的处理

①调整围圈法

在提升架立柱上设置调整围圈和模板位置的丝杠（螺栓）和托梁，当模板滑升至变截面的标高，只要调整丝杆移动围圈即可将模板调整至变截面要求的位置。

②衬模板法

按变截面结构宽度制备好衬模，待滑升至变截面部位时，将衬模固定于滑升模板的内侧，随模板一起滑升（图 1-61）。这种方法构造比较简单，缺点是需另制作衬垫模板。

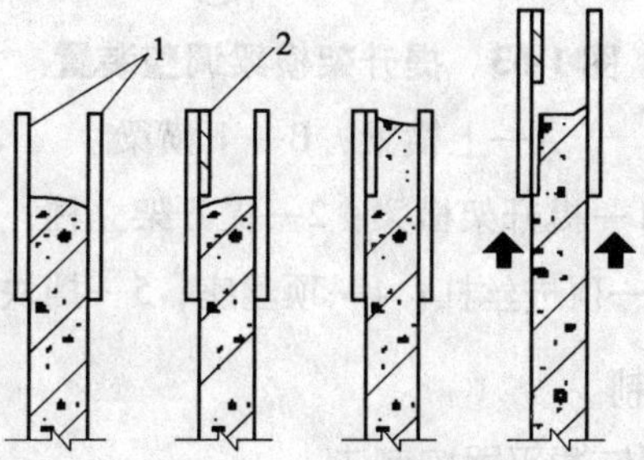

图 1-61 衬横板示意

1—滑升模板；2—衬模板

③平移提升架立柱法

在提升架的立柱与横梁之间装设一个顶进丝杠，变截面时，先将模板提空，拆除平台板及围圈桁架的活接头。然后拧紧顶进丝杠，将提升架立柱带着围圈和模板向壁厚方向顶进，至要求的位置后，补齐模板，铺好平台，改模工作即告完成如图1-62所示。顶进丝杠可在提升架上下横梁上反方向各设置1个，以增强其刚度，如图1-63所示。

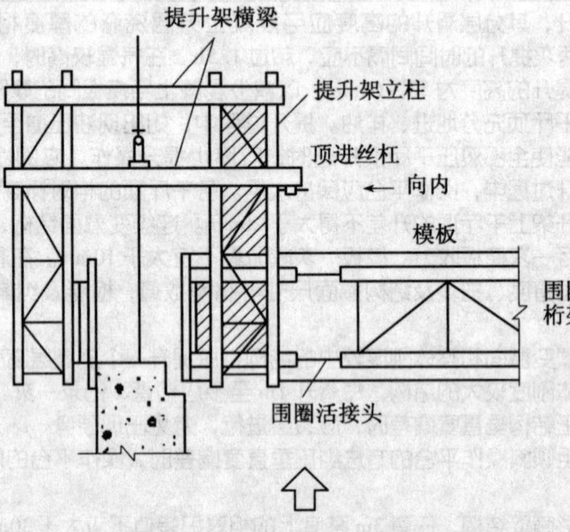

图1-62　平移提升架立柱法

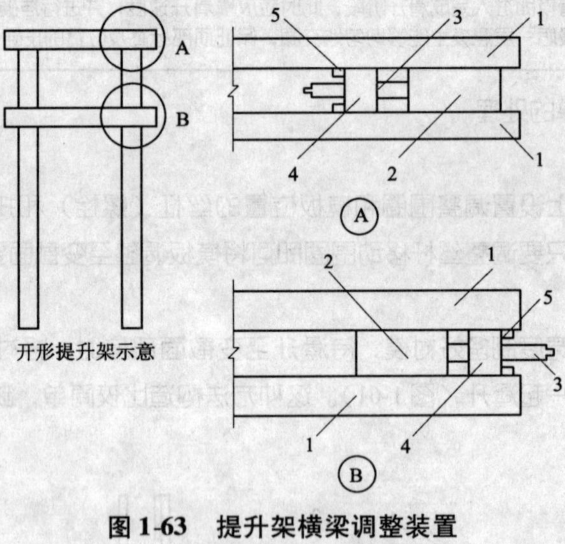

图1-63　提升架横梁调整装置

A—上横梁；B—下横梁

1—提升架横梁；2—提升架立柱；

3—顶进丝杠；4—顶丝座；5—挡块

（4）滑模施工精度控制

1）滑模施工水平度限位调平器控制法

限位调平器是在GYD型或QYD型液压千斤顶上改制增加的一种调平装置（图1-64）。主要由筒形套和限位挡体两部分组成，筒形套的内筒伸入千斤顶内直接与活塞上端接触，外筒与千斤顶缸盖的行程调节帽螺纹连接。使用时，将限位挡体按调平要求的标高，固定在支承杆上。当筒形套被限位挡体顶住并压住千斤顶活塞时，活塞不能排油复位，千斤顶即停止爬升。因而起到自动限位的作用。滑升过程中，每当千斤顶全部升至限位挡体处一次，模板系统即可自动限位调平一次。这种方法简便易行，投资少，是保证滑模提升系统同步工作的有效措施之一。

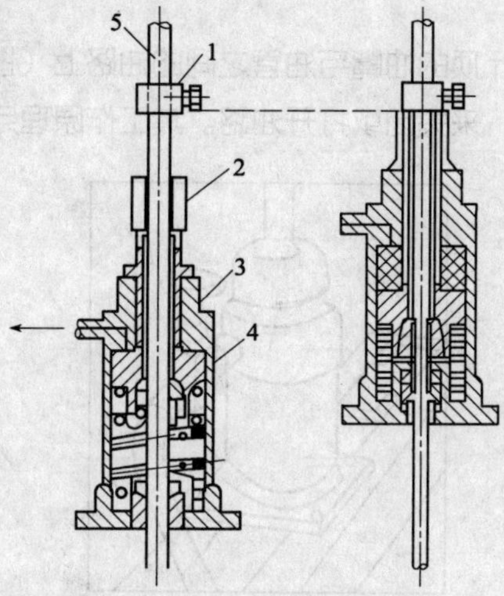

图 1-64　筒形限位调平器

1—限位挡；2—筒形限位调平器；3—千斤顶；4—活塞；5—支承杆

2）滑模施工水平度限位阀、截止阀控制法

①限位阀控制法

限位阀是在液压千斤顶的进油嘴处增加的一个控制供油的顶压截止阀（图1-65）。限位阀体上有两个油嘴，一个连接油路；另一个通过高压胶管与千斤顶的进油嘴连接。

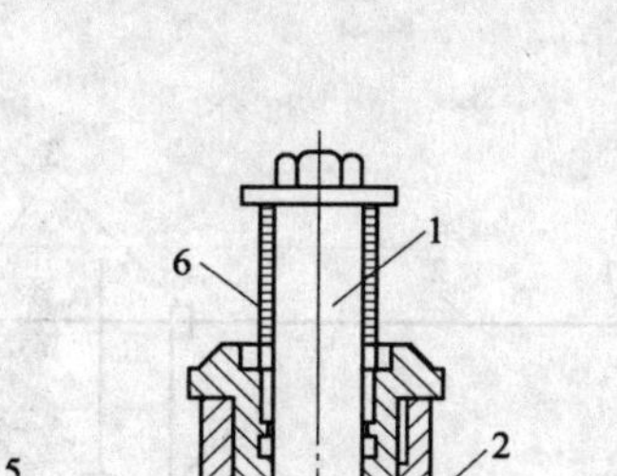

图 1-65　限位阀

1—阀芯；2—阀体；3—出油嘴；4—底座；5—进油嘴；6—弹簧

使用时，将限位阀安装在千斤顶上，随千斤顶向上爬升，当限位阀的阀芯被装在支承杆上的挡体顶住时，油路中断，千斤顶停止爬升。当所有千斤顶的限位阀都被限位挡体顶住后，模板即可实现自动调平。限位阀的限位挡体与限位调平器的限位挡体的基本构造相同，其安装方法也一样。所不同的是：限位阀是通过控制供油而限位调平器是控制排油来达到自动调平的目的。使用前，必须对限位阀逐个进行耐压试验，不得在 $12N/mm^2$ 的油压下出现泄漏或阀芯密封不严等现象。否则，将使千斤顶失控，并认真逐个检查，不得有遗漏或固定不牢的现象。

②截止阀控制法

截止阀一般安装在千斤顶的油嘴与油管之间的油路上（图1-66）。施工中，通过手动旋紧或旋松截止阀芯，来关闭或打开油路。其工作原理与限位阀相似。

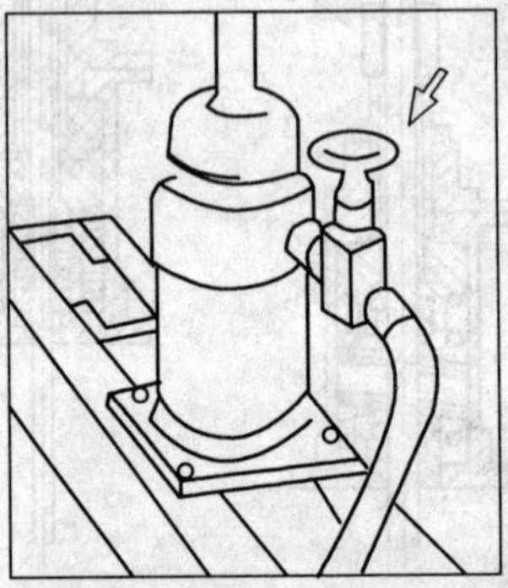

图1-66　截止阀安装示意

3）滑模施工水平度激光平面仪自动调平控制法

利用激光平面仪和光电元件供电磁阀启动和关闭，用以控制千斤顶的油路，达到自动调平的目的。图3－44是一种比较简单的激光自动控制方法。激光平面仪安装在施工操作平台的适当位置，水准激光束的高度为2m左右。每个千斤顶都配备一个光电信号接收装置。它收到的脉冲信号，通过放大以后，使控制千斤顶进油口处的电磁阀开启或关闭。

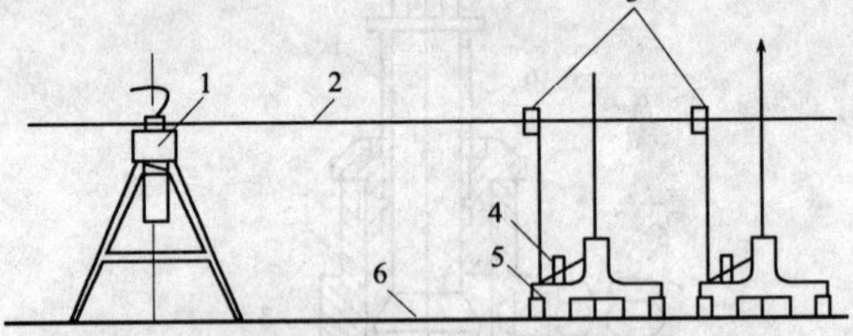

图1-67　激光平面仪控制千斤顶爬升示意

1—激光平面仪；2—激光束；3—光电信号装置；
4—电磁阀；5—千斤顶及提升架；6—施工操作平台

4）滑模施工垂直度观测法

在滑模施工中，影响建筑物垂直度的因素很多，诸如：千斤顶不同步引起的升差、滑模装置刚度不够出现变形、操作平台荷载不匀、混凝土的浇灌方向不变以及风力、日照的影响等等。为了解决上述问题，除采取一些有针对性的预防措施外，在施工中还应经常加强观测，并及时采取纠偏、纠扭措施，以使建筑物的垂直度始终得到控制。

垂直度的观测

观测建筑物垂直度的方法很多，除一般常用的线锤法、经纬仪法之外，近年来，许多单位采用了激光铅直仪、激光经纬仪以及导电线锤等设备进行观测，收效较好。

①激光导向法

可在建筑物外侧转角外，分别设置固定的测点（图1-68）。模板滑升前，在操作平台对应地面测点的部位，设置激光接收靶，接收靶由毛玻璃、坐标纸及靶筒等组成。接收靶的原点位置与激光经纬仪的垂直光斑重合（图1-69）。施工中每个结构层至少观测一次。

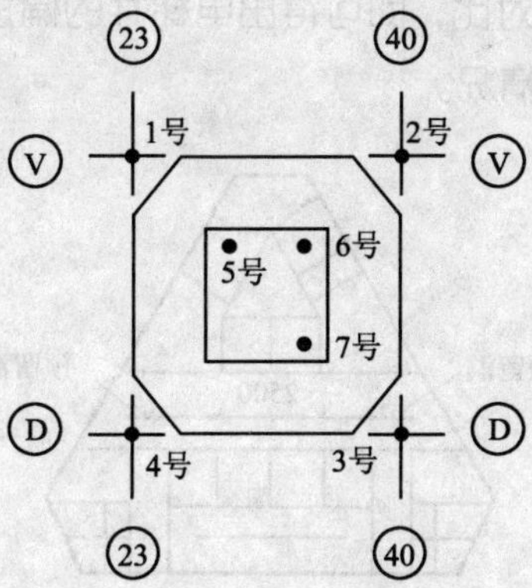

图1-68　测平面布置

注：图中“·”系观测点位置

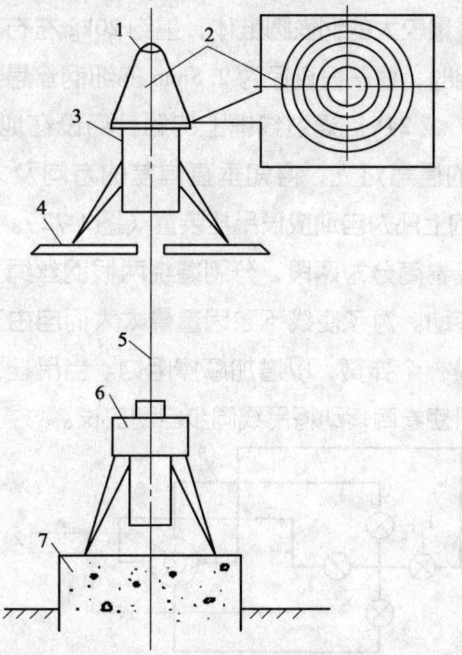

图1-69　激光靶示意图

1—观测口；2—激光靶；3—遮光筒；4—操作平台；
5—激光束；6—激光铅直仪；7—混凝土底座

在测点水平钢板上安放激光经纬仪，直接与钢板上的十字线所表示的测点对中，仪器调平校正并转动一周，清除仪器本身的误差。然后，以仪器射出的铅直激光束打在接收靶上的光斑中心为原点位置，记录在观测平面图上。施工中，只要检测光斑与接收靶原点位置对比，即可得知该测点的位移。

②激光导线法

主要用于观测电梯井的垂直偏差情况，同时与外筒大角激光导向观测结果相互验证，并可考虑平台刚度对内筒垂直度的影响。

在底层事先测设垂直相交的基准导线（图 1-70），用激光经纬仪通过楼板预留洞。施工中，随模板滑升将此控制导线逐层引测至正在施工的楼层。据此量电梯井壁的实际位置，与基准位置对比，即可得出电梯井的偏扭结果。如再与外筒观测数据对比，则可检验平台变形情况。

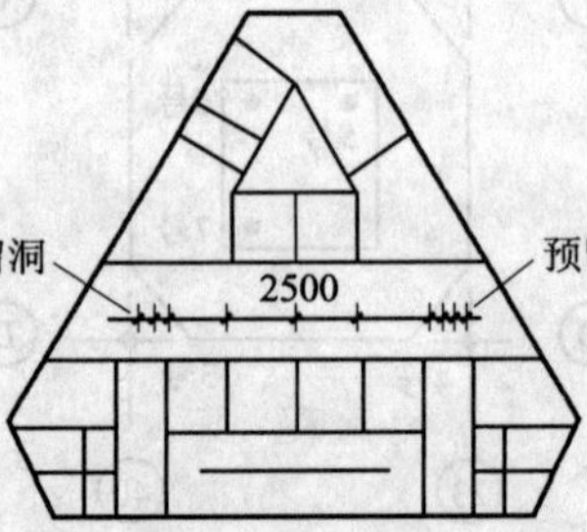

图 1-70　激光导线观测

③导电线锤法

导电线锤是一个重量较大的钢铁圆锥体，重约 20kg 左右。线锤的尖端有一根导电的紫铜棒触针。使用时，靠一根直径为 2. 5mm 的细钢丝悬挂于吊挂机构上。导电线锤的工作电压为 12V 或 24V。通过线锤上的触针与设在地面上的方位触点相碰，可以从液压控制台上的信号灯光，得知垂直偏差的方向及大于 10mm 的垂直偏差（图 1-71）。导电线锤的上部为自动放长吊挂装置（图 1-72）。主要由吊线卷筒、摩擦盘、吊架等组成。吊线卷筒分为两段，分别缠绕两根钢丝绳，一根为吊线、一根为拉线，可分别绕卷筒转动。为了使线不致因重量太大而自由下落，在卷筒一侧设置摩擦盘，并在轴向安设一个弹簧，以增加摩擦阻力。当吊挂装置随模板提升时，固定在地面上的拉线即可使卷筒转动将吊线同步自动放长。

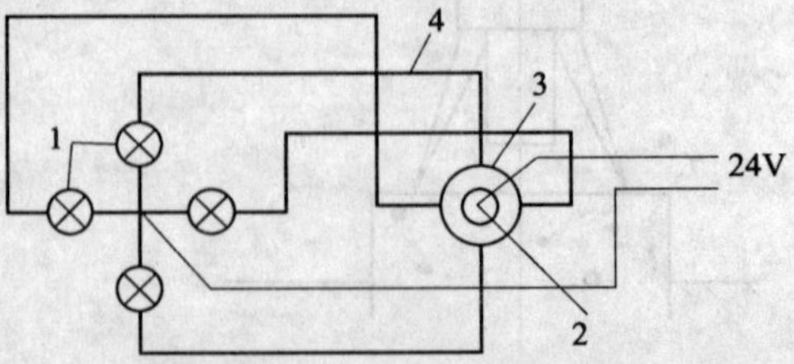

图 1-71　导电线锤原理

1—液压控制台信号灯；2—线锤上的触针；

3—触点；4—信号线路

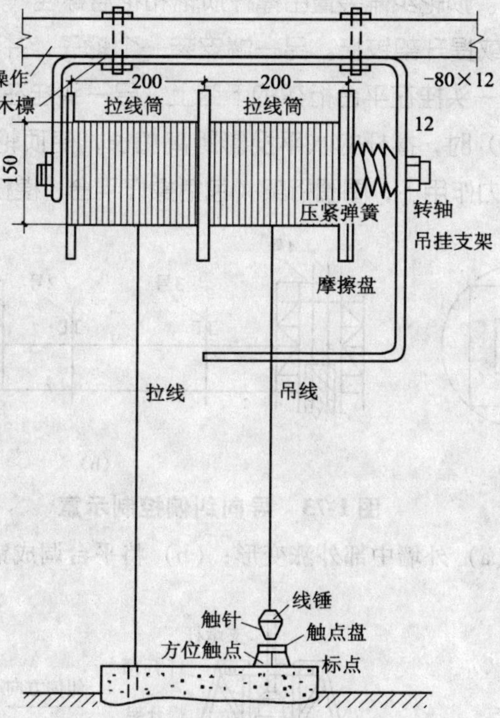

图 1-72　导电线锤吊挂装置

5）滑模施工垂直度控制

①平台倾斜法

平台倾斜法又称作调整高差控制法。其原理是：当建筑物出现向某侧位移的垂直偏差时，操作平台的同侧，一般会出现负水平偏差。据此，我们可以在建筑物向某侧倾斜时，可将该侧的千斤顶升高，使该侧的操作平台高于其他部位，产生正水平偏差，然后将整个操作平台滑升一段高度，其垂直偏差即可随之得到纠正。对于千斤顶需要的高差，可预先在支承杆上做出标志（可通过抄平拉斜线，最好采用限位调平器对千斤顶的高差进行控制）。

②导向纠偏控制法

当发现操作平台的外墙中部联系较弱的部位，产生圆弧状的外涨变形时可通过限位调平器将整个平台调成锅底状（图 1-73）的方法进行纠正。调整操作平台产生一个向内倾斜的趋势，使原来因构件变形而伸长的模板投影水平距离稍有缩短。同时，由千斤顶的位置高差，使得外筒的提升架（图 1-73 中 4 号）也产生一定的倾斜，改变了原有的模板倾斜度，这样，利用模板的导向作用和平台自重产生的水平分力促使外涨的模板向内移位。同样，对局部偏移较大的部位，也可采用这种方法来改变模板倾斜度，使偏移得到纠正和控制。

③顶轮纠偏控制法

这种纠偏方法是利用已滑出模板下口并具有一定强度的混凝土作为支点，通过改变顶轮纠偏装置的几何尺寸而产生一个外力，在滑升过程中，逐步顶移模板或平台，以达到纠偏的目的。纠偏撑杆可铰接于平台桁架上（图 1-74a）；也可铰接于提升架上（图1-74b）。顶轮纠偏装置由撑杆顶轮和花篮螺栓（或倒链）所组成。撑杆的一端与平台桁架或提升架铰接。另一端安装一个轮子，并顶在混凝土墙面上。花篮螺栓（或倒链）一头挂在平台桁架的下弦上，另一头挂在顶轮的撑杆上。当收紧花篮螺栓（或倒链）时，撑杆的水平投影距离加长，使顶轮紧紧顶住混凝土墙面，在混凝土墙面的反力作用下，围圈桁架（包括操作平台、模板等）向相反方向移位。

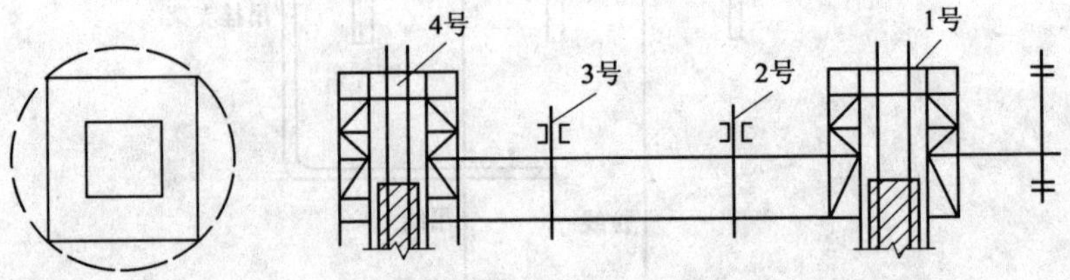

(a)　　　　　　　　　　　　(b)

图1-73　导向纠偏控制示意

（a）外墙中部外涨变形；（b）将平台调成锅底状

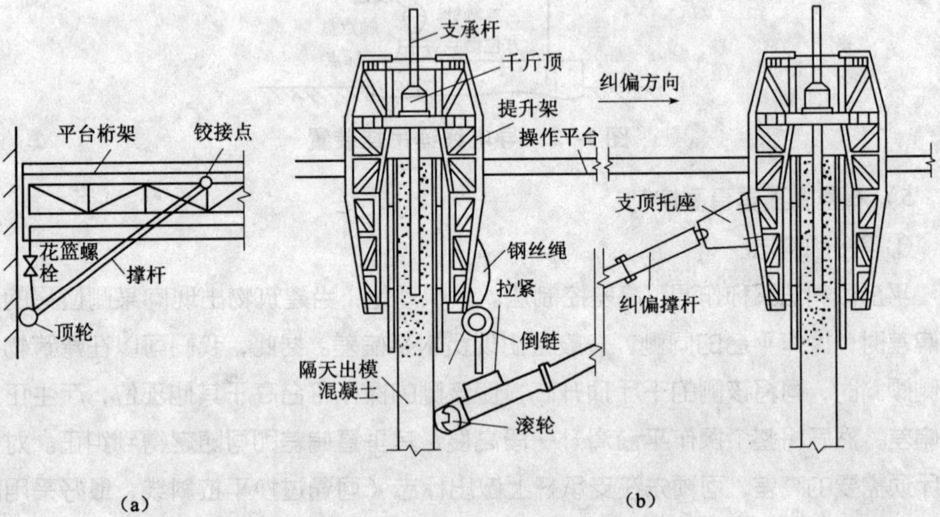

(a)　　　　　　　　　　　　(b)

图1-74　顶轮纠偏示意

（a）顶轮铰接于平台上；（b）顶轮铰接于提升架上

④外力法

当建筑物出现扭转偏差时，可沿扭转的反方向施加外力，使平台在滑升过程中，逐渐向回扭转，直至达到要求为止。具体做法是，采用手扳葫芦或倒链（3～5t）作为施加外力的工具，一端固定在已有一定强度的下一层结构上，另一端与提升架立柱相连。当搬动手搬葫芦和倒链时，相对于结构形心，可以得到一个较大的反向扭矩。采用外力法纠扭时，动作不可过猛，一次纠扭的幅度不可过大；同时，还要考虑连接手搬葫芦或倒链的两端时，应尽可能使其水平，以减小竖向分力。

⑤双千斤顶法

双千斤顶法又称为双千斤顶纠扭法，是当建筑物平面为圆形结构时，可沿圆周等间距地间隔布置数对双千斤顶，将两个千斤顶置于槽钢挑梁上，挑梁与提升架横梁垂直连接，使提升架由双千斤顶承担。通过调节两个千斤顶的不同提长高度，来纠正滑模装置的扭转（图1-75）。当操作平台和模板产生扭转时，先将扭转方向一侧的千斤顶A升高，然后再将全部千斤顶提升一次。如此重复将模板提升数次，即可达到纠扭目的。

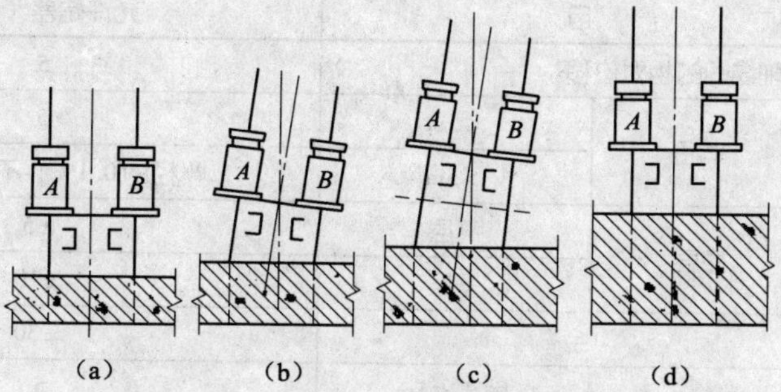

图1-75　双千斤顶纠正扭转示意

（a）模板扭转、支承杆必须歪斜；

（b）适当提高千斤顶A的高程；

（c）提升几个行程，扭转即可纠正；

（d）然后使两台千斤顶恢复水平

⑥变位纠偏器纠正法

变位纠偏器纠正法是在滑模施工中，通过变动千斤顶的位置，推动支承杆产生水平位移，达到纠正滑模偏差的一种纠扭、纠偏方法。变位纠偏器实际是千斤顶与提升架的一种可移动的安装方式，其构造和安装见图1-76。

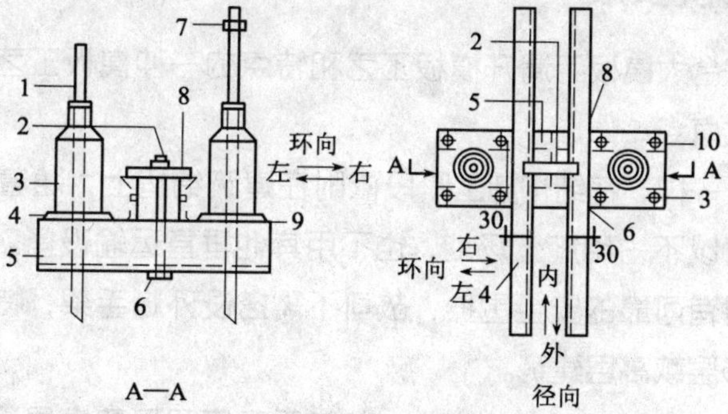

图1-76　双千斤顶变位纠偏器的构造和安装

1—ϕ25支承杆；2—变位螺钉M16；3—千斤顶；

4—开字架下横梁；5—千斤顶扁担梁；

6—变位螺钉下担板；7—限位调平卡；

8—变位螺钉上担板；9—千斤顶垫板

当纠正偏、扭时，只需将变位螺钉稍微松开，即可按要求的方向推动千斤顶使支承杆位移后，再将变位螺钉拧紧。通过改变支承杆的方向，达到纠偏、纠扭的目的。

6）滑模施工的允许偏差

滑模工程的验收应按现行《混凝土结构工程施工质量验收规范》和《滑动模板工程技术规范》等规范要求进行。其工程结构允许偏差应符合表1-35的规定。

表1-35　滑模施工工程结构的允许偏差

项目			允许偏差（mm）
轴线间的相对位移			5
圆形筒壁结构	半径	≤5m	5
		>5m	半径的0.1%，不得大于10
标高	每层	高层	±5
		多层	±10
	全高		±30
垂直度	每层	层高≤5m	5
		层高>5m	层高的0.1%
	全高	高度<10m	10
		高层≥10m	高度的0.1%，不得大于30
槽、柱、梁、壁截面尺寸			+8，-5
表面平稳（2m靠尺检查）		抹灰	8
		不抹灰	5
门窗洞口及预留洞口位置			25
预埋件位置			20

细节　爬模安装

爬升模板是综合大模板与滑升模板工艺和特点的一种模板工艺，具有大模板和滑升模板共同的优点。

它与滑升模板一样，在结构施工阶段依附在建筑结构上，随着结构施工而逐层上升，这样模板可以不占用施工场地，也不用其他垂直运输设备。另外，它装有操作脚手架，施工时有可靠的安全围护，故可不需搭设外脚手架，特别适用于在较狭小的场地上建造多层或高层建筑。

它与大模板一样，是逐层分块安装，故其垂直度和平整度易于调整和控制，可避免施工误差的积累。也不会出现墙面被拉裂的现象。

（1）爬模施工

1）模板与爬架互爬工艺流程

大模板与爬架的爬升套架用法兰螺杆连接，使大模板能沿水平方向平移50～80mm，以便于大模板脱模和爬升。大模板通过留孔钢管及对拉螺栓与混凝土墙作可靠连接，爬架的底部和中部分别设置活动靴脚和刚性拉杆与墙体连接。相互爬升的动力采用手动起重葫芦，爬升工艺示意见图1-77。

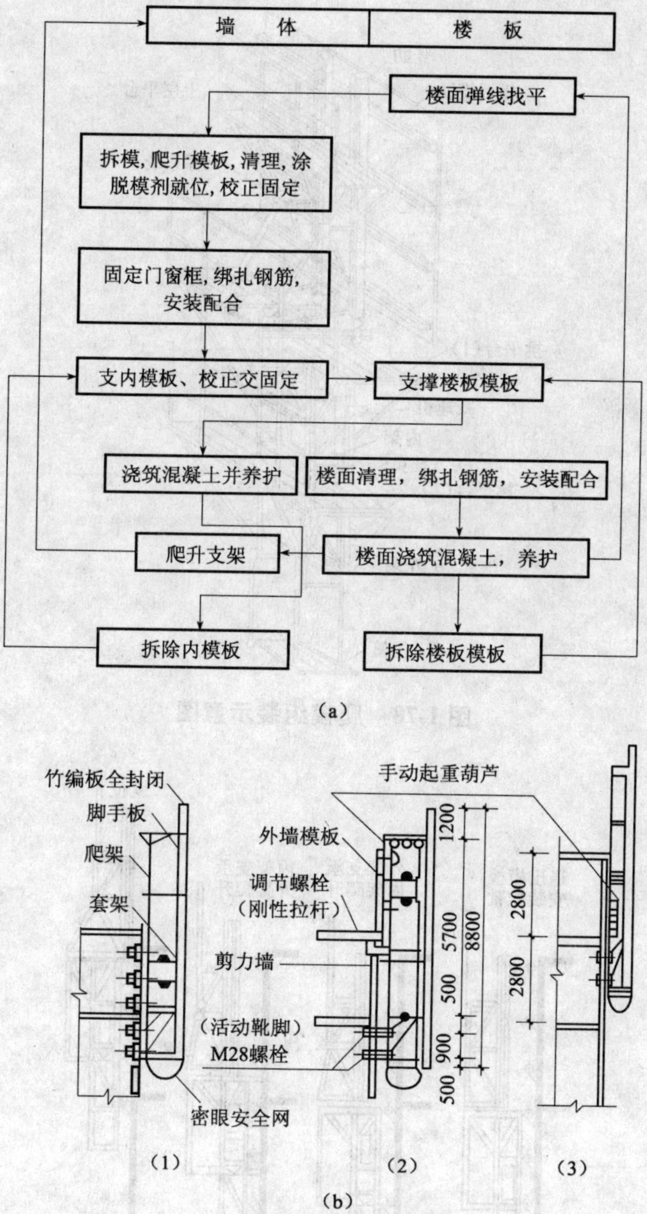

图 1-77　爬模施工流程示意图

（1）模板、架体组装；（2）爬架固定，模板上升；

（3）模板固定，架体上升

2）爬架与爬架互爬

爬架与爬架互爬工艺，可分为外墙外侧模板随同爬架提升和外墙内外侧模板随同爬架提升两种。

①外墙外侧模板随同爬架提升

其主要工作原理是：以固定在混凝土外表面的爬升挂靴为支点，以摆线针轮减速机为动力，通过内外爬架的相对运动，使外墙外侧模板随同外架相应爬升。爬模由爬模架、平台、传动装置和模板组成（图 1-78），其工艺流程见图 1-79。

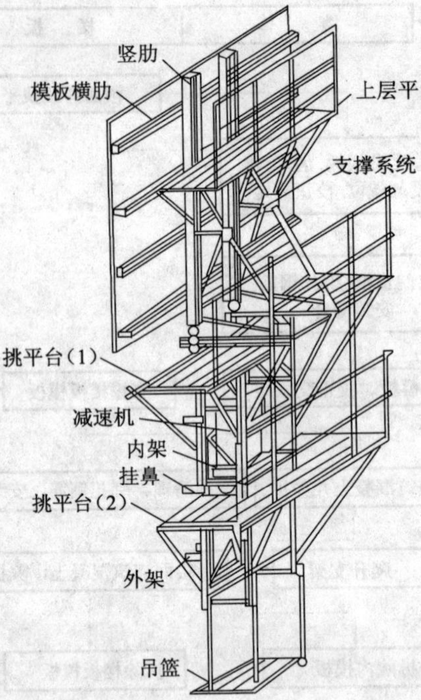

图 1-78　爬模组装示意图

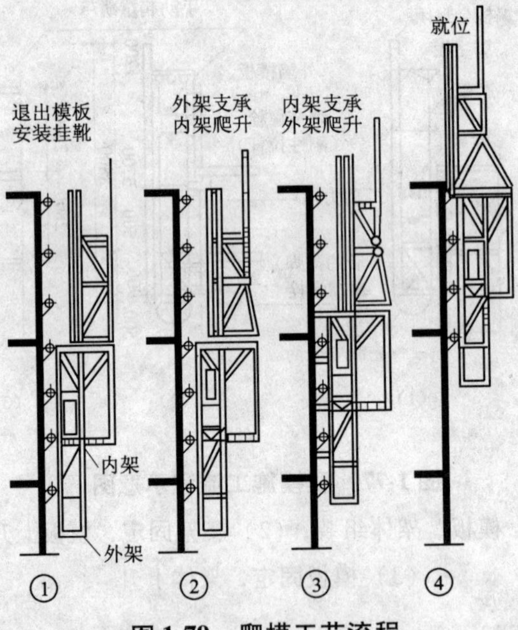

图 1-79　爬模工艺流程

②外墙内外侧模板随同爬架提升

该工艺又称“单机双爬”。是以摆线针轮减速机作动力，通过螺杆传动，使大爬架与小爬架交替爬升，从而使固定在大爬架的大模板支架上升到规定的高度，再松开 U 形螺栓，用水平丝杆并借助滑轮推动外侧大模板就位。内侧大模板通过模板支架上的悬挂架与外侧大模板同步提升。每层需 3 次爬升，每次约上升 1m。其构造见图 1-80。

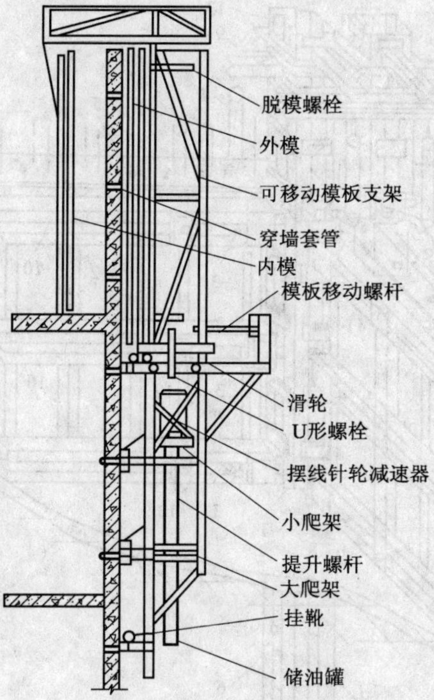

图 1-80　单机双爬示意

3）整体爬升模板工艺

整体爬升模板施工，必须着重解决楼板水平构件影响模板爬升的问题。整体爬模主要由内、外爬架和内、外模板组成。内爬架置于墙角，通过楼板孔洞，立在短横扁担上，并用穿墙螺栓传力于下层的混凝土墙体；外爬架传力于下层混凝土外墙体；形成内、外爬架与内、外模板相互依靠、交替爬升的施工过程。整体爬模见图 1-81。

①手动提升整体爬模施工

该工法是以倒链提升为主的整体爬模施工。

a. 工艺流程

整体爬升工艺流程见图 1-82。

b. 手动提升整体爬模施工要点

（a）第一层墙体混凝土的浇筑，仍采用大模板工程一般常规施工方法进行。待一层外墙拆模后，即可进行外爬架和外墙外侧模板的组装。待一层楼顶板浇筑混凝土后，即可安装内爬架及外墙内侧模板和内墙模板。

（b）内爬架的安装，应先将控制轴线引测到楼层，并按“偏心法”放出 50cm 通长控制轴线，然后按开间尺寸划分弹出墙体中心线，才能作内爬架限位。

（c）由于内爬架带有角模，因此内爬架支设位置的正确和垂直，是确保模板工程质量的关键。必须经质量检查人员复验无误后，才能进行下一道支模工序。

（d）水平标高的控制，可采取在每根内爬架上画出 50cm 高的红色标记；另外，当一层墙体混凝土浇筑完毕拆除内模两侧角铁后，立即将下一层墙体上的水平线引到上一层墙体上，亦做好红色标记，作为内爬架红色标记对齐的依据。当内墙模板和外墙内侧模板提升后，据此用墨线弹出整个房间的水平线，作为支撑楼板模板控制标高的依据。

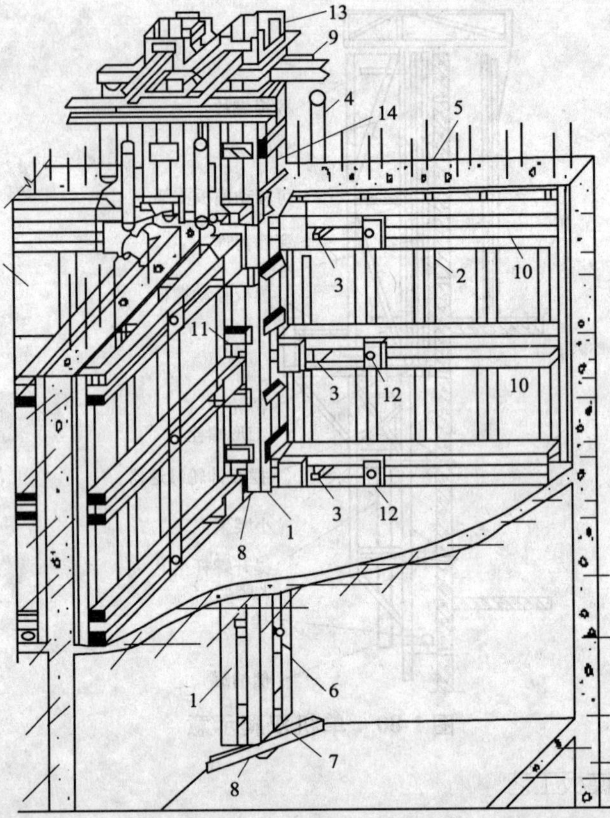

图 1-81　整体爬模示意

1—内爬架；2—内模架；3—固定插销（安全销）；4—提升动力机构；
5—混凝土；6—穿墙螺栓；7—短横扁担；8—内爬架通道口；9—顶架；
10—横肋；11—缀板；12—垫板；13—外爬架；14—外模架

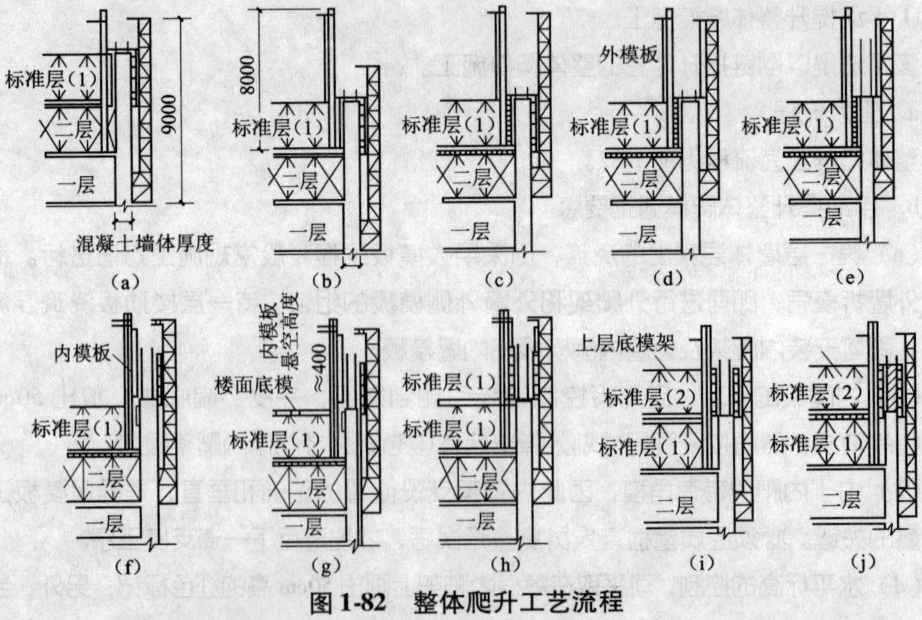

图 1-82　整体爬升工艺流程

(a) 弹现浇导墙；(b) 升内架（外墙边）；(c) 升外架；(d) 升外模；
(e) 扎筋；(f) 升内模；(g) 铺楼面底模；(h) 绑扎楼板钢筋浇楼板混凝土；
(i) 校正内外模搭台模架；(j) 浇上层混凝土

（e）爬架的提升，应先提升靠外墙的内爬架，作为以后提升内、外模板的连接依靠。内爬架提升到位后，应立即做好临时固定，并在其底部加小横扁担搭在楼板上作安全支承，同时用楔子校正其垂直度。内墙的内爬架，可根据施工要求穿插提升。

（f）外爬架提升方法与“外墙爬升模板施工”基本相同。

（g）整体爬升模板的支模工作，主要是使模板紧靠内爬架上的内模，其他可按常规操作施工。

（h）为了施工安全和便于绑扎外墙钢筋，当外爬架提升后应立即提升外墙外侧模板。并在模板到位后立即用螺栓与内爬架连接，随即清理模板和涂刷脱模剂。

（i）当墙体钢筋绑扎完毕，内爬架全部就位后，即可提升内墙模板和外墙内侧模板，并立即由专人清理模板和涂刷脱模剂，做好就位校正固定工作。

（j）外爬架应均匀布置，并应尽量避开窗口。高层建筑首层主立面的进出口处，往往设有大西篷或悬挑结构，外爬架的布置要尽量避开此处，或从第二层开始布置。

（k）由于内爬架的设置，每个房间楼板四角预留了内爬架通道孔洞，在完成本层结构施工内爬架提升后，应在做地面时加钢筋网片补平。

（l）每层墙体混凝土施工缝应错开留设，楼板应整块浇筑混凝土。

②液压整体爬模施工

液压整体爬模板由大模板、支承立柱与操作平台、液压整体提升三大系统组成。操作平台覆盖全楼层，平台刚架通过导向架搁置在由串心式千斤顶、支承杆、支承立柱所组成的承载体上，大模板用手动倒链吊挂在平台刚架下面。立柱对称布置，通过楼板孔洞支承于下一层楼板上。启动液压动力装置使平台刚架、大模板、吊脚手等分组间隔交替整体提升，见图1-83。

a. 构造组成

液压整体爬模的构造组成包括如下内容：

（a）工具式钢立柱

工具式钢立柱是基本承载与传力构件，每根立柱由4根角钢与缀板焊成，长度相当于3个楼层的高度，必须有足够的强度和刚度，截面20cm×20cm，长11.2m左右，自重220～300kg。立柱的底座由钢板焊成，用4根M24螺栓固定在楼板上，立柱插入其中后用钢销固定。立柱顶设挑梁，由槽钢焊成，留四孔悬挂千斤顶爬杆。见图1-84。

除固定于楼板上的立柱外，还可以采用附墙式立柱，在立柱下端设钢牛腿，与墙锚固。支承立柱的混凝土强度，均应作荷载验算，不得低于C15。

操作平台平面根据标准层平面布置，由型钢构成，满铺脚手板，保证整体刚度和操作安全。平台外围挂有3～4排角钢制成的吊脚手，用于外墙模板的操作与竖向钢筋等施工。

立柱与平台之间用导向架连接，内装导向轮，使平台轻便提升，定位准确。导向架上面留有四组用于固定四台千斤顶的螺栓孔，见图1-85。

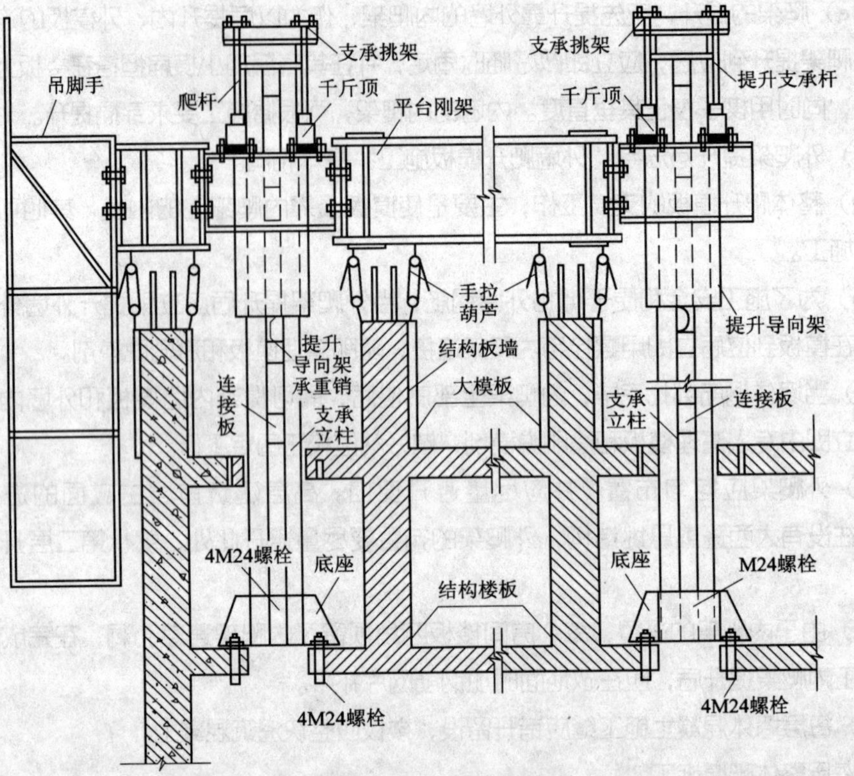

图 1-83　液压整体爬模系统

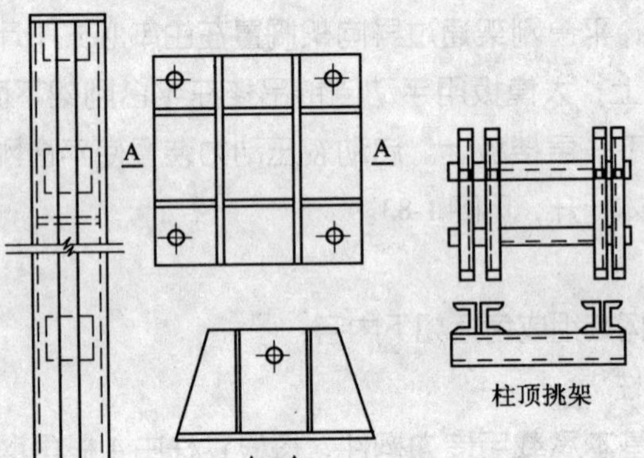

图 1-84　工具式钢立柱及其底座、柱顶挑梁

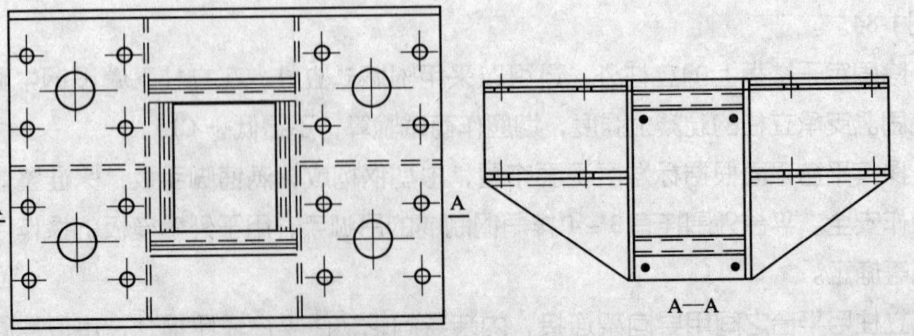

图 1-85　导向架

（b）大模板

尽可能设计通用大模板，钢模宽度一般 4～6m，高度一般在 3m 左右。根据工程特点配置辅助模板。

（c）液压提升系统

支承挑架均匀支承 4 根爬杆（ϕ25 圆钢筋或 ϕ48 钢管）及 4 个串心式液压千斤顶（30kN 或 60kN）组成液压提升系统。爬杆上端与挑架采用螺栓连接；下端为自由端，方便爬杆安装、调换。爬杆按拉应力设计。

b. 液压整体爬模施工工艺流程

工艺流程见图 1-86。

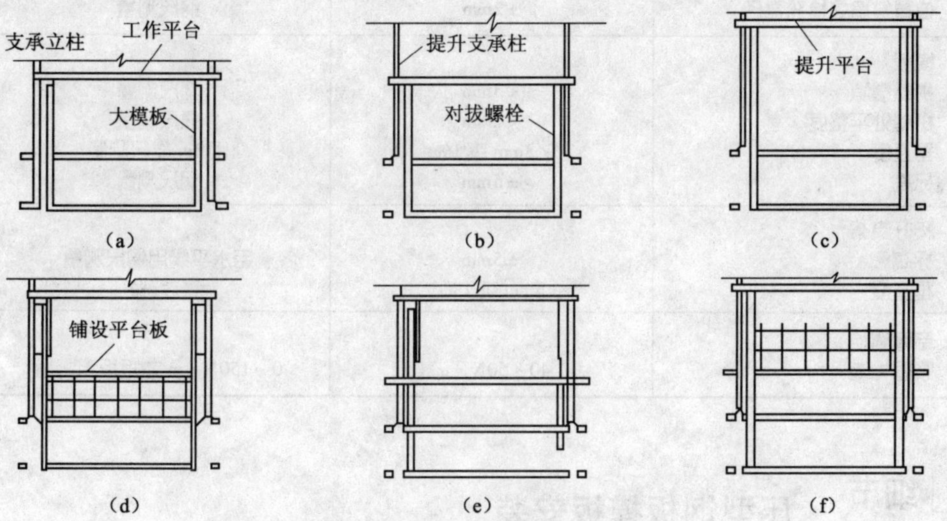

图 1-86　液压整体爬模施工工艺流程

（a）浇捣墙体混凝土；（b）提升支承立柱；
（c）提升平台、模板、绑扎钢筋；（d）楼板、模板、支模、绑扎钢筋；
（e）浇捣楼板混凝土；（f）墙体模板就位固定、浇捣混凝土

（2）质量标准

爬模质量标准参见表 1-36。

表 1-36　爬升模板的质量标准

项　　目	质 量 标 准	检测工具与方法
	（一）制作	
1. 大模板		
外形尺寸	－3mm	钢尺测量
对角线	±3mm	钢尺测量
板面平整度	<2mm	2m 靠尺，塞尺检测
直边平直度	±2mm	2m 靠尺，塞尺检测
螺孔位置	±2mm	钢尺测量
螺孔直径	+1mm	量规检测
焊缝	按图纸要求检查	

续表

项　目	质 量 标 准	检测工具与方法
2. 爬升支架		
截面尺寸	±3mm	钢尺测量
全高弯曲	±5mm	钢丝拉绳测量
立柱对底座的垂直度	1%	挂线测量
螺孔位置	±2mm	钢尺测量
螺孔直径	+1mm	量规检查
焊缝	按图纸要求检查	
（二）安装		
1. 墙面留穿墙螺栓孔	±5mm	钢尺测量
位置穿墙螺栓孔直径	±2mm	钢尺测量
2. 模板		
拼缝缝隙	<3mm	塞尺测量
拼缝处平整度	<2mm	靠尺测量
垂直度	<3mm 或 1%	用 2m 靠尺测量
标高	±5mm	钢尺测量
3. 爬升支架		
标高	±5mm	与水平线用钢尺测量
垂直度	5mm 或 1%	挂线坠
4. 穿墙螺栓		
紧固力矩	40～50N · m	0～150N · m 力矩扳手测量

细节　压型钢板模板安装

（1）应用范围

压型钢板一般应用在现浇密肋楼板工程。压型钢板安装后，在肋底内面铺设受拉钢筋，在肋的顶面焊接横向钢筋或在其上部受压区铺设网状钢筋，楼板混凝土浇筑后，压型钢板不再拆除，并成为密肋楼板结构的组成部分。如无吊顶设置要求时，压型钢板下表面便可直接喷、刷装饰涂层，可获得具有较好装饰效果的密肋式顶棚。压型钢板组合楼板系统如图 1-87 所示。压型钢板可做成开敞式和封闭式截面（图 1-88）。

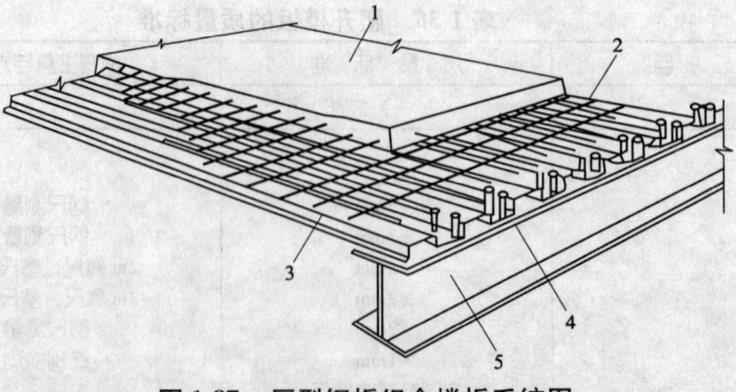

图 1-87　压型钢板组合楼板系统图

1—现浇混凝土层；2—楼板配筋；3—压型钢板；4—锚固栓钉；5—钢梁

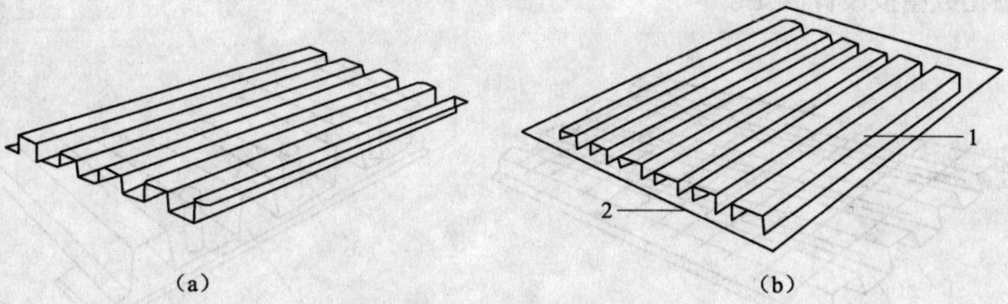

图 1-88　压型钢板模板

(a) 开敞式；(b) 封闭式

1—开敞式压型钢板；2—附加钢板

（2）分类

压型钢板模板，主要从其结构功能分为组合板的压型钢板和非组合板的压型钢板。

1）组合板的压型钢板

既是模板又是用作现浇楼板底面受拉钢筋。压型钢板，不但在施工阶段承受施工荷载和现浇层钢筋和混凝土的自重，而且在楼板使用阶段还承受使用荷载，从而构成楼板结构受力的组成部分。

2）非组合板的压型钢板

只作模板使用，即压型钢板在施工阶段，只承受施工荷载和现浇层的钢筋混凝土自重，而在楼板使用阶段不承受使用荷载，只构成楼板结构非受力的组成部分。

（3）构造

1）组合板的压型钢板

为保证与楼板现浇层组合后能共同承受使用荷载，一般做成以下三种抗剪连接构造：

①压型钢板的截面做成具有楔形肋的纵向波槽（图 1-89a）。

②在压型钢板肋的两内侧和上、下表面，压成压痕、开小洞或冲成不闭合的痕，开小洞或冲成不闭合的孔眼（图 1-89b）。

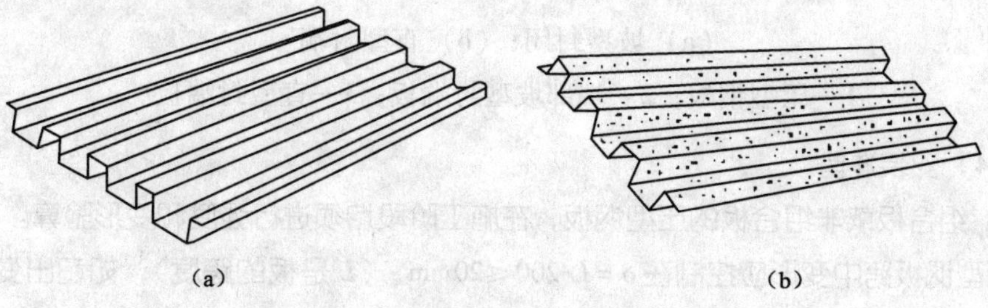

图 1-89　楔形肋和带压痕压型钢板

(a) 楔形肋；(b) 带压痕

③在压型钢板肋的上表面，焊接与肋相垂直的横向钢筋（图 1-90a）。

在以上任何构造情况下，板的端部均要设置端部栓钉锚固件（图 1-90b）。栓钉的规格和数量按设计确定。

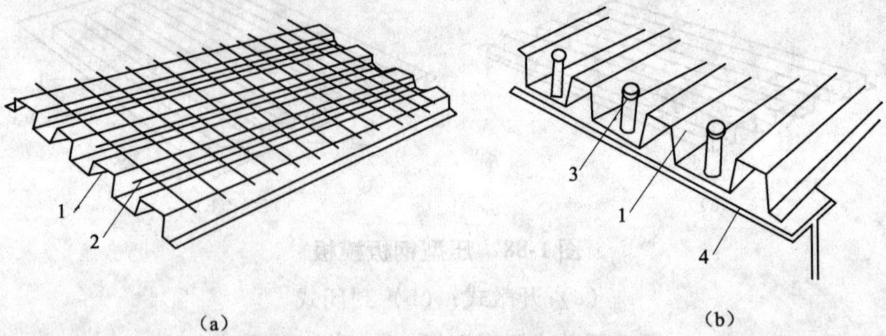

图 1-90　焊有横向钢筋和端部

(a) 焊横向钢筋；(b) 端部栓钉锚固

1—压型钢板；2—焊接在压型钢板上表面的钢筋；

3—锚固栓钉；4—钢梁

2）非组合板的压型钢板

可不需要做成抗剪连接构造。

3）压型钢板的封端

为防止楼板浇筑混凝土时，混凝土从压型钢板端部漏出，对压型钢板简支端的凸肋端头，要做成封端（图 1-91）。封端可在工厂加工压型钢板时一并做好，也可以在施工现场，采用与压型钢板凸肋的截面尺寸相同的薄钢板，将其凸肋端头用电焊点焊封好。

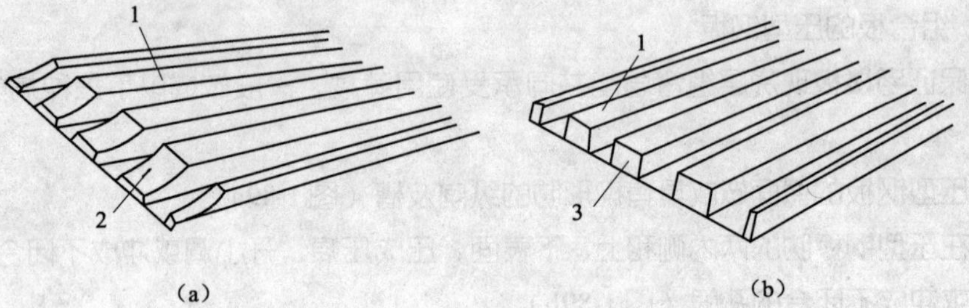

图 1-91　压型钢板封端处理

(a) 坡型封闭；(b) 直型封端

1—压型钢板；2—端部坡型封端板；3—直型封端板

(4) 安装准备

1）组合板或非组合板的压型钢板，在施工阶段均须进行强度和变形验算。

压型钢板跨中变形应控制在 $\delta = L/200 \leqslant 20\text{mm}$，（$L$ 是板的跨度），如超出变形控制量时，应在铺设后于板底采取加设临时支撑措施。

在进行压型钢板的强度和变形验算时，应考虑以下荷载：

①永久荷载

包括压型钢板、楼板钢筋和混凝土自重；

②可变荷载

包括施工荷载和附加荷载。施工荷载系指施工操作人员和施工机具设备，并考虑到施工时可能产生的冲击与振动。此外尚应以工地实际荷载为依据，若有过量冲击、混凝土堆放、管线、泵荷等，尚应增加附加荷载。

2）核对压型钢板型号、规格和数量是否符合要求，检查是否有变形、翘曲、压扁、裂纹和锈蚀等缺陷。对存在的缺陷，需经处理后方可使用。

3）对于布置在与柱子交接处及预留较大孔洞处的异型钢板，要通过放样提前把缺角和洞口切割好。

4）用于混凝土结构楼板的模板，应按普通支模方法和要求，设置模板的支承系统。直接支承压型钢板的龙骨宜采用木龙骨。

5）绘制压型钢板平面布置图，并按平面布置图在钢梁或支承压型钢板的龙骨上，画出压型钢板安装位置线和标注出其型号。

6）压型钢板应按房间所使用的型号、规格、数量和吊装顺序进行配套，将其多块成垛和码放好，以备吊装。

7）对端头有封端要求的压型钢板，如在现场进行端头封端时，要提前做好端头封闭处理。

8）用于组合板的压型钢板，安装前要编制压型钢板穿透焊施工工艺，按工艺要求选择和测定好焊接电流、焊接时间、栓钉熔化长度参数。

（5）钢结构楼板压型钢板模板安装

1）安装工艺顺序

在钢梁上分画出钢板安装位置线→压型钢板成捆吊运并搁置在钢梁上→钢板拆捆、人工铺设→调整安装偏差和校正→板端与钢梁电焊（点焊）固定→钢板底面支撑加固→将钢板纵向搭接边点焊成整体→栓钉焊接锚固（如为组合楼板压型钢板时）→钢板表面清理。

2）安装工艺要点

钢结构楼板压型钢板模板安装应符合下列要求：

①压型钢板应多块叠垛成捆，采用扁担式专用吊具，由垂直运输机具吊运至待安装的钢梁上，然后由人工抬运、铺设。

②压型钢板宜采用“前推法”铺设。在等截面钢梁上铺设时，从一端开始向前铺设至另一端。在变截面梁上铺设时，由梁中开始向两端方向铺设。

③铺设压型钢板时，相邻跨钢板端头的波梯形槽口要贯通对齐。

④压型钢板要随铺设、随调整和校正位置，随将其端头与钢梁点焊固定，以防止在安装过程中钢板发生松动和滑落。

⑤钢板与钢梁搭接长度不少于50mm。板端头与钢梁采用点焊固定时，如无设计规定，焊点的直径一般为12mm，焊点间距一般为200～300mm。

⑥在连续板的中间支座处，板端的搭接长度不少于50mm。板的搭接端头先点焊成整体，然后与钢梁再进行栓钉锚固（图1-92）。如为非组合板的压型钢板时，先在

板端的搭接范围内，将板钻出直径为8mm、间距为200～300mm的圆孔，然后通过圆孔将搭接叠置的钢板与钢梁满焊固定（图1-93）。

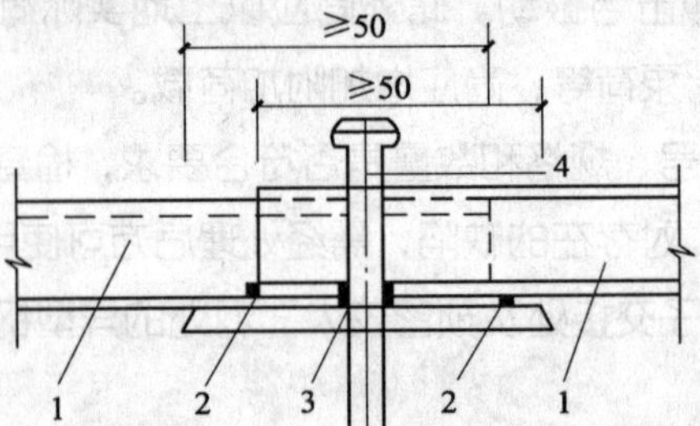

图1-92　中间支座处组合板的压型钢板连接固定

1—压型钢板；2—点焊固定；3—钢梁；4—栓钉锚固

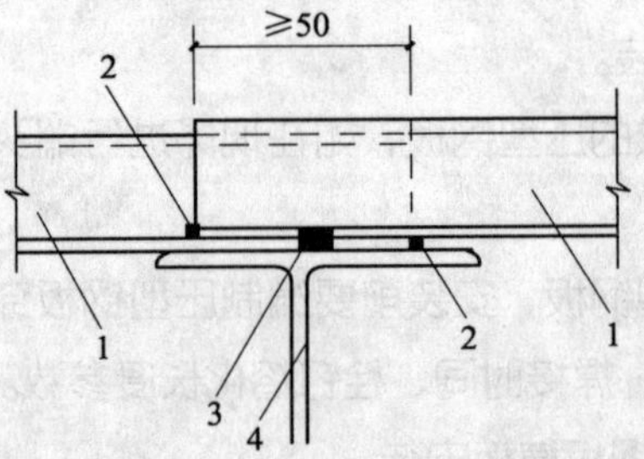

图1-93　中间支座处非组合板的压型钢板连接固定

1—压型钢板；2—板端点焊固定；

3—压型钢板钻孔后与钢梁焊接；4—钢梁

⑦直接支承钢板的龙骨要垂直于板跨方向布置。支撑系统的设置，按压型钢板在施工阶段变形控制量的要求及现行《混凝土结构工程施工质量验收规范》的有关规定确定。

压型钢板支撑，需待楼板混凝土达到施工要求的拆模强度后方可拆除。如各层间楼板连续施工时，还应考虑多层支撑连续设置的层数，以共同承受上层传来的施工荷载。

3）组合板的压型钢板与钢梁栓钉焊连接应符合下列要求：

①栓钉焊的栓钉，其规格、型号和焊接的位置按设计要求确定。但穿透压型钢板焊接于钢梁上的栓钉直径不宜大于19mm，焊后栓钉高度应大于压型钢板波高加30mm。

②栓钉焊接前，按放出的栓钉焊接位置线，将栓钉焊点处的压型钢板和钢梁表面用砂轮打磨处理，把表面的油污、锈蚀、油漆和镀锌面层打磨干净，以防止焊缝产生脆性。

③栓钉及配套的焊接药座（亦称焊接保护圈）、焊接参数可参照表1-37选用。

表 1-37　栓钉、药座和焊接参数表

项目			参数			
栓钉直径（mm）			13～16		19～22	
焊接药座	标准型		YN－13FS	YN－16FS	YN－19FS	YN－22FS
	药座直径（mm）		23	28.5	34	38
	药座高度（mm）		10	12.5	14.5	16.5
焊接参数	标准条件（下向焊接）	焊接电流（A）	900～1100	1030～1270	1350～1650	1470～1800
		弧光时间（s）	0.7	0.9	1.1	1.4
		熔化量（mm）	2.0	2.5	3.0	3.5
	电容量（kVA）		>90	>90	>100	>120

④栓钉焊应在构件置于水平位置状态施焊，其接入电源应与其他电源分开，其工作区应远离磁场或采取避免磁场对焊接影响的防护措施。

⑤在正式施焊前，应先在试验钢板上按预定的焊接参数焊两个栓钉，待其冷却后进行弯曲、敲击试验检查。敲弯角度达 45°后，检查焊接部位是否出现损坏或裂缝。如施焊的两个栓钉中，有一个焊接部位出现损坏或裂缝，就需要在调整焊接工艺后，重新做焊接试验和焊后检查，直至检验合格后方可正式开始在结构构件上施焊。

⑥栓钉焊毕，应按下列要求进行质量检查：

a. 目测检查栓钉焊接部位的外观，四周的熔化金属已形成均匀小圈而无缺陷者为合格。

b. 焊接后，自钉头表面算起的栓钉高度 L 的公差为 ±2mm，栓钉偏离垂直方向的倾斜角 $\theta \leqslant 5°$（图 1-94）者为合格。

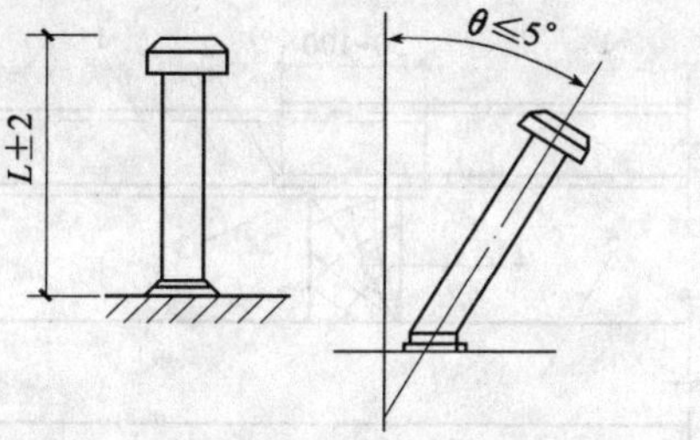

图 1-94　栓钉焊接允许偏差

L—栓钉长度；θ—偏斜角

c. 目测检查合格后，对栓钉按规定进行冲力弯曲试验，弯曲角度为 15°时，焊接面上不得有任何缺陷。

d. 经冲力弯曲试验合格后的栓钉，可在弯曲状态下使用。不合格的栓钉，应进行更换并进行弯曲试验检验。

（6）混凝土结构现浇楼板压型钢板模板安装

1）安装顺序

在混凝土梁上或支承钢板的龙骨上放出安装位置线→用吊车把成捆的压型钢板吊运在支承龙骨上→人工拆捆、抬运、铺放钢板→调整、校正钢板位置→将钢板与支承龙骨钉牢→将钢板的顺边搭接用电焊点焊连接→钢板清理。

2）安装工艺和技术要点

混凝土结构现浇压型钢板模板安装应满足下列要求：

①压型钢板模板，可采用支柱式、门架或桁架式支撑系统支承，直接支承钢板的水平龙骨宜采用木龙骨。压型钢板支撑系统的设置，应按钢板在施工阶段的变形量控制要求和现行《混凝土结构工程施工质量验收规范》的有关规定确定。

②直接支承压型钢板的木龙骨，应垂直于钢板的跨度方向布置。钢板端部搭接处，要设置在龙骨位置上或采取增加附加龙骨措施，钢板端部不得有悬臂现象。

③压型钢板安装，应在搁置的支承龙骨上，由人工拆捆、单块抬运和铺设。

④钢板随铺放就位、随调整校正、随用钉子将钢板与木龙骨钉牢，然后沿着板的相邻搭接边点焊牢固，把板连接成整体（图 1-95 ~ 图 1-97）。

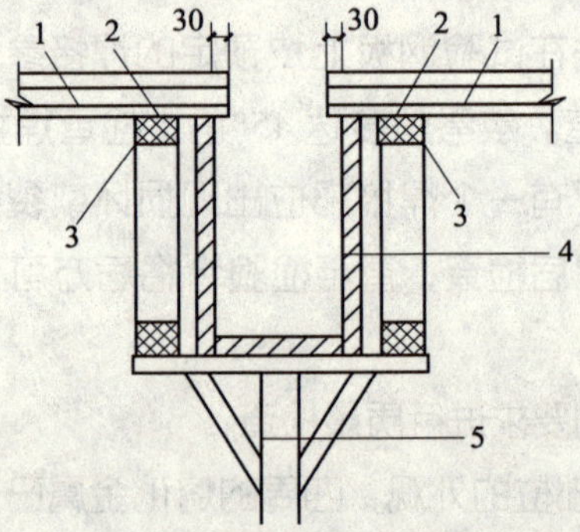

图 1-95　压型钢板与现浇梁连接构造

1—压型钢板；2—压型钢板与支承龙骨钉子固定；

3—支承压型钢板龙骨；4—现浇梁模；5—模板支撑架

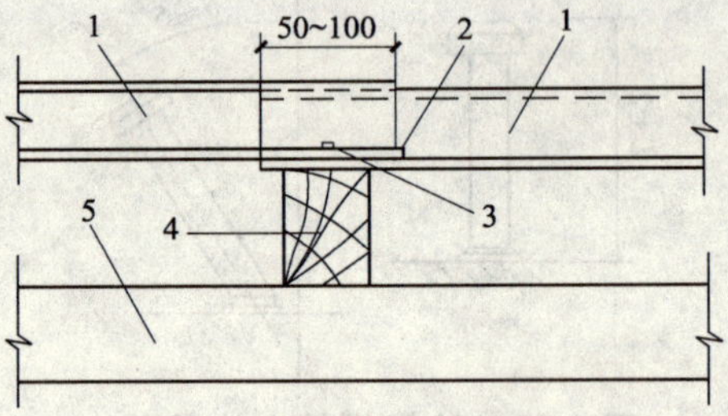

图 1-96　压型钢板长向搭接构造

1—与压型钢板；2—压型钢板端头点焊连接；

3—压型钢板与木龙骨钉子固定；4—支承压型钢板次龙骨；5—主龙骨

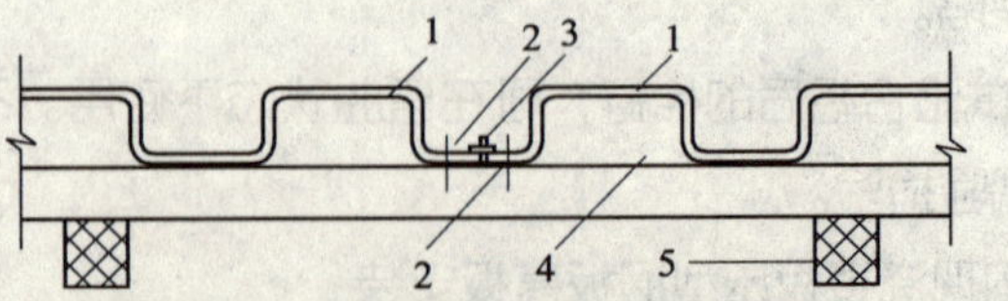

图 1-97　压型钢板短向连接构造

1—压型钢板；2—压型钢板与龙骨钉子固定；

3—压型钢板点焊连接；4—次龙骨；5—主龙骨

细节 预应力混凝土薄板模板安装

预应力混凝土薄板，一般是在构件预制厂的台座上生产，通过施加预应力配筋制作成一种预应力混凝土薄板构件（图1-98）。这种薄板主要应用于现浇钢筋混凝土楼板工程，薄板本身即是现浇楼板的永久性模板；当与楼板的现浇混凝土叠合后，又是构成楼板的受力结构部分，与楼板组成组合板，或构成楼板的非受力结构部分，而只作永久性模板使用。

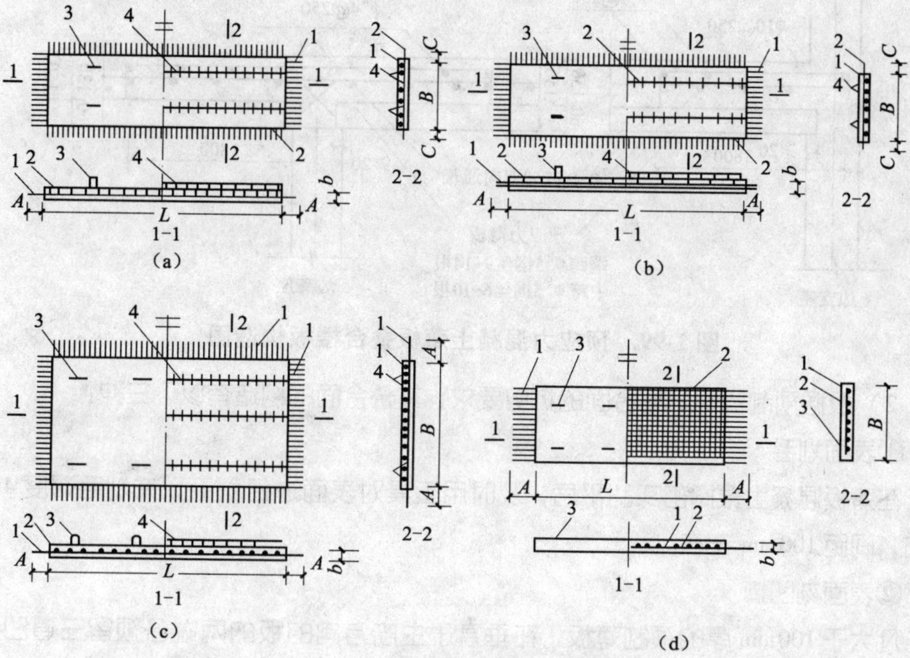

图1-98 预应力混凝土薄板

（a）有侧向伸出钢筋的单向单层预应力配筋混凝土薄板；

（b）有侧向伸出钢筋的单向双层预应力配筋混凝土薄板；

（c）双向单层预尖力配筋混凝土薄板；

（d）无侧向伸出钢筋的单向单层预应力配筋混凝土薄板

1—预应力钢丝；2—分布钢筋；3—吊环（ϕ8）；4—板面抗剪焊接骨架；

A—预应力钢丝伸出长度：当支座宽度为160、180、200mm时，≥300mm；当支座宽度为250mm时，≥350mm；当支座宽度为300mm时，≥400mm；当支座宽度为350mm时，≥450mm

作为组合板的薄板，其预应力主筋就是叠合成现浇楼板后的主筋，使楼板具有与预应力全现浇楼板一样的刚度大、整体性强和抗裂性能好的特点。

（1）适用范围

预应力混凝土薄板，适用于抗震设防烈度为7、8度地震区和非地震区，跨度在8m以内的多层和高层房屋建筑的现浇楼板或屋面板工程。尤其适合于不设置吊顶的顶棚为一般装修标准的工程，可以大量减少顶棚抹灰作业。用于房屋的小跨间时，可做成整间式的双向预应力配筋混凝土薄板。对大跨间平面的楼板，目前只能做成一定宽度的单向预应力配筋薄板，与现浇混凝土层叠合后组成单向受力楼板。

（2）构造

1）预应力混凝土薄板作为永久性模板，与面层现浇钢筋混凝土叠合层结合在一起组成的楼板结合色，其楼板的正弯矩钢筋设置在预制薄板内，预应力筋一般采用高强钢丝或冷拔低碳钢丝，支座负弯矩钢筋则设置在现浇钢筋混凝土叠合层内。其构造做法见图 1-99。

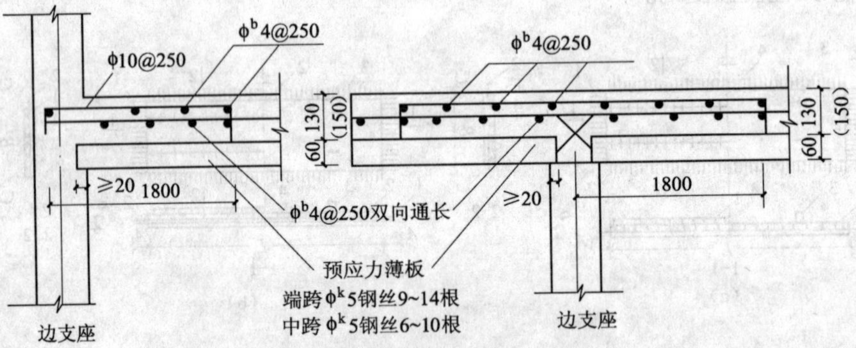

图 1-99 预应力混凝土薄板叠合楼板构造图

2）根据预制与现浇结合面的抗剪要求，其叠合面的构造有以下三种：

①表面划毛

在薄板混凝土振捣密实刮平后，及时用工具对表面进行划毛，其划毛深度 4mm 左右，间距 100mm 左右。

②表面刻凹槽

凡大于 100mm 厚的预制薄板，在垂直于主筋方向的板的两端各预留三道凹槽，槽深 10mm、槽宽 80mm；对于较薄的预制薄板，待混凝土振捣密实刮平后，用简易工具刻梅花钉，其钉长和宽均为 40mm 左右，深度为 10 ~ 20mm，间距 150mm 左右。

③预留结构钢筋（或称钢筋小肋）

这种构造对现浇混凝土与预制薄板面的结合效果较好。同时能增加预制薄板平面以外的刚度，减少预制薄板出池、运输、堆放和安装过程中可能出现的裂缝（图 1-100）。

（3）规格及材料

1）薄板厚度依据跨度由设计确定，一般为 60 ~ 80mm；宽度由设计根据开间尺寸确定，一般单向板常用的标定宽度为 1200mm 和 1500mm 两种；薄板的跨度（mm），单向板分为 2700、3000、3300、…、7800，最长可达 9000mm，双向板最大跨间尺寸 5400mm × 5400mm。

2）制作薄板采用的钢筋，其中预应力主筋直径为 5mm 的高强刻痕钢丝或中强冷拔低碳钢丝；分布钢筋为 ϕ^b4、ϕ^b5 冷拔低碳钢丝或 ϕ6（HPB235 级）钢筋；焊接骨架的架立钢筋，一般采用 ϕ^b4 或 ϕ^b5 冷拔低碳钢丝，其主筋为 ϕ8 或 ϕ10（HPB235 级）钢筋；吊环为未经冷拉的 HPB235 级钢筋。

3）混凝土强度等级为 C30 ~ C40。

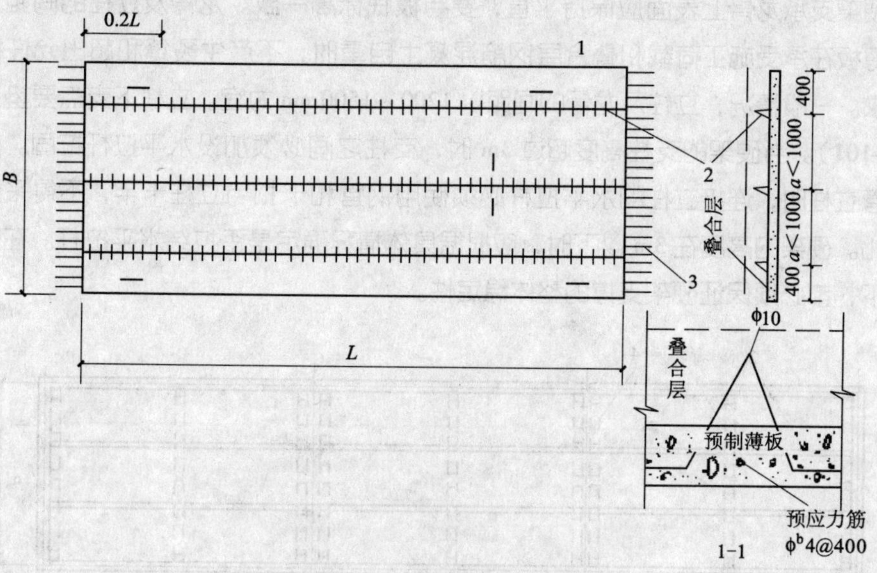

图 1-100　预应力混凝土薄板构造

1—吊环；2—预留钢筋小肋；3—预留预应力筋

（4）施工准备

1）单向板如出现纵向裂缝时，必须征得工程设计单位同意后方可使用。钢筋向上弯成 45°角，板表面的尘土、浮渣应清除干净。

2）在支承薄板的墙或梁上，弹出薄板安装标高控制线，并分别画出安装位置线和注明板号。

3）按硬架设计要求，安装好薄板的硬架支撑，检查硬架上龙骨的上表面是否平直和符合板底设计标高要求。

4）将支承薄板的墙或梁面部伸出的钢筋调整好。检查墙、梁顶面是否符合安装标高要求（墙、梁顶面标高比板底设计标高低 20mm 为宜）。

5）薄板硬架支撑。其龙骨一般可采用 100mm × 100mm 方木，也可用 50mm × 100mm × 2. 5mm 薄壁方钢管或其他轻钢龙骨、铝合金龙骨。其立柱宜采用可调节钢支柱，亦可采用 100mm × 100mm 木立柱。其拉杆可采用脚手架钢管或 50mm × 100mm 方木。

6）板缝模板。一个单位工程宜采用同一种尺寸的板缝宽度，或做成与板缝宽度相适应的几种规格木模。要使板缝凹进缝内 5 ~ 10mm 深（有吊顶的房间除外）。

（5）安装工艺

1）安装顺序

在墙或梁上弹出薄板安装水平线并分别画出安装位置线→薄板硬架支撑安装→检查和调整硬架支承龙骨上口水平标高→薄板吊运、就位→板底平整度检查及偏差纠正处理→整理板端伸出钢筋→板缝模板安装→薄板上表面清理→绑扎叠合层钢筋→叠合层混凝土浇筑并达到要求强度后拆除硬架支撑。

2）硬架支撑安装

硬架支承龙骨上表面应保持平直，要与板底标高一致。龙骨及立柱的间距，要满足薄板在承受施工荷载和叠合层钢筋混凝土自重时，不产生裂缝和超出允许挠度的要求。一般情况，立柱及龙骨的间距以1200～1500mm为宜。立柱下支点要垫通板（图1-101）。当硬架的支柱高度超过3m时，支柱之间必须加设水平拉杆拉固。如采用钢管立柱时，连接立柱的水平拉杆必须使用钢管和卡扣与立柱卡牢，不得采用钢丝绑扎。硬架的高度在3m以下时，应根据具体情况确定是否拉结水平拉杆。在任何情况下，都必须保证硬架支撑的整体稳定性。

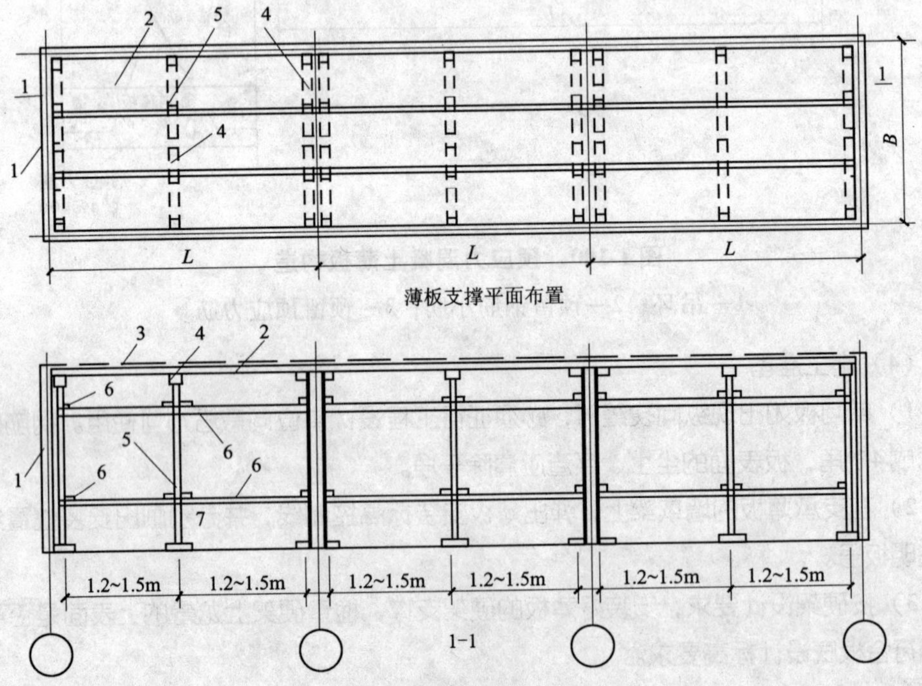

图1-101　薄板硬架支撑系统

1—薄板支承墙体；2—预应力薄板；3—现浇混凝土叠合层；

4—薄板支承龙骨（100mm×100mm 木方或 50mm×100mm×2.5mm 薄壁方钢管）；

5—支柱（100mm×100mm 木方或可调节的钢支柱，横距0.9～1m）；

6—纵、横向水平拉杆（50mm×100mm 木方或脚手架钢管）；

7—支柱下端支垫（50厚通板）

3）薄板吊装

吊装跨度在4m以内的条板时，可根据垂直运输机械起重能力及板重一次吊运多块。多块吊运时，应于紧靠板垛的垫木位置处，用钢丝绳兜住板垛的底面，将板垛吊运到楼层，先临时、平稳停放在指定加固好的硬架或楼板位置上，然后挂吊环单块安装就位。吊装跨度大于4m的条板或整间式的薄板，应采用6～8点吊挂的单块吊装方法。吊具可采用焊接式方钢框或双铁扁担式吊装架和游动式钢丝绳平衡索具（图1-102和图1-103）。

薄板起吊时，先吊离地面50cm停下，检查吊具的滑轮组、钢丝绳和吊钩的工作状况及薄板的平稳状态是否正常，然后再提升安装、就位。

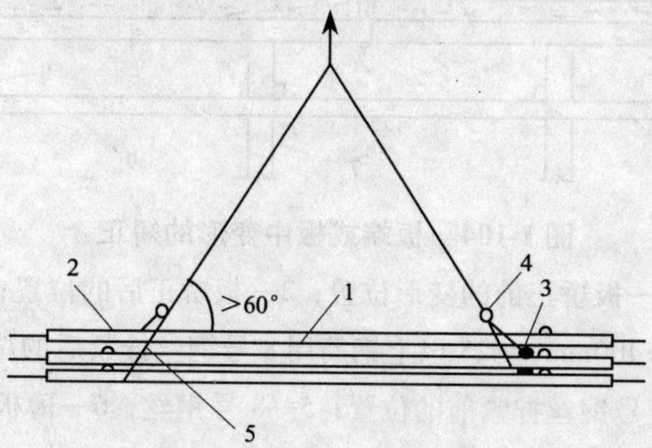

图1-102　4m长以内薄板多块吊装

1—预应力薄板；2—吊环；3—垫木；
4—卡环；5—带橡胶管套兜索

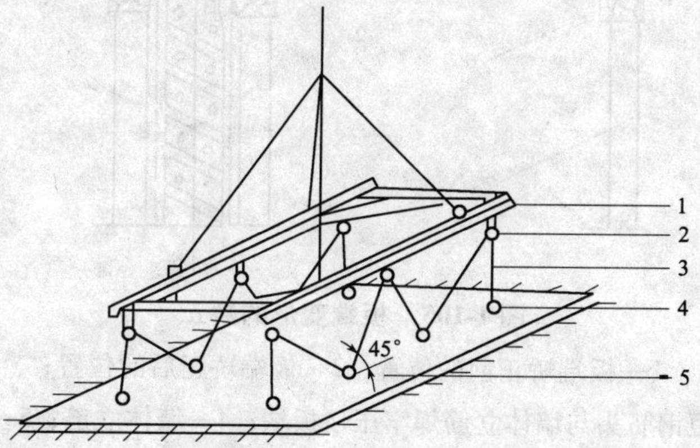

图1-103　单块薄板8点吊装

1—方框式［12双铁扁担吊装架；2—开口起重滑子；
3—钢丝绳6×19ϕ12.5mm；4—索具卸扣；5—薄板

4）薄板调整

采用撬棍拨动调整薄板的位置时，撬棍的支点要垫以木块，以避免损坏板的边角。薄板位置调整好后，检查板底与龙骨的接触情况，如发现板底与龙骨上表面之间空隙较大时，可采用以下方法调整：如属龙骨上表面的标高有偏差时，可通过调整立柱螺纹或木立柱下脚的对头木楔纠正其偏差；如属板的变形（反弯曲或翘曲）所致，当变形发生在板端或板中部时，可用短粗钢筋棍与板缝成垂直方向贴住板的上表面，再用8号钢丝通过板缝将粗钢筋棍与板底的支承龙骨别紧，使板底与龙骨贴严（图1-104）；如变形只发生在板端部时，亦可用撬棍将板压下，使板底贴至龙骨上表面，然后用粗短钢筋棍的一端压住板面，另一端与墙（或梁）上钢筋焊牢固定，撤除撬棍后，使板底与龙骨接触严密（图1-105）。

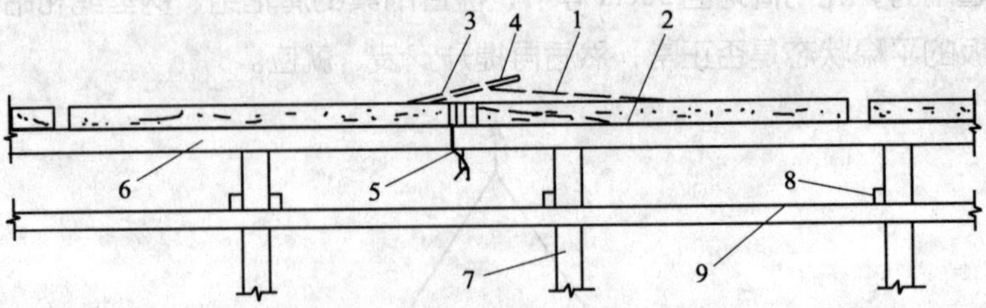

图 1-104　板端或板中变形的矫正

1—板矫正前的变形位置；2—板矫正后的位置；

3—l = 400mm，ϕ25 以上钢筋用 8 号钢丝拧紧后的位置；

4—钢筋在 8 号钢丝拧紧前的位置；5—8 号钢丝；6—薄板支承龙骨；

7—立柱；8—纵向拉杆；9—横向拉杆

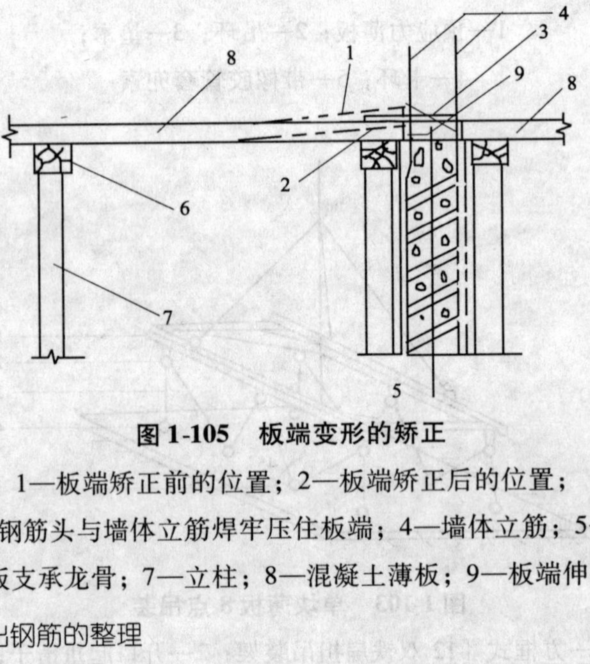

图 1-105　板端变形的矫正

1—板端矫正前的位置；2—板端矫正后的位置；

3—粗短钢筋头与墙体立筋焊牢压住板端；4—墙体立筋；5—墙体；

6—薄板支承龙骨；7—立柱；8—混凝土薄板；9—板端伸出钢筋

5）板端伸出钢筋的整理

薄板调整好后，将板端伸出钢筋调整到设计要求的角度，再理直伸入对头板的叠合层内。不得将伸出钢筋弯曲成 90°角或往回弯入板的自身叠合层内。

6）板缝模板安装

薄板底如作不设置吊顶的普通装修顶棚时，板缝模宜做成具有凸缘或三角形截面并与板缝宽度相配套的条模，安装时可采用支撑式或吊挂式方法固定（图 1-106）。

7）薄板表面处理

在浇筑叠合层混凝土前，板面预留的剪力钢筋要修整好，板表面的浮浆、浮渣、起皮、尘土要处理干净，然后用水将板润透（冬期施工除外）。冬期施工薄板不能用水冲洗时应采取专门措施，保证叠合层混凝土与薄板结合成整体。

8）硬架支撑拆除

如无设计要求时，必须待叠合层混凝土强度达到设计强度标准值的 70% 后，方可拆除硬架支撑。

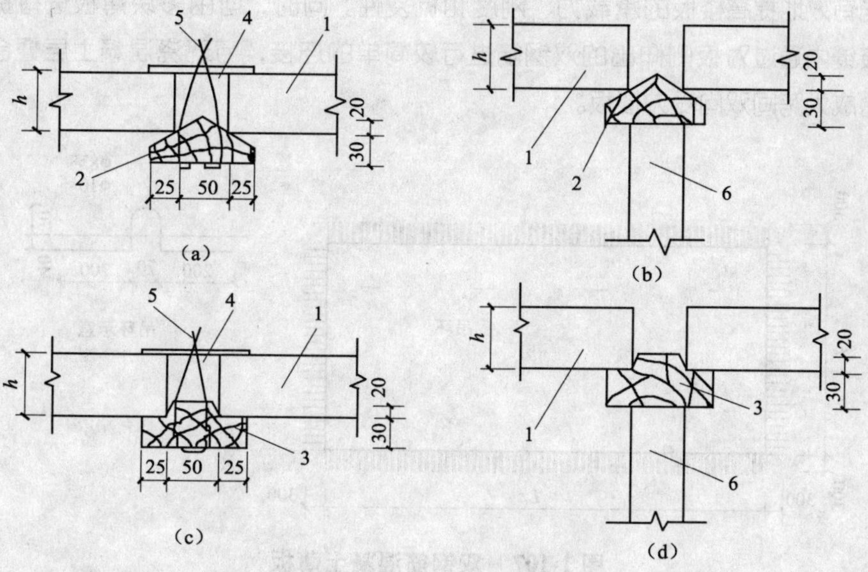

图 1-106　板缝模板安装

（a）吊挂式三角形截面的缝模；（b）支撑式三角形截面板缝模；

（c）吊挂式带凸沿板缝模；（d）支撑式带凸沿板缝模

1—混凝土薄板；2—三角形截面板缝模；3—带凸沿截面板缝模；

4—l = 100mm，φ6 ~ φ8，中—中 500mm 钢筋别棍；

5—14 号钢丝穿过模缝模 φ4 孔与钢筋别棍拧紧（中—中 500mm）；

6—板缝模支撑（50mm × 50mm 方木，中—中 500mm）；h—板厚（mm）

（6）薄板安装质量要求

薄板安装的允许偏差见表 1-38。

表 1-38　薄板安装的允许偏差

项　目	允许偏差（mm）	检 验 方 法
相邻两板底高差	高级≤2 中级≤4 有吊顶或抹灰≤5	安装后在板底与硬架龙骨上表面处用塞尺检查
板的支承长度偏差	5	尺　量
安装位置偏差	≤10	尺　量

细节　双钢筋混凝土薄板模板安装

双钢筋混凝土薄板模板，是用冷拔低碳钢丝，按特定构造尺寸焊接成梯格钢筋骨架作为配筋，预制成的钢筋混凝土薄板构件（图 1-107）。这种薄板主要应用于现浇钢筋混凝土楼板或屋面板工程。薄板本身既是现浇楼板的永久性模板；当与楼板的现浇混凝土层叠合后，又是构成楼板的受力结构部分，与楼板组成组合板（薄板的双钢筋主筋就是楼板的主筋）。由于双钢筋在混凝土内有较大的锚固力（三个梯格的锚固，就能保证钢筋被拉断而不出现滑移和混凝土劈裂），当与现浇混凝土层叠合后，能有效地提高楼板的承载力、刚度和抗裂性。同时，可由多块薄板进行拼接，在拼接缝内通过对板侧伸出的双钢筋进行较简单的连接，与现浇混凝土层叠合后，可组合成大跨间双向受力楼板。

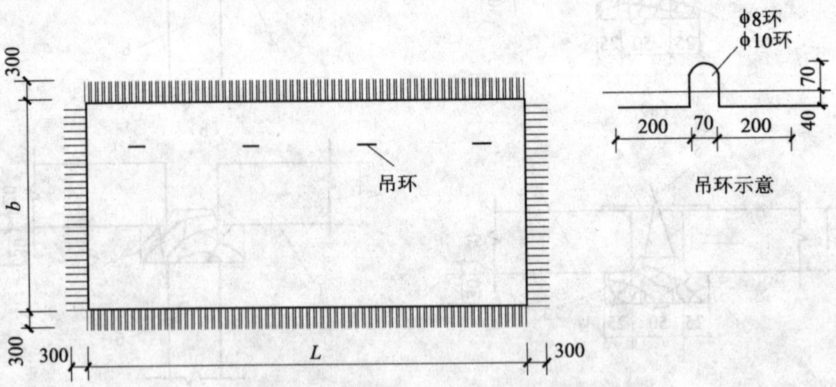

图 1-107　双钢筋混凝土薄板

预制双钢筋混凝土薄板，适用于抗震设防烈度为 7、8 度地震区和非地震区，跨度在 8m 以内的多层和高层建筑的双向受力现浇钢筋混凝土楼板工程，尤其适用于大跨间、板底不设吊顶的一般装修标准的现浇楼板或屋面板工程。

制作双钢筋的纵筋，宜采用普通低碳热轧 Q235 钢、直径为 φ8 的盘条，经冷拔成直径为 φ5 的甲级冷拔钢丝。制作双钢筋的横筋，宜采用含碳量小于纵筋的同等材料、直径为 φ6. 5 的盘条，经冷拔制成直径为 φ4 或 φ3. 5 的乙级钢丝。薄板的吊环钢筋，应采用未经冷加工的 HPB235 级热轧钢筋。薄板的混凝土强度等级以不小于 C30 为宜。

（1）构造

薄板厚为 63mm，单板规格（平面尺寸）可分为 9 种板。

板的拼接，可按三拼板、四拼板、五拼板几种形式拼接成整间的双向受力现浇叠合楼板的底板（图 1-108）。经多块拼接与现浇混凝土层叠合后，楼板的最大跨间尺寸可达 7500mm × 9000mm。

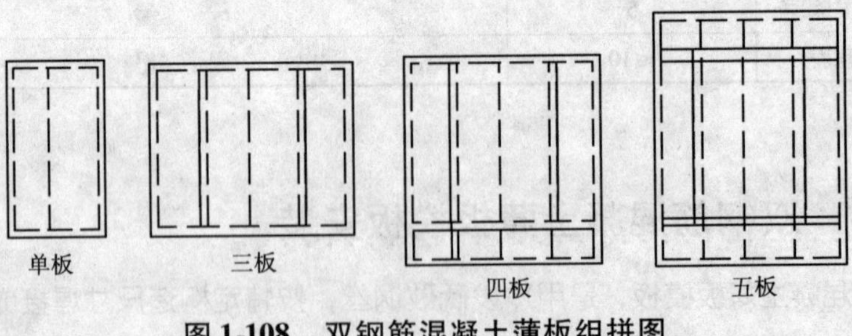

图 1-108　双钢筋混凝土薄板组拼图

薄板之间的拼接缝宽度一般为 100mm，如排板需要时可在 80 ~ 70mm 之间变动，但大于 100mm 的拼缝，应置于接近楼板支承边的一侧。拼接缝的布置如图 1-109 所示。

薄板上表面的抗剪构造。为保证薄板与现浇混凝土层叠合后在叠合面的抗剪能力，板面可根据其对抗剪能力的不同要求作如下构造处理：

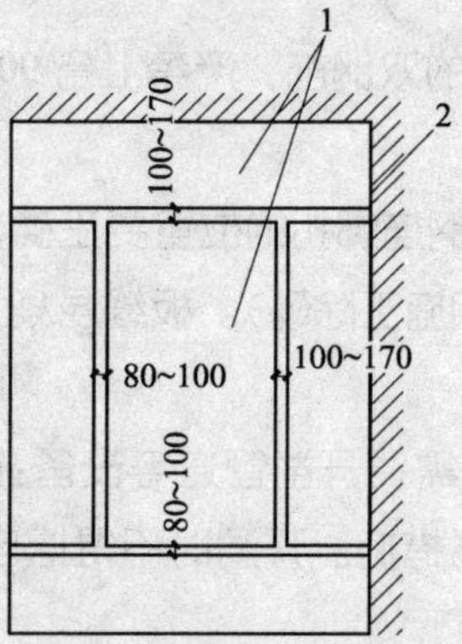

图 1-109　薄板拼接缝布置

1—双钢筋混凝土薄板；2—连续边支座

1）当要求叠合面承受的抗剪能力较小时，可在板的上表面加工成具有粗糙、划毛的表面，且辊筒辊压成小凹坑，亦可预留出在横向具有凹槽的表面，凹槽的宽度一般为 50 ~ 100mm，深度为 10 ~ 20mm，凹槽的间距为 150 ~ 200mm，用网状滚轮辊压出深 4 ~ 6mm 成网状分布的压痕表面。

2）当要求叠合面承受的抗剪能力较大时（剪应力大于 0.4MPa），薄板上表面除要求粗糙、划毛外，还要增设抗剪钢筋，其规格和间距由设计计算确定。

（2）安装流程

在墙（梁）上弹出薄板安装水平线及分画出安装位置线→硬架支撑安装→检查、调整支撑龙骨上口水平标高→薄板吊运、就位→板底平整度检查、校正、处理→整理板端及板侧的伸出钢筋→板缝模板安装→绑扎板缝双钢筋及板面加固筋→薄板上表面清理及用水充分湿润（冬期施工除外）→叠合层混凝土浇筑并养护至拆模强度→拆除硬架支撑。

（3）工艺技术要点

1）硬架的支承安装与预应力混凝土薄板模板相同。

2）硬架支撑的水平拉杆设置。当房间开间为单拼板或三拼板的组合情况，硬架的支柱高度超过 3m 时，支柱之间必须加设水平拉杆；支柱高度在 3m 以下时，应根据情况确定是否拉结。当房间开间为四拼板或五拼板的组合情况时，支柱必须加设纵、横贯通的水平拉杆。在任何情况下，都必须保证硬架支撑的整体稳定性。

3）薄板吊装，应钩挂预留的吊环采用 8 点平衡吊挂的单块吊装方法。薄板起吊方法与预应力混凝土薄板模板相同。

4）薄板调整。与预应力混凝土薄板模板相同。

5）板伸出钢筋的处理。薄板调整好后，将板端和板侧伸出的钢筋调整到设计要求的角度，并伸入相邻板的叠合层混凝土内。

6）板缝模板安装。与预应力混凝土薄板模板相同。

7）薄板表面清理。与预应力混凝土薄板模板相同。

8）硬架支撑必须待叠合层混凝土强度达到设计强度100%后方可拆除。

（4）安装质量要求

1）薄板的端头及侧面伸出的双钢筋，严禁上弯90°或压在板下，必须按设计要求将其弯入相邻板的叠合层内。

2）板缝的宽度尺寸及其双钢筋绑扎的位置要正确，板侧面附着的浮渣、杂物等要清除干净并用水湿润透（冬期施工除外）。板缝混凝土振捣要密实，以保证板缝双向传递的承载能力。

3）在楼板施工中，薄板如需要开凿管道等设备孔洞，应征得工程设计单位同意，开洞后并应对薄板采取补强措施。开洞时不得擅自扩大孔洞面积和切断板的钢筋。

细节　预制双钢筋混凝土薄板安装

（1）构造

1）双钢筋用φ5冷拔低碳钢丝平焊成型，吊环用未经冷加工的HPB235级钢筋。混凝土强度等级为C35。板的配筋分为双向φ5@200和双向φ5@100两类。

2）薄板的厚度一般为63mm，单板规格有多种，可组拼成三拼、四拼、五拼板型（图1-110）。拼板之间的板缝可在80～170mm之间变动，一般为100mm。大于100mm的拼缝，应置于连接边的一侧（图1-111）。

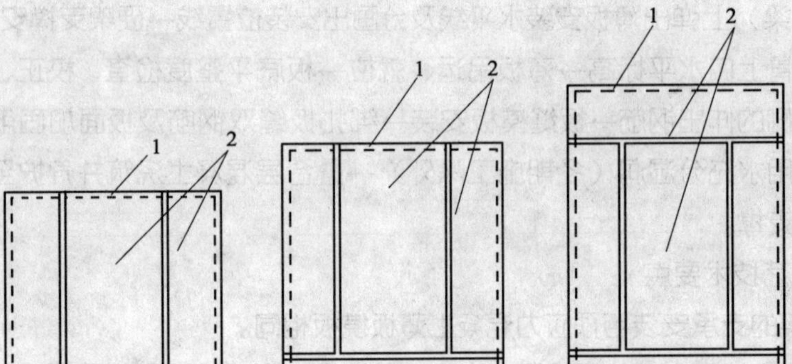

图1-110　薄板的拼接形式

1—薄板搁置的周边支座；2—双钢筋混凝土薄板

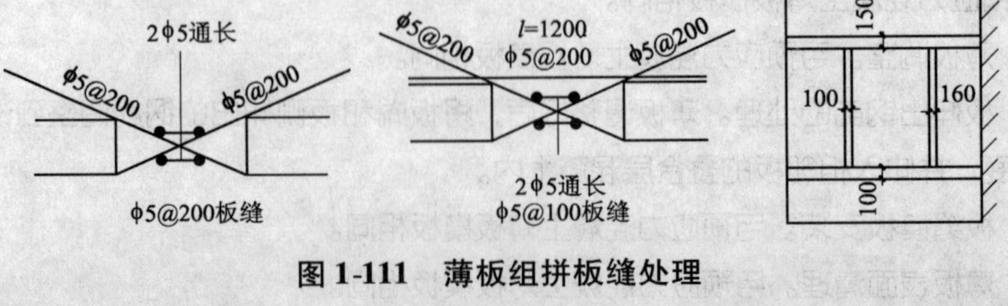

图1-111　薄板组拼板缝处理

（2）安装要点

1）薄板应按 8 个吊环同步起吊，运输、堆放的支点位置应在吊点位置。

2）堆放场地应平整夯实。不同板号应分别码垛，不允许不同板号重叠堆放。堆放高度不得大于 6 层。

3）薄板安装前应事先做好现场临时支架（图 1-112），并抄平、找正后方能安装就位，与支架直交的板缝可以使用吊模。

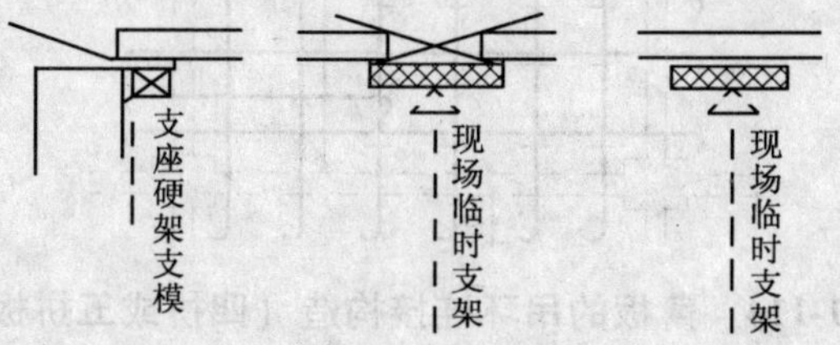

图 1-112　临时支架示意图

硬架支撑的水平拉杆设置。当房间开间为单拼板或三拼板的组合情况，硬架的支柱高度超过 3m 时，支柱之间必须加设水平拉杆；支柱高度在 3m 以下时，应根据情况确定是否拉结。当房间开间为四拼板或五拼板的组合情况时，支柱必须加设纵、横贯通的水平拉杆。在任何情况下，都必须保证硬架支撑的整体稳定性。

4）板侧伸出的双钢筋长度和板端伸入支座内的双钢筋的长度不少于 300mm。薄板在支座上的搁置长度一般为 +20mm，如排板需要时亦可在 +30 ~ −50mm 之间变动（但简支边的搁置长度应大于 0mm），若必须小于 −50mm 时，应增加板端伸出钢筋的长度，或在现场另行加筋（梯格双钢筋）与伸出钢筋搭接，以增加伸出钢筋的有效长度（图 1-113）。

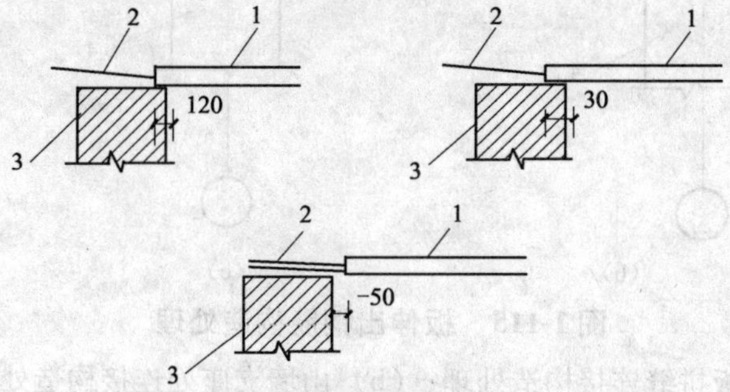

图 1-113　薄板在支座上的搁置长度

1—薄板；2—伸出双钢筋≥300mm；
3—支座（墙或梁）

5）薄板的吊环构造连接。薄板拼接完后，沿吊环的两个方向用通长的 ϕ8 钢筋将吊环进行双向连接，钢筋端头伸入邻跨 400mm 并加弯钩。与吊环直交方向的钢筋穿越吊环，另一方向的钢筋置于直交钢筋下并与之绑扎（图 1-114）。

6）薄板调整好后，将板端和板侧伸出的钢筋调整到设计要求的角度，并伸入相邻板的叠合层混凝土内（图 1-115）。

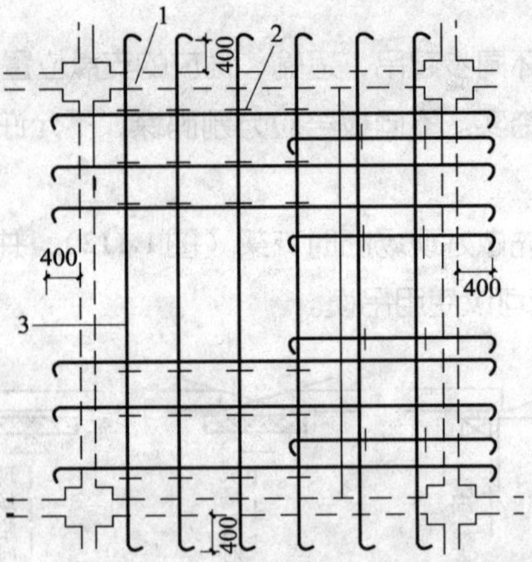

图 1-114　薄板的吊环连接构造（四拼或五拼板）

1—板的周边支座；2—吊环；

3—纵、横向 φ8 连接钢筋

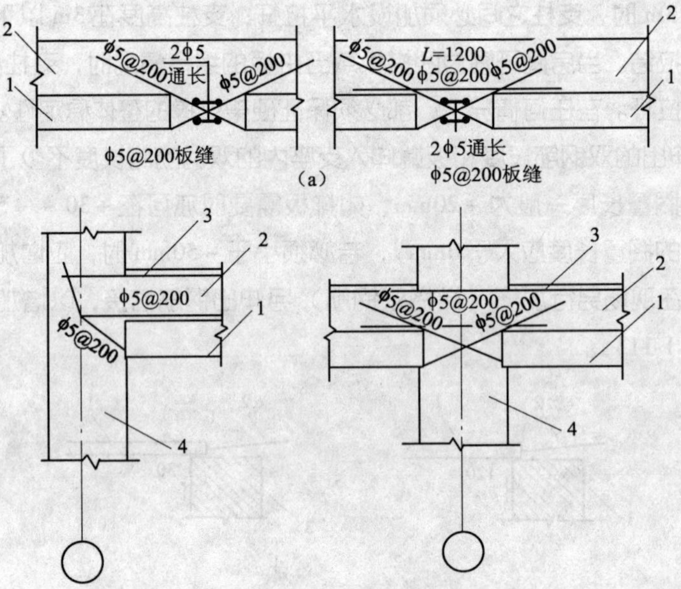

图 1-115　板伸出钢筋构造处理

（a）板拼缝连接构造处理；（b）山墙支座处连接构造处理；

（c）中间支座处板连接构造处理

1—双钢筋混凝土薄板；2—现浇混凝土叠合层；

3—支座负筋；4—墙体

7）在楼板叠合层预留孔洞、孔位周边，各侧加放双钢筋（图 1-116），筋长 = 孔径 + 600mm，浇筑在叠合层内。待叠合层浇筑养护后，再将薄板孔洞钻通。

8）待叠合层混凝土强度达到 100% 时，才能拆除下部支架。

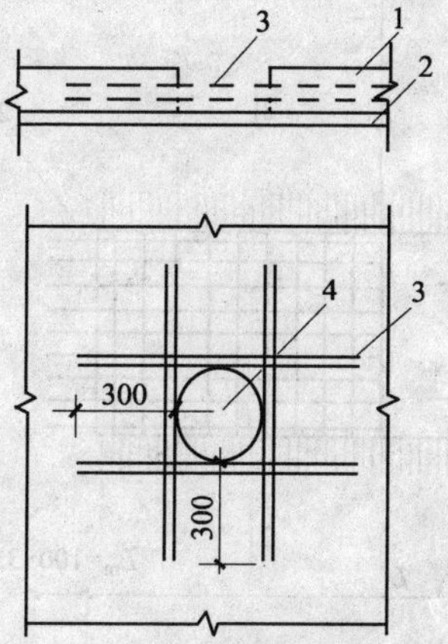

图 1-116 预留孔洞配筋位置示意图

1—叠合层；2—薄板；3—配筋；4—孔洞

细节 冷轧扭钢筋混凝土薄板模板安装

冷轧扭钢筋混凝土薄板，是通过在预制构件工厂或现场的生产台座，配以冷轧扭钢筋制作成的一种非预应力混凝土薄板构件（图 1-117）。构件内配置的冷轧扭钢筋，是采用直径 φ8 ~ φ10 热轧圆盘条，经过冷拉、冷轧、冷扭成具有扁平螺旋状的钢筋，它不但具有较高的强度，而且与混凝土之间的握裹力有明显提高。

冷轧扭钢筋混凝土薄板本身即是现浇楼板的永久性模板，当与现浇混凝土层叠合后便构成双向受力的组合楼板，薄板的冷轧扭钢筋就是组合楼板的主筋。这种组合板与普通非预应力楼板相比，不但改善了构件弹塑性阶段的性能，提高了构件的承载力和刚度，而且使钢筋的强度得到充分发挥。由于冷轧扭钢筋与混凝土有较强的握裹力，当将单块薄板横向伸出的冷轧扭钢筋，通过较简便的构造连接并与现浇混凝土层叠合后，可组成大跨间双向受力的组合楼板。冷轧扭钢筋混凝土薄板，适用于抗震设防烈度为 7、8、9 度地震区和非地震区跨度在 6m 以内的多层和高层承受静力荷载的现浇钢筋混凝土楼板或屋面板工程。尤其适用于顶棚不设置吊顶，为普通装修标准的现浇楼板工程，可以大量减少顶棚装修的抹灰作业。

（1）配筋构造

板的纵横向冷轧扭主筋，一般配置在板断面的 1/2 高度位置或稍偏于板底方向的位置，其混凝土保护层不得少于 20mm（从钢筋的外边缘算起）。

冷轧扭受力钢筋的间距，当叠合后模板的厚度 $h \leq 150$mm 时，不应大于 200mm；当板厚 $h > 150$mm 时，不应大于 1.5h，且板的每米宽度亦不少于 3 根。

冷轧扭钢筋网片一律采用绑扎，不准焊接，凡交叉点应用钢丝绑牢。

冷轧扭钢筋接头一律为搭接接头，搭接长度末端不做弯钩。搭接长度见表 1-39。

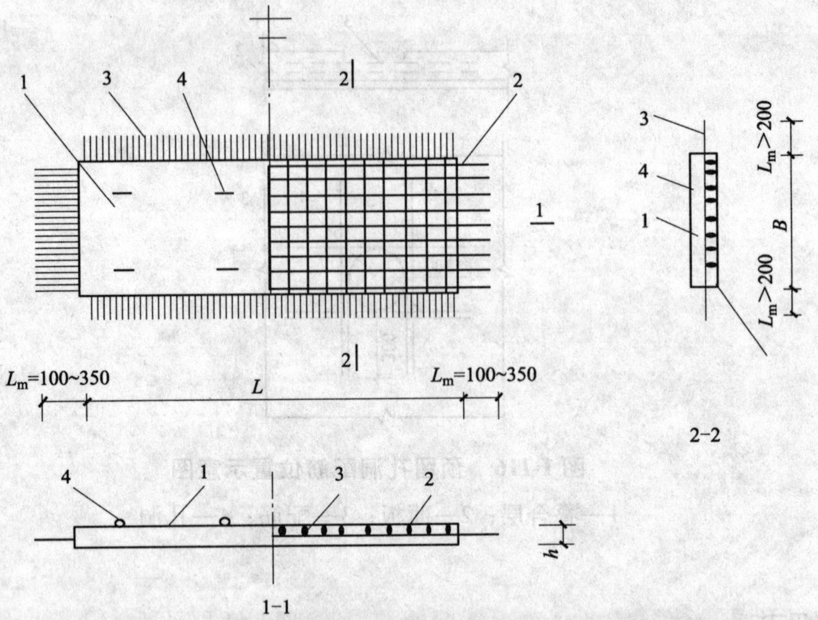

图 1-117　冷轧扭钢筋混凝土薄板

1—薄板；2—纵向冷扭主筋；3—横向冷轧扭主筋；4—吊环

表 1-39　钢筋接头搭接长度（mm）

规　格	受拉区搭接长度 l	受压区搭接长度 l
φ′6.5	$l \geq 250$	$l \geq 200$
φ′8	$l \geq 300$	$l \geq 200$
φ′10	$l \geq 350$	$l \geq 200$

注：钢筋搭接处应在两端和中心用钢丝绑扎 3 个扣。

受力钢筋的绑扎接头位置应互相错开，在任一 500mm 搭接长度区段内，绑扎接头钢筋截面积，不得超过受力钢筋总截面的 25%。

冷轧扭钢筋薄板混凝土的净保护层为 1.5mm。

薄板宽度与连接筋（钢筋小肋）的关系，见表 1-40 和图 1-118。

表 1-40　薄板宽度与连接筋关系

板　宽（mm）	设连接筋道数
<800	1
<1600	2
<2400	3
<3200	4
>2700 以上	双向连接筋

（2）板面构造

为保证薄板与现浇混凝土层组合后在叠合面的抗剪能力，其板面构造如下：

1）当要求叠合面承受的抗剪能力较小时，可在板的上表面加工成具有粗糙、划毛或小凹坑的表面，或用网状滚轮辊压出深4～6mm成网状分布的压痕。

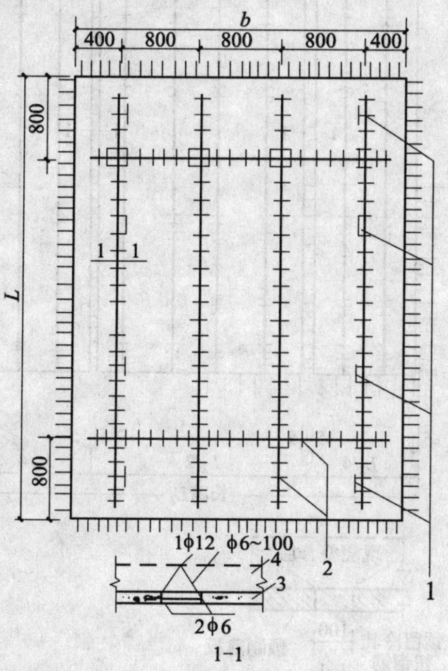

图1-118　冷轧扭钢筋混凝土薄板构造

1—吊点；2—纵横向连接筋（钢筋小肋）；

3—薄板；4—叠合层

2）当要求叠合面承受的抗剪能力较大时（剪应力大于0.4MPa），薄板表面除要求粗糙、划毛外，还要增设抗剪钢筋，其规格和间距由设计计算确定。抗剪钢筋一般做成具有三角形断面的肋筋。

（3）薄板规格

1）冷轧扭钢筋混凝土叠合楼板的经济跨度一般为4～6m。多块薄板经横向拼接后的最大跨间可达5400mm×6000mm。薄板的厚度，依据跨度由设计确定，在一般荷载下叠合后楼板的厚度取（1/35～1/40）L（L是板的跨度）时，其薄板厚度取（L/100+100）mm。

2）由多块薄板横向拼接成双向叠合楼板，单块薄板宽度尺寸的确定，既要满足制作、运输、堆放和安装等工艺的要求，又要能使板的拼缝置于楼板受力最小的位置（一般置于楼板弯矩最小的四分点处）。

（4）拼接构造

利用冷轧扭钢筋握裹力较强的特点，可以将单块预制薄板的横向冷轧扭钢筋的预留筋，按一定锚固长度搭接起来，使横向钢筋连续贯通，加上现浇叠合层，则可达到双向板受力的效果。做法见图1-119。

大块叠合楼板预制薄板拼接的原则及构造做法如下：

1）预制薄板拼接缝的位置，原则上应选择在楼板受力较小的部位。对于单向叠合楼板薄板的拼缝位置，应设置在短跨上，见图 1-120。

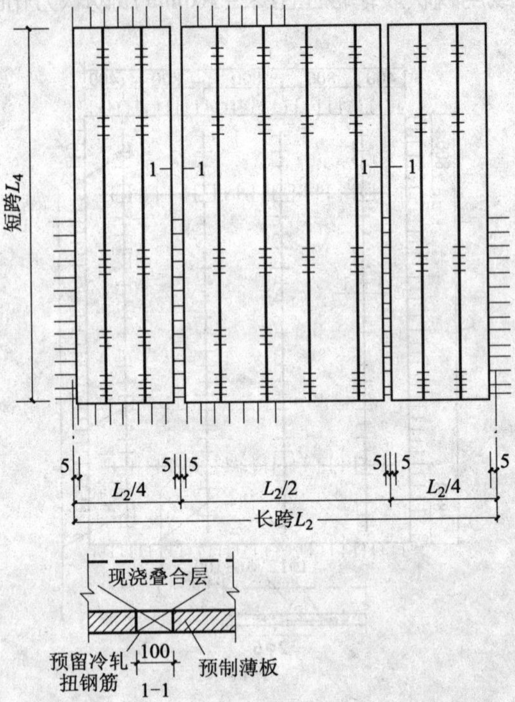

图 1-119　薄板的拼接

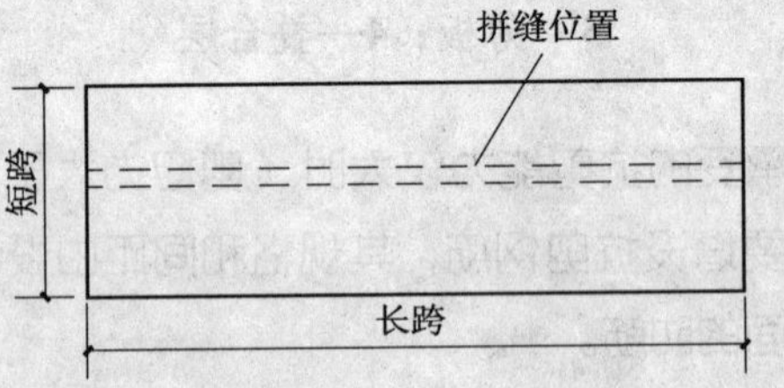

图 1-120　单向叠合楼板薄板拼缝位置

2）对于双向叠合楼板拼缝位置应选择在长跨上，并布置在受力最小处，见图 1-121。

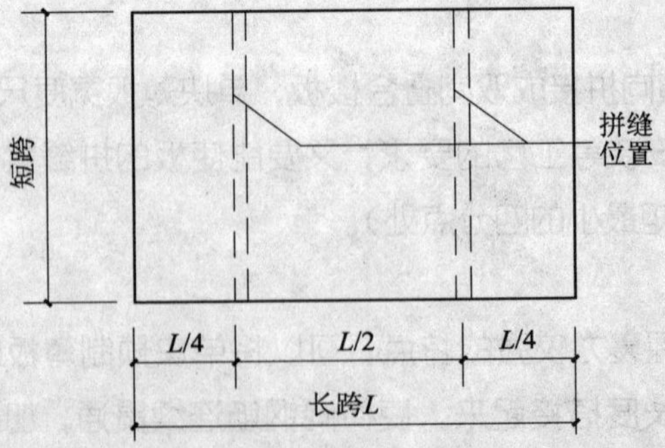

图 1-121　双向叠合楼板薄板拼缝位置

3）拼缝构造做法，见图 1-122。

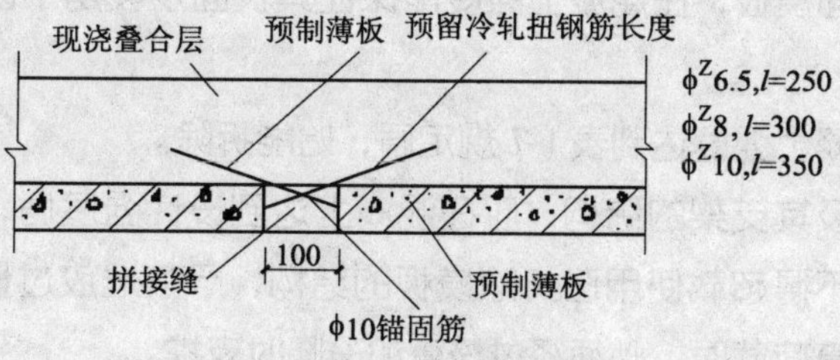

图 1-122　拼缝构造

（5）安装准备工作

1）薄板进场后，要核查其型号和规格、几何尺寸，具体要求与双钢筋混凝土薄板模板相同。

2）将板四边的水泥飞刺去掉，板端及板侧伸出的钢筋向上弯成 90°角（弯曲直径必须大于 20mm），板表面的尘土、浮渣清除干净。

（6）安装顺序

与预应力混凝土薄板模板相同。

（7）安装工艺要点

1）硬架支承要求，与预应力混凝土薄板模板相同。

2）硬架支撑支柱高度超过 3m 时，支柱之间必须加设纵、横向水平拉杆系统。硬架支柱高度在 3m 以下时，与预应力混凝土薄板模板相同。

3）吊装薄板时，应钩挂薄板上预留的吊环，采用 8 点（或 6 点）平衡吊挂的单块吊装方法吊装。

4）薄板就位调整方法与预应力混凝土薄板相同。

5）薄板调整好后，将板端和板侧面伸出的冷轧扭钢筋调整到设计要求的角度，伸入到相邻板的混凝土叠合层内。伸出钢筋不得煨死弯，其弯曲直径不得大于 20mm。不得将伸出钢筋往回弯入板的自身混凝土叠合层内。薄板从出厂至就位的过程，伸出钢筋的重复弯曲次数不得超过两次。

细节　模板拆除

混凝土结构在浇筑完成一些构件或一层结构之后，经过自然养护（或冬期蓄热法等养护）之后，在混凝土具有相当强度时，为使模板能周转使用，就要对支撑的模板进行拆除。一般说拆模可分为两种情况：一种是在混凝土硬化后对模板无作用力的，如侧模板；一种是混凝土是已硬化，但要拆除模板则其构件本身还不具备承担荷载的能力。那么，这种构件的模板不是随便就可以拆除的，如梁、板、楼梯等构件。

（1）模板拆除条件

1）现浇混凝土结构拆模条件

对于整体式结构的拆模期限，应遵守以下规定：

①非承重的侧面模板，在混凝土强度能保证其表面及棱角不因拆除模板而损坏时，方可拆除。

②底模板在混凝土强度达到表 1-7 规定后，始能拆除。

③已拆除模板及其支架的结构，应在混凝土达到设计强度后，才允许承受全部计算荷载。施工中不得超载使用已拆除模板的结构，严禁堆放过量建筑材料。当承受施工荷载大于计算荷载时，必须经过核算加设临时支撑。

④钢筋混凝土结构如在混凝土未达到表 1-7 所规定的强度时进行拆模及承受部分荷载，应经过计算复核结构在实际荷载作用下的强度。必要时应加设临时支撑，但需说明的是表 1-7 中的强度系指抗压强度标准值。强度在常温下可以按曲线表 1-41 推算，而在低温时应按所做的同条件试块压出的值来确定。所以冬期施工拆模时间离浇筑完毕时间较长。

表 1-41　混凝土强度与温度、龄期的关系曲线表

控制混凝土所用水泥种类	关　系　曲　线
32.5 级	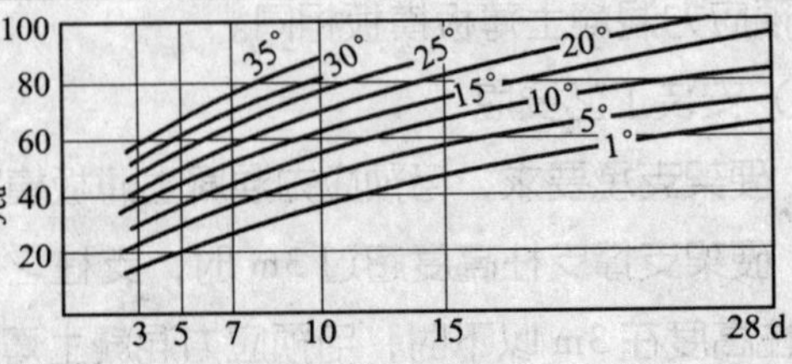

⑤多层框架结构当需拆除下层结构的模板和支架，而其混凝土强度尚不能承受上层模板和支架所传来的荷载时，则上层结构的模板应选用减轻荷载的结构（如悬吊式模板、桁架支模等），但必须考虑其支承部分的强度和刚度。或对下层结构另设支柱（或称再支撑）后，才可安装上层结构的模板。

2）预制构件拆模条件

预制构件的拆模强度，当设计无明确要求时，应遵守下列规定：

①拆除侧面模板时，混凝土强度能保证构件不变形、棱角完整和无裂缝时方可拆除。

②承重底模时应符合表 1-42 的规定。

表 1-42　预制构件拆模时所需的混凝土强度

预制构件的类别	按设计的混凝土强度标准值的百分率计（%）	
	拆侧模板	拆底模板
普通梁、跨度在 4m 及 4m 以内分节脱模	25	50
普通薄腹梁、吊车梁、T 形梁、厂形梁、柱、跨度在 4m 以上	40	75
先张法预应力屋架、屋面板、吊车梁等	50	建立预应力后
先张法各类预应力薄板重叠浇筑	25	建立预应力后

续表

预制构件的类别	按设计的混凝土强度标准值的百分率计（%）	
	拆侧模板	拆底模板
后张法预应力块体竖立浇筑	40	75
后张法预应力块体平卧重叠浇筑	25	75

③拆除空心板的芯模或预留孔洞的内模时，在能保证表面不发生塌陷和裂缝时方可拆模，并应避免较大的振动或碰伤孔壁。

3）滑升模板拆除条件

滑动模板装置的拆除，尽可能避免在高空作业。提升系统的拆除可在操作平台上进行，只要先切断电源，外防护齐全（千斤顶拟留待与模板系统同时拆除），不会产生安全问题。

①模板系统及千斤顶和外挑架、外吊架的拆除，宜采用按轴线分段整体拆除的方法。总的原则是先拆外墙（柱）模板（提升架、外挑架、外吊架一同整体拆下）；后拆内墙（柱）模板。模板拆除程序为：将外墙（柱）提升架向建筑物内侧拉牢→外吊架挂好溜绳→松开围圈连接件→挂好起重吊绳，并稍稍绷紧→松开模板拉牢绳索→割断支承杆→模板吊起缓慢落下→牵引溜绳使模板系统整体躺倒地面→模板系统解体。

此种方法模板吊点必须找好，钢丝绳垂直线应接近模板段重心，钢丝绳绷紧时，其拉力接近并稍小于模板段总重。

②若条件不允许时，模板必须高空解体散拆。高空作业危险性较大，除在操作层下方设置卧式安全网防护，危险作业人员系好安全带外，必须编制好详细、可行的施工方案。一般情况下，模板系统解体前，拆除提升系统及操作平台系统的方法与分段整体拆除相同，模板系统解体散拆的施工程序为：拆除外吊架脚手板、护身栏（自外墙无门窗洞口处开始，向后倒退拆除→拆除外吊架吊杆及外挑架→拆除内固定平台→拆除外墙（柱）模板→拆除外墙（柱）围圈→拆除外墙（柱）提升架→将外墙（柱）千斤顶从支承杆上端抽出→拆除内墙模板→拆除一个轴线段围圈，相应拆除一个轴线段提升架→千斤顶从支承杆上端抽出。

高空解体散拆模板必须掌握的原则是：在模板解体散拆的过程中，必须保证模板系统的总体稳定和局部稳定，防止模板系统整体或局部倾倒塌落。因此，制定方案、技术交底和实施过程中，务必有专责人员统一组织、指挥。

③滑升模板拆除中的技术安全措施。

高层建筑滑模设备的拆除一般应做好下述几项工作：

a. 根据操作平台的结构特点，制定其拆除方案和拆除顺序。

b. 认真核实所吊运件的重量和起重机在不同起吊半径内的起重能力。

c. 在施工区域，画出安全警戒区，其范围应视建筑物高度及周围具体情况而定。禁区边缘应设置明显的安全标志，并配备警戒人员。

d. 建立可靠的通信指挥系统。

e. 拆除外围设备时必须系好安全带，并有专人监护。

f. 使用氧气和乙炔设备应有安全防火措施。

g. 施工期间应密切注意气候变化情况，及时采取预防措施。

h. 拆除工作一般不宜在夜间进行。

（2）拆模程序

1）模板拆除一般是先支的后拆，后支的先拆，先拆非承重部位，后拆承重部位，并做到不损伤构件或模板。

2）肋形楼盖应先拆柱模板，再拆楼板底模，梁侧模板，最后拆梁底模板。拆除跨度较大的梁下支柱时，应先从跨中开始分别拆向两端。侧立模的拆除应按自上而下的原则进行。

3）工具式支模的梁、板模板的拆除，应先拆卡具，顺口方木、侧板，再松动木楔，使支柱、桁架等平稳下降，逐段抽出底模板和横挡木，最后取下桁架、支柱、托具。

4）多层楼板模板支柱的拆除：当上层模板正在浇筑混凝土时，下一层楼板的支柱不得拆除，再下一层楼板支柱，仅可拆除一部分。跨度4m及4m以上的梁，均应保留支柱，其间距不得大于3m；其余再下一层楼的模板支柱，当楼板混凝土达到设计强度时，方可全部拆除。

（3）拆模过程中应注意的问题

1）拆除时不要用力过猛、过急，拆下来的木料应整理好及时运走，做到活完地清。

2）在拆除模板过程中，如发现混凝土有影响结构安全的质量问题时，应暂停拆除。经处理后，方可继续拆除。

3）拆除跨度较大的梁下支柱时，应先从跨中开始，分别拆向两端。

4）多层楼板模板支柱的拆除，其上层楼板正在浇灌混凝土时，下一层楼板模板的支柱不得拆除，再下一层楼板的支柱，仅可拆除一部分。

5）拆模间歇时，应将已活动的模板、牵杆、支撑等运走或妥善堆放，防止因扶空、踏空而坠落。

6）模板上有预留孔洞者，应在安装后将洞口盖好。混凝土板上的预留孔洞，应在模板拆除后随即将洞口盖好。

7）模板上架设的电线和使用的电动工具，应用36V的低压电源或采用其他有效的安全措施。

8）拆除模板一般用长撬棍。人不许站在正在拆除的模板下。在拆除模板时，要防止整块模板掉下，拆模人员要站在门窗洞口外拉支撑，防止模板突然全部掉落伤人。

9）高空拆模时，应有专人指挥，并在下面标明工作区，暂停人员过往。

10）定型模板要加强保护，拆除后即清理干净，堆放整齐，以利再用。

11）已拆除模板及其支架的结构，应在混凝土强度达到设计强度等级后，才允许承受全部计算荷载。当承受施工荷载大于计算荷载时，必须经过核算，加设临时支撑。

细节 拆模时间及顺序

模板及其支架的拆除时间和顺序应事先在施工技术方案中确定，拆模必须按拆模顺序进行，一般是后支的先拆，先支的后拆；先拆非承重部分，后拆承重部分。重大复杂的模板拆除，按专门制定的拆模方案执行。

现浇楼板采用早拆模施工时，经理论计算复核后将大跨度楼板改成支模形式为小跨度楼板（≤2m），当浇筑的楼板混凝土实际强度达到50%的设计强度标准值，可拆除模板，保留支架，严禁调换支架。

多层建筑施工，当上层楼板正在浇筑混凝土时，下一层楼板的模板支架不得拆除，再下一层楼板的支架，仅可拆除一部分；跨度4m及4m以上的梁下均应保留支架，其间距不得大于3m。

高层建筑梁、板模板，完成一层结构，其底模及其支架的拆除时间控制，应对所用混凝土的强度发展情况，分层进行核算，确保下层梁及楼板混凝土能承受上层全部荷载。

拆除时应先清理脚手架上的垃圾杂物，再拆除连接杆件，经检查安全可靠后可按顺序拆除。拆除时要有统一指挥、专人监护，设置警戒区，防止交叉作业，拆下物品及时清运、整修、保养。

后张法预应力结构构件，侧模宜在预应力张拉前拆除；底模及支架的拆除应按施工技术方案，当无具体要求时，应在结构构件建立预应力之后拆除。

后浇带模板的拆除和支顶方法应按施工技术方案执行。

1.3 监理验收

1.3.1 监理验收资料

1. 模板设计及施工技术方案。
2. 技术复核单。
3. 检验批质量验收记录。
4. 模板分项工程质量验收记录。

1.3.2 工程质量验收记录表（表1-43～表1-45）

表 1-43　模板安装工程检验批质量验收记录表

单位（子单位）工程名称						
分部（子分部）工程名称					验收部位	
施工单位					项目经理	
施工执行标准名称及编号						
施工质量验收规范的规定					施工单位检查评定记录	监理（建设）单位验收记录
主控项目	1	模板支撑、立柱位置和垫板		第 4.2.1 条		
主控项目	2	避免隔离剂沾污		第 4.2.2 条		
一般项目	1	模板安装的一般要求		第 4.2.3 条		
一般项目	2	用作模板地坪、胎膜质量		第 4.2.4 条		
一般项目	3	模板起拱高度		第 4.2.5 条		
一般项目	4 预埋件、预留孔允许偏差	预埋钢板中心线位置（mm）		3		
一般项目	4 预埋件、预留孔允许偏差	预埋管、预留孔中心线位置（mm）		3		
一般项目	4 预埋件、预留孔允许偏差	插筋	中心线位置（mm）	5		
一般项目	4 预埋件、预留孔允许偏差	插筋	外露长度（mm）	+10，0		
一般项目	4 预埋件、预留孔允许偏差	预埋螺栓	中心线位置（mm）	2		
一般项目	4 预埋件、预留孔允许偏差	预埋螺栓	外露长度（mm）	+10，0		
一般项目	4 预埋件、预留孔允许偏差	预留洞	中心线位置（mm）	10		
一般项目	4 预埋件、预留孔允许偏差	预留洞	尺寸（mm）	+10，0		
一般项目	5 模板安装允许偏差	轴线位置（mm）		5		
一般项目	5 模板安装允许偏差	底模上表面标高（mm）		±5		
一般项目	5 模板安装允许偏差	截面内部尺寸（mm）	基础	±10		
一般项目	5 模板安装允许偏差	截面内部尺寸（mm）	柱、墙、梁	+4，-5		
一般项目	5 模板安装允许偏差	层高垂直度（mm）	不大于 5m	6		
一般项目	5 模板安装允许偏差	层高垂直度（mm）	大于 5m	8		
一般项目	5 模板安装允许偏差	相邻两板表面高低差（mm）		2		
一般项目	5 模板安装允许偏差	表面平整度（mm）		5		
施工单位检查评定结果	专业工长（施工员）				施工班组长	
	项目专业质量检查员：　　　年　月　日					
监理（建设）单位验收结论	专业监理工程师： （建设单位项目专业技术负责人）：　　　年　月　日					

表 1-44　预制构件模板工程检验批质量验收记录表

单位（子单位）工程名称			
分部（子分部）工程名称		验收部位	
施工单位		项目经理	
施工执行标准名称及编号			

类别	序号	施工质量验收规范的规定				施工单位检查评定记录	监理（建设）单位验收记录
主控项目	1	避免隔离剂沾污			第 4.2.2 条		
一般项目	1	模板安装的一般要求			第 4.2.3 条		
	2	用作模板地坪、胎膜质量			第 4.2.4 条		
	3	模板起拱高度			第 4.2.5 条		
	4	预埋件、预留孔允许偏差	预埋钢板中心线位置（mm）		3		
			预埋管、预留孔中心线位置（mm）		3		
			插筋	中心线位置（mm）	5		
				外露长度（mm）	+10，0		
			预埋螺栓	中心线位置（mm）	2		
				外露长度（mm）	+10，0		
			预留洞	中心线位置（mm）	10		
				尺寸（mm）	+10，0		
	5	预制构件模板允许偏差	长度（mm）	板、梁	±5		
				薄腹梁、桁梁	±10		
				柱	0，-10		
				墙板	0，-5		
			宽度（mm）	板、墙板	0，-5		
				梁、薄腹梁、桁架、柱	+2，-5		
			高（厚）度（mm）	板	+2，-3		
				墙板	0，-5		
				梁、薄腹梁、桁架、柱	+2，-5		
			侧向弯曲（mm）	梁、板、柱	$L/1000$ 且≤15		
				墙板、薄腹梁、桁架	$L/1000$ 且≤15		
			板的表面平整度（mm）		3		
			相邻两板表面高低差（mm）		1		
			对角线差（mm）	板	7		
				墙板	5		
			翘曲（mm）	板、墙板	$L/1500$		
			设计起拱（mm）	薄腹梁、桁架、梁	±3		

施工单位检查评定结果	专业工长（施工员）	施工班组长	
	项目专业质量检查员：　　　　年　月　日		
监理（建设）单位验收结论	专业监理工程师： （建设单位项目专业技术负责人）：　　　　年　月　日		

表 1-45 模板拆除工程检验批质量验收记录表

单位（子单位）工程名称					
分部（子分部）工程名称				验收部位	
施工单位				项目经理	
施工执行标准名称及编号					
施工质量验收规范的规定				施工单位检查评定记录	监理（建设）单位验收记录
主控项目	1	底模及其支架拆除时的混凝土强度	第 4.3.1 条		
	2	后张法预应力构件侧模和底模的拆除时间	第 4.3.2 条		
	3	后浇带拆模和支顶	第 4.3.3 条		
一般项目	1	避免拆模损伤	第 4.3.4 条		
	2	模板拆除、堆放和清运	第 4.3.5 条		
施工单位检查评定结果	专业工长（施工员）			施工班组长	
	项目专业质量检查员：				年 月 日
监理（建设）单位验收结论	专业监理工程师： （建设单位项目专业技术负责人）：				年 月 日

2 钢筋工程

GANGJINGONGCHENG

2.1 工程质量监理

2.1.1 施工监理要求

1. 钢筋验收基本要求

钢筋应有出厂质量证明书或试验报告单，每捆（盘）钢筋应有标牌。钢筋是否符合质量标准，直接影响建筑物的质量和使用安全。施工中必须加强对钢筋的进场验收工作。钢筋进场验收的检查项目如下：

（1）钢筋应有出厂质量证明书或验收报告单，每捆（盘）钢筋均应有牌号，进场时应按炉罐（批号）及直径 d 分批验收。验收内容包括标牌查对、外观检查、按有关标准抽取试样进行机械性能试验，合格后方可使用。

（2）钢筋进场后应根据品种规格按批分别堆放。不同等级钢筋、合格与不合格钢筋，不得混杂，以免错用而造成质量事故。

（3）钢筋在加工过程中发现脆断、焊接性能不良或机械性能显著不正常等现象时，应进行化学成分检验或其他专项的检查。

（4）对有抗震要求的框架结构，纵向受力钢筋应进行检验，检验所得的强度实测值应符合下列要求：

1）钢筋的抗拉强度实测值与屈服强度实测值的比值应不小于 1.25；

2）钢筋的屈服强度实测值与钢筋的强度标准值的比值，当按一级抗震设计时，不应大于 1.25；当按二级抗震设计时，不应大于 1.4。

2. 一般规定

（1）当钢筋的品种、级别或规格需作变更时，应办理设计变更文件。

（2）在浇筑混凝土之前，应进行钢筋隐蔽工程验收，其内容包括：

1）纵向受力钢筋的品种、规格、数量、位置等；

2）钢筋的连接方式、接头位置、接头数量、接头面积百分率等；

3）箍筋、横向钢筋的品种、规格、数量、间距等；

4）预埋件的规格、数量、位置等。

2.1.2　工程质量标准

1. 原材料质量标准

（1）主控项目（表 2-1）

表 2-1　主控项目内容及监理验收要求

项目内容	规范条款	监理验收要求	验收方法
力学性能检验	第 5.2.1 条	钢筋进场时，应按现行国家标准《钢筋混凝土用热轧带肋钢筋》（GB 1499）等的规定抽取试件作力学性能检验，其质量必须符合有关标准的规定	检查数量：按进场的批次和产品的抽样检验方案确定 检验方法：检查产品合格证、出厂检验报告和进场复验报告
抗震用钢筋强度实测值	第 5.2.2 条	对有抗震设防要求的框架结构，其纵向受力钢筋的强度应满足设计要求；当设计无具体要求时，对一、二级抗震等级，检验所得的强度实测值应符合下列规定 （1）钢筋的抗拉强度实测值与屈服强度实测值的比值不应小于 1.25 （2）钢筋的屈服强度实测值与强度标准值的比值不应大于 1.3	检查数量：按进场的批次和产品的抽样检验方案确定 检验方法：检查进场复验报告
化学成分等专项检验	第 5.2.3 条	当发现钢筋脆断、焊接性能不良或力学性能显著不正常等现象时，应对该批钢筋进行化学成分检验或其他专项检验	检验方法：检查化学成分等专项检验报告

（2）一般项目（表 2-2）

表 2-2　一般项目内容及监理验收要求

项目内容	规范条款	监理验收要求	验收方法
钢筋外观质量	第 5.2.4 条	钢筋应平直、无损伤，表面不得有裂纹、油污、颗粒状或片状老锈	检查数量：进场时和使用前全数检查 检验方法：观察

2. 钢筋加工质量标准

（1）主控项目（表 2-3）

表 2-3　主控项目内容及监理验收要求

项目内容	规范条款	监理验收要求	验收方法
受力钢筋的弯钩和弯折	第 5.3.1 条	受力钢筋的弯钩和弯折应符合下列规定 （1）HPB235 级钢筋末端应做 180°弯钩，其弯弧内直径不应小于钢筋直径的 2.5 倍，弯钩的弯后平直部分长度不应小于钢筋直径的 3 倍 （2）当设计要求钢筋末端需做 135°弯钩时，HRB335 级、HRB400 级钢筋的弯弧内直径不应小于钢筋直径的 4 倍，弯钩的弯后平直部分长度应符合设计要求 （3）钢筋做不大于 90°的弯折时，弯折处的弯弧内直径不应小于钢筋直径的 5 倍	检查数量：按每工作班同一类型钢筋、同一加工设备抽查不应少于 3 件 检验方法：钢尺检查
箍筋弯钩形式	第 5.3.2 条	除焊接封闭环式箍筋外，箍筋的末端应做弯钩，弯钩形式应符合设计要求；当设计无具体要求时，应符合下列规定 （1）箍筋弯钩的弯弧内直径除应满足第5.3.1条的规定外，尚应不小于受力钢筋直径 （2）箍筋弯钩的弯折角度：对一般结构，不应小于 90°；对有抗震等要求的结构，应为 135° （3）箍筋弯后平直部分长度：对一般结构，不宜小于箍筋直径的 5 倍；对有抗震等要求的结构，不应小于箍筋直径的 10 倍	检查数量：按每工作班同一类型钢筋、同一加工设备抽查不应少于 3 件 检验方法：钢尺检查

（2）一般项目（表 2-4、表 2-5）

表 2-4　一般项目内容及监理验收要求

项目内容	规范条款	监理验收要求	验收方法
钢筋调直	第 5.3.3 条	钢筋调直宜采用机械方法，也可采用冷拉方法。当采用冷拉方法调直钢筋时，HPB235 级钢筋的冷拉率不宜大于 4%，HRB335 级、HRB400 级和 RRB400 级钢筋的冷拉率不宜大于 1%	检查数量：按每工作班同一类型钢筋、同一加工设备抽查不应少于 3 件 检验方法：观察，钢尺检查
钢筋加工形状尺寸	第 5.3.4 条	钢筋加工的形状、尺寸应符合设计要求，其偏差应符合表 2-5 的规定	检查数量：按每工作班同一类型钢筋、同一加工设备抽查不应少于 3 件 检验方法：钢尺检查

表 2-5　钢筋加工的允许偏差

项　目	允许偏差（mm）
受力钢筋顺长度方向全长的净尺寸	±10
弯起钢筋的弯折位置	±20
箍筋内净尺寸	±5

3. 钢筋连接质量标准

（1）主控项目（表2-6）

表2-6　主控项目内容及监理验收要求

项目内容	规范条款	监理验收要求	验收方法
纵向受力钢筋的连接方式	第5.4.1条	纵向受力钢筋的连接方式应符合设计要求	检查数量：全数检查 检验方法：观察
机械连接和焊接接头的力学性能	第5.4.2条	在施工现场，应按国家现行标准《钢筋机械连接通用技术规程》（JGJ 107）、《钢筋焊接及验收规程》（JGJ 18）的规定抽取钢筋机械连接接头、焊接接头试件作力学性能检验，其质量应符合有关规程的规定	检查数量：按有关规程确定 检验方法：检查产品合格证、接头力学性能试验报告

（2）一般项目（表2-7）

表2-7　一般项目内容及监理验收要求

项目内容	规范条款	监理验收要求	验收方法
接头位置和数量	第5.4.3条	钢筋的接头宜设置在受力较小处。同一纵向受力钢筋不宜设置两个或两个以上接头。接头末端至钢筋弯起点的距离不应小于钢筋直径的10倍	检查数量：全数检查 检验方法：观察，钢尺检查
机械连接、焊接的外观质量	第5.4.4条	在施工现场，应按国家现行标准《钢筋机械连接通用技术规程》（JGJ 107）、《钢筋焊接及验收规程》（JGJ 18）的规定对钢筋机械连接接头、焊接接头的外观进行检查，其质量应符合有关规程的规定	检查数量：全数检查 检验方法：观察
机械连接、焊接接头设置及数量限定	第5.4.5条	当受力钢筋采用机械连接接头或焊接接头时，设置在同一构件内的接头宜相互错开； 纵向受力钢筋机械连接接头及焊接接头连接区段的长度为35d（d为纵向受力钢筋的较大直径）且不小于500mm，凡接头中点位于该连接区段长度内的接头均属于同一连接区段。同一连接区段内，纵向受力钢筋机械连接及焊接的接头面积百分率为该区段内有接头的纵向受力钢筋截面面积与全部纵向受力钢筋截面面积的比值； 同一连区段内，纵向受力钢筋的接头面积百分率应符合设计要求；当设计无具体要求时，应符合下列规定： （1）在受拉区不宜大于50%； （2）接头不宜设置在有抗震设防要求的框架梁端、柱端的箍筋加密区；当无法避开时，对等强度高质量机械连接接头，不应大于50%； （3）直接承受动力荷载的结构构件中，不宜采用焊接接头；当采用机械连接接头时，不应大于50%	检查数量：在同一检验批内，对梁、柱和独立基础，应抽查构件数量的10%，且不少于3件；对墙和板，应按有代表性的自然间抽查10%，且不少于3间；对大空间结构，墙可按相邻轴线间高度5m左右划分检查面，板可按纵横轴线划分检查面，抽查10%，且均不少于3面 检验方法：观察，钢尺检查

续表

项目内容	规范条款	监理验收要求	验收方法
绑扎搭接接头连接区段及接头面积百分率	第5.4.6条	同一构件中相邻纵向受力钢筋的绑扎搭接接头宜相互错开。绑扎搭接接头中钢筋的横向净距不应小于钢筋直径，且不应小于25mm； 钢筋绑扎搭接接头连接区段的长度为$1.3l_1$（l_1为搭接长度），凡搭接接头中点位于该连接区段长度内的搭接接头均属同一连接区段。同一连接区段内，纵向钢筋搭接接头面积百分率为该区段内有搭接接头的纵向受力钢筋截面面积与全部纵向受力钢筋截面面积的比值； 同一连接区段内，纵向受拉钢筋搭接接头面积百分率应符合设计要求；当设计无具体要求时，应符合下列规定： （1）对梁类、板类及墙类构件，不宜大于25% （2）对柱类构件，不宜大于50% （3）当工程中确有必要增大接头面积百分率时，对梁类构件，不应大于50%；对其他构件，可根据实际情况放宽； 纵向受力钢筋绑扎搭接接头的最小搭接长度应符合规范附录B规定	检查数量：在同一检验批内，对梁、柱和独立基础，应抽查构件数量的10%，且不少于3件；对墙和板，应按有代表性的自然间抽查10%，且不少于3间；对大空间结构，墙可按相邻轴线间高度5m左右划分检查面，板可按纵、横轴线划分检查面，抽查10%，且均不少于3面 检验方法：观察，钢尺检查
搭接长度范围内的箍筋	第5.4.7条	在梁、柱类构件的纵向受力钢筋搭接长度范围内，应按设计要求配置箍筋。当设计无具体要求时，应符合下列规定： （1）箍筋直径不应小于搭接钢筋较大直径的0.25倍； （2）受拉搭接区段的箍筋间距不应大于搭接钢筋较小直径的5倍，且不应大于100mm； （3）受压搭接区段的箍筋间距不应大于搭接钢筋较小直径的10倍，且不应大于200mm； （4）当柱中纵向受力钢筋直径大于25mm时，应在搭接接头两个端面外100mm范围内各设置两个箍筋，其间距宜为50mm	检查数量：在同一检验批内，对梁、柱和独立基础，应抽查构件数量的10%，且不少于3件；对墙和板，应按有代表性的自然间抽查10%，且少于3间；对大空间结构，墙可按相邻轴线间高度5m左右划分检查面，板可按纵、横轴线划分检查面，抽查10%，且均不少于3面 检验方法：钢尺检查

4. 钢筋安装质量标准

（1）主控项目（表2-8）

表2-8　主控项目内容及监理验收要求

项目内容	规范条款	监理验收要求	验收方法
钢筋安装要求	第5.5.1条	钢筋安装时，受力钢筋的品种、级别、规格和数量必须符合设计要求	检查数量：全数检查 检验方法：观察，钢尺检查

（2）一般项目（表2-9）

表2-9　一般项目内容及监理验收要求

项目内容	规范条款	监理验收要求	验收方法
钢筋安装允许偏差	第5.5.2条	钢筋安装位置的偏差应符合表2-10的规定	检查数量：在同一检验批内，对梁、柱和独立基础，应抽查构件数量的10%，且不少于3件；对墙和板，应按有代表性的自然间抽查10%，且不少于3间；对大空间结构，墙可按相邻轴线间高度5m左右划分检查面，板可按纵、横轴线划分检查面，抽查10%，且均不少于3面

表2-10　钢筋安装位置的允许偏差和检验方法

<table>
<tr><th colspan="3">项　目</th><th>允许偏差
（mm）</th><th>检验方法</th></tr>
<tr><td rowspan="2">绑扎钢筋网</td><td colspan="2">长、宽</td><td>±10</td><td>钢尺检查</td></tr>
<tr><td colspan="2">网眼尺寸</td><td>±20</td><td>钢尺量连续三挡，取最大值</td></tr>
<tr><td rowspan="2">绑扎钢筋骨架</td><td colspan="2">长</td><td>±10</td><td>钢尺检查</td></tr>
<tr><td colspan="2">宽、高</td><td>±5</td><td>钢尺检查</td></tr>
<tr><td rowspan="5">受力钢筋</td><td colspan="2">间距</td><td>±10</td><td rowspan="2">钢尺量两端、中间各一点，取最大值</td></tr>
<tr><td colspan="2">排距</td><td>±5</td></tr>
<tr><td rowspan="3">保护层厚度</td><td>基础</td><td>±10</td><td>钢尺检查</td></tr>
<tr><td>柱、梁</td><td>±5</td><td>钢尺检查</td></tr>
<tr><td>板、墙、壳</td><td>±3</td><td>钢尺检查</td></tr>
<tr><td colspan="3">绑扎箍筋、横向钢筋间距</td><td>±20</td><td>钢尺量连续三挡，取最大值</td></tr>
<tr><td colspan="3">钢筋弯起点位置</td><td>20</td><td>钢尺检查</td></tr>
<tr><td rowspan="2">预埋件</td><td colspan="2">中心线位置</td><td>5</td><td>钢尺检查</td></tr>
<tr><td colspan="2">水平高差</td><td>+3，0</td><td>钢尺和塞尺检查</td></tr>
</table>

注：1. 检查预埋件中心线位置时，应沿纵、横两个方向量测，并取其中的较大值。
2. 表中梁类、板类构件上部纵向受力钢筋保护层厚度的合格点率应达到90%及以上，且不得有超过表中数值1.5倍的尺寸偏差。

2.1.3　材料质量要求

1. 材料质量规定及加工要求

（1）一般规定

1）钢筋出厂质量合格证和试验报告单应及时整理，试验单填写做到字迹清楚，项目齐全、准确、真实，且无未了事项。

2）钢筋出厂质量合格证和试验报告单不允许涂改、伪造、随意抽撤或损毁。

3）钢筋质量必须合格，应先试验后使用，有出厂质量合格证或试验单。需采取技术处理措施的，应满足技术要求并经有关技术负责人批准后方可使用。

4）钢筋合格证、试（检）验单或记录单的抄件（复印件）应注明原件存放单位，并有抄件人、抄件（复印）单位的签字和盖章。

5）钢筋应有出厂质量证明书或试验报告单，并按有关标准的规定抽取试样作机械性能试验。进场时应按炉罐（批）号及直径分批检验，检验内容包括查对标志、外观检查。

6）下列情况之一者，须做化学成分检验：

①无出厂证明书或钢种钢号不明的。

②有焊接要求的进口钢筋。

③在加工过程中，发生脆断、焊接性能不良和机械性能显著不正常的。

7）有特殊要求的，还应进行相应专项试验。

8）集中加工的，应有由加工单位出具的出厂证明及钢筋出厂合格证和钢筋试验单的抄件。

9）混凝土结构构件所采用的热轧钢筋、热处理钢筋、光面钢丝、刻痕钢丝和钢绞线的质量，必须符合下列有关现行国家标准的规定：

①《钢筋混凝土用热轧带肋钢筋》(GB 1499)。

②《钢筋混凝土用热轧光圆钢筋》(GB 13013)。

③《钢筋混凝土用余热处理钢筋》(GB 13014)。

④《冷轧带肋钢筋》(GB 13788)。

⑤《普通低碳钢热轧圆盘条》(GB/T 701)。

⑥《预应力混凝土用热处理钢筋》(GB 4463)。

⑦《预应力混凝土用钢丝》(GB/T 5223)。

⑧《预应力混凝土用钢绞线》(GB/T 5224)。

（2）常用材料技术性能及加工要求

1）热轧带肋钢筋

根据《钢筋混凝土用热轧带肋钢筋》（GB 1499）的规定，热轧带肋钢筋的规格见图 2-1 和表 2-11。

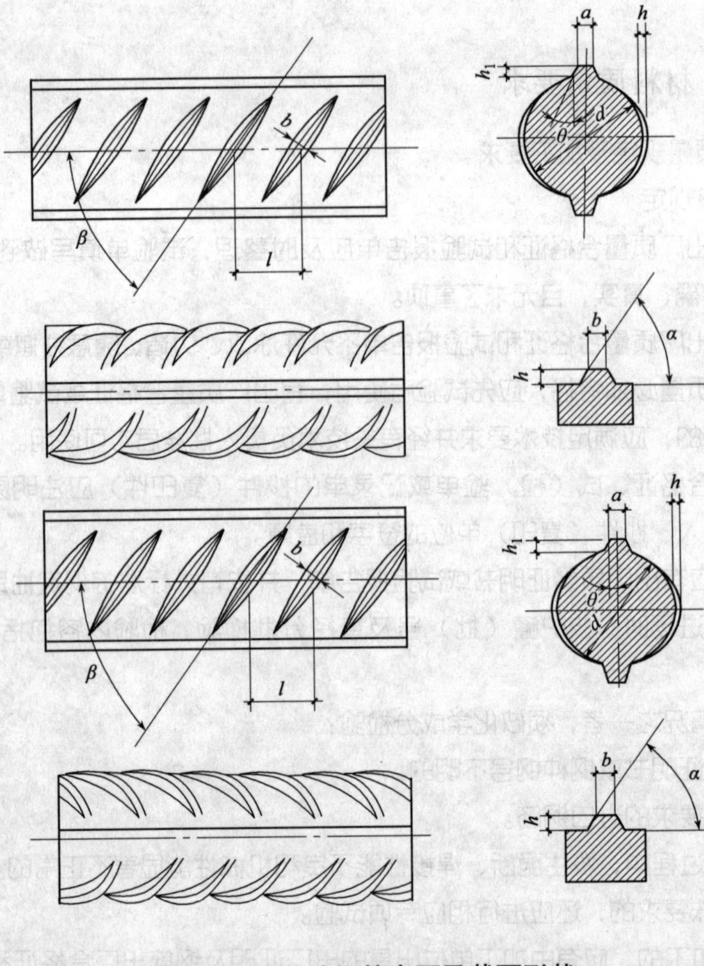

图 2-1　月牙肋钢筋表面及截面形状

d—钢筋内径；α—横肋斜角；h—横肋高度；β—横肋与轴线夹角；
h_1—纵肋高度；θ—纵肋斜角；a—纵肋顶宽；l—横肋间距；b—横肋顶宽

表 2-11　推荐使用的热轧带肋直径

公称直径（mm）	公称横截面面积（mm²）	理论重量（kg/m）
6	28.27	0.222
8	50.27	0.395
10	78.54	0.617
12	113.1	0.888
14	153.9	1.21
16	201.1	1.58
18	254.5	2.00
20	314.2	2.47
22	380.1	2.98
25	490.9	3.85
28	615.8	4.83
32	804.2	6.31
36	1018	7.99
40	1257	9.87
50	1964	15.42

注：表中理论重量按密度为 $7.85g/cm^3$ 计算。

热轧带肋钢筋的加工要求如下：

①材料要求

用于结构工程的 HRB400 钢筋通常按定尺长度交货，若以每盘卷交货时，每盘应是一条钢筋，长度允许偏差不得大于 +50mm。

a. 直条筋的弯曲度不影响正常使用，总弯曲率不大于钢筋总长度的 0.4%。

b. 钢筋端部应剪切正直，局部变形应不影响使用。

c. 钢筋在最大应力下的总伸长度 $\delta_{gt}<2.5\%$。

d. 弯曲性能

按规定弯心直径弯曲 180°后，受弯曲部位表面不得产生裂纹，反向弯曲试验的弯心直径比弯曲试验相应增加一个钢筋直径，先正向弯曲 45°后反向弯曲 23°。经反向弯曲试验后，钢筋受弯曲部位表面不得产生裂纹（该项试验尚应根据需方要求）。

e. 表面质量

钢筋表面不得有裂纹、结疤和折叠，表面允许有凸块但不得超过横肋的高度，钢筋表面上其他缺陷的深度和高度不得大于所在部位尺寸的允许偏差。

f. 检验项目见表 2-12 所列，检验方法详见《钢筋混凝土用热轧带肋钢筋》(GB 1499)。

表 2-12 钢筋混凝土用热轧钢筋检验项目一览表

检验项目	内径偏差	横肋高度偏差	纵肋高度偏差	横肋间距偏差	长度偏差	弯曲度
单位	mm	mm	mm	mm	mm	mm/m
标准要求	±0.5	±0.6	±0.9	±0.8	0 ~ +50	≤4

检验项目	化学成分						力学性能			冷弯试验	反向弯曲	表面质量	包装标志
	C	Si	Mn	V	P	S	σ_a	σ_b	δ_5				
单位	%						MPa		%	90°	$D=4d$	无裂纹、结疤折叠	按规定标识
标准要求	0.17 ~ 0.25	0.20 ~ 0.80	1.20 ~ 1.60	0.40 ~ 0.12	≤0.045		400 ~ 430	>570	>14	$D=3d$	正 45° 反 23°		

②下料、焊接、绑扎、锚固应符合下列要求：

a. 由于 HRB400 强度较高，切断下料应采用机械切断；下料可不考虑用于锚固的 180°弯钩尺寸，但应考虑保护层的厚度尺寸。

b. 钢筋可采用各种电焊焊接方法，而且可采用 HRB335 级 20MnSi 钢筋所用的焊接工艺参数施焊。其钢筋绑扎采用双丝绑扎。

c. 钢筋的锚固长度应比 HRB335 级钢筋增加 $5d$，搭接长度和延伸长度也应作相应增加，以保证钢筋锚固的安全可靠。采用增加锚固长度有困难时，可采用适当的机械锚固措施加以解决，如采用在钢筋端部弯钩，贴焊锚筋，端头焊锚板、镦头等措施，锚固长度可按直筋锚固长度乘以折减系数 α，α 取值见表 2-13。使用时，在机械锚固措施的锚固长度范围内，混凝土保护层厚度应不小于钢筋直径；箍筋直径不小于锚筋直径的 1/4，箍筋间距不大于锚筋直径的 5 倍。当采用弯钩或贴焊锚筋时，锚头方向宜偏向构件截面内部；如锚固区处于支垫范围内时，最好将锚头平置，而且受压区钢筋的锚固，不宜采用弯钩和贴焊锚固形式。

表 2-13 锚固长度折减系数

机械锚固形式	直径	弯钩	贴焊锚筋	镦头	焊锚板
α	1.00	0.65	0.65	0.75	0.75

2）冷轧带肋钢筋

冷轧带肋钢筋是采用普通低碳钢或低合金钢热轧圆盘条为母材，经冷扎或冷拔减径后在其表面冷轧成具有三面或二面月牙形横肋的钢筋。它的生产和使用应符合《冷轧带肋钢筋》（GB 13788—2000）和《冷轧带肋钢筋混凝土结构技术规程》（JGJ 95—2003）的规定。冷轧带肋钢筋按抗拉强度分为 3 级：LL550、LL650、LL800。冷轧带肋钢筋的公称直径范围为 4～12mm，推荐钢筋公称直径为 5mm、6mm、7mm、8mm、9mm、10mm。

①冷轧带肋钢筋的使用应符合下列要求：

a. 冷轧带肋钢筋可用于没有振动荷载和重复荷载的工业与民用建筑和一般构筑物的钢筋混凝土结构和先张法预应力混凝土中小型结构构件的设计与施工；也可用作多层砖混房屋圈梁、构造柱及砌体配筋。

b. 冷轧带肋钢筋混凝土构件不宜在环境温度低于 -30℃时使用。

c. 550 级钢筋不得采用冷拉方法调直，用机械调直对钢筋表面不得有明显擦伤。

d. 为了满足冷轧带肋钢筋的强度和伸长率要求，按一定量的面缩率选择盘条直径，可使钢筋具有较合适的强塑性指标。根据国内生产经验，一般采用表 2-14 的对应直径关系。

表 2-14 盘条直径与钢筋直径对应关系

盘条直径（mm）	冷轧钢筋直径（mm）	面缩率 φ（%）	盘条直径（mm）	冷轧钢筋直径（mm）	面缩率 φ（%）
12	10.5	23.4	11.5	10	24.4
11	9.5	25.4	10.5	9	26.5
10	8.5	27.8	9.5	8	29.1
9	7.5	30.6	8.5	7	32.2
8	6.5	34.0	7.5	6	36.0
6.5	5.0	40.8	6.5	5	40.8
5.5	4.0	47.1	5.5	4	47.1

②冷轧带肋钢筋的检验应符合下列要求：

a. 冷轧带肋钢筋应符合国家标准《冷轧带肋钢筋》（GB 13788—2000）的规定。

b. 650 级和 800 级钢筋应成盘供应，成盘供应的钢筋每盘应由一根组成；550 级钢筋可成盘或成捆供应，直条成捆供应的钢筋每捆应由同一炉罐号组成，且每捆重量不宜大于 500kg。

注：成捆钢筋的长度，可根据工程需要确定。

c. 对进厂（场）的冷轧带肋钢筋应按钢号、级别、规格分别堆放和使用，并应有明显的标志。不得在室外储存。

d. 进厂（场）的冷轧带肋钢筋应按下列规定进行检查和验收：

（a）钢筋应成批验收。每批由同一钢号、同一规格和同一级别的钢筋组成，每批不大于50t。每批钢筋应有出厂质量合格证明书，每盘或捆均应有标牌。

（b）每批抽取5%（但不少于5盘或5捆）进行外形尺寸、表面质量和重量偏差的检查。检查结果应符合表2-15、表2-16的要求，如其中有一盘或一捆不合格，则应对该批钢筋逐盘或逐捆检查。

表2-15　三面肋钢筋的尺寸、重量及允许偏差

公称直径（mm）	公称横截面积（mm^2）	重量		肋中点高		肋1/4处高 a（mm）	肋顶宽 b（mm）	肋距		相对肋面积 f_t 不小于
		理论重量（kg/m）	允许偏差不大于（%）	a（mm）	允许偏差不大于（mm）			c（mm）	允许偏差不大于（%）	
4	12.6	0.099		0.30		0.24		4.0		0.036
5	19.6	0.154	±4	0.32		0.26		4.0		0.039
6	28.3	0.222		0.40		0.32		5.0		0.039
7	38.5	0.302		0.46	+0.10	0.37		5.0		0.045
8	50.3	0.395	±4	0.55	−0.05	0.44	约0.2d	6.0	±15	0.045
9	63.6	0.499		0.75		0.60		7.0		0.052
10	78.5	0.617		0.75		0.60		7.0		0.052
12	113.1	0.888		0.97		0.77		8.4		0.056

注：1. 肋1/4处高、肋顶宽供孔型设计用；
2. 其他规格钢筋尺寸及允许偏差可参考相邻尺寸的参数确定。

表2-16　三面肋钢筋的尺寸、重量及允许偏差

公称直径（mm）	内径 d（mm）		公称横截面积（mm^2）	重量		肋中点高		肋1/4处高 a（mm）	肋顶宽 b（mm）	肋距		相对肋面积 f_t 不小于
	公称尺寸	允许偏差		理论重量（kg/m）	允许偏差不大于（%）	a（mm）	允许偏差不大于（mm）			c（mm）	允许偏差不大于（%）	
5	4.8	±0.2	19.6	0.154		0.32		0.21		4.0		0.039
6	5.8		28.3	0.222		0.40	0.10	0.27		5.0		0.039
7	6.6		38.5	0.302		0.46		0.31		5.0		0.045
8	7.6		50.3	0.395	±4	0.55		0.37	约0.2d	6.0	±5	0.045
9	8.6	±0.4	63.6	0.499		0.75	−0.05	0.50		7.0		0.052
10	9.5		78.5	0.617		0.75		0.50		7.0		0.052
12	11.5		113.1	0.888		0.97		0.65		8.4		0.056

注：1. 肋1/4处高，肋顶宽供孔型设计用；允许有高度不大于0.5a的纵肋；
2. 其他规格钢筋尺寸及允许偏差可参考相邻尺寸的参数确定；
3. 钢筋的椭圆度（在同一截面内最大直径和最小直径之差）不应超过直径公差范围。

（c）钢筋的力学性能和工艺性能应逐盘进行检查，从每盘任一端截去500mm以后取两个试样，一个作抗拉强度和伸长率试验，另一个作冷弯试验。检查结果如有一项指标不符合表2-17的规定，则判该盘钢筋不合格。

表 2-17　冷轧带肋钢筋力学性能和工艺性能指标

钢筋级别	抗拉强度（MPa）	伸长率		冷弯 180°	
		δ_{10}（%）	δ_{100}（%）	D 为弯心直径	
550 级	≥550	≥8	—	D = 3d	受弯曲部位表面不得产生裂纹
650 级	≥650	—	≥4	D = 4d	
800 级	≥800	—	≥4	D = 5d	

注：1. 抗拉强度按公称直径 d 计算。
2. 伸长率 δ_{10} 的测量标距为 10d；伸长率 δ_{100} 的测量标距为 100mm。
3. 对成盘供应的 650 级和 800 级钢筋，经调直后的抗拉强度仍应符合表中的规定。

（d）对成捆供应的 550 级钢筋应逐捆检验，从每捆中同一根钢筋上截取两个试样，一个作抗拉强度和伸长率试验，另一个作冷弯试验。检查结果如有一项指标不符合表 2-17 的规定，应从该捆钢筋中取双倍数量的试件进行复验，复验结果如仍有一个试样不合格，则判该捆钢筋不合格。

③冷轧带肋钢筋的加工应符合下列要求：

a. 经调直机调直的钢筋，表面不得有明显擦伤；钢筋调直后，不应有局部曲折，每米长度的弯曲度不应大于 4mm，总弯曲度不大于钢筋总长度的千分之四。

b. 冷轧带肋钢筋末端可不制作弯钩。当钢筋末端需制作 90°或 135°弯折时，钢筋的弯曲直径不宜小于钢筋直径的 5 倍。

c. 用冷轧带肋钢筋制作的箍筋，其末端弯钩的弯曲直径应大于受力钢筋直径，且不应小于箍筋直径的 3 倍。

d. 钢筋加工的形状、尺寸应符合设计要求。

3）冷轧扭钢筋

冷轧扭钢筋，又称冷轧变形钢筋，是以 Q235、Q215 热轧圆盘条钢筋和普通低碳钢无扭控冷热轧盘条（高速线材）为原料，通过冷轧专用设备进行调直、轧扁、扭曲、定尺切断等工序，一次加工成形，达到一定的工业标准，供建筑工程现浇结构或预制构件直接使用的钢筋混凝土所用新型钢筋。该新型钢筋外观呈连续均匀的螺旋状，表面光滑无裂痕，性能与其母材相比，极限抗拉强度与混凝土的握裹力分别提高了 1.67 倍和 1.59 倍。适用于一般房屋和一般构筑物的冷轧扭钢筋混凝土结构设计与施工，尤其适用于现浇楼板。冷轧扭钢筋混凝土结构件以板类及中小型梁类受弯构件为主。冷轧扭钢筋比采用普通热轧圆盘条钢筋节省钢材 36%～40%，节省工时 1/3，节省运费 1/3，降低施工直接费用 15% 左右，经济效益明显。

①冷轧扭钢筋的锚固与接头应符合下列要求：

a. 当充分利用纵向受拉冷轧扭钢筋强度时，其最小锚固长度应符合表 2-18 的规定。

表 2-18　纵向受拉冷轧扭钢筋的最小锚固长度 l_a　（mm）

混凝土强度等级	C20	C25	≥C30
l_a	45d	40d	35d

b. 冷轧扭钢筋不得采用焊接接头，钢筋网和钢筋骨架均应采用绑扎，钢筋末端一般不宜作弯钩，但需要时可弯 90°直角钩。

c．纵向受拉冷扎扭钢筋不宜在受拉区截断；如必须截断时，接头位置宜设置在受力较小处，并相互错开。在规定的搭接长度区段内，有接头的受力钢筋截面面积不应大于总截面面积的25%。

d．纵向受拉冷轧扭钢筋搭接长度不应小于1.2l_a，且不应小于300mm。

e．冷轧扭钢筋在搭接长度范围内，其箍筋的间距不应大于5d，且不应大于100mm。

f．严禁采用冷轧扭钢筋制作预制构件的吊环。

②冷轧扭钢筋施工应符合下列要求：

a．冷轧扭钢筋混凝土结构的混凝土强度等级不应低于C20。

b．冷轧扭钢筋成品应有出厂合格证书或试验合格报告单。进入现场时应分批、分规格捆扎码放并采取可靠的防雨措施，宜在下部垫木架空，每捆均挂标牌，注明钢筋的规格、数量、生产日期、生产厂家。使用方应对标签标牌进行核实，分批验收。同时要求减少现场堆放时间，进场后应及时使用。

c．在现场抽检冷轧扭钢筋过程中，发现力学性能有明显异常时，应对原材料化学成分重新复检。

d．冷轧扭钢筋成品的规格、截面参数和外形尺寸应符合规定。

e．钢筋网片、骨架应绑扎牢固。双向受力网片每个交叉点均应绑扎；单向受力网片除外边缘网片外，中间应隔点交错绑扎，绑扎网片和骨架的外形尺寸允许偏差应符合表2-19的规定。

表2-19　绑扎网片和绑扎骨架外形尺寸允许偏差　(mm)

项　　目	允 许 偏 差
网片的长、宽	±10
网眼尺寸	±20
骨架高、宽	±5
骨 架 长	±10

f．现浇构件脱模时混凝土强度等级不应低于设计强度的75%。

g．叠合薄板构件脱模时混凝土强度等级应达到设计强度的100%。起吊时应先消除吸附力，然后设6或8个吊点平衡起吊。

h．预制构件堆放场地应平整坚实，不积水。板类构件可叠层堆放，用于两端支承的垫木应上下对齐，叠层不宜超过8层。

4）热处理钢筋

热处理钢筋是由普通热轧中低碳合金钢筋经淬火和回火的调质热处理制成的。这种钢筋具有强度高、韧性好和黏结力强等优点。钢筋热处理后应卷成盘，每盘钢筋应由一整根钢筋盘成。公称直径为6mm和8.2mm的热处理钢筋盘内径不小于1.7m，公称直径为10mm的热处理钢筋盘内径不小于2.0m。

热处理钢筋按其螺纹外形，分为带纵肋和无纵肋两种（图2-2）。热处理钢筋的外形与力学性能，应符合国家标准《预应力混凝土用热处理钢筋》(GB 4463）的有关规定。

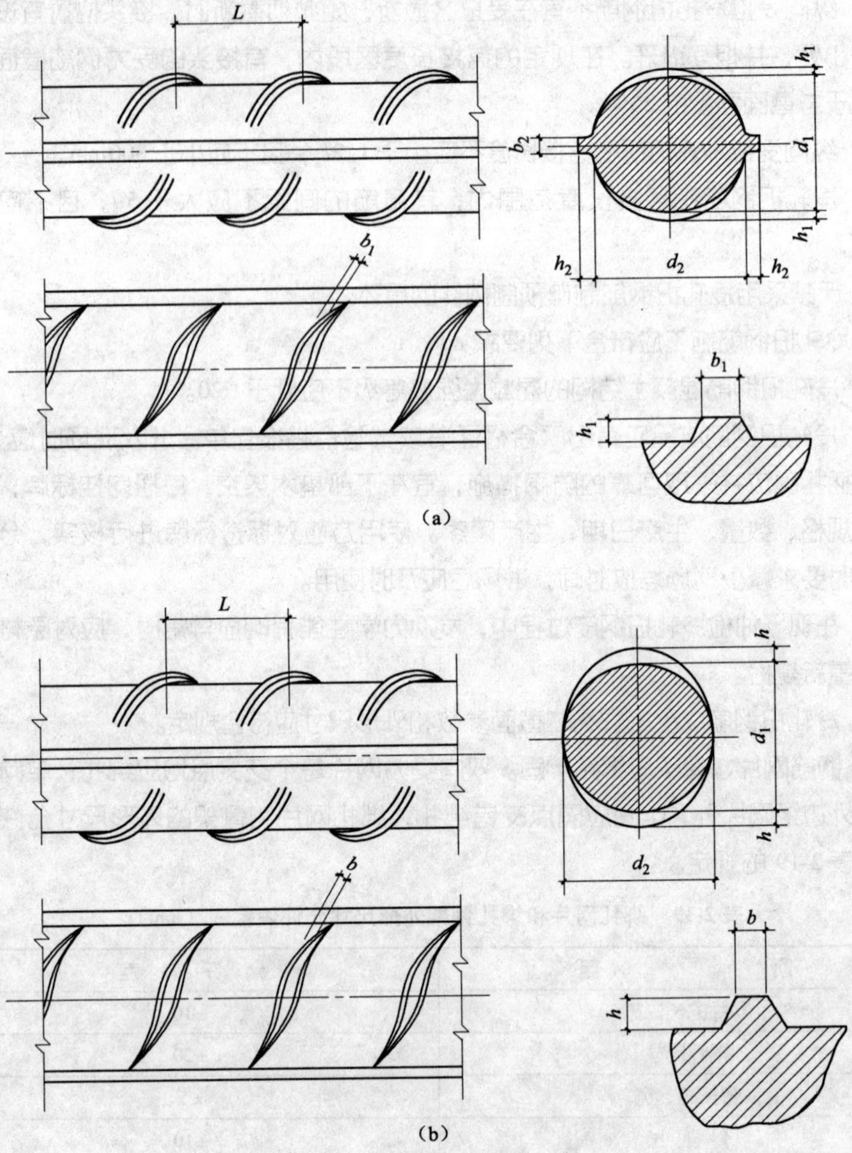

图 2-2　热处理钢筋的外形

（a）带纵肋；（b）无纵肋

精轧螺纹钢筋是用热轧方法在整个钢筋表面上轧出不带纵肋的类似螺纹外形如图 2-3 所示。钢筋的接长用连接器，端头锚固直接用螺母。这种钢筋具有连接可靠、锚固简单、施工方便、无须焊接等优点。

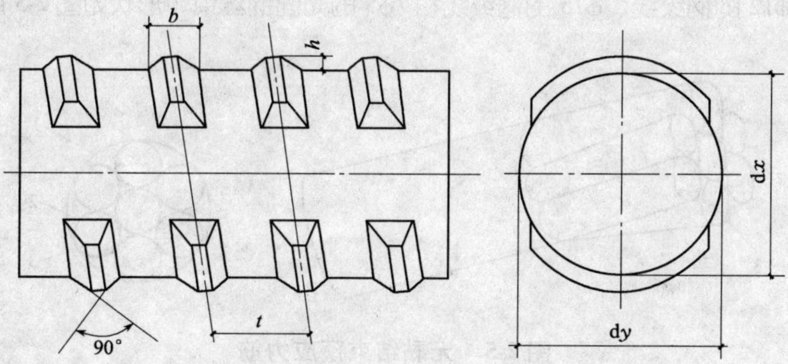

图 2-3　精轧螺纹钢筋的外形

对于精轧螺纹钢筋的外形尺寸可用图 2-4 所示的环规综合检查其各部尺寸及偏差。当通环规可沿试样全长自由旋转通过，止环规旋不进螺旋则视为尺寸合格。精轧螺纹环规尺寸详见表 2-20。

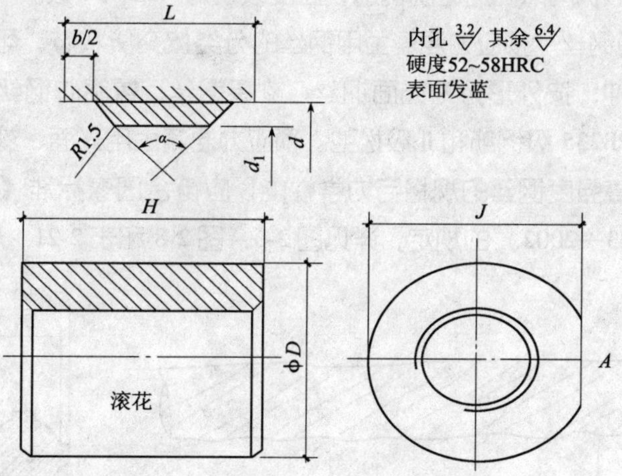

图 2-4　精轧螺纹止、通环规外形

表 2-20　精轧螺纹钢筋止、通环规尺寸　（mm）

名称	H	D	J	L	$b/2$	d	d_1	标记 A
L25 × 12 通环规	48	45	43	$12^{-0.043}$	$3.6^{+0.030}$	$29.2^{+0.052}$	$25.8^{-0.052}$	L1. 25 × 12T
L25 × 12 止环规	36	45	43	$12^{-0.043}$	$2.73^{+0.025}$	$27.2^{+0.052}$	$24.45^{-0.052}$	L1. 25 × 12Z
L32 × 16 通环规	64	55	53	$16^{-0.043}$	$4.1^{+0.030}$	$37^{+0.062}$	$32.5^{-0.062}$	L32 × 16T
L32 × 16 止环规	48	55	53	$16^{+0.043}$	$3.22^{+0.030}$	$35^{+0.062}$	$31.44^{+0.062}$	L32 × 16T

5）无黏结预应力钢筋

无黏结预应力钢筋是以专用防腐润滑脂作涂料层，由聚乙烯（或聚丙烯）塑料作护套的钢绞线或光面钢丝束制作而成的。无黏结预应力筋按网筋种类和直径分类有三种：ϕ12 的钢绞线、ϕ15 的钢绞线和 7ϕ5 的光面钢丝束，形状如图 2-5 所示。

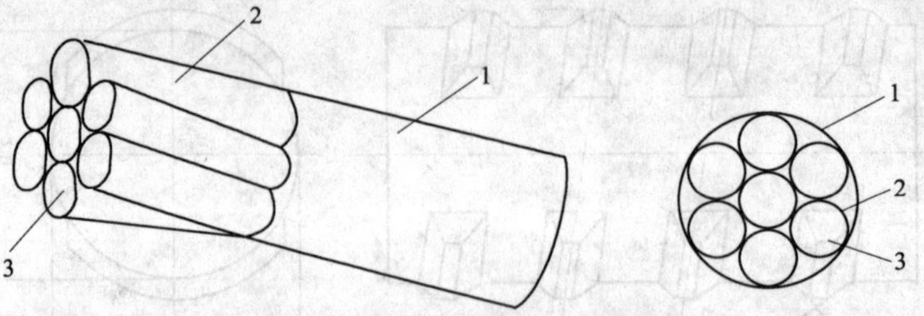

图 2-5　无黏结束预应力筋

1—塑料护套；2—防腐润滑脂；3—钢绞线（或高强钢丝束）

6）余热处理钢筋

余热处理钢筋是经热轧后立即穿水，进行表面控制冷却，然后利用芯部余热自身完成回火处理所得的成品钢筋。根据《钢筋混凝土用余热处理钢筋》(GB 13014) 的规定，其表面形状同热轧月牙肋钢筋，强度级别为 HRB400 级。

7）高强光面钢丝　预应力混凝土用钢丝的分类按交货状态，可分为冷拉钢丝和消除应力钢丝两种；按外形分为光面钢丝、刻痕钢丝、螺旋肋钢丝三种；按松弛性能分两级，即 HPB235 级钢筋和Ⅱ级松弛。预应力混凝土用光面、刻痕和螺旋肋的冷拉或消除应力的高强度钢丝的规格与力学性能，应符合国家标准《预应力混凝土用钢丝》(GB/T 5223—2002) 的规定，详见图 2-6 ~ 图 2-8 和表 2-21 ~ 表 2-24。

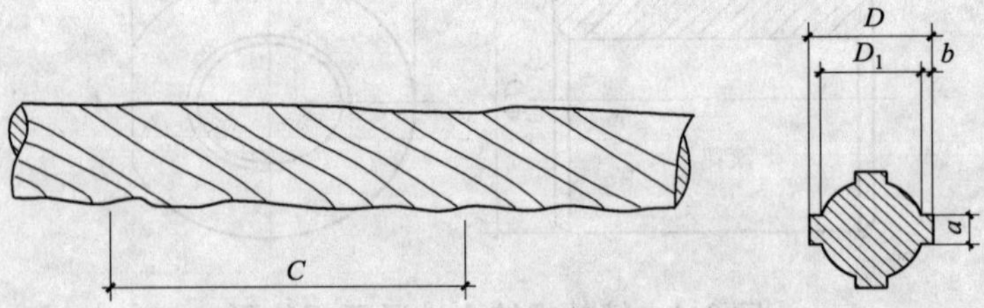

图 2-6　预应力螺旋肋钢丝外形图

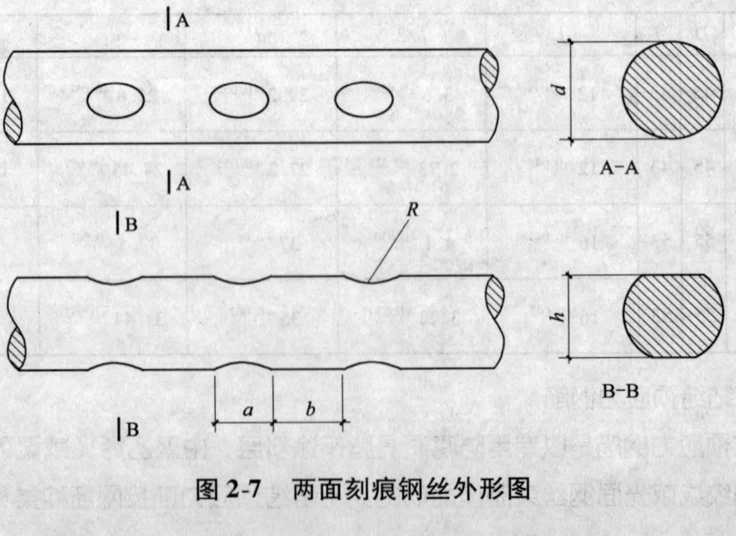

图 2-7　两面刻痕钢丝外形图

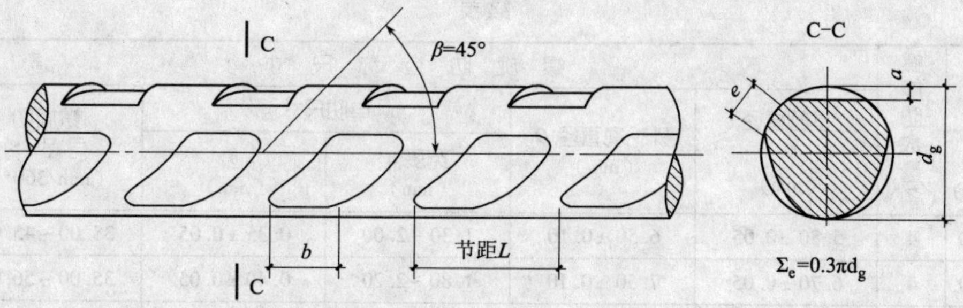

图 2-8 三面刻痕钢丝外形图

表 2-21 光面钢丝尺寸及允许偏差

钢丝公称直径（mm）	直径允许偏差（mm）	横截面积（mm^2）	每米理论重量（kg/m）
3.00	±0.04	7.07	0.055
4.00		12.57	0.099
5.00	±0.05	19.63	0.154
6.00		28.27	0.222
7.00	±0.05	38.48	0.302
8.00		50.26	0.394
9.00		63.62	0.499

注：计算钢丝理论重量时钢的密度为 $7.85g/cm^3$。

表 2-22 两面刻痕钢丝尺寸及允许偏差 （mm）

d		h		a		b		R	
钢丝公称直径	允许偏差	公称尺寸	允许偏差	公称尺寸	允许偏差	公称尺寸	允许偏差	公称尺寸	允许偏差
5.00	±0.05	4.60	0.10	3.50	±0.50	±3.00	±0.50	4.50	±0.50
7.00		6.60							

注：1. 钢丝的横截面积和单重与光面钢丝相同；
2. 两面刻痕允许任意错位，错位后一面压痕公称深度为 0.2mm。

表 2-23 三面刻痕钢丝尺寸及允许偏差 （mm）

公称直径 d	公称刻痕尺寸		
	深度 a	长度 b 不小于	节距 L 不小于
≤5.00	0.12 ±0.05	3.5	5.5
>5.00	0.15 ±0.05	5.0	8.0

注：钢丝的横截面积和单重与光面钢丝相同。

表 2-24 螺旋肋钢丝尺寸及允许偏差 （mm）

公称直径（mm）	螺旋肋数量（条）	螺旋肋公称尺寸				
		基圆直径 D_1（mm）	外轮廓直径 D（mm）	单肋尺寸 宽度 a（mm）	单肋尺寸 b（mm）	螺旋肋导程 c >（mm/360°）
4.00	3	3.85 ±0.05	4.25 ±0.05	1.00 ~ 1.50	0.20 ±0.05	32.00 ~ 36.00
5.00	4	4.80 ±0.05	5.40 ±0.10	1.20 ~ 1.80	0.25 ±0.05	34.00 ~ 40.00

续表

公称直径（mm）	螺旋肋数量（条）	螺旋肋公称尺寸				
		基圆直径 D_1（mm）	外轮廓直径 D（mm）	单肋尺寸		螺旋肋导程 c >（mm/360°）
				宽度 a（mm）	b（mm）	
6.00	4	5.80 ±0.05	6.50 ±0.10	1.30 ~2.00	0.35 ±0.05	38.00 ~45.00
7.00	4	6.70 ±0.05	7.50 ±0.10	1.80 ~2.20	0.40 ±0.05	35.00 ~56.00
8.00	4	7.70 ±0.05	8.60 ±0.10	1.80 ~2.40	0.45 ±0.05	55.00 ~65.00

8）冷拔低碳钢丝

冷拔低碳钢丝是由 HPB235 级热轧小直径盘圆钢筋拔制而成，价格低廉。冷拔低碳钢丝有较高的抗拉强度，目前仍为我国小型构件尤其是短向圆孔板的主要预应力钢材。冷拔低碳钢丝的主要缺点是塑性太小，ϕ4 或 ϕ5 的冷拔低碳钢丝的伸长率 δ_{100}（以 100mm 为标距测量伸长率）仅为 1.5% ~3.0%。因此，采用这种钢丝配筋的预应力构件，破坏前的变形预兆很小，多呈现出突发性的“脆性断裂”特征。

9）钢绞线

钢绞线是由 2、3、7 根高强钢丝扭结而成的一种高强预应力钢材。预应力钢绞线截面见图 2-9 和图 2-10。工程中用得最多的是由 6 根钢丝围绕着一根芯丝顺一个方向扭结而成的 7 股钢绞线。芯丝直径常比外围钢丝直径大 5% ~7%，使各根钢丝紧密接触，钢丝的扭距一般为 12 ~16d。常用的钢绞线为 7ϕ4 和 7ϕ5 两种，见图 2-11。

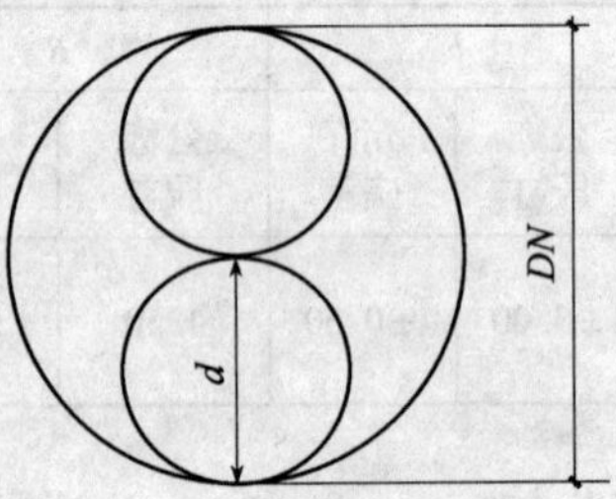

图 2-9　1 ×2 结构钢绞线

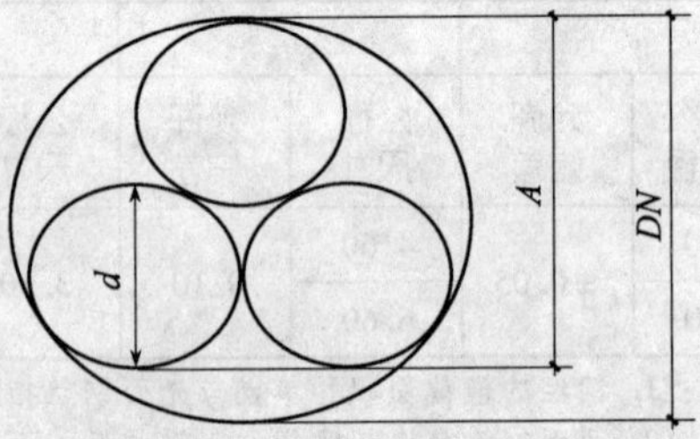

图 2-10　1 ×3 结构钢绞线

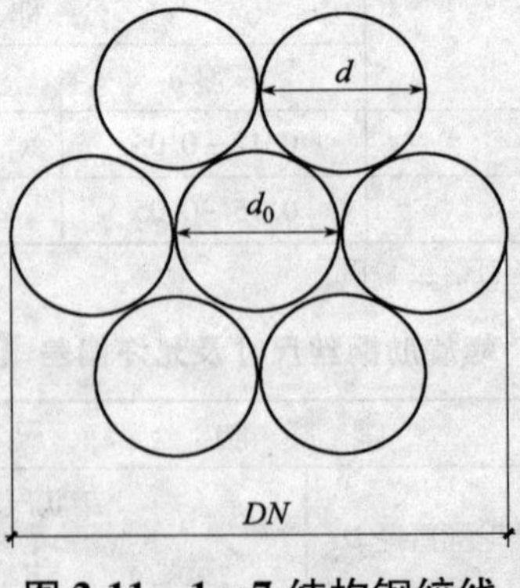

图 2-11　1 ×7 结构钢绞线

DN—钢绞线直径（mm）；d_0—中心钢丝直径（mm）；

d—外层钢丝直径（mm）；*A*—1 ×3 结构钢绞线测量尺寸（mm）

7股钢绞线由于面积较大，比较柔软，操作方便，既适用于先张法又适用于后张法施工，目前已成为国际上应用最广的一种预应力钢材。它既可以在先张法预应力混凝土中使用，也可以适用于后张法有黏结和无黏结工艺。

预应力钢绞线的外形尺寸与允许偏差见表2-25～表2-27。

表2-25　1×2结构钢绞线尺寸及允许偏差

钢绞线结构	公称直径（mm）		钢绞线直径允许偏差（mm）	钢绞线公称截面积（mm²）	每1000m钢绞线理论重量（kg）
	钢绞线	钢丝			
1×2	5.00	2.50	+0.20 −0.10	9.81	77.0
	5.80	2.90		13.2	104
	8.00	4.00	+0.30 −0.15	25.3	199
	10.00	5.00		39.5	310
	12.00	6.00		56.9	447

表2-26　1×3结构钢绞线尺寸及允许偏差

钢绞线结构	公称直径（mm）		钢绞线测量尺寸（mm）	钢绞线测量尺寸允许偏差（mm）	钢绞线公称截面积（mm²）	每1000m钢绞线理论重量（kg）
	钢绞线	钢丝				
1×3	6.20	2.90	5.41	+0.20 −0.10	19.8	77.0
	6.50	3.00	5.60		21.3	104
	8.60	4.00	7.46	+0.30 −0.15	37.4	199
	8.74	4.05	7.56		38.64	306
	10.80	5.00	9.33		59.3	465
	12.90	6.00	11.20		85.4	671

表2-27　1×7结构钢绞线尺寸及允许偏差

钢绞线结构	公称直径（mm）	直径允许偏差（mm）	钢绞线公称截面积（mm²）	每1000m的理论重量（kg）	中心钢丝直径加大范围不小于（%）
1×7标准型	9.50	+0.30 −0.15	54.8	432	2.0
	11.10		74.2	580	
	12.70		98.7	774	
	15.20	+0.40 −0.20	139	1101	
1×7模拔型	12.70		112	890	
	15.20		165	1295	

2. 原材料事前控制

（1）钢筋试验

1）钢筋的必试项目有：

①物理必试项目

拉力试验（屈服强度、抗拉强度、伸长率），冷弯试验（冷拔低碳钢丝为反复弯曲试验）。

②化学分析

主要分析碳（C）、硫（S）、磷（P）、锰（Mn）、硅（Si）的含量。

2）钢筋试验报告单的填制应符合下列要求：

①钢筋试样报告单中委托单位、工程名称及部位、委托试样编号、试件种类、钢材种类、试验项目、试件代表数量、送样日期、试验委托人等内容由试验委托人（工地试验员）填写。

②钢筋试验报告单中试验编号、各项试验的测算数据、试验结论、报告日期等内容由试验室人员依据试验结果填写清楚、准确。试验、计算、审核、负责人员签字要齐全，然后加盖试验章，试验报告单才能生效。

③钢筋试验报告单是判定一批材质是否合格的依据，是施工技术资料的重要组成部分，属保证项目。报告单要求做到字迹清楚，项目齐全、准确、真实，无未了项。没有项目写“无”或画斜杠，试验室的签字盖章齐全。如试验单某项填写错误，不允许涂抹，应在错误上画一斜杠，将正确的填写在其上方，并在此处加盖改错者印章和试验章。

④领取钢筋试验报告单时，应验看试验项目是否齐全，必试项目不能缺少，试验室有明确结论和试验编号，签字盖章齐全，要注意看试验单上各试验项目数据是否达到规范规定的标准值，是则验收存档，否则应及时取双倍试样做复试或报有关人员处理，并将复试合格单或处理结论附于此单后一并存档。

3）钢筋试验报告单表样（表2-28）。

表2-28　钢筋原材试验报告

试验报告______

委托单位______　　试验委托人______

工程名称及部位______

钢材种类______级别规格______牌号______产地______

度件代表数量______来样日期______试验日期______

一、力学试验结果

试件编号	规格	截面积（mm^2）	屈服点（N/mm^2）	极限强度（N/mm^2）	伸长率（%）	冷弯试验		
						弯心（mm）	角度	评定

二、化学分析结果

试验编号	试件编号	化学成分分析					
		C（%）	S（%）	P（%）	Mn（%）	Si（%）	C_{tq}

结论______

______

负责人______审核______计算______试验______

报告日期______年______月______日

（2）钢筋进场检查及验收

1）检查产品合格证、出厂检验报告。钢筋出厂应具有产品合格证书、出厂试验报告单，作为质量的证明材料，所列出的品种、规格、型号、化学成分、力学性能等，必须满足设计要求，符合有关的现行国家标准的规定。当用户有特别要求时，还应列出某些专门的检验数据。

2）检查进场复试报告。进场复试报告是钢筋进场抽样检验的结果，以此作为判断材料能否在工程中应用的依据。

钢筋进场时，应按现行国家标准《钢筋混凝土用热轧带肋钢筋》（GB 1499）的有关规定抽取试件作力学性能检验，其质量符合有关标准规定的钢筋，可在工程中应用。

检查数量按进场的批次和产品的抽样检验方案确定。有关标准中对进场检验数量有具体规定的，应按标准执行，如果有关标准只对产品出厂检验数量有规定的，检查数量可按下列情况确定：

①当一次进场的数量大于该产品的出厂检验批量时，应划分为若干个出厂检验批量，然后按出厂检验的抽样方案执行；

②当一次进场的数量小于或等于该产品的出厂检验批量时，应作为一个检验批量，然后按出厂检验的抽样方案执行；

③对连续进场的同批钢筋，当有可靠依据时，可按一次进场的钢筋处理。

3）进场的每捆（盘）钢筋均应有标牌。按炉罐号、批次及直径分批验收，分类堆放整齐，严防混料，并应对其检验状态进行标识，防止混用。

4）进场钢筋的外观质量检查应符合下列规定：

①钢筋应逐批检查其尺寸，不得超过允许偏差。

②逐批检查，钢筋表面不得有裂纹、折叠、结疤及夹杂，盘条允许有压痕及局部的凸块、凹块、划痕、麻面，但其深度或高度（从实际尺寸算起）不得大于0.20mm，带肋钢筋表面凸块，不得超过横肋高度，钢筋表面上其他缺陷的深度和高度不得大于所在部位尺寸的允许偏差，冷拉钢筋不得有局部缩颈。

③钢筋表面氧化铁皮（铁锈）重量不大于16kg/t。

④带肋钢筋表面标志清晰明了，标志包括强度级别、厂名（汉语拼音字头表示）和直径（mm）数字。

2.2 施工监理控制细节

细节 钢筋除锈

工程中钢筋的表面应洁净以保证钢筋与混凝土之间的握裹力。钢筋上的油漆、漆污和用锤敲击时能剥落的乳皮、铁锈等应在使用前清除干净。带有颗粒状或片状老锈的钢筋不得使用。

（1）钢筋除锈一般有以下几种方法：

1）手工除锈，即用钢丝刷、砂轮等工具除锈。

2）钢筋冷拉或钢筋调直过程中除锈。

3）机械方法除锈，如采用电动除锈机。

4）喷砂或酸洗除锈等。

（2）对大量的钢筋除锈，可通过钢筋冷拉或钢筋调直机调直过程中完成；少量的钢筋除锈可采用电动除锈机或喷砂方法；钢筋局部除锈可采取人工用钢丝刷或砂轮等方法进行。亦可将钢筋通过砂箱往返搓动除锈。

（3）电动除锈的圆盘钢丝刷有成品供应（也可用废钢丝绳头拆开编成）直径20～30cm、厚5～15cm，转速1000r/min，电动机功率为1.0～1.5kW。

（4）如除锈后钢筋表面有严重的麻坑、斑点等已伤蚀截面时，应降级使用或剔除不用，带有蜂窝状锈迹的钢丝不得使用。

细节 钢筋调直

钢筋调直分人工调直和机械调直两类。人工调直可分为绞盘调直（多用于12mm以下的钢筋、板柱）、铁柱调直（用于粗钢筋）、蛇形管调直（用于冷拔低碳钢丝）。机械调直常用的有钢筋调直机调直（用于冷拔低碳钢丝和细钢筋）、卷扬机调直（用于粗细钢筋）。钢筋调直的具体要求如下：

（1）对局部曲折、弯曲或成盘的钢筋应加以调直。

（2）钢筋调直普遍使用慢速卷扬机拉直和用调直机调直，在缺乏调直设备时，粗钢筋可采用弯曲机、平直锤或用卡盘、扳手、锤击矫直；细钢筋可用绞盘（磨）拉直或用导车轮、蛇形管调直装置来调直（图2-12）。

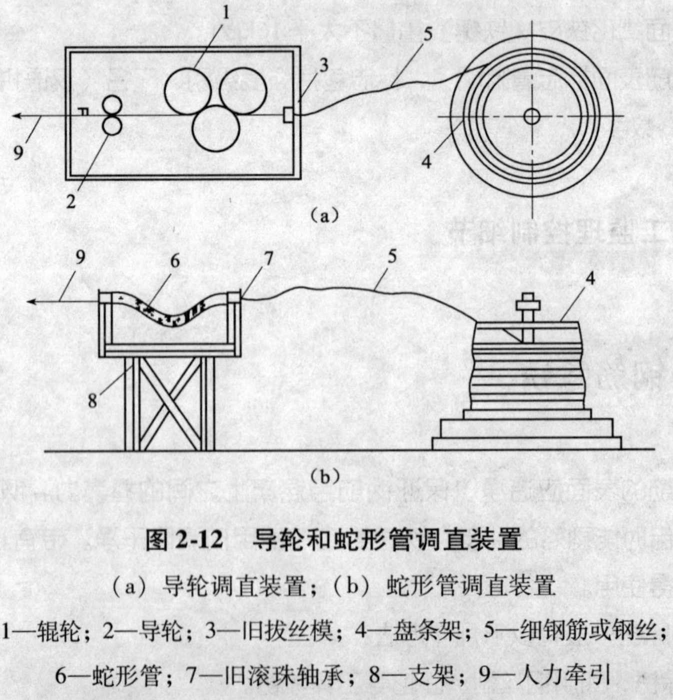

图2-12 导轮和蛇形管调直装置

（a）导轮调直装置；（b）蛇形管调直装置

1—辊轮；2—导轮；3—旧拔丝模；4—盘条架；5—细钢筋或钢丝；6—蛇形管；7—旧滚珠轴承；8—支架；9—人力牵引

（3）采用钢筋调直机调直冷拔低碳钢丝和细钢筋时，要根据钢筋的直径选用调直模和传送辊，并要恰当掌握调直模的偏移量和压紧程度。

（4）用卷扬机拉直钢筋时，应注意控制冷拉率（表2-4）。用调直机调直钢丝和用锤击法平直粗钢筋时，表面伤痕不应使截面积减少5%以上。

（5）调直后的钢筋应平直，无局部曲折；冷拔低碳钢丝表面不得有明显擦伤。应当注意：冷拔低碳钢丝经调直机调直后，其抗拉强度一般要降低10%～15%，使用前要加强检查，按调直后的抗拉强度选用。

（6）已调直的钢筋应按级别、直径、长短、根数分扎成若干小扎，分区堆放整齐。

细节 钢筋切断

钢筋切断分为机械切断和人工切断两种。机械切断常用钢筋切断机，操作时要保证断料正确，钢筋与切断机口要垂直，并严格执行操作规程，确保安全。在切断过程中，如发现钢筋有劈裂、缩头或严重的弯头，必须切除。手工切断常采用手动切断机（用于直径16mm以下的钢筋）、克子（又称踏扣，用于直径6～32mm的钢筋）、断线钳（用于钢丝）等几种工具。切断操作应注意以下几点：

（1）钢筋切断应合理统筹配料，将相同规格钢筋根据不同长短搭配，统筹排料；一般先断长料，后断短料，以减少短头、接头和损耗。避免用短尺量长料，以免产生累积误差；切断操作时应在工作台上标出尺寸刻度并设置控制断料尺寸用的挡板。

（2）向切断机送料时应将钢筋摆直，避免弯成弧形，操作者应将钢筋握紧，并应在冲动刀片向后退时送进钢筋，切断长300mm以下钢筋时，应将钢筋套在钢管内送料，防止发生事故。

（3）操作中，如发现钢筋硬度异常（过硬或过软）与钢筋级别不相称时，应考虑对该批钢筋进一步检验；热处理预应力钢筋切料时，只允许用切断机或氧乙炔割断，不得用电弧切割。

（4）切断后的钢筋断口不得有马蹄形或起弯等现象；钢筋长度偏差不应小于±10mm。

细节 钢筋弯曲成型

（1）钢筋弯钩弯折的规定

受力钢筋的弯钩弯折及箍筋的弯钩形式的基本要求见表2-3。

箍筋的弯钩，可按图2-13（a）、（b）、（c）加工，对有抗震要求和受扭的结构，应按图2-13（c）加工。

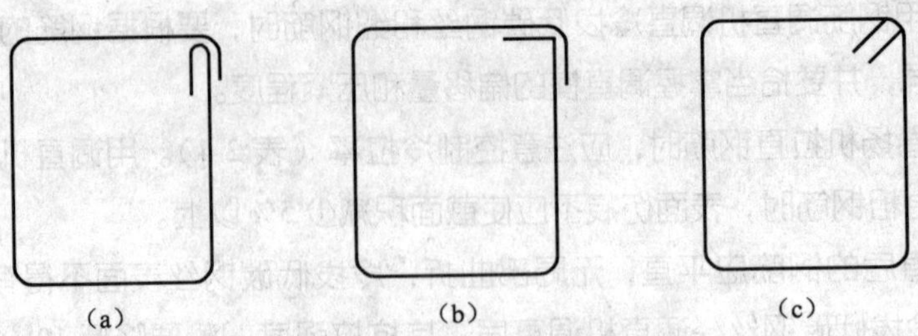

图 2-13　箍筋示意图

（2）钢筋弯曲成型的方法

钢筋的弯曲成型方法有手工弯曲和机械弯曲两种。钢筋弯曲均应在常温下进行，严禁将钢筋加热后弯曲。手工弯曲成型设备简单、成型正确，机械弯曲成型可减轻劳动强度、提高工效，但操作时要注意安全。

细节　钢筋冷拉

（1）钢筋冷拉操作

钢筋冷拉主要工序有钢筋上盘、放圈、切断、夹紧夹具、冷拉开始、观察控制值、停止冷拉、放松夹具、捆扎堆放。

冷拉设备主要由拉力装置、承力结构、钢筋夹具及测量装置等组成。拉力装置一般由卷扬机、张拉小车及滑轮组等组成。当缺乏卷扬机时也可采用普通液压千斤顶、长冲程千斤顶或预应力用的千斤顶等代替。但用千斤顶冷拉时生产率较低，且千斤顶容易磨损。承力结构可采用钢筋混凝土压杆；当拉力较小或临时性工程中，可采用地锚。

冷拉长度测量可用标尺，测力计可用电子秤或附有油表的液压千斤顶或弹簧测力计。测力计一般宜设置在张拉端定滑轮组处，若设置在固定端时，应设防护装置，以免钢筋断裂时损坏测力计。为安全起见，冷拉时钢筋应缓缓拉伸，缓缓放松，并应防止斜拉，正对钢筋两端不允许站人，冷拉时人员不得跨越钢筋。

冷拉操作要点如下：

1）对钢筋的炉号、原材料的质量进行检查，不同炉号的钢筋分别进行冷拉，不得混杂。

2）冷拉前，应对设备，特别是测力计进行校验和复核，并做好记录以确保冷拉质量。

3）钢筋应先拉直（约为冷拉应力的10%），然后量其长度再行冷拉。

4）冷拉时，为使钢筋变形充分发展，冷拉速度不宜快，一般以0.5～1m/min为宜，当达到规定的控制应力（或冷拉长度）后，须稍停（约1～2min），待钢筋变形充分发展后，再放松钢筋，冷拉结束。钢筋在负温下进行冷拉时，其温度不宜低于

-20℃，如采用控制应力方法时，冷拉控制应力应较常温提高30MPa；采用控制冷拉率方法时，冷拉率与常温相同。

5）钢筋伸长的起点应以钢筋发生初应力时为准。如无仪表观测时，可观测钢筋表面的浮锈或氧化铁皮，以开始剥落时起计。

6）预应力钢筋应先对焊后冷拉，以免后焊因高温而使冷拉后的强度降低。如焊接接头被拉断，可切除该焊区总长约为200~300mm，重新焊接后再冷拉，但一般不超过两次。

7）钢筋时效可采用自然时效，冷拉后宜在常温（15~20℃）下放置一段时间（一般为7~14d）后使用。

8）钢筋冷拉后应防止经常雨淋、水湿，因钢筋冷拉后性质尚未稳定，遇水易变脆，且易生锈。

（2）冷拉钢筋质量要求

冷拉后，钢筋表面不得有裂纹或局部颈缩现象，并应按施工规范要求进行拉力试验和冷弯试验。其质量应符合表2-29的各项指标。冷弯试验后，钢筋不得有裂纹、起层等现象。

表2-29　冷拉钢筋质量指标

钢筋级别	钢筋直径（mm）	屈服强度（MPa）	抗拉强度（MPa）	伸长率 δ_{10}（%）	冷弯	
		不小于			弯曲角度	弯曲直径
HPB235	≤12	280	370	11	180°	$3d$
HRB335	≤25	450	510	10	90°	$3d$
	28~40	430	490	10	90°	$4d$
HRB400	8~40	500	570	8	90°	$5d$

细节　钢筋冷拔

（1）钢筋冷拔操作

1）冷拔前应对原材料进行必要的检验。对钢号不明或无出厂证明的钢材，应取样检验。遇截面不规整的扁圆、带刺、过硬、潮湿的钢筋，不得用于拔制，以免损坏拔丝模和影响质量。

2）钢筋冷拔前必须经轧头和除锈处理。除锈装置可以利用拔丝机卷筒和盘条转架，其中设3~6个单向错开或上下交错排列的带槽剥壳轮，钢筋经上下左右反复弯曲，即可除锈。亦可使用与钢筋直径基本相同的废拔丝模以机械方法除锈。

3）为方便钢筋穿过丝模，钢筋头要轧细一段（约长150~200mm），轧压至直径比拔丝模孔小0.5~0.8mm，以便顺利穿过模孔。为减少轧头次数，可用对焊方法将钢筋连接，但应将焊缝处的凸缝用砂轮锉平磨滑，以保护设备及拉丝模。

4）在操作前，应按常规对设备进行检查和空载运转一次。安装拔丝模时，要分清正反面，安装后应将固定螺栓拧紧。

5）为减少拔丝力和拔丝模孔损耗，抽拔时须涂以润滑剂，一般在拔丝模前安装一个润滑盒，使钢筋黏滞润滑剂进入拔丝模。润滑剂的配方为：动物油（羊油或牛油）：肥皂：石蜡：生石灰：水＝0.15～0.20：1.6～3.0：1：2：2。

6）拔线速度宜控制在50～70m/min。钢筋连拔不宜超过三次，如需再拔，应对钢筋消除内应力，采用低温（600～800℃）退火处理使钢筋变软。加热后取出埋入砂中，使其缓冷，冷却速度应控制在150℃/h以内。

7）拔丝的成品，应随时检查砂孔、沟痕、夹皮等缺陷，以便随时更换拔丝模或调整转速。

（2）钢筋冷拔质量控制与要求

影响钢筋冷拔质量的主要因素为原材料质量和冷拔总压缩率（β）。为了稳定冷拔低碳钢丝的质量，要求原材料按钢厂、钢号、直径分别堆放和使用。甲级冷拔低碳钢丝应采用符合HPB235热轧钢筋标准的圆盘条拔制。

影响冷拔质量的主要因素为原材料的质量和冷拔总压缩率。

总压缩是指由盘条拔至成品钢丝的横截面总缩减率，可按下式计算：

$$\beta = \frac{d_0^2 - d^2}{d_0^2} \times 100\% \qquad (2\text{-}1)$$

式中 β——总压缩率；

d_0——原料钢筋直径；

d——成品钢丝直径。

总压缩率越大，抗拉强度提高越多，但塑性降低也越多，因此必须控制总压缩率，一般ϕ^b5钢丝由$\phi8$盘条拔制而成，ϕ^b3和ϕ^b4钢丝由$\phi6.5$盘条拔制而成。

冷拔低碳钢丝一般要经过多次冷拔才能达到预定的总压缩率。每次冷拔的压缩率不宜过大，否则易将钢丝拔断，并易损坏拔丝模。一般前、后道钢丝直径之比以1.15：1为宜。

钢筋冷拔次数不宜过多，否则易使钢丝变脆。

冷拔低碳钢丝验收时，需逐盘作外观检查，钢丝表面不得有裂纹和机械损伤。外观检查合格后还需按规范要求作机械性能检验。分别做拉力和反复弯曲试验。其质量指标应符合表2-30的规定。甲级冷拔低碳钢丝应逐盘检验，并按其抗拉强度，确定该盘丝的组别。对乙级冷拔低碳钢丝可分批抽样检验。

表2-30 冷拔低碳钢丝的机械性能

钢丝级别	直径（mm）	抗拉强度（MPa）		伸长率 δ_{10}（%）	反复弯曲（180°）次数
		Ⅰ组	Ⅱ组		
		不小于			
甲级	5	650	600	3	4
	4	700	650	2.5	
乙级	3～5	550		2	4

细节　钢筋冷轧扭

（1）钢筋冷轧扭工艺

钢筋冷轧扭工艺平面，如图 2-14 所示，由放盘架、调直箱、轧机、扭转装置、切断机、落料架、冷却系统及控制系统等组成。

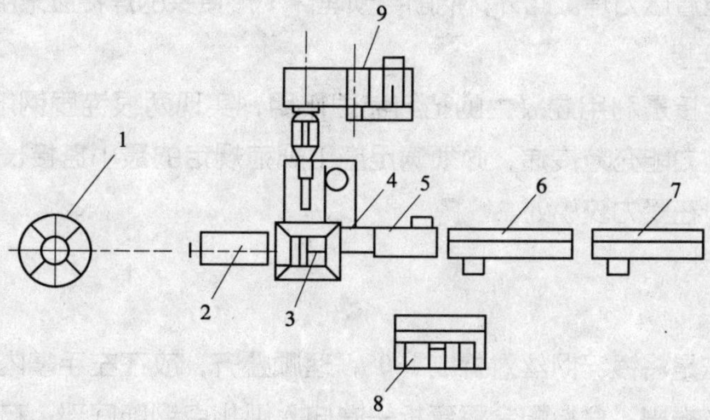

图 2-14　钢筋冷轧扭机工艺平面

1—放盘架；2—调直箱；3—轧机；4—扭转装置；5—切断机；6—落料机；7—冷却系统；8—控制系统；9—传动系统

加工工艺程序为：圆盘钢筋从放盘架上引出后，经调直箱调整直并清除氧化薄钢板，再经轧机将圆筋轧扁；在轧辊推动下，强迫钢筋通过扭转装置，从而形成表面为连续螺旋曲面的麻花状钢筋，再穿过切断机的圆切刀刀孔进入落料架的料槽，当钢筋触到定位开关后，切断机将钢筋切断，落到架上。

钢筋长度的控制可调整定位开关在落料架上的位置获得。钢筋调直、扭转及输送的动力均来自轧辊在轧制钢筋时产生的摩擦力。

（2）钢筋冷轧扭质量控制

为保证达到要求的抗拉强度和保证不小于 3% 的延伸率，加工时应严格控制以下几点：

1）原材料必须经过检验，应符合《普通碳素结构钢技术条件》及《普通低碳钢热轧圆盘条》的规定。

2）轧扁厚度对机械性能的影响很大，应控制在允许范围内，螺距亦应符合要求。

3）轧制品的检验应按《冷轧扭筋应用技术规程》的有关规定进行，严格检验成品，把好质量关。

4）成品钢筋不宜露天堆放，以防止锈蚀。再储存不应过长，尽可能做到随轧制随使用。

细节 钢筋连接

钢筋连接方法，有绑扎连接、焊接连接、冷压连接和螺旋连接等四种。个别情况（如不准出现明火）应尽量采用焊接连接，以保证质量、提高效率和节约钢材。钢筋焊接分为压焊和熔焊两种形式。压焊包括闪光对焊、电阻点焊和气压焊；熔焊包括电弧焊和电渣压力焊。此外，钢筋与预埋件 T 形接头的焊接应采用埋弧压力焊。

（1）绑扎连接

钢筋绑扎连接是利用混凝土的黏结锚固作用，实现两根锚固钢筋的应力传递。为保证钢筋的应力能充分传递，必须满足施工规范规定的最小搭接长度的要求。且应将接头位置设在受力较小处。

1）绑扎方法

①一面扣法

其操作方法是将镀锌钢丝对折成 180°，理顺叠齐，放在左手掌内，绑扎时左手拇指将一根钢丝推出，食指配合将弯折一端伸入绑扎点钢筋底部；右手持绑扎钩子用钩尖钩起镀锌钢丝弯折处向上拉至钢筋上部，以左手所执的镀锌钢丝开口端紧靠，两者拧紧在一起，拧转 2 ~ 3 圈，如图 2-15 所示。将镀锌钢丝向上拉时，镀锌钢丝要紧靠钢筋底部，将底面筋绷紧在一起，绑扎才能牢靠。一面扣法，多用于平面上扣很多的地方，如楼板等不易滑动的部位。

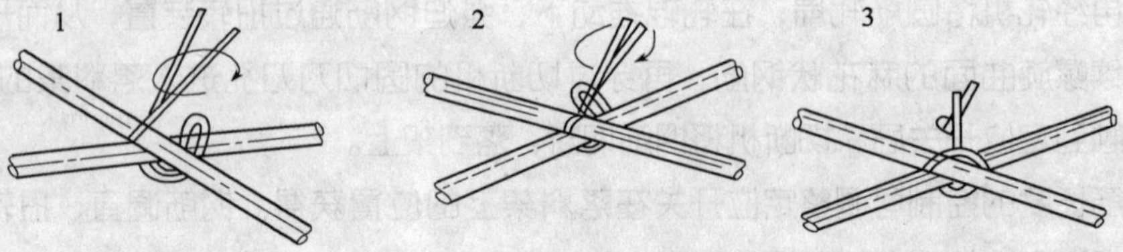

图 2-15　钢筋绑扎一面扣法

②其他钢筋绑扎方法有：十字花扣、反十字花扣、兜扣加缠、套扣等，这些方法主要根据绑扎部位进行选择，其形式见图 2-16。

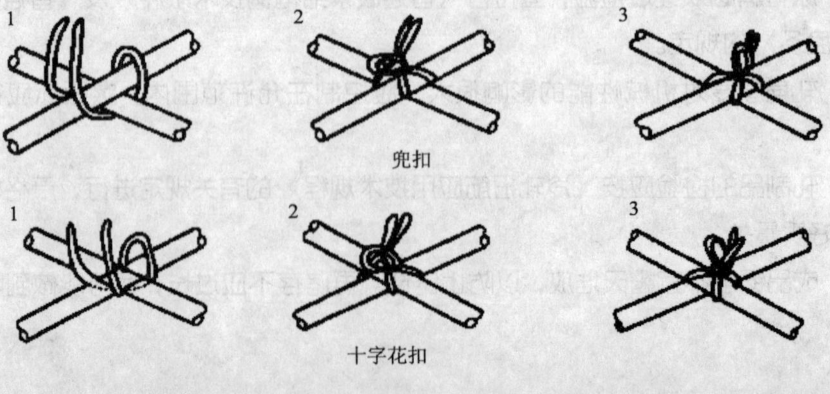

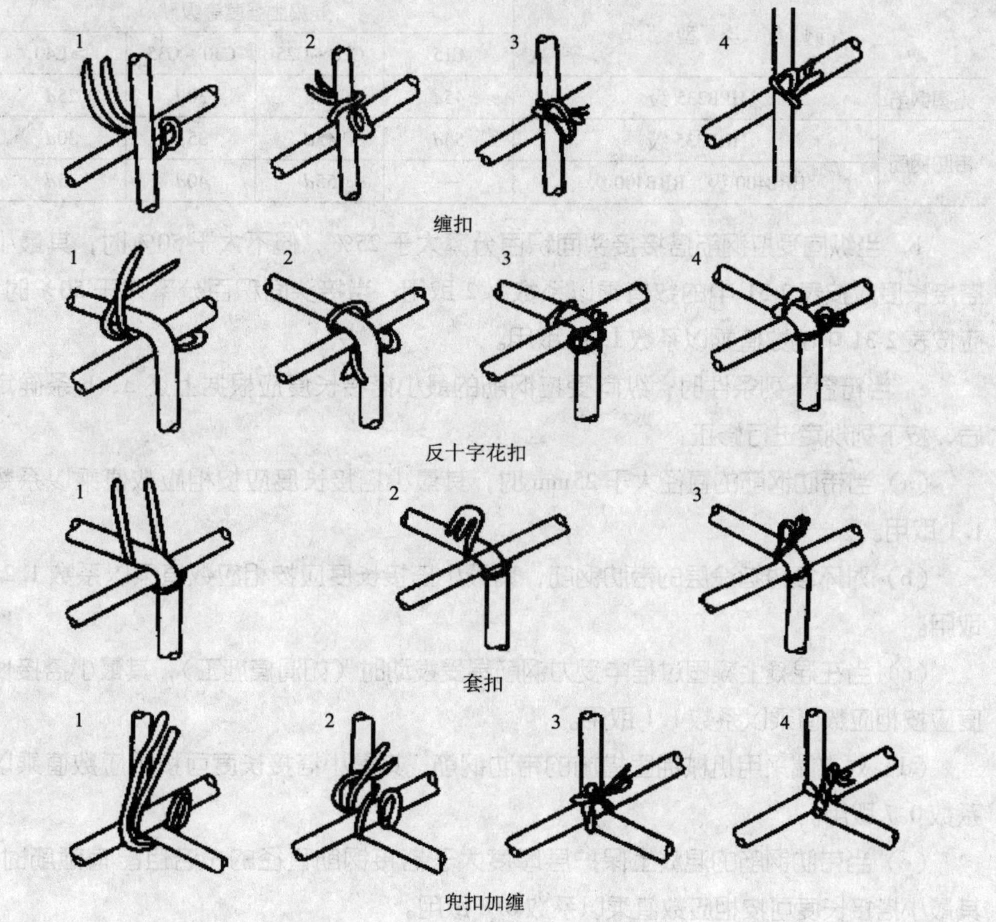

图 2-16　钢筋的其他绑扎方法

a. 十字花扣、兜扣，适用于平板钢筋网和箍筋处绑扎。

b. 缠扣，多用于墙钢筋网和柱箍。

c. 反十字花扣、兜扣加缠，适用于梁骨架的箍筋和主筋的绑扎。

d. 套扣用于梁的架立钢筋和箍筋的绑扎。

2）绑扎要求

①纵向受力钢筋的连接方式应符合设计要求。

②钢筋接头宜设置在受力较小处。同一纵向受力钢筋不宜设置两个或两个以上接头。接头末端至钢筋弯起点的距离不应小于钢筋直径的 10 倍。

③钢筋绑扎搭接接头连接区段及接头面积百分率的要求见表 2-7 所示。

④纵向受力钢筋绑扎搭接接头的最小搭接长度应符合下列规定：

a. 当纵向受拉钢筋的绑扎搭接接头面积百分率不大于 25% 时，其最小搭接长度应符合表 2-31 的规定。

表 2-31 纵向受拉钢筋的最小搭接长度 （mm）

钢筋类型		混凝土强度等级			
		C15	C20～C25	C30～C35	≥C40
光圆钢筋	HPB235 级	45d	35d	30d	25d
带肋钢筋	HRB335 级	55d	45d	35d	30d
	HRB400 级、RRB400 级	—	55d	40d	35d

b. 当纵向受拉钢筋搭接接头面积百分率大于 25%，但不大于 50% 时，其最小搭接长度应按表 2-31 中的数值乘以系数 1.2 取用；当接头面积百分率大于 50% 时，应按表 2-31 中的数值乘以系数 1.35 取用。

c. 当符合下列条件时，纵向受拉钢筋的最小搭接长度应根据上述 a、b 条确定后，按下列规定进行修正：

（a）当带肋钢筋的直径大于 25mm 时，其最小搭接长度应按相应数值乘以系数 1.1 取用。

（b）对环氧树脂涂层的带肋钢筋，其最小搭接长度应按相应数值乘以系数 1.25 取用。

（c）当在混凝土凝固过程中受力钢筋易受拔动时（如滑模施工），其最小搭接长度应按相应数值乘以系数 1.1 取用。

（d）对末端采用机械锚固措施的带肋钢筋，其最小搭接长度可按相应数值乘以系数 0.7 取用。

（e）当带肋钢筋的混凝土保护层厚度大于搭接钢筋直径的 3 倍且配有箍筋时，其最小搭接长度可按相应数值乘以系数 0.8 取用。

（f）对有抗震设防要求的结构构件，其受力钢筋的最小搭接长度对一、二级抗震等级应按相应数值乘以系数 1.15 采用；对三级抗震等级应按相应数值乘以系数 1.05 采用。在任何情况下，受拉钢筋的搭接长度不应小于 300mm。

d. 纵向受压钢筋搭接时，其最小搭接长度应根据以上（a）～（c）的规定确定相应数值后，乘以系数 0.7 取用。在任何情况下，受压钢筋的搭接长度不应小于 200mm。

3）绑扎工艺要点

①钢筋搭接处，应在中心和两端用镀锌钢丝扎牢，如图 2-17 所示。

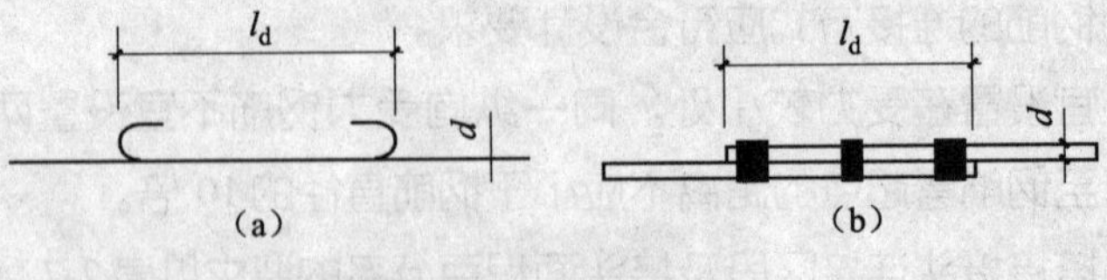

图 2-17 钢筋绑扎接头

（a）光圆钢筋；（b）带肋钢筋

②钢筋的交叉点都应采用镀锌钢丝扎牢。

③焊接骨架和焊接网采用绑扎连接时，应符合下列规定：

a. 焊接骨架的焊接网的搭接接头，不宜位于构件的最大弯矩处。

b. 焊接网在非受力方向的搭接长度，不宜小于100mm。

c. 受拉焊接骨架和焊接网在受力钢筋方向的搭接长度，应符合设计规定；受压焊接骨架和焊接网在受力钢筋方向的搭接长度，可取受拉焊接骨架和焊接网在受力钢筋方向的搭接长度的0.7倍。

④在绑扎骨架中非焊接的搭接接头长度范围内，当搭接钢筋为受拉时，其箍筋的间距不应大于5d，且不应大于100mm。当搭接钢筋为受压时，其箍筋间距不应大于10d，且不应大于200mm（d为受力钢筋中的最小直径）。

⑤钢筋绑扎用的镀锌钢丝，可采用20～22号镀锌钢丝，其中22号镀锌钢丝只用于绑扎直径12mm以下的钢筋。

⑥控制混凝土保护层应采用水泥砂浆垫块或塑料卡。

水泥砂浆垫块的厚度应等于保护层厚度。垫块的平面尺寸：当保护层厚度等于或小于20mm时为30mm×30mm；大于20mm时为50mm×50mm。当在垂直方向使用垫块时，可在垫块中埋入20号镀锌钢丝。

塑料卡的形状有两种；塑料垫块和塑料环圈，见图2-18。塑料垫块用于水平构件（如梁、板），在两个方向均有凹槽，以便适应两种保护层厚度。塑料环圈用于垂直构件（如柱、墙），使用时钢筋从卡嘴进入卡腔；由于塑料环圈有弹性，可使卡腔的大小能适应钢筋直径的变化。

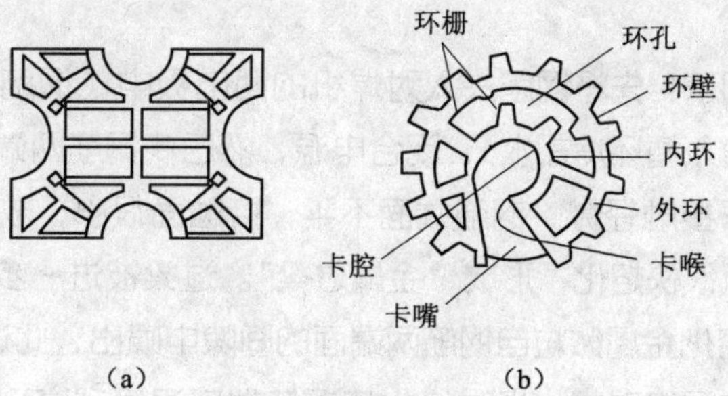

图2-18 塑料卡

（a）塑料垫块；（b）塑料环圈

（2）焊接连接

钢筋的焊接质量与钢材的可焊性、焊接工艺有关。可焊性与含碳量、合金元素的数量有关，含碳、锰数量增加，则可焊性差；而含适量的钛可改善可焊性。焊接工艺（焊接参数与操作水平）亦影响焊接质量，即使可焊性差的钢材，若焊接工艺合宜，亦可获得良好的焊接质量。当环境温度低于－5℃，即为钢筋低温焊接，此时应调整焊接工艺参数，使焊缝和热影响区缓慢冷却。风力超过4级时，应有挡风措施。环境温度低于－20℃时不得进行焊接。

1）钢筋对焊

钢筋对焊是将两钢筋成对接形式水平安置在对焊机夹钳中，使两钢筋接触，通以低电压的强电流，把电能转化为热能（电阻热），当钢筋加热到一定程度后，即施加轴向压力挤压（称为顶锻），便形成对焊接头。其原理见图 2-19。

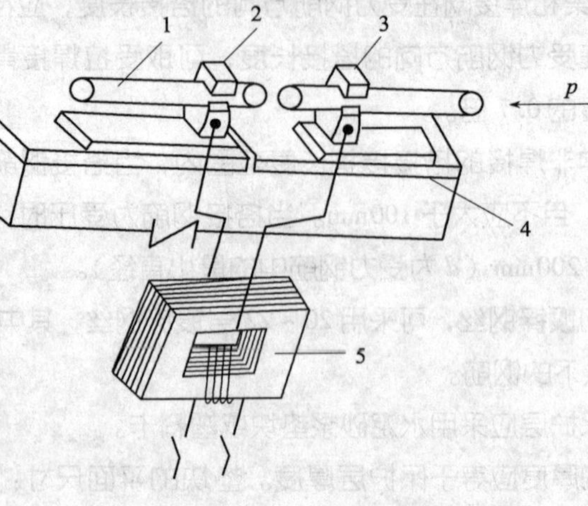

图 2-19　钢筋对焊原理图

1—钢筋；2—固定电极；3—可动电极；4—机座；5—焊接变压器

钢筋对焊具有生产效率高、操作方便、节约钢材、焊接质量高、接头受力性能好等许多优点。适用于直径 10～40mm 的 HPB235 级、HRB335 级和 HRB400 级热轧钢筋、直径 10～25mm 的 RRB400 级热轧钢筋以及直径 10～25mm 的余热处理 HRB400 级钢筋的焊接。

①钢筋对焊工艺

钢筋对焊过程如下：先将钢筋夹入对焊机的两电极中（钢筋与电极接触处应清除锈污，电极内应通入循环冷却水），闭合电源，然后使钢筋两端面轻微接触，这时即有电流通过，由于接触轻微，钢筋端面不平，接触面很小，故电流密度和接触电阻很大，因此接触点很快熔化，形成“金属过梁”。过梁被进一步加热，产生金属蒸汽飞溅（火花般的熔化金属微粒自钢筋两端面的间隙中喷出，此过程称为烧化），形成闪光现象，故也称闪光对焊。通过烧化使钢筋端部温度升高到要求温度后，便快速将钢筋挤压（称顶锻），然后断电，即形成对焊接头。

根据所用对焊机功率大小及钢筋品种、直径不同，闪光对焊又分连续闪光焊、预热闪光焊、闪光-预热-闪光焊等不同工艺。钢筋直径较小时，可采用连续闪光焊；钢筋直径较大，端面较平整时，宜采用预热闪光焊；直径较大，且端面不够平整时，宜采用闪光-预热-闪光焊，RRB400 级钢筋必须采用预热闪光焊或闪光-预热-闪光焊，对 RRB400 钢筋中焊接性较差的钢筋还应采取焊后通电热处理的方法以改善接头焊接质量。

②焊后通电热处理

RRB400 钢筋中焊接性差的钢筋对氧化、淬火及过热较敏感，易产生氧化缺陷和脆性组织。为改善焊接质量，可采用焊后通过电热处理的方法对焊接接头进行一次退火或高温回火处理，以达到消除热影响区产生的脆性组织，改善塑性的目的。通电热处理应待接头稍冷却后进行，过早会使加热不均匀，近焊缝区容易遭受过热。

热处理温度与焊接温度有关，焊接温度较低者宜采用较低的热处理温度，反之宜采用较高的热处理温度。

热处理时采用脉冲通电，其频率主要与钢筋直径和电流大小有关，钢筋较细时采用高值，钢筋较粗时采用低值。通电热处理可在对焊机上进行。其过程为：当焊接完毕后，待接头冷却至300℃（钢筋呈暗黑色）以下时，松开夹具，将电极钳口调到最大距离，把焊好的接头放在两钳口间中心位置，重新夹紧钢筋，采用较低的变压器级数，对接头进行脉冲式通电加热（频率以0.51s/次为宜）。当加热到750～850℃（钢筋呈橘红色）时，通电结束，然后让接头在空气中自然冷却。

③钢筋的低温对焊

钢筋在环境温度低于-5℃的条件下进行对焊则属低温对焊。在低温条件下焊接时，焊件冷却快，容易产生淬硬现象，内应力也将增大，使接头力学性能降低，给焊接带来不利因素。因此在低温条件下焊接时，应掌握好冷却速度。为使加热均匀，增大焊件受热区域，宜采用预热闪光焊或闪光-预热-闪光焊。

其焊接参数与常温相比：调伸长度应增加10%～20%；变压器级数降低一级或二级；烧化过程中期的速度适当减慢；预热时的接触压力适当提高，预热间歇时间适当延长。

④焊接质量检查

应将对焊接头进行外观检查，并按《钢筋焊接及验收规程》(JGJ 18—2003）的规定作拉伸试验和冷弯试验（预应力筋与螺栓端杆对焊接头只作拉伸试验，不作冷弯试验）。外观检查时，接头表面不得有横向裂纹；与电极接触处的钢筋表面不得有明显的烧伤（对于RRB400级钢筋不得有烧伤）；接头处的弯折不得大于4°；钢筋轴线偏移不得大于0.1倍钢筋直径，同时不得大于2mm。拉伸试验时，抗拉强度不得低于该级钢筋的规定抗拉强度；试样应呈塑性断裂并断裂于焊缝之外。冷弯试验时，应将受压面的金属毛刺和镦粗变形部分去除，与母材的外表齐平。弯心直径应按《钢筋焊接及验收规程》(JGJ 18—2003）规定选取，弯曲至90°时，接头外侧不得出现宽度大于0.15mm的横向裂纹。

2）钢筋电弧焊接

钢筋电弧焊是以焊条为一极，钢筋为另一极，利用焊接电流通过产生的电弧进行焊接的一种熔焊方法。电弧焊应用范围广，如钢筋的接长、钢筋骨架的焊接、钢筋与钢板的焊接、装配式结构接头的焊接及其他各种钢结构的焊接等。钢筋电弧焊包括帮条焊、搭接焊、熔槽帮条焊、坡口焊、窄间隙焊、钢筋与钢筋搭接焊、预埋件T形角焊等。

①焊条选用

焊条选用应符合设计要求，若设计未作规定，可参考表2-32选用。重要结构中钢筋的焊接，应采用低氢型碱性焊条，并应按说明书的要求进行烘焙后使用。

表 2-32 钢筋电弧焊焊条牌号

钢筋级别	电弧焊接头形式			
	帮条焊 搭接焊	坡口焊 熔槽帮条焊 预埋件穿孔塞焊	窄间隙焊	钢筋与钢板搭接焊 预埋件 T 形角焊
HPB235	E4303	E4303	E4316E4315	E4303
HRB335	E4303	E5003	E5016E5015	E4303
HRB400	E5003	E5503	E6016E6015	—

施工时，可参考表 2-33 选择焊条直径和焊接电流。

表 2-33 焊条直径和焊接电流选择

搭接焊、帮条焊				坡口焊			
焊接位置	钢筋直径（mm）	焊条直径（mm）	焊接直流（A）	焊接位置	钢筋直径（mm）	焊条直径（mm）	焊接电流（A）
平焊	10 ~ 12 14 ~ 22 25 ~ 32 36 ~ 40	3.2 4 5 5	90 ~ 130 130 ~ 180 180 ~ 230 190 ~ 240	平焊	16 ~ 20 22 ~ 25 28 ~ 40	3.2 4 5 5	140 ~ 170 170 ~ 190 190 ~ 220 200 ~ 230
立焊	10 ~ 12 14 ~ 22 25 ~ 32 36 ~ 40	3.2 4 4 5	80 ~ 110 110 ~ 150 120 ~ 170 170 ~ 220	立焊	16 ~ 20 22 ~ 25 28 ~ 32 38 ~ 40	3.2 4 4 5	120 ~ 150 150 ~ 180 180 ~ 200 190 ~ 210

②搭接焊

钢筋搭接焊可用于 φ10 ~ φ40 的热轧光圆及带肋钢筋、φ10 ~ φ25 余热处理钢筋。焊接时宜采用双面焊，不能进行双面焊时，也可采用单面焊搭接。长度 l 应与帮条长度相同，见表 2-34。

表 2-34 钢筋帮条（搭接）长度

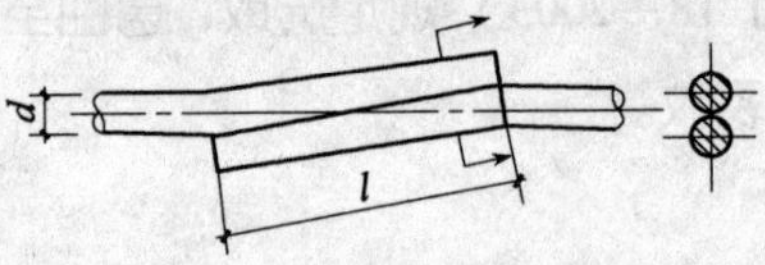

钢筋级别	焊缝形式	帮条长度 l
HPB235	单面焊 双面焊	≥8d ≥4d
HRB335、HRB400	单面焊 双面焊	≥10d ≥5d

注：d 为钢筋直径。

钢筋搭接接头的焊缝厚度 h 应不小于 0.3 倍主筋直径；焊缝宽度 b 不小于 0.7 倍主筋直径，见图 2-20，焊接前，钢筋宜预弯，以保证两钢筋的轴线在一条直线上，使接头受力性能良好。

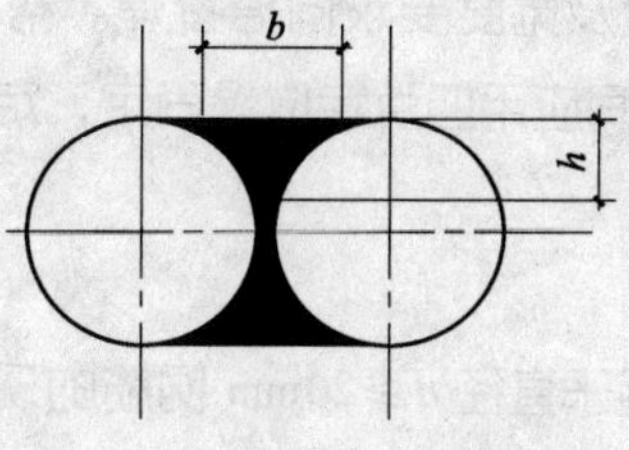

图 2-20　焊缝尺寸示意图

b—焊缝宽度；*h*—焊缝厚度

钢筋与钢板搭接焊时，接头形式见图 2-21。HPB235 级钢筋的接头长度 *l* 不小于 4 倍钢筋直径，HRB335 级钢筋的搭接长度 *l* 不小于 5 倍钢筋直径，焊缝宽度 *b* 不小于 0.5 倍钢筋直径，焊缝厚度 *h* 不小于 0.35 倍钢筋直径。

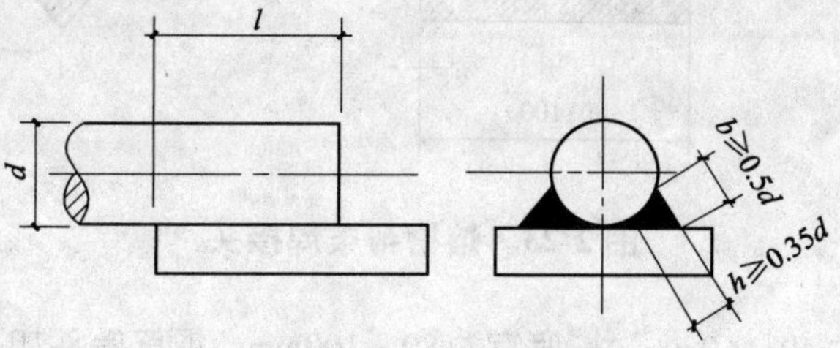

图 2-21　钢筋与钢板搭接接头

d—钢筋直径；*l*—搭接长度；*b*—焊缝宽度

③帮条焊

帮条焊适用于直径为 10 ~ 40mm 的 HPB235 级、HRB335 级、HRB400 级钢筋。

帮条焊宜采用双面焊，见图 2-22（a）。如条件所限，不能进行双面焊时，也可采用单面焊，见图 2-22（b）。

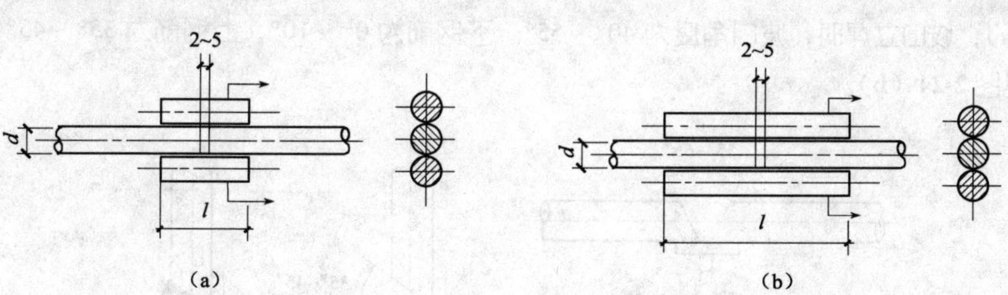

图 2-22　钢筋帮条焊接头

（a）双面焊；（b）单面焊

d—钢筋直径；*l*—帮条长度

帮条宜采用与主筋同级别、同直径的钢筋制作，其帮条长度 *l*，见表 2-34。如帮条直径与主筋相同时，帮条钢筋的级别可比主筋低一个级别；当帮条级别与主筋相同时，帮条直径可比主筋小一个规格。

钢筋帮条接头的焊缝厚度及宽度要求同搭接焊。帮条焊时，两主筋端面的间隙应为 2 ~ 5mm；帮条与主筋之间应用四点定位焊固定，定位焊缝与帮条端部的距离应大于或等于 20mm。

④熔槽帮条焊

钢筋熔槽帮条焊接头适用于直径 $d \geqslant 20$mm 钢筋的现场安装焊接。焊接时，应加边长为 40 ~ 60mm 的角钢作垫板模。此角钢除作垫板模用外，还起帮条作用。

钢筋熔槽帮条焊接头形式，见图 2-23。

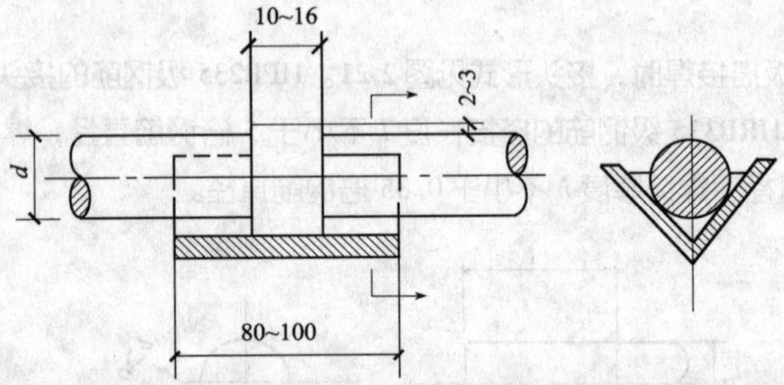

图 2-23　熔槽帮条焊接头

角钢边长宜为 40 ~ 60mm，长度宜为 80 ~ 100mm。钢筋端头加工平整，两钢筋端面的间隙应为 10 ~ 16mm。从接缝处垫板引弧后应连续旋焊，并应使钢筋端部熔合。在焊接过程中应停焊清渣一次。焊平后，再进行焊缝余高焊接，其高度不得大于 3mm。钢筋与角钢垫板之间，应加焊侧面焊缝 1 ~ 3 层，焊缝应饱满，表面应平整。

⑤坡口焊

坡口焊适用于装配式框架结构安装时的柱间节点或梁与柱的节点焊接。

钢筋坡口焊时坡口面应平顺。凹凸不平度不得超过 1.5mm，切口边缘不得有裂纹和较大的钝边、缺棱。钢筋坡口平焊时，V 形坡口角度为 55° ~ 65°，见图 2-24（a）；坡口立焊时，坡口角度为 40° ~ 55°。下钢筋为 0° ~ 10°，上钢筋为 35° ~ 45°，见图 2-24（b）。

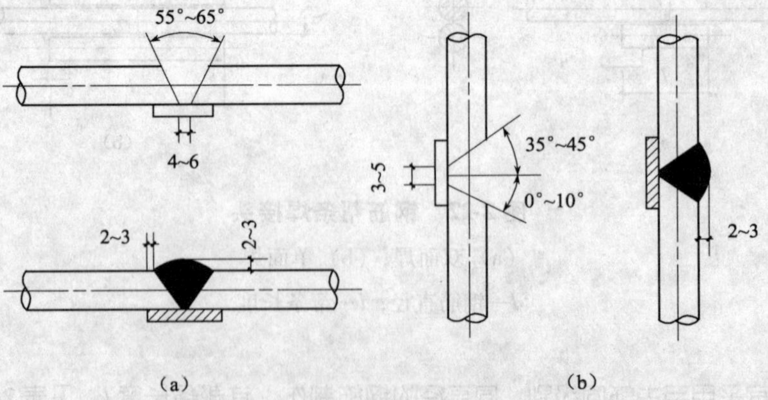

图 2-24　钢筋坡口焊接头

（a）平焊；（b）立焊

钢垫板长度为 40 ~ 60mm，厚度为 4 ~ 6mm。平焊时，钢垫板宽度为钢筋直径加 10mm；立焊时，其宽度应等于钢筋直径。钢筋根部间隙，平焊时，为 4 ~ 6mm；立焊时，为 3 ~ 5mm。最大间隙均不宜超过 10mm。坡口焊时，焊缝根部、坡口端面以及钢筋与钢板之间均应熔合；焊接过程中应经常清渣；钢筋与钢垫板之间应加焊 2 ~ 3 层侧面焊缝；焊缝的宽度应大于 V 形坡口的边缘 2 ~ 3mm，焊缝余高不得大于 3mm，并宜平缓过渡至钢筋表面。

⑥窄间隙焊

窄间隙焊具有焊前准备简单、焊接操作难度较小、焊接质量好、生产率高，焊接成本低、受力性能好的特点。适用于直径 16mm 及 16mm 以上 HPB235 级、HRB335 级、HRB400 级钢筋的现场水平连接，但不适用于经余热处理过的 HRB400 级钢筋。

钢筋窄间隙焊接头见图 2-25，其成型过程见图 2-26。

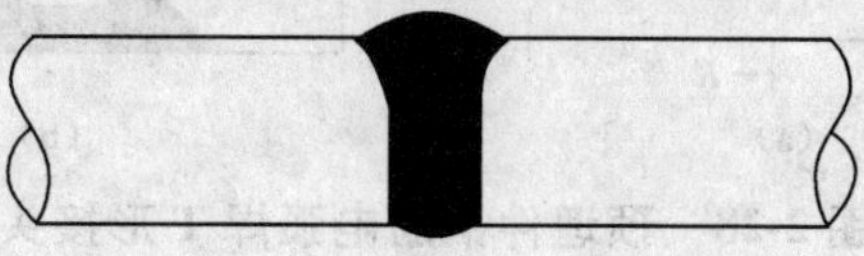

图 2-25　钢筋窄间隙焊接头

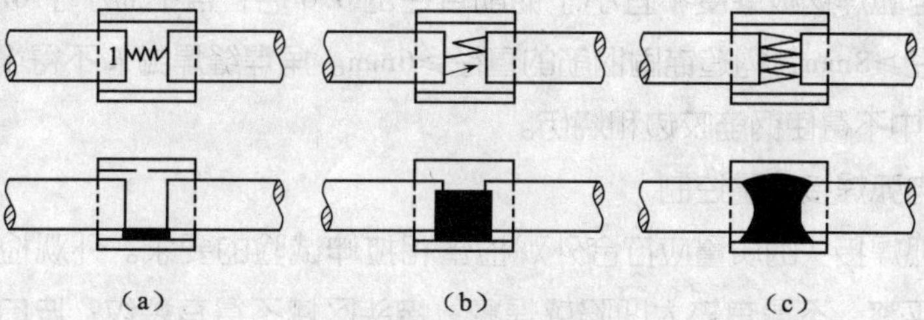

图 2-26　钢筋空间隙焊接头成型过程

（a）焊接初期；（b）焊接中期；（c）焊接末期

窄间隙焊接时，钢筋应置于钢模中，并留出一定间隙，用焊条连续焊接，熔化金属端面和使熔敷金属填充间隙，形成接头。从焊缝根部引弧后应连续进行焊接，左、右来回运弧，在钢筋端面处电弧应少许停留，并使熔合；当焊至端面间隙的 4/5 高度后，焊缝应逐渐加宽；焊缝余高不得大于 3mm，且应平缓过渡至钢筋表面。

⑦钢筋与钢板搭接焊

钢筋与钢板搭接焊适用于焊接直径 8 ~ 40mm 的 HPB235 级、HRB335 级钢筋。

钢筋与钢板搭接焊接头见图 2-27。

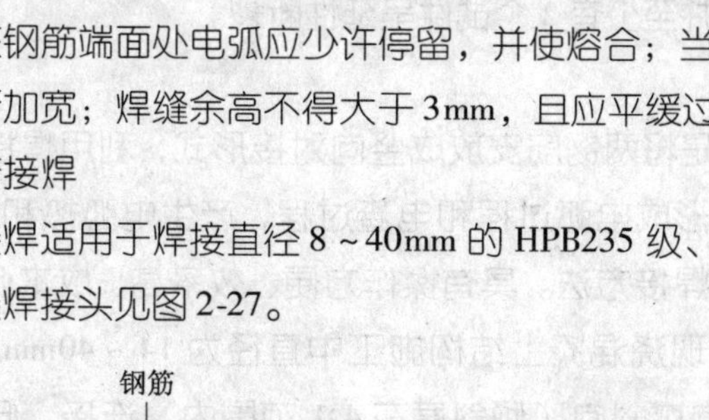

图 2-27　钢筋与钢板搭接焊接头

钢筋的搭接长度不得小于钢筋直径的4倍。

焊缝宽度不得小于钢筋直径的0.5倍，焊缝厚度不得小于钢筋直径的0.35倍。

⑧预埋件钢筋电弧焊

预埋件钢筋电弧焊T形接头分为角焊和穿孔塞焊。角焊适用于焊接直径6～25mm的HPB235、HRB335级钢筋；穿孔塞焊适用于焊接直径20～25mm的HPB235级、HRB335级钢筋。

预埋件钢筋电弧焊T形接头见图2-28。

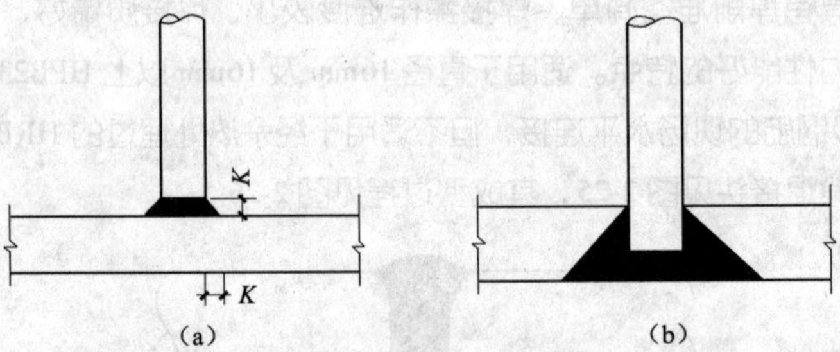

图2-28　预埋件钢筋电弧焊T形接头

（a）角焊；（b）穿孔焊

预埋件电弧焊钢板厚度不宜小于钢筋直径的0.6倍，且不应小于6mm。受力锚固钢筋的直径≥8mm，构造锚固钢筋的直径≥6mm。角焊缝焊脚K不得小于钢筋直径的1/20施焊中不得使钢筋咬边和烧伤。

⑨钢筋电弧焊接质量控制

钢筋电弧焊接头的质量应符合外观检查和拉伸试验的要求。外观检查时，接头焊缝应表面平整，不得有较大凹陷或焊瘤；接头区域不得有裂纹；坡口焊、熔槽帮条焊和窄间隙焊接头的焊缝余高不得大于3mm；咬边深度、气孔、夹渣的数量和大小以及接头尺寸偏差应符合有关规定。作拉伸试验时，要求3个热轧钢筋接头试件的抗拉强度均不得低于该级别钢筋规定的抗拉强度值；余热处理HRB400级钢筋接头试件的抗拉强度均不得低于热轧HRB400级钢筋规定的抗拉强度值；3个接头试件均应断于焊缝处以外，并至少有2个试件呈延性断裂。

3）电渣压力焊

钢筋电渣压力焊是将两钢筋安放成竖向对接形式，利用焊接电流通过两钢筋端面间隙，在焊剂层下形成电弧过程和电渣过程，产生电弧热和电阻热，熔化钢筋，加压完成连接的一种焊接方法。具有操作方便、效率高、成本低、工作条件好等特点，适用于高层建筑现浇混凝土结构施工中直径为14～40mm的热轧HPB235级、HRB335级钢筋的竖向或斜向（倾斜度在4:1范围内）连接。但不得在竖向焊接之后，再横置于梁、板等构件中作水平钢筋之用。

钢筋电渣压力焊具有电弧焊、电渣焊和压力焊的特点。其焊接过程可分四个阶段，即：引弧过程→电弧过程→电渣过程→顶压过程。其中电弧和电渣两过程对焊接质量有重要的影响，故应根据待焊钢筋直径的大小，合理选择焊接参数。

钢筋电渣压力焊机按操作方式可分成手动式和自动式两种。一般由焊接电源、焊接机头和控制箱三部分组成见图2-29。

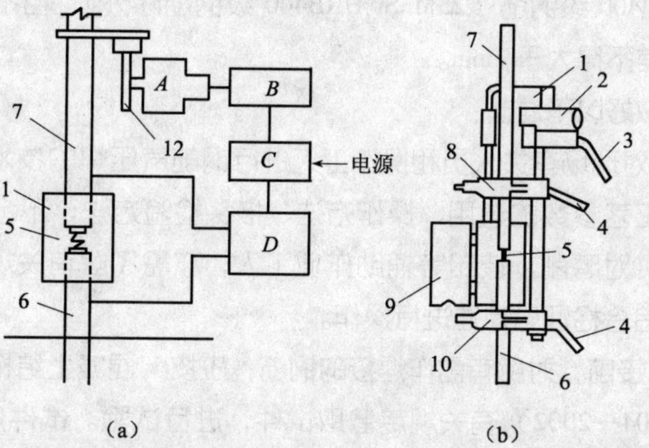

图2-29　电动凸轮式钢筋自动电渣压力焊机示意图

(a) 焊接基本原理方框图；(b) 焊接机头

1—把子；2—电机传动部分；3—电源线；4—焊把线；5—钢丝圈；6—下钢筋；7—上钢筋；8—上夹头；9—焊药盒；10—下夹头；11—焊剂；12—凸轮；*A*—电机与减速箱；*B*—操作箱；*C*—控制箱；*D*—焊接变压器

①焊接中注意要点如下：

a. 钢筋焊接的端头要直、端面宜平。

b. 上下钢筋要对准，焊接过程中不能晃动钢筋。

c. 焊接设备外壳要接地，焊接人员要穿绝缘鞋和戴绝缘手套。

d. 正式焊前应进行试焊，并将试件进行试拉合格后才可正式施工。

e. 焊完后应回收焊药、清除焊渣。

f. 低温焊接时，通电时间应适应增加1~3s，增大电流量（要有挡风设施，雨雪天不能焊），稍停歇时间要长些，拆除卡具后焊壳应稍迟一些敲掉，让接头有一段保温时间。

g. 应组织专业小组，焊接人员要培训，施工中要配专业电工。

②焊接接头外观质量检查

电渣压力焊焊接接头四周应焊包均匀，凸出钢筋表面的高度至少有4mm，不得有裂纹；钢筋与电极接触处，表面无明显烧伤等缺陷；接头处钢筋轴线的偏移不得超过0.1倍钢筋直径，同时不得大于2mm；接头处的弯折角不得大于4°。对外观检查不合格的接头，应切除重焊。

4）气压焊

钢筋气压焊，是采用一定比例的氧气和乙炔焰为热源，对需要连接的两钢筋端部接缝处进行加热，使其达到热塑状态，同时对钢筋施加30~40MPa的轴向压力，使钢筋顶锻在一起。该焊接方法使钢筋在还原气体的保护下，发生塑性流变后相互紧密接触，促使端面金属晶体相互扩散渗透，再结晶，再排列，形成牢固的焊接接头。这种方法设备投资少、施工安全、节约钢材和电能，不仅适用于竖向钢筋的连接，也适用于各种方向布置的钢筋连接。适用范围为直径 14 ~ 40mm 的 HPB235 级、HRB335 级和 HRB400 级钢筋（25MnSi HRB400 级钢筋除外）；当不同直径钢筋焊接时，两钢筋直径差不得大于 7mm。

①施工前应做好以下准备：

a. 施工前应对现场有关人员和操作工人进行钢筋气压焊的技术培训。培训的重点是焊接原理、工艺参数的选用、操作方法、接头检验方法、不合格接头产生的原因和防治措施等。对磨削、装卸等辅助作业工人，亦需了解有关规定和要求。焊工必须经考核并发给合格证后方准进行操作。

b. 在正式焊接前，对所有需作焊接的钢筋，应按《混凝土结构工程施工质量验收规范》(GB 50204—2002）有关规定截取试件，进行试验。试件应切取 6 根，3 根作弯曲试验，3 根作拉伸试验，并按试验合格所确定的工艺参数进行施焊。

c. 竖向压接钢筋时，应先搭好脚手架。

d. 对钢筋气压焊设备和安全技术措施进行仔细检查，以确保正常使用。

②焊接钢筋端部加工应符合下列要求：

a. 钢筋端面应切平，切割时要考虑钢筋接头的压缩量，一般为 $0.6 \sim 1.0d$。断面应与钢筋的轴线相垂直，端面周边毛刺应去掉。钢筋端部若有弯折或扭曲应矫正或切除。切割钢筋应用砂轮锯，不宜用切断机。

b. 清除压接面上的锈、油污、水泥等附着物，并打磨见新面，使其露出金属光泽，不得有氧化现象。压接端头清除的长度一般为 50 ~ 100mm。

c. 钢筋的压接接头应布置在数根钢筋的直线区段内，不得在弯曲段内布置接头。有多根钢筋压接时，接头位置应按《混凝土结构工程施工质量验收规范》(GB 50204—2002）的规定错开。

d. 两钢筋安装于夹具上，应夹紧并加压顶紧。两钢筋轴线要对正，并对钢筋轴向施加 5 ~ 10MPa 初压力。钢筋之间的缝隙不得大于 3mm，压接面要求见图 2-30。

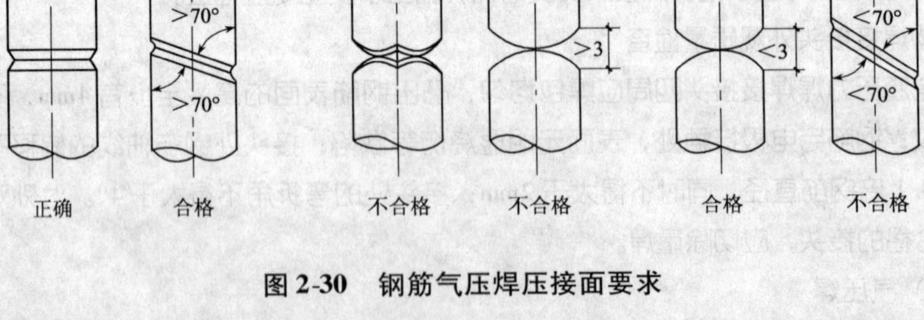

图 2-30　钢筋气压焊压接面要求

③气压焊焊接应符合下列要求：

a. 压接部位要求，压接部位应符合有关规范及设计要求，一般可按表 2-35 进行检查。

表 2-35　压接部位

项　　目		允许压接范围	同截面压接点数	压接点错开距离（mm）
柱		柱净高的中间 1/3 部位	不超过全部接头的 1/2	500
梁	上钢筋	梁净跨的中间 1/2 部位	不超过全部接头的 1/2	500
	下钢筋	梁净跨的两端 1/4 部位		
墙	墙端柱	同柱	不超过全部接头的 1/2	500
	墙　体	底部、两端		
有水平荷载构件		同梁	不超过全部接头的 1/2	500

b. 压接区两钢筋轴线的相对偏心量（e），不得大于钢筋直径的 0.15 倍，同时不得大于 4mm，见图 2-31。钢筋直径不同相焊时，按小钢筋直径计算，且小直径钢筋不得错出大直径钢筋。当超过以上限量时，应切除重焊。

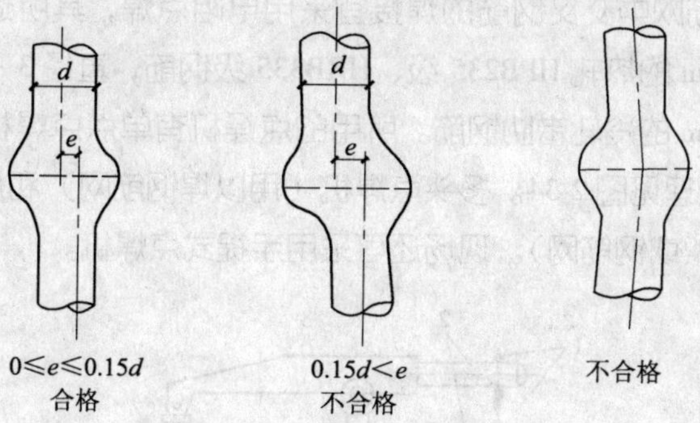

图 2-31　压接区偏心要求

c. 接头部位两钢筋轴线不在同一直线上时，其弯折角不得大于 4°。当超过限量时，应重新加热矫正。

d. 镦粗区最大直径（d_c）应为钢筋公称直径的 1.4 ~ 1.6 倍，长度（L_c）应为钢筋公称直径的 0.9 ~ 1.2 倍，且凸起部分平缓圆滑（图 2-32）。否则，应重新加热加压镦粗。

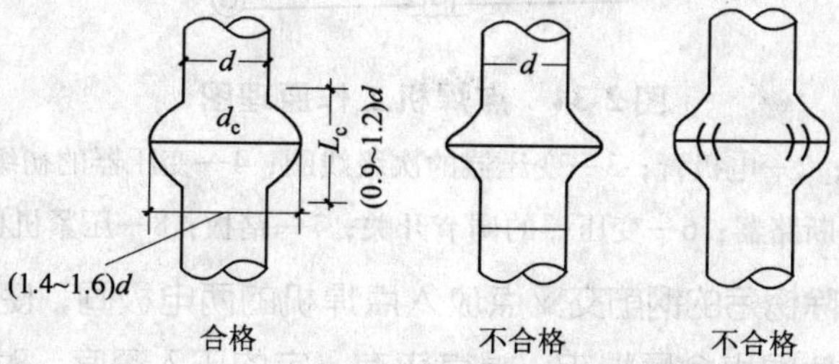

图 2-32　镦粗区最大直径和长度

e. 镦粗区最大直径处应为压焊面。若有偏移，其最大偏移量（d_h）不得大于钢筋公称直径 0.2d（图 2-33）。

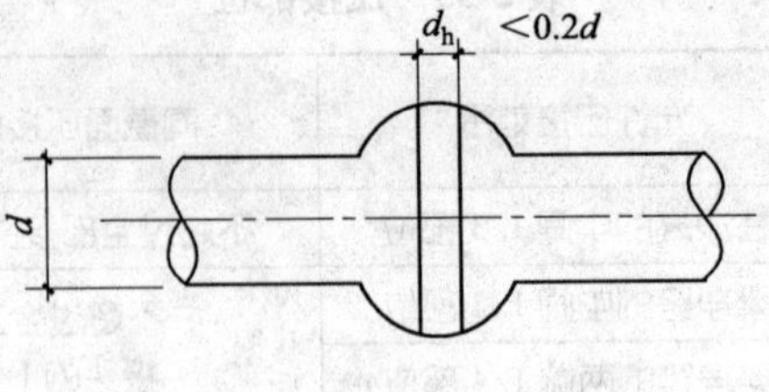

图 2-33　压接面偏移要求

f. 钢筋压焊区表面不得有横向裂纹，若发现有横向裂纹时，应切除重焊。

g. 钢筋压焊区表面不得有严重烧伤，否则应切除重焊。

外观检查如有 5% 接头不合格时，应暂停作业，待找出原因并采取有效措施后，方可继续作业。

5）钢筋点焊

钢筋骨架或钢筋网中交叉钢筋的焊接宜采用电阻点焊，其所适用的钢筋直径和种类为直径 6 ~ 15mm 的热轧 HPB235 级、HRB335 级钢筋，直径 3 ~ 5mm 的冷拔低碳钢丝和直径 4 ~ 12mm 的冷轧带肋钢筋。所用的点焊机有单点点焊机（用以焊接较粗的钢筋），其工作原理见图 2-34。多头点焊机（用以焊钢筋网）和悬挂式点焊机（可焊平面尺寸大的骨架或钢筋网）。现场还可采用手提式点焊机。

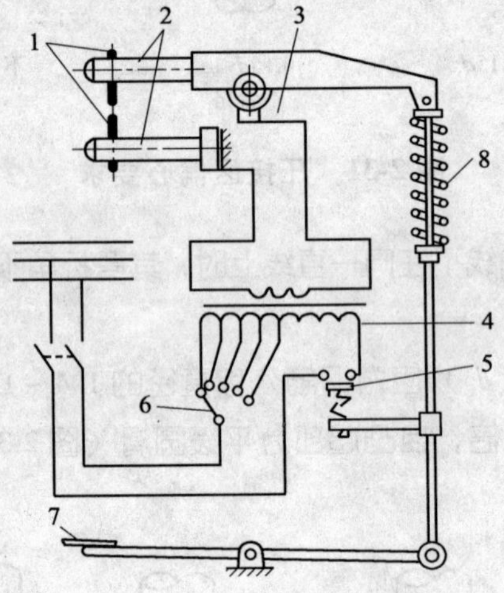

图 2-34　点焊机工作原理图

1—电极；2—电极臂；3—变压器的次级线圈；4—变压器的初级线圈；5—断路器；6—变压器的调节开关；7—踏板；8—压紧机构

点焊时，将已除锈污的钢筋交叉点放入点焊机的两电极间，使钢筋通电发热至一定温度后，加压使焊点金属焊牢。焊点应有一定的压入深度，对于热轧钢筋，压入深度为较小钢筋直径的 30% ~45%；点焊冷拔低碳钢丝时，压入深度为较小钢丝直径的 30% ~35%。

采用点焊代替绑扎可提高工效、节约劳动力，成品刚性好，便于运输。钢筋点焊参数主要有：通电时间、电流强度、电极压力及焊点压力深度等。应根据钢筋级别、直径及焊机性能合理选择。

点焊时，部分电流会通过已焊好的各点而形成闭合电路，这样将使通过焊点的电流减小，这种现象叫电流的分流现象。分流会使焊点强度降低。分流大小随通路的增加而增加，随焊点距离的增加而减少。个别情况下分流可达焊点电流的40%以上。为消除这种有害影响，施焊时应合理考虑施焊顺序或适当延长通电时间或增大电流。在焊接钢筋交叉角小于30°的钢筋网或骨架时，也需增大电流或延长时间。

焊点应作外观检查和强度试验。合格的焊点应无脱落、漏焊、气孔、裂纹、空洞及明显烧伤，焊点处应挤出饱满而均匀的熔化金属，压入深度符合要求。热轧钢筋焊点应作抗剪试验；冷拔低碳钢丝焊点除作抗剪试验外，还应对钢丝作抗拉试验。强度指标应符合《钢筋焊接及验收规程》的规定。

采用点焊的焊接骨架和焊接网片的焊点应符合设计要求。设计未作规定时，可按下列要求进行焊接。

①当焊接骨架的受力钢筋为HRB335级时，所有相交点均须焊接。

②当焊接网片的受力钢筋为HPB235级或冷拉HPB235级并只有一个方向受力时，两端边缘的两根锚固横向钢筋的相交点必须焊接；若网片为两向受力，则四周边缘的两根钢筋相交点均应焊接；其余相交点可间隔焊接。

③当焊接网片的受力筋为冷拔低碳钢丝，另一方向的钢丝间距小于100mm时，除两端边缘的两根锚固横向钢丝相交点必须全部焊接外，中间部分焊点距离可增大至250mm。

④当焊接不同直径的钢筋，其较小钢筋的直径小于10mm时，大小钢筋直径之比，不宜大于3；若较小钢筋的直径为12mm或14mm时，大小钢筋直径之比不宜大于2。

⑤焊接网的长度、宽度和骨架长度的允许偏差为±10mm。焊接骨架高度允许偏差为±5mm。网眼尺寸及箍筋间距允许偏差为±10mm。

6）双钢筋拼焊

双钢筋拼焊可增强锚固力，提高结构的抗裂性，改善结构性能，可充分利用钢材强度，节约钢材。双钢筋拼焊可采用拼焊机焊接。拼焊机由自动控制箱、焊接变压器、电极、电动机、纵筋调直送料机构、横筋调直剪切推送机构及横筋夹持机构等构成。如图2-35所示。

①焊接参数选择应符合下列规定：

a. 当焊直径4~5mm的钢筋时，二次电压宜为4~7V，电流为4200~5000A，顶锻压力为1.20~1.80kN。

b. 焊接通电时间对纵筋强度影响明显，通电时间延长，则热影响区增大，温度增高，降低冷强作用。

c. 通电时间以0.04~0.12s为宜。

d. 因热熔主要发生在横筋上，纵筋热影响区较小，温度也较低。所以，焊接顶锻时应使横筋变形大，纵筋变形小，以减少纵筋损伤。故横筋的含碳量应比纵筋的含碳量低，其截面积亦应比纵筋小20%~40%。

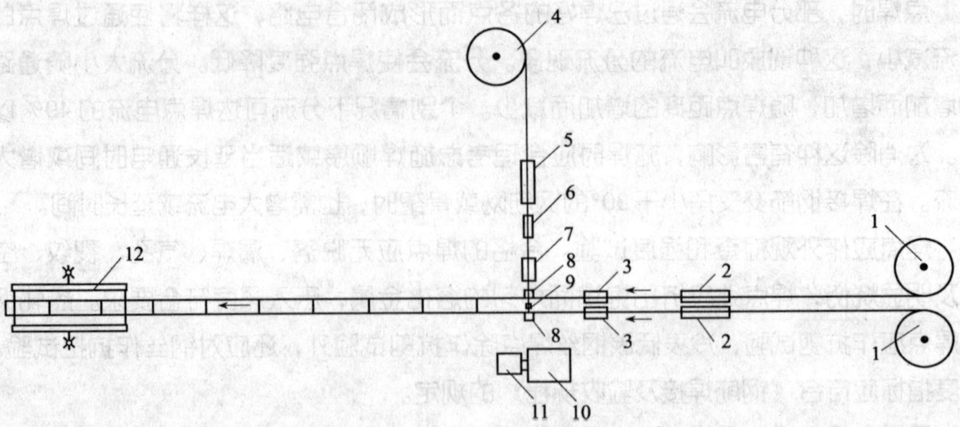

图 2-35　双钢筋拼焊示意图

1—纵筋盘；2—纵筋调直机构；3—纵筋送料轮；4—横筋盘；
5—横筋调直机构；6—横筋送料轮；7—横筋剪切及推送机构；8—左、右电极；
9—横筋夹持器；10—焊接变压器；11—自动控制箱；12—成器盘

e. 焊接后，纵筋的抗拉强度不应低于母材强度，断口不应在焊点或纵筋热影响区。

f. 横筋在焊点的抗剪力应大于或等于 $0.25\sigma_s A_s$（σ_s为纵筋抗拉强度，A_s为纵截面面积）。

②焊接操作要点

焊接时，两根纵筋经调直、送料装置进入焊区，横筋经调直并剪切成短筋后，送至两纵筋的下方，再由夹持器顶托至两纵筋之间，随之左右两电极合拢，将横筋夹于两纵筋之间。此时光电管发出信号，自动控制箱接通主电路，焊接变压器送出定时电流，靠纵、横筋接触处的接触电阻，使接触点热熔，随之电极加压顶锻，使纵、横钢筋焊接牢固。

（3）钢筋机械连接

钢筋机械连接是通过连接件的机械咬合作用或钢筋端面的承压作用，将一根钢筋中的力传递至另一根钢筋的连接方法。具有施工简便、工艺性能良好、接头质量可靠、不受钢筋焊接性的制约、可全天候施工、节约钢材和能源等优点。常用的机械连接接头类型有：挤压套筒接头、锥螺纹套筒接头、直螺纹套筒接头、熔融金属充填套筒接头、水泥灌浆充填套筒接头和受压钢筋端面平接头等。

1）带肋钢筋套筒挤压连接

带肋钢筋套筒挤压连接是将需要连接的带肋钢筋，插于特制的钢套筒内，利用挤压机压缩套筒，使之产生塑性变形，靠变形后的钢套筒与带肋钢筋之间的紧密咬合来实现钢筋的连接。适用于钢筋直径为 16～40mm 的热轧 HRB335 级、HRB400 级带肋钢筋的连接。

钢筋挤压连接有钢筋径向挤压连接和钢筋轴向挤压连接两种形式（见表 2-36）。

表 2-36 钢筋挤压连接形式

形　式	具　体　内　容
带肋钢筋套筒径向挤压连接	带肋钢筋套筒径向挤压连接，是采用挤压机沿径向（即与套筒轴线垂直方向）将钢套筒挤压产生塑性变形，使之紧密地咬住带肋钢筋的横肋，实现两根钢筋的连接（图2-36）。当不同直径的带肋钢筋采用挤压接头连接时，若套筒两端外径和壁厚相同，被连接钢筋的直径相差不应大于5mm。挤压连接工艺流程：钢筋套筒经验→钢筋断料，刻划钢筋套入长度定出标记→套筒套入钢筋→安装挤压机→开动液压泵，逐渐加压套筒至接头成型→卸下挤压机→接头外形检查
带肋钢筋套筒轴向挤压连接	钢筋轴向挤压连接，是采用挤压机和压模对钢套筒及插入的两根对接钢筋，沿其轴向方向进行挤压，使套筒咬合到带肋钢筋的肋间，使其结合成一体，见图2-37

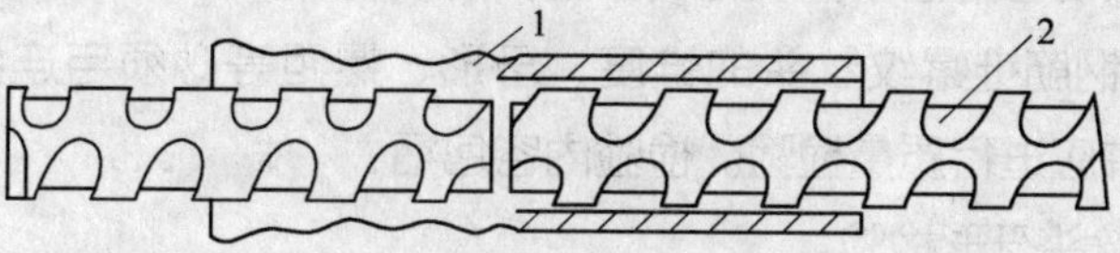

图 2-36　钢筋径向挤压

1—钢套管；2—钢筋

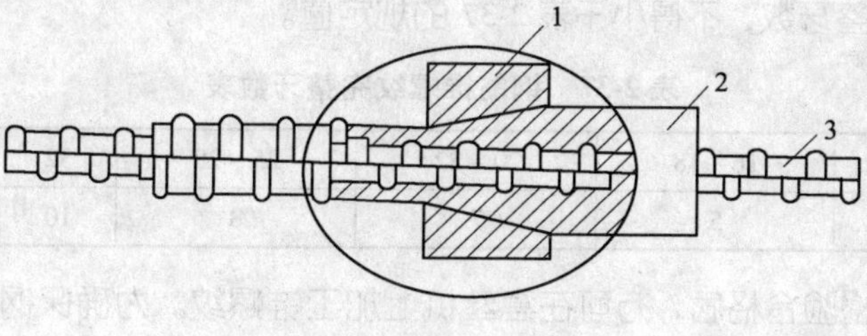

图 2-37　钢筋轴向挤压

1—压模；2—钢套管；3—钢筋

2）钢筋锥螺纹套筒连接

锥螺纹钢筋接头是利用锥形螺纹能承受轴向力和水平力以及密封性能较好的原理，依靠机械力将钢筋连接在一起。

操作时，先用专用套丝机将钢筋的待连接端加工成锥形外螺纹；然后，通过带锥形内螺纹的钢连接套筒将两根待接钢筋连接；最后利用力矩扳手按规定的力矩值使钢筋和连接钢套筒拧紧在一起（图2-38）。

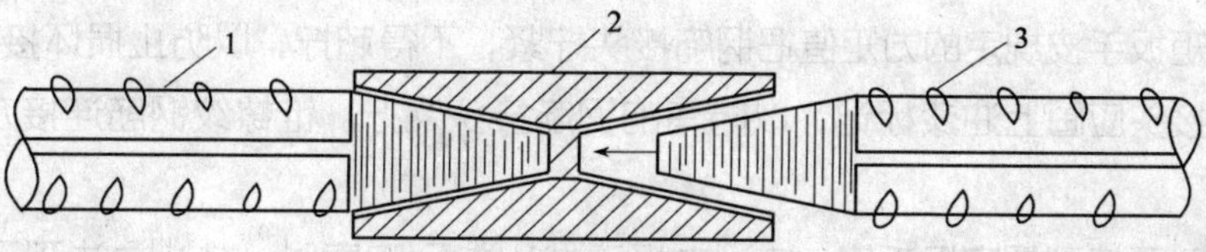

图 2-38　锥螺纹钢筋连接

1—已连接的钢筋；2—锥螺纹套筒；3—未连接的钢筋

这种接头工艺简便，能在施工现场连接直径 16 ~ 40mm 的热轧 HRB335 级、HRB400 级同径和异径的竖向或水平钢筋，且不受钢筋是否带肋和含碳量的限制。适用于按一、二级抗震等级设施的工业和民用建筑钢筋混凝土结构的热轧 HRB335 级、HRB400 级钢筋的连接施工。但不得用于预应力钢筋的连接。对于直接承受动荷载的结构构件，其接头还应满足抗疲劳性能等设计要求。锥螺纹连接套筒的材料宜采用 45 号优质碳素结构钢或其他经试验确认符合要求的钢材制成，其抗拉承载力不应小于被连接钢筋受拉承载力标准值的 1.10 倍。

①钢筋锥螺纹加工应符合下列要求规定：

a. 钢筋应先调直再下料。钢筋下料可用钢筋切断机或砂轮锯，但不得用气割下料。下料时，要求切口端面与钢筋轴线垂直，端头不得挠曲或出现马蹄形。

b. 加工好的钢筋锥螺纹丝头的锥度、牙形、螺距等必须与连接套的锥度、牙形、螺距一致，并应进行质量检验。检验内容包括：

（a）锥螺纹丝头牙形检验。

（b）锥螺纹丝头锥度与小端直径检验。

c. 其加工工艺为：下料→套丝→用牙形规和卡规（或环规）逐个检查钢筋套丝质量→质量合格的丝头用塑料保护帽盖封，待查和待用。

锥螺纹的完整牙数，不得小于表 2-37 的规定值。

表 2-37　钢筋锥螺纹完整牙数表

钢筋直径（mm）	16 ~ 18	20 ~ 22	25 ~ 28	32	36	40
完整牙数	5	7	8	10	11	12

d. 钢筋经检验合格后，方可在套丝机上加工锥螺纹。为确保钢筋的套丝质量，操作人员必须坚持上岗证制度。操作前应先调整好定位尺，并按钢筋规格配置相对应的加工导向套。对于大直径钢筋要分次加工到规定的尺寸，以保证螺纹的精度和避免损坏梳刀。

e. 钢筋套丝时，必须采用水溶性切削冷却润滑液，当气温低于 0℃时，应掺入 15% ~ 20% 亚硝酸钠，不得采用机油作冷却润滑液。

②钢筋连接

连接钢筋之前，先回收钢筋待连接端的保护帽和连接套上的密封盖，并检查钢筋规格是否与连接套规格相同，检查锥螺纹丝头是否完好无损、有无杂质。

连接钢筋时，应先把已拧好连接套的一端钢筋对正轴线拧到被连接的钢筋上，然后用力矩扳手按规定的力矩值把钢筋接头拧紧，不得超拧，以防止损坏接头丝扣。拧紧后的接头应画上油漆标记，以防有的钢筋接头漏拧。锥螺纹钢筋连接方法，见图 2-39。

拧紧时要拧到规定扭矩值，待测力扳手发出指示响声时，才认为达到了规定的扭矩值。锥螺纹接头拧紧力矩值见表 2-38，但不得加长扳手杆来拧紧。质量检验与施工安装使用的力矩扳手应分开使用，不得混用。

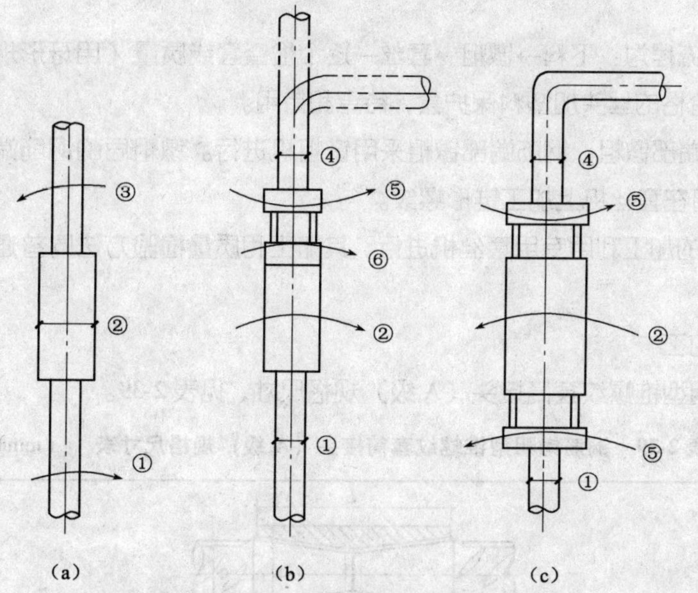

图 2-39 锥螺纹钢筋连接方法

(a) 同径或异径钢筋连接；(b) 单向可调接头连接；(c) 双向可调接头连接

①、③、④—钢筋；②—连接套筒；⑤—可调连接器；⑥锁母

表 2-38 连接钢筋拧紧力矩值

钢筋直径（mm）	16	18	20	22	25～28	32	36～40
拧紧力矩（N·m）	118	147	177	216	275	314	343

在构件受拉区段内，同一截面连接接头数量不宜超过钢筋总数的 50%；受压区不受限制。连接头的错开间距大于 500mm，保护层不得小于 15mm，钢筋间净距应大于 50mm。

在正式安装前要做三个试件，进行基本性能试验。当有一个试件不合格，应取双倍试件进行试验，如仍有一个不合格，则该批加工的接头为不合格，严禁在工程中使用。

对连接套应有出厂合格证及保质书。每批接头的基本试验应有试验报告。连接套与钢筋应配套一致。连接套应有钢印标记。

安装完毕后，质量检测员应用自用的专用测力扳手对拧紧的扭矩值加以抽检。

3）镦粗型锥螺纹连接

镦粗型锥螺纹连接在加工锥螺纹之前，先对钢筋的连接端部进行冷镦粗，然后将冷镦粗段加工成锥螺纹丝头，再将钢筋丝头穿入已加工有锥形内螺纹的连接套筒，最后采用力矩扳手将钢筋与连接套筒拧紧成为一体。冷镦粗后的钢筋接头，不仅截面尺寸大于母材，而且接头强度也大于相应钢筋母材的强度。镦粗型锥螺纹接头的锥坡度为 1:10，其接头性能可满足 A 级要求。

①钢筋加工应符合下列要求：

a. 钢筋加工前需先进行调直，再用砂轮锯下料（不得用气割）。切口端面垂直于钢筋轴线。

b. 加工流程为：下料→镦粗→套丝→逐个检查套线质量（用牙形规、卡规或环规）→质量合格的丝头加塑料保护套，待查和待用。

c. 钢筋端部镦粗：钢筋端部镦粗采用镦粗机进行。镦粗后的钢筋端头，经检验合格后，方可在套丝机上加工锥形螺纹。

d. 丝头的加工利用专用套丝机进行。其加工和质量检验方法同普通锥螺纹连接技术。

②套筒加工

部分镦粗型锥螺纹套筒接头（A 级）规格尺寸，见表 2-39。

表 2-39　钢筋镦粗型锥螺纹套筒接头（A 级）规格尺寸表　（mm）

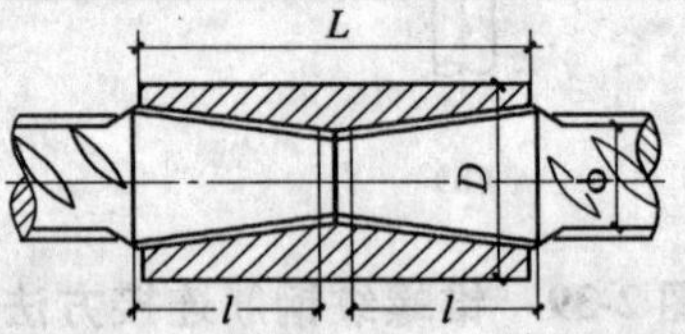

钢筋公称直径	锥螺纹尺寸	l	L	D
ϕ20	ZM24 × 2.5	25	60	34
ϕ22	ZM26 × 2.5	30	70	36
ϕ25	ZM29 × 2.5	35	80	39
ϕ28	ZM32 × 2.5	40	90	43
ϕ32	ZM36 × 2.5	45	100	48
ϕ36	ZM40 × 2.5	50	110	52
ϕ40	ZM44 × 2.5	55	120	56

③连接工艺

连接工艺与普通锥螺纹相同。

4）钢筋冷镦粗直螺纹套筒连接

镦粗直螺纹接头工艺是先利用冷镦机将钢筋端部镦粗，再用套丝机在钢筋端部的镦粗段上加工直螺纹，然后用连接套筒将两根钢筋对接。由于钢筋端部冷镦后，不仅截面加大；而且强度也有提高。加之，钢筋端部加工直螺纹后，其螺纹底部的最小直径，应不小于钢筋母材的直径。因此，该接头可与钢筋母材等强。其工艺流程见图 2-40。

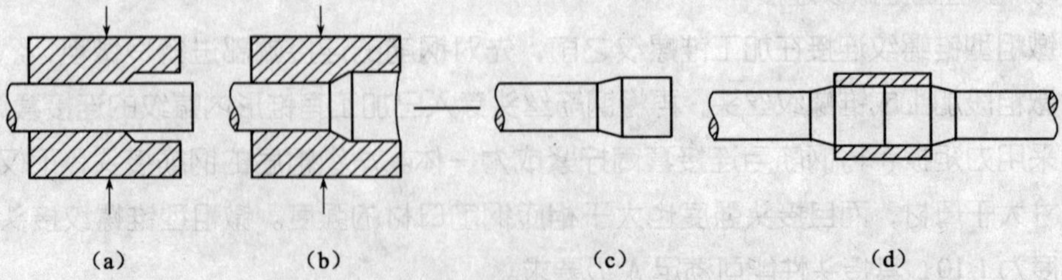

图 2-40　镦粗直螺纹工艺简图

（a）夹紧钢筋；（b）冷镦扩粗；（c）切削丝头；（d）对接钢筋

①钢筋端部丝头加工应符合下列规定：

a. 钢筋下料前应先进行调直，下料时，切口端面应与钢筋轴线垂直，不得有马蹄形或挠曲。

b. 镦粗后的基圆直径 d_1 应大于丝头螺纹外径，长度 L_0 应大于 1/2 套筒长度，过渡段坡度应≥1:3。镦粗头的外形尺寸见图 2-41。镦粗量参考数据见表 2-40 和表 2-41。

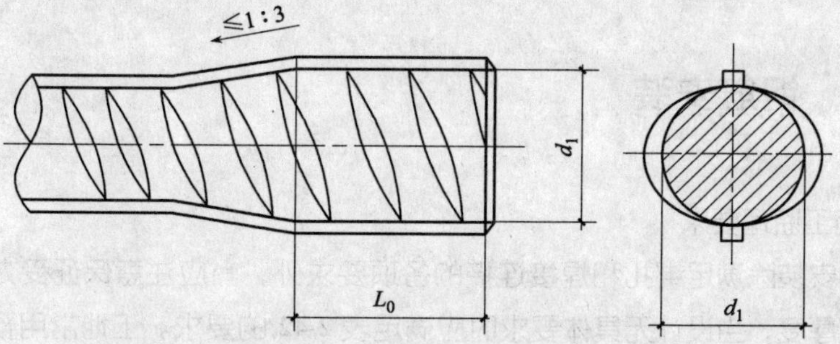

图 2-41　镦粗头外形示意图

表 2-40　镦粗量参考数据表

钢筋规格（mm）	φ16	φ18	φ20	φ22	φ25	φ28	φ32	φ36	φ40
镦粗压力（MPa）	12～14	15～17	17～19	21～23	22～24	24～26	29～31	26～28	28～30
镦粗基圆直径 d_1（mm）	19.5～20.5	21.5～22.5	23.5～24.5	24.5～25.5	28.5～29.5	31.5～32.5	35.5～36.5	39.5～40.5	44.5～45.5
镦粗缩短尺寸（mm）	12±3	12±3	12±3	15±3	15±3	15±3	18±3	18±3	18±3
镦粗长度 L_0（mm）	16～18	18～20	20～23	22～25	25～28	28～31	32～35	36～39	40～43

表 2-41　镦粗量参考数据表　　（mm）

钢筋规格	φ22	φ25	φ28	φ32	φ36	φ40
镦粗直径 d_1	26	29	32	36	40	44
镦粗长度 L_0	30	33	35	40	44	50

c. 镦粗头不得有与钢筋轴线相垂直的横向表面裂纹。

d. 不合格的镦粗头应切去后重新镦粗，不得在原镦粗段进行二次镦粗。

e. 如选用热镦工艺镦粗钢筋，则应在室内进行镦头加工。

f. 加工钢筋丝头时，应采用水溶性切削润滑液，当气温低于 0℃时应有防冻措施，不得在不加润滑液的状态下套丝。

g. 钢筋丝头的螺纹应与连接套筒的螺纹相匹配。丝头长度偏差一般不宜超过 +1P（P 为螺距）。

h. 冷镦后进行套丝，套丝后的螺牙应无裂纹、无断牙及其他缺陷，表面粗糙度达到图纸要求。

i. 用牙形规检测牙形是否合格，并用环规检查其中径尺寸是否在规定误差范围之内。

j. 直螺纹加工检查合格后，应戴上塑料保护帽或拧上连接套，以防碰伤和生锈。

k. 现场加工的直螺纹应注意防潮，防止强力摔碰，并堆放整齐。

②套筒加工应符合下列要求：

a. 套筒内螺纹的公差带应符合 GB/T 197 的要求，可选用 6H。

b. 进行表面防锈处理。

c. 套筒材料、尺寸、螺纹规格、公差带及精度等级还应符合产品设计图纸的要求。

细节 钢筋安装

（1）施工监理要求

钢筋的安装除满足绑扎和焊接连接的各项要求外，尚应注意保证受力钢筋的混凝土保护层厚度，当设计无具体要求时应满足表 2-42 的要求。工地常用预制水泥砂浆垫块垫在钢筋与模板之间，以控制保护层厚度。为防止垫块串动，常用细钢丝将垫块与钢筋扎牢，上下钢筋网片之间的尺寸可用绑扎短钢筋的方法来控制。

表 2-42　钢筋的混凝土保护层厚度　（mm）

环境与条件	构件名称	混凝土强度等级		
		低于 C25	C25 及 C30	高于 C30
室内正常环境	板、墙、壳	15		
	梁和柱	25		
露天或室内高湿度环境	板、墙、壳	35	25	15
	梁和柱	45	35	25
有垫层	基础	35		
无垫层		70		

（2）钢筋绑扎

1）钢筋绑扎应熟悉施工图纸，核对成品钢筋的级别、直径、形状、尺寸和数量，核对配料表和料牌，如有出入，应予纠正或增补，同时准备好绑扎用镀锌钢丝、绑扎工具、绑扎架等。

2）对形状复杂的结构部位，应研究好钢筋穿插就位的顺序及与模板等其他专业的配合先后次序。

3）基础底板、楼板和墙的钢筋网绑扎，除靠近外围两行钢筋的相交点全部绑扎外，中间部分交叉点可间隔交错扎牢；双向受力的钢筋则需全部扎牢。相邻绑扎点的镀锌钢丝扣要成八字形，以免网片歪斜变形。钢筋绑扎接头的钢筋搭接处，应在中心和两端用镀锌钢丝扎牢。

4）结构采用双排钢筋网时，上下两排钢筋网之间应设置钢筋撑脚或混凝土支柱（墩），每隔 1m 放置一个，墙壁钢筋网之间应绑扎 φ6 ~ φ10 钢筋制成的撑钩，间距约为 1.0m，相互错开排列；大型基础底板或设备基础，应用 φ16 ~ φ25 钢筋或型钢焊成的支架来支承上层钢筋，支架间距为 0.8 ~ 1.5m；梁、板纵向受力钢筋采取双层排列时，两排钢筋之间应垫以直径 ϕ25 以上短钢筋，以保证间距正确。

5）梁、柱箍筋应与受力筋垂直设置，箍筋弯钩叠合处应沿受力钢筋方向张开设置，箍筋转角与受力钢筋的交叉点均应扎牢；箍筋平直部分与纵向交叉点可间隔扎牢，以防止骨架歪斜。

6）板、次梁与主筋交叉处，板的钢筋在上，次梁的钢筋居中，主梁的钢筋在下；当有圈梁或垫梁时，主梁的钢筋应放在圈梁上。受力筋两端的搁置长度应保持均匀一致。框架梁牛腿及柱帽等钢筋，应放在柱的纵向受力钢筋内侧，同时要注意梁顶面受力筋间的净距要有 30mm，以利于浇筑混凝土。

7）预制柱、梁、屋架等构件常采取底模上就地绑扎，应先排好箍筋，再穿入受力筋，然后绑扎牛腿和节点部位钢筋，以减少绑扎困难和复杂性。

（3）绑扎钢筋网与钢筋骨架安装

1）钢筋网与钢筋骨架的分段（块），应根据结构配筋特点及起重运输能力而定。一般钢筋网的分块面积以 6～20m² 为宜，钢筋骨架的分段长度以 6～12m 为宜。

2）钢筋网与钢筋骨架，为防止在运输和安装过程中发生歪斜变形，应采取临时加固措施，图 2-42 是绑扎钢筋网的临时加固情况。

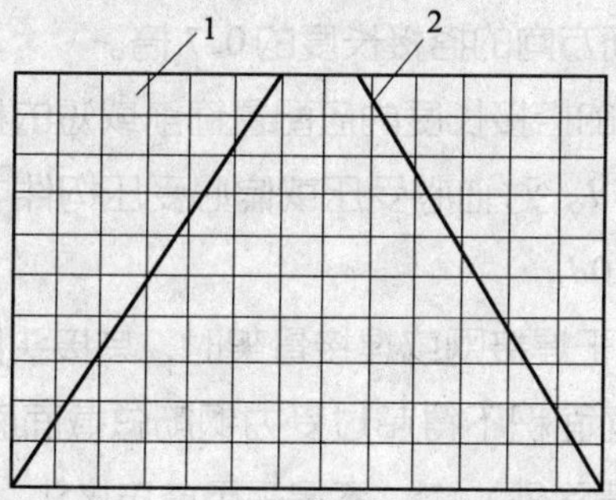

图 2-42　绑扎钢筋网的临时加固

1—钢筋网；2—加固钢筋

3）钢筋网与钢筋骨架的吊点，应根据其尺寸、重量及刚度而定。宽度大于 1m 的水平钢筋网宜采用四点起吊，跨度小于 6m 的钢筋骨架宜采用两点起吊（图 2-43a），跨度大，刚度差的钢筋骨架宜采用横吊梁（铁扁担）四点起吊（图 2-43b）。为了防止吊点处钢筋受力变形，可采取兜底吊或加短钢筋。

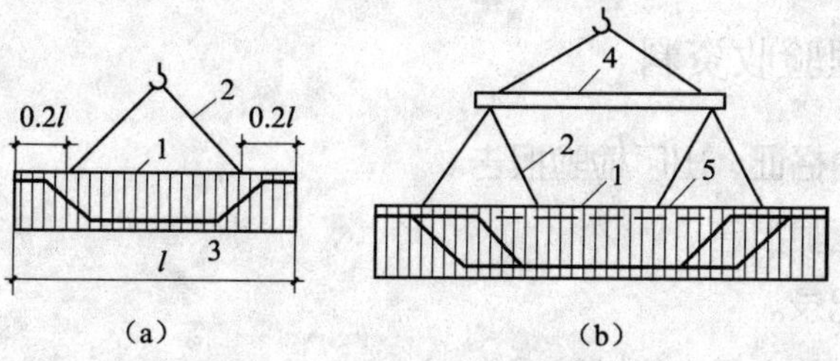

图 2-43　钢筋绑扎骨架起吊

（a）两点绑扎；（b）采用铁扁担四点绑扎

1—钢筋骨架；2—吊索；3—兜底索；4—铁扁担；5—短钢筋

4）焊接网和焊接骨架沿受力钢筋方向的搭接接头，宜位于构件受力较小的部位，如承受均布荷载的简支受弯构件，焊接网受力钢筋接头宜放置在跨度两端各四分之一跨长范围内。

5）受力钢筋直径≥16mm时，焊接网沿分布钢筋方向的接头宜辅以附加钢筋网（图2-44），其每边的搭接长度 $l_d = 15d$（d 为分布钢筋直径），但不小于100mm。

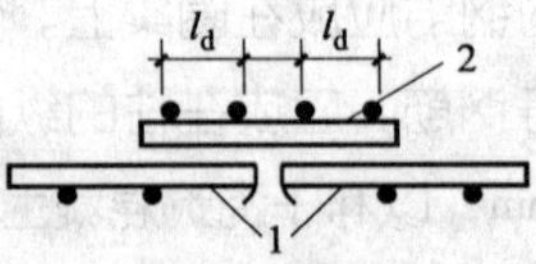

图2-44 接头附加钢筋网

1—基本钢筋网；2—附加钢筋网

（4）焊接钢筋骨架和焊接网安装

1）焊接骨架和焊接网的搭接接头，不宜位于构件和最大弯矩处，焊接网在非受力方向的搭接长度宜为100mm；受拉焊接骨架和焊接网在受力钢筋方向的搭接长度应符合设计规定；受压焊接骨架和焊接网在受力钢筋方向的搭接长度，可取受拉焊接骨架和焊接网在受力钢筋方向的搭接长度的0.7倍。

2）在梁中，焊接骨架的搭接长度内应配置箍筋或短的槽形焊接网。箍筋或网中的横向钢筋间距不得大于 $5d$。对轴心受压或偏心受压构件中的搭接长度内，箍筋或横向钢筋的间距不得大于 $10d$。

3）在构件宽度内有若干焊接网或焊接骨架时，其接头位置应错开。在同一截面内搭接的受力钢筋的总截面面积不得超过受力钢筋总截面面积的50%；在轴心受拉及小偏心受拉构件（板和墙除外）中，不得采用搭接接头。

4）焊接网在非受力方向的搭接长度宜为100mm。当受力钢筋直径≥16mm时，焊接网沿分布钢筋方向的接头宜辅以附加钢筋网，其每边的搭接长度为 $15d$。

2.3 监理验收

2.3.1 监理验收资料

1. 钢筋产品合格证、出厂检验报告。
2. 钢筋进场复验报告。
3. 钢筋冷拉记录。
4. 钢筋焊接接头力学性能试验报告。
5. 钢筋机械连接接头力学性能试验报告。
6. 焊条（剂）试验报告。
7. 钢筋隐蔽工程验收记录。

8. 钢筋锥螺纹加工检验记录及连接套产品合格证。

9. 钢筋锥螺纹接头质量检查记录。

10. 施工现场挤压接头质量检查记录。

11. 设计变更和钢材代用证明。

12. 见证检测报告。

13. 检验批质量验收记录。

14. 钢筋分项工程质量验收记录。

2.3.2 工程质量验收记录表（表2-43和表2-44）

表2-43 钢筋加工检验批质量验收记录表

单位（子单位）工程名称						
分部（子分部）工程名称					验收部位	
施工单位					项目经理	
分包单位					分包项目经理	
施工执行标准名称及编号						
施工质量验收规范的规定					施工单位检查评定记录	监理（建设）单位验收记录
主控项目	1	力学性能检验		第5.2.1条		
	2	抗震用钢筋强度实测值		第5.2.2条		
	3	化学成分等专项检验		第5.2.3条		
	4	受力钢筋的弯钩和弯折		第5.3.1条		
	5	箍筋弯钩形式		第5.3.2条		
一般项目	1	外观质量		第5.2.4条		
	2	钢筋调直		第5.3.3条		
	3	钢筋加工的形状、尺寸	受力钢筋顺长度方向全长的净尺寸	±10		
			弯起钢筋的弯折位置	±20		
			箍筋内净尺寸	±5		
施工单位检查评定结果	专业工长（施工人员）				施工班组长	
	项目专业质量检查员： 年 月 日					
监理（建设）单位验收结论	专业监理工程师： （建设单位项目专业技术负责人）： 年 月 日					

表 2-44　钢筋安装工程检验批质量验收记录表

单位（子单位）工程名称			
分部（子分部）工程名称		验收部位	
施工单位		项目经理	
分包单位		分包项目经理	
施工执行标准名称及编号			

施工质量验收规范的规定						施工单位检查评定记录	监理（建设）单位验收记录
主控项目	1	纵向受力钢筋的连接方式			第 5.4.1 条		
	2	机械连接和焊接接头的力学性能			第 5.4.2 条		
	3	受力钢筋的品种、级别、规格和数量			第 5.5.1 条		
一般项目	1	接头位置和数量			第 5.4.3 条		
	2	机械连接、焊接的外观质量			第 5.4.4 条		
	3	机械连接、焊接的接头面积百分率			第 5.4.5 条		
	4	绑扎搭接接头面积百分率和搭接长度			第 5.4.6 条 附录 B		
	5	搭接长度范围内的箍筋			第 5.4.7 条		
	6 钢筋安装允许偏差	绑扎钢筋网	长、宽（mm）		±10		
			网眼尺寸（mm）		±20		
		绑扎钢筋骨架	长（mm）		±10		
			宽、高（mm）		±5		
		受力钢筋	间距（mm）		±10		
			排距（mm）		±5		
			保护层厚度（mm）	基础	±10		
				柱、梁	±5		
				板、墙、壳	±3		
		绑扎箍筋、横向钢筋间距（mm）			±20		
		钢筋弯起点位置（mm）			20		
		预埋件	中心线位置（mm）		5		
			水平高差（mm）		±3.0		

施工单位检查评定结果	专业工长（施工人员）	施工班组长	
	项目专业质量检查员：　　　年　月　日		
监理（建设）单位验收结论	专业监理工程师： （建设单位项目专业技术负责人）：　　　年　月　日		

3 预应力工程

YUYINGLIGONGCHENG

3.1 工程质量监理

3.1.1 施工监理要求

1. 后张法预应力工程的施工应由具有相应资质等级的预应力专业施工单位承担。

2. 预应力筋张拉机具设备及仪表，应定期维护和校验。张拉设备应配套标定，并配套使用。张拉设备的标定期限不应超过半年。当在使用过程中出现反常现象时或在千斤顶检修后，应重新标定。

（1）张拉设备标定时，千斤顶活塞的运行方向应与实际张拉工作状态一致；

（2）压力表的精度不应低于 1.5 级，标定张拉设备用的试验机或测力计精度不应低于 ±2%。

3. 在浇筑混凝土之前，应进行预应力隐蔽工程验收，其内容包括：

（1）预应力筋的品种、规格、数量、位置等；

（2）预应力筋锚具和连接器的品种、规格、数量、位置等；

（3）预留孔道的规格、数量、位置、形状及灌浆孔、排气兼泌水管等；

（4）锚固区局部加强构造等。

3.1.2 工程质量标准

1. 原材料质量标准

（1）主控项目（表 3-1）

表 3-1 主控项目内容及监理验收要求

项目内容	规范条款	监理验收要求	验收方法
预应力筋力学性能检验	第 6.2.1 条	预应力筋进场时，应按现行国家标准《预应力混凝土用钢绞线》（GB/T 5224）等的规定抽取试件作力学性能检验，其质量必须符合有关标准的规定	检查数量：按进场的批次和产品的抽样检验方案确定 检验方法：检查产品合格证、出厂检验报告和进场复验报告

续表

项目内容	规范条款	监理验收要求	验收方法
无黏结预应力筋的涂包质量	第6.2.2条	无黏结预应力筋的涂包质量应符合无黏结预应力钢绞线标准的规定	检查数量：每60t为一批，每批抽取一组试件 检验方法：观察，检查产品合格证、出厂检验报告和进场复验报告 当有工程经验，并经观察认为质量有保证时，可不作油脂用量和护套厚度的进场复验
锚具、夹具和连接器的性能	第6.2.3条	预应力筋用锚具、夹具和连接器应按设计要求采用，其性能应符合现行国家标准《预应力筋用锚具、夹具和连接器》（GB/T 14370）等的规定	检查数量：按进场批次和产品的抽样检验方案确定 检验方法：检查产品合格证、出厂检验报告和进场复验报告 对锚具用量较少的一般工程，如供货方提供有效的试验报告，可不作静载锚固性能试验
孔道灌浆用水泥和外加剂	第6.2.4条	孔道灌浆用水泥应采用普通硅酸盐水泥，其质量应符合规范第7.2.1条的规定。孔道灌浆用外加剂的质量应符合规范第7.2.2条的规定	检查数量：按进场批次和产品的抽样检验方案确定 检验方法：检查产品合格证、出厂检验报告和进场复验报告 对孔道灌浆用水泥和外加剂用量较少的一般工程，当有可靠依据时，可不作材料性能的进场复验

（2）一般项目（表3-2）

表3-2　一般项目内容及监理验收要求

项目内容	规范条款	监理验收要求	验收方法
预应力筋外观质量	第6.2.5条	预应力筋使用前应进行外观检查，其质量应符合下列要求 （1）有黏结预应力筋展开后应平顺，不得有弯折，表面不应有裂纹、小刺、机械损伤、氧化铁皮和油污等； （2）无黏结预应力筋护套应光滑、无裂缝，无明显褶皱	检查数量：全数检查 检验方法：观察 无黏结预应力筋护套轻微破损者应外包防水塑料胶带修补，严重破损者不得使用
锚具、夹具和连接器的外观质量	第6.2.6条	预应力筋用锚具、夹具和连接器使用前应进行外观检查，其表面应无污物、锈蚀、机械损伤和裂纹	检查数量：全数检查 检验方法：观察

续表

项目内容	规范条款	监理验收要求	验收方法
金属螺旋管的尺寸和性能	第6.2.7条	预应力混凝土用金属螺旋管的尺寸和性能应符合国家现行标准《预应力混凝土用金属螺旋管》（JG/T 3013）的规定	检查数量：按进场批次和产品的抽样检验方案确定 检验方法：检查产品合格证、出厂检验报告和进场复验报告 注：对金属螺旋管用量较少的一般工程，当有可靠依据时，可不作径向刚度、抗渗漏性能的进场复验
金属螺旋管的外观质量	第6.2.8条	预应力混凝土用金属螺旋管在使用前应进行外观检查，其内外表面应清洁，无锈蚀，不应有油污、孔洞和不规则的褶皱，咬口不应有开裂或脱扣	检查数量：全数检查 检验方法：观察

2. 制作与安装质量标准

（1）主控项目（表 3-3）

表 3-3 主控项目内容及监理验收要求

项目内容	规范条款	监理验收要求	验收方法
预应力筋品种、级别、规格和数量	第6.3.1条	预应力筋安装时，其品种、级别、规格、数量必须符合设计要求	检查数量：全数检查 检验方法：观察，钢尺检查
避免隔离剂沾污	第6.3.2条	先张法预应力施工时应选用非油质类模板隔离剂，并应避免沾污预应力筋	检查数量：全数检查 检验方法：观察
避免电火花损伤	第6.3.3条	施工过程中应避免电火花损伤预应力筋；受损伤的预应力筋应予以更换	检查数量：全数检查 检验方法：观察

（2）一般项目（表 3-4）

表 3-4 一般项目内容及监理验收要求

项目内容	规范条款	监理验收要求	验收方法
预应力筋切断方法和钢丝下料长度	第6.3.4条	预应力筋下料应符合下列要求： （1）预应力筋应采用砂轮锯或切断机切断，不得采用电弧切割；（2）当钢丝束两端采用镦头锚具时，同一束中各根钢丝长度的极差不应大于钢丝长度的 1/5000，且不应大于 5mm。当同组张拉长度不大于 10m 的钢丝时，同组钢丝长度的极差不得大于 2mm	检查数量：每工作班抽查预应力筋总数的 3%，且不少于 3 束 检验方法：观察，钢尺检查
锚具制作质量	第6.3.5条	预应力筋端部锚具的制作质量应符合下列要求：（1）挤压锚具制作时压力表油压应符合操作说明书的规定，挤压后预应力筋外端应露出挤压套筒 1～5mm；（2）钢绞线压花锚成形时，表面应清洁、无油污，梨形头尺寸和直线段长度应符合设计要求；（3）钢丝镦头的强度不得低于钢丝强度标准值的 98%	检查数量：对挤压锚，每工作班抽查 5%，且不应少于 5 件；对压花锚，每工作班抽查 3 件；对钢丝镦头强度，每批钢丝检查 6 个镦头试件 检验方法：观察，钢尺检查，检查镦头强度试验报告

续表

项目内容	规范条款	监理验收要求	验收方法
预留孔道质量	第6.3.6条	后张法有黏结预应力筋预留孔道的规格、数量、位置和形状除应符合设计要求外，尚应符合下列规定：（1）预留孔道的定位应牢固，浇筑混凝土时不应出现移位和变形；（2）孔道应平顺，端部的预埋锚垫板应垂直于孔道中心线；（3）成孔用管道应密封良好，接头应严密且不得漏浆；（4）灌浆孔的间距：对预埋金属螺旋管不宜大于30mm；对抽芯成形孔道不宜大于12mm；（5）在曲线孔道的曲线波峰部位应设置排气兼泌水管，必要时可在最低点设置排水孔；（6）灌浆孔及泌水管的孔径应能保证浆液畅通	检查数量：全数检查 检验方法：观察，钢尺检查
预应力筋束形控制	第6.3.7条	预应力筋束形控制点的竖向位置偏差应符合表3-5的规定	检查数量：在同一检验批内，抽查各类型构件中预应力筋总数的5%，且对各类型构件均不少于5束，每束不应少于5处 检验方法：钢尺检查束形控制点的竖向位置偏差合格点率应达到90%及以上，且不得有超过表中数值1.5倍的尺寸偏差
无黏结预应力筋铺设	第6.3.8条	无黏结预应力筋的铺设除应符合本规范第6.3.7条的规定外，尚应符合下列要求：（1）无黏结预应力筋的定位应牢固，浇筑混凝土时不应出现移位和变形；（2）端部的预埋锚垫板应垂直于预应力筋；（3）内埋式固定端垫板不应重叠，锚具与垫板应贴紧；（4）无黏结预应力筋成束布置时应能保证混凝土密实并能裹住预应力筋；（5）无黏结预应力筋的护套应完整，局部破损处应采用防水胶带缠绕紧密	检查数量：全数检查 检验方法：观察
预应力筋防锈措施	第6.3.9条	浇筑混凝土前穿入孔道的后张法有黏结预应力筋，宜采取防止锈蚀的措施	检查数量：全数检查 检验方法：观察

表3-5　束形控制点的竖向位置允许偏差　（mm）

截面高（厚）度	$h \leqslant 300$	$300 < h \leqslant 1500$	$h > 1500$
允许偏差	±5	±10	±15

3．张拉和放张质量标准

（1）主控项目（表3-6）

表 3-6　主控项目内容及监理验收要求

项目内容	规范条款	监理验收要求	验收方法
张拉或放张时的混凝土强度	第 6.4.1 条	预应力筋张拉或放张时，混凝土强度应符合设计要求；当设计无具体要求时，不应低于设计的混凝土立方体抗压强度标准值的 75%	检查数量：全数检查 检验方法：检查同条件养护试件试验报告
张拉力、张拉或放张顺序及张拉工艺	第 6.4.2 条	预应力筋的张拉力、张拉或放张顺序及张拉工艺应符合设计及施工技术方案的要求，并应符合下列规定 （1）当施工需要超张拉时，最大张拉应力不应大于国家现行标准《混凝土结构设计规范》（GB 50010—2002）的规定； （2）张拉工艺应能保证同一束中各根预应力筋的应力均匀一致；（3）后张法施工中，当预应力筋是逐根或逐束张拉时，应保证各阶段不出现对结构不利的应力状态；同时宜考虑后批张拉预应力筋所产生的结构构件的弹性压缩对先批张拉预应力筋的影响，确定张拉力；（4）先张法预应力筋放张时，宜缓慢放松锚固装置，使各根预应力筋同时缓慢放松；（5）当采用应力控制方法张拉时，应校核预应力筋的伸长值。实际伸长值与设计计算理论伸长值的相对允许偏差为 ±6%	检查数量：全数检查 检验方法：检查张拉记录
实际预应力值控制	第 6.4.3 条	预应力筋张拉锚固后实际建立的预应力值与工程设计规定检验值的相对允许偏差为 ±5%	检查数量：对先张法施工，每工作班抽查预应力筋总数的 1%，且不少于 3 根；对后张法施工，在同一检验批内，抽查预应力筋总数的 3%，且不少于 5 束 检验方法：对先张法施工，检查预应力筋应力检测记录；对后张法施工，检查见证张拉记录
预应力筋断裂或滑脱	第 6.4.4 条	张拉过程中应避免预应力筋断裂或滑脱；当发生断裂或滑脱时，必须符合下列规定： （1）对后张法预应力结构构件，断裂或滑脱的数量严禁超过同一截面预应力筋总根数的 3%，且每束钢丝不得超过一根；对多跨双向连续板，其同一截面应按每跨计算 （2）对先张法预应力构件，在浇筑混凝土前发生断裂或滑脱的预应力筋必须予以更换	检查数量：全数检查 检验方法：观察，检查张拉记录

(2) 一般项目（表3-7、表3-8）

表3-7　一般项目内容及监理验收要求

项目内容	规范条款	监理验收要求	验收方法
锚固阶段张拉端预应力筋的内缩量	第6.4.5条	锚固阶段张拉端预应力筋的内缩量应符合设计要求；当设计无具体要求时，应符合表3-8的规定	检查数量：每工作班抽查预应力筋总数的3%，且不少于3束 检验方法：钢尺检查
先张法预应力筋张拉后位置	第6.4.6条	先张法预应力筋张拉后与设计位置的偏差不得大于5mm，且不得大于构件截面短边边长的4%	检查数量：每工作班抽查预应力筋总数的3%，且不少于3束 检验方法：钢尺检查

表3-8　张拉端预应力筋的内缩量限值　（mm）

锚具类别		内缩量限值
支承式锚具（镦头锚具等）	螺母缝隙	1
	每块后加垫板的缝隙	1
锥塞式锚具		5
夹片式锚具	有顶压	5
	无顶压	6~8

4. 灌浆及封锚质量标准

(1) 主控项目（表3-9）

表3-9　主控项目内容及监理验收要求

项目内容	规范条款	监理验收要求	验收方法
孔道灌浆的一般要求	第6.5.1条	后张法有黏结预应力筋张拉后应尽早进行孔道灌浆，孔道内水泥浆应饱满、密实	检查数量：全数检查 检验方法：观察，检查灌浆记录
锚具的封闭保护	第6.5.2条	锚具的封闭保护应符合设计要求；当设计无具体要求时，应符合下列规定：(1) 应采取防止锚具腐蚀和遭受机械损伤的有效措施； (2) 凸出式锚固端锚具的保护层厚度不应小于50mm； (3) 外露预应力筋的保护层厚度：处于正常环境时，不应小于20mm；处于易受腐蚀的环境时，不应小于50mm	检查数量：在同一检验批内，抽查预应力筋总数的5%，且不少于5处 检验方法：观察，钢尺检查

(2) 一般项目（表3-10）

表 3-10 一般项目内容及监理验收要求

项目内容	规范条款	监理验收要求	验收方法
外露预应力筋的切断方法和外露长度	第 6.5.3 条	后张法预应力筋锚固后的外露部分宜采用机械方法切割，其外露长度不宜小于预应力筋直径的 1.5 倍，且不宜小于 30mm	检查数量：在同一检验批内，抽查预应力筋总数的 3%，且不少于 5 束 检验方法：观察，钢尺检查
灌浆用水泥浆的水灰比和泌水率	第 6.5.4 条	灌浆用水泥浆的水灰比不应大于 0.45，搅拌后 3h 泌水率不宜大于 2%，且不应大于 3%。泌水应能在 24h 内全部重新被水泥浆吸收	检查数量：同一配合比检查一次 检验方法：检查水泥浆性能试验报告
灌浆用水泥浆的抗压强度	第 6.5.5 条	灌浆用水泥浆的抗压强度不应小于 30N/mm²	检查数量：每工作班留置一组边长为 70.7mm 的立方体试件 检验方法：检查水泥浆试件强度试验报告 （1）一组试件由 6 个试件组成，试件应标准养护 28d （2）抗压强度为一组试件的平均值，当一组试件中抗压强度最大值或最小值与平均值相差超过 20% 时，应取中间 4 个试件强度的平均值

3.2 施工监理控制细节

细节 混凝土

预应力结构中使用的混凝土，按规范的规定：混凝土强度等级不宜低于 C30；当采用碳素钢丝、钢绞线、热处理钢筋作预应力钢筋时，混凝土强度等级不宜低于 C40。

对于混凝土中所用水泥宜采用 42.5 级及以上的普通硅酸盐水泥。

骨料中粗骨料要选用质地坚硬的碎石，其最大粒径不应超过 40mm，宜在 25mm 左右，含泥量应小于 1%。细骨料要采用中粗砂，其含泥量必须控制在 3% 以下。含泥量大的砂，应清洗干净，使含泥量下降至 3% 以下，以免影响高效减水剂的效果。

预应力混凝土结构中采用高强度混凝土，是因为预应力混凝土中所用的预应力钢筋，其强度比普通钢筋混凝土中所用的钢筋高出好多，所以混凝土的强度也要相应提高，以使钢筋与混凝土的强度有相适应的比例，共同承受外力。混凝土强度高还可减小构件的截面，减轻自重，节约材料用量。高强混凝土还可以提高钢筋与混凝土之间的黏结力，对有黏结预应力十分有利。

细节 预应力筋监理验收

预应力筋常用的品种和相应的现行国家标准有《预应力混凝土用钢丝》（GB/T 5223）、《预应力混凝土用钢绞线》（GB/T 5224）、《预应力混凝土用热处理钢筋》（GB/T 4463）。

（1）预应力筋进场时，应具备产品合格证、出厂检验报告，使用前应作进场复验，按现行国家标准规定，按批次抽取试件作力学性能检验，其质量必须符合有关标准的规定。

（2）预应力筋使用前应进行外观检查，其质量应符合表3-2中的要求。

（3）无黏结预应力筋的涂包质量应符合无黏结预应力钢绞线标准的规定。进场时应具备产品合格证、出厂检验报告和进场复验报告。涂包质量的检验是按每60t为一批，每批抽取一组试件，检查涂包层油脂用量。

（4）无黏结预应力筋护套，有严重破损的不得使用，有轻微破损的应外包防水塑料胶带修补好。当有工程经验，并经观察认为质量有保证时，可不作油脂用量和护套厚度的进场复验。

（5）预应力钢材进场验收应遵守以下规定：

1）碳素钢丝应按批验收，每批应由同一钢号、同一直径、同一抗拉强度和同一交货状态的钢丝组成。每捆钢丝上都应挂标牌、并附出厂合格证书。

2）外观检查应逐盘进行，要求钢丝表面不得有裂纹、小刺、劈裂、机械损伤、氧化薄钢板、油迹等，但表面上允许有浮锈和回火色。

3）钢丝直径的检查，应按进场量的10%抽取，但不得少于六盘。

4）钢丝外观检查合格后，从每批中任意选取批量的10%（但不少于六盘）的钢丝，从每盘钢丝的两端各截取一个试件，一个做拉力试验，一个做反复弯曲试验。如有某一项试验结果不符合国家标准，则该盘钢丝为不合格品，并从同一批中未经取样试验的钢丝盘中再取双倍数量的试件进行复试，如仍有一个指标不合格，则该批钢丝为不合格品，严禁使用。如果进行全数检查，则应选用合格产品。

5）钢绞线的外观检查，同钢丝一样要求。无黏结钢绞线要检查外裹的塑料膜是否完好。

6）钢绞线的力学性能检查，也是抽样试验，从每批中选取5%（但不少于三盘）钢绞线，各截取一个试件进行拉力试验。试拉的合格判定，与钢丝的判定原则相同。

细节 锚具、夹具和连接器质量要求

（1）预应力筋用锚具、夹具和连接器应按设计规定采用，其性能应符合现行国家标准《预应力筋用锚具、夹具和连接器》（GB/T 14370）和《预应力筋用锚具、夹具和连接器应用技术规程》（JGJ 85）的规定。

（2）预应力筋端部锚具的制作质量应符合下列要求：

1）挤压锚具制作时压力表的油压应符合操作说明书的规定，挤压后预应力筋外端应露出挤压套筒1～5mm。

2）钢绞线压花锚成型时，表面应洁净无污染，梨形头尺寸和直线段长度应符合设计要求。

3）钢丝镦头的强度不得低于钢丝强度标准值的98%。

制作预应力锚具，每工作班应进行抽样检查，对挤压锚，每工作班抽查5%，且不应少于5件；对压花锚，每工作班抽查三件；对钢丝镦头，主要是检查钢丝的可镦性，故按钢丝进场批量，每批钢丝检查6个镦头试件的强度试验报告。

（3）预应力筋用锚具、夹具和连接器进场时作进场复验，主要对锚具、夹具、连接器作静载锚固性能试验，并按出厂检验报告中所列指标，核对材质、机加工尺寸等。对锚具使用较少的一般工程，如供货方提供了有效的出厂试验报告，可不再作静载锚固性能试验。

（4）锚具、夹具和连接器使用前应进行外观质量检查，其表面应无污物、锈蚀、机械损伤和裂纹，否则应根据不同情况进行处理，确保使用性能。

（5）锚具验收应符合下列规定：

1）检查出厂证明文件，核对其锚固性能、类别、品种、规格及数量，应全部符合订货要求。

2）外观检查

应从每批中抽取10%但不少于10套的锚具，检查其外观和尺寸。当有一套表面有裂纹或超过产品标准及设计图纸规定尺寸的允许偏差时，应另取双倍数量的锚具重做检查，如仍有一套不符合要求，则逐套检查，对检查不合格者，严禁使用。

3）硬度检查

应从每批中抽取5%，但不少于5件的锚具，对其中有硬度要求的零件做硬度试验，对多孔夹片式锚具的夹片，每套至少抽5片。每个零件测试三点，其硬度应在设计要求范围内，当有一个零件不合格时，应另取双倍数量的零件重做试验，如仍有一个零件不合格，则做逐个检查，合格者方可使用。

4）静载锚固性能试验

经上述两项试验合格后，应从同批中抽取6套锚具（夹具或连接器）组成3个预应力筋锚具（夹具、连接器）组装件，进行静载锚固性能试验，当有一个试件不符合要求时，应另取双倍数量的锚具（夹具或连接器）重做试验，如仍有一套不合格，则该批锚具（夹具或连接器）为不合格品。

5）对一般工程的锚具（夹具或连接器）进场验收，其静载锚固性能，也可由锚具生产厂提供试验报告。

（6）夹具验收

预应力夹具的进场验收，只做静载锚固性能试验。试验方法与预应力筋锚具相同。由于夹具的锚固性能不影响结构的使用性能，只要能满足工艺过程中的使用要求即可。为简化验收手续，可不作外观检查和硬度检验。

（7）连接器验收

后张法预应力连接器的进场验收，应与预应力筋锚具相同；先张法预应力筋连接器进场验收，应与预应力筋夹具相同，但静载锚固性能试验时，可从同批中抽取3套连接器，组装成3个预应力筋连接器组装件进行试验。

细节 辅助材料质量要求

（1）后张预应力混凝土孔道成型材料应具有刚度和密闭性，在铺设及浇筑混凝土过程中不应变形，其咬口及连接处不应漏浆。成型后的管道应能有效地传递灰浆和周围混凝土的黏结力。

（2）预应力混凝土用金属螺旋管进场时应具备产品合格证、出厂检验报告，使用前作进场复验，其尺寸、径向刚度和抗渗性能等应符合现行国家标准《预应力混凝土用金属螺旋管》（JG/T 3013）的规定。对金属螺旋管用量较少的一般工程，如有可靠依据时，可不作径向刚度、抗渗漏性能的进场复试。

（3）预应力混凝土用金属螺旋管在使用前应进行外观质量检查。其内外表面应清洁，无锈蚀、无油污，不应有变形、孔洞和不规则的褶皱，咬口不应有开裂和脱扣。

（4）孔道灌浆用水泥应采用普通硅酸盐水泥，水泥及水泥外加剂应符合设计和规范要求，严禁使用含氯化物的外加剂。且水泥和水泥外加剂进场，应具备产品合格证，使用前作进场复验。

细节 钢筋镦头

预应力筋（丝）采用镦头夹具时，端头应进行镦粗。分热镦和冷镦两种工艺。常用镦头机具及适用范围见表3-11。

表 3-11 钢筋（丝）镦头机具及方法

项目		常用镦头机具及方法	适用范围
电热镦头法		UN_1-75 型或 UN_1-100 型手动焊机，附装一电极和顶头用的紫铜棒和一夹钢筋用的紫铜模具	适用 ϕ^{12} ~ ϕ^{14} 钢筋镦头
冷镦法	机械镦头	SD_5 型手动冷镦器，镦头次数 5 ~ 6 次/min，自重 31.5kg	供预制厂长线台座上冷冲镦粗冷拔低碳钢丝
		YD_6 型移动式电动冷镦机，镦头次数 18 次/min，顶镦推杆行程 25mm，电机功率 1.1kW，自重 91kg，并附有切线装置	供预制厂长线台座上使用，也可用于其他生产，冷镦 ϕ_4^b、ϕ_5^b 冷拔低碳钢丝
		GD_5 型固定式电动冷镦机，镦头次数 60 次/min，夹紧力 3kN，顶锻力 20kN，电机功率 3kW，自重 750kg	适于机组流水线生产，冷镦冷拔低碳钢丝
	液压镦头	型号有 SLD-10 型，SLD-40 型及 YLD-45 型等	适用于 φ5 高强钢丝和冷拔低碳钢丝及 φ8 调质钢筋 φ12 光圆或螺纹普通低合金钢筋

注：φ25 以上粗钢筋宜用汽锤镦头。

1）热镦时

应先经除锈（端头 15 ~ 20 锄范围内）、矫直、端面磨平等工序，再夹入模具，并留出一定镦头留量（1.5 ~ 2d），操作时使钢筋头与紫铜棒相接触，在一定压力下进行多次脉冲式通电加热，待端头发红变软时，即转入交替加热加压，直至预留的镦头留量完全压缩为止，镦头外径一般为 1.5 ~ 1.8d，对 RRB400 级钢筋需冷却后，再夹持镦头进行通电 15 ~ 25s 热处理。操作时要注意中心线对准，夹具要夹紧，加热应缓慢进行，通电时间要短，压力要小，防止成型不良或过热烧伤，同时避免骤冷。

2）冷镦时

机械式镦头要调整好镦头模具与夹具间的距离，使钢筋有一定的镦头留量，ϕ^P、ϕ^H、ϕ^I钢丝的留量分别为 8 ~ 9mm、10 ~ 11mm、12 ~ 13mm。液压式镦头留量为1.5 ~ 2d，要求下料长度一致。

细节 预应力筋制备

（1）先张法预应力筋下料长度计算

预应力筋的下料长度，应由计算确定。计算时应考虑以下因素：结构的孔道长度、锚夹具厚度、千斤顶长度、焊接接头或镦头的预留量、冷拉伸长值、弹性回缩值、张拉伸长值、台座长度等。和构件间的间隔距离，以及张拉设备、施工方法等各种因素通过计算确定。

1）台座承力张拉预应力筋下料长度计算（图 3-1）。

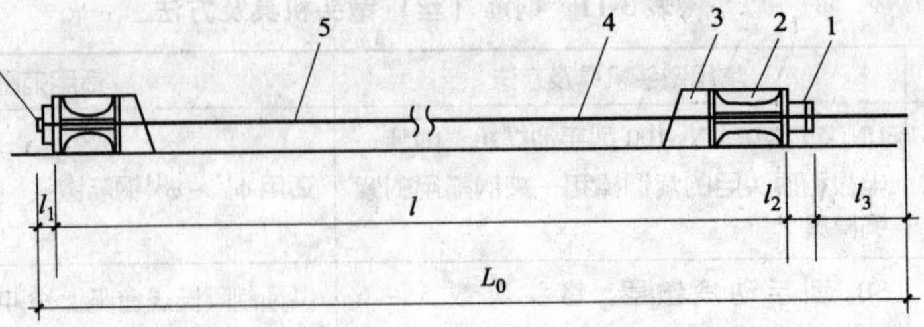

图 3-1　台座承力张拉预应力筋下料长度计算

1—夹具；2—横梁；3—台座承力支架；

4—预应力钢筋；5—对焊接头；6—镦粗头

当一端采用镦头夹具，另一端采用锥形夹具，用 YC—20 型穿心式千斤顶张拉时，预应力钢筋的下料长度可按下式计算：

$$L = \frac{L_0}{l + r - \delta} + n\Delta \tag{3-1}$$

$$L_0 = l + l_1 + l_2 + l_3 + (30 \sim 50) \tag{3-2}$$

式中　L——预应力钢筋冷拉前的下料长度；

L_0——预应力钢筋冷拉后需要长度；

l——张拉台座长度（包括横梁）；

l_1——镦粗头长度（包括锚板）；

l_2——夹具长度；

l_3——千斤顶需要的长度（顶脚至尾部夹具末端之间的距离）；

$30 \sim 50$——钢筋伸出夹具外的长度，mm；

r——预应力钢筋冷拉伸长率（由试验确定）；

δ——预应力钢筋冷拉后的弹性回缩率（由试验确定）；

Δ——每个对焊接头的压缩长度；

n——对焊接头的数量。

2）模板承力张拉预应力筋下料长度计算（图 3-2）。

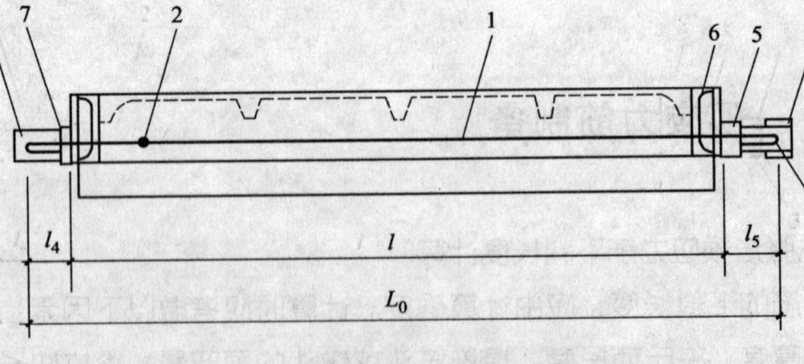

图 3-2　模板承力张拉预应力筋下料长度计算简图

1—预应力钢筋；2—对焊接头；3—镦粗头；4—张拉夹具；

5、7—垫板；6—承力模板；8—固定端夹具在机组流水法中常利用承力模板张拉预应力钢筋。当两端采用镦头夹具，用 YL-60 型拉杆式千斤顶张拉，预应力钢筋下料长度按下式计算：

$$L = \frac{L_0}{l + r - \delta} + n\Delta \tag{3-3}$$

$$L_0 = l + l_4 + l_5 \tag{3-4}$$

式中 l——承力模板长度；

l_4——固定端预应力筋伸出模板外长度（包括垫板厚度、锚固长度和镦头压缩长度之和）；

l_5——张拉端预应力钢筋伸出模板外长度（包括垫板厚度、锚固长度和镦头压缩长度之和）；

其他符号意义同前。

（2）后张法预应力筋制作

1）单根预应力筋

预应力筋锚具的尺寸按设计规定采用或按规范选用。螺栓端杆外露在构件外的长度，是根据垫板厚度、螺母厚度和拉伸机与螺栓端杆连接所需长度来确定，一般可取 120 ~ 150mm。帮条锚具的长度是由帮条长度和垫板厚度确定，一般取 70 ~ 80mm。镦头锚具的长度由镦头和垫板厚度确定，一般取 50mm 左右。镦头可将预应力筋端部镦粗后再与其他预应力筋对焊或先预制成镦头端杆，再与预应力筋对焊而成。预应力筋下料长度，要考虑锚具的类型、焊接接头的压缩量、钢筋冷拉率及回弹率等因素。

当预应力筋两端采用螺栓端杆锚具时，可按下式计算，见图 3-3。

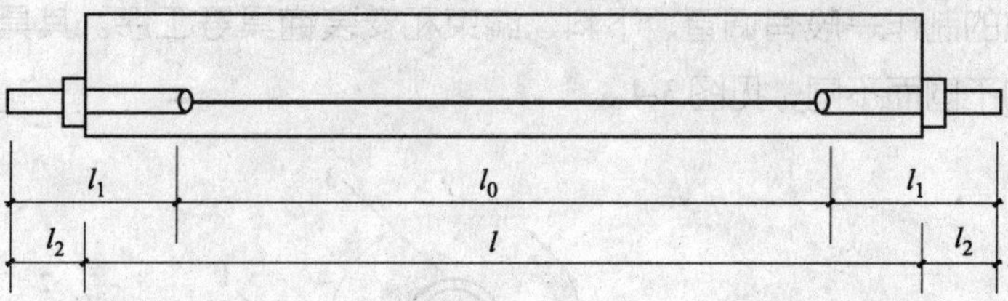

图 3-3　后张法单根预应力筋下料长度计算简图

$$l_y = \frac{l_0}{(l + \gamma)(l - \delta)} + nl_3 r\frac{l + 2l_2 - 2l_1}{l + \gamma - \delta} + nl_3 \tag{3-5}$$

式中 l_0——预应力钢筋部分的成品（冷拉、焊接后）长度；

l——构件孔道长度；

l_2——螺栓端杆伸出构件外的长度，按下式计算：

张拉端 $l_2 = 2H + h + 5\text{mm}$

锚固端 $l_2 = H + h + 10\text{mm}$

其中 H 为螺母高度；h 为垫板厚度。

l_1——螺栓端杆长度；

r——钢筋冷拉率（由试验确定）；

δ——钢筋冷拉弹性回缩率（由试验确定，一般取0.4%～0.6%）；

n——对焊接头的数量（包括钢筋与螺栓端杆的对焊）；

l_3——每个对焊接头的压缩长度（取一倍钢筋直径）。

2）预应力钢筋束（钢绞线束）

预应力钢筋束的钢筋直径一般在12mm左右，成圆盘状供货。预应力筋制作一般包括开盘冷拉、下料和编束等工序。如用镦头锚具时，应增加镦头工序。预应力钢筋束下料应在冷拉后进行。预应力钢绞线束为了减少钢绞线的构造变形和应力松弛损失，在张拉前，需经预拉。预拉应力值可采用钢绞线抗拉强度的85%，预拉速度不宜过快，拉至规定应力后，应持荷5～10min，然后放松。在钢绞线下料前应在切割口两侧各5cm处用钢丝绑扎，切割后对切割口应立即焊牢，以免钢绞线松散。预应力钢筋束或钢绞线束的编束，主要是为了保证穿筋在张拉时不发生扭结。编束工作一般把钢筋或钢绞线理顺后，用18～22号钢丝，每隔1m左右绑扎一道，形成束状，在穿筋时要注意防止钢筋束（钢绞线束）扭结。

当采用夹片式锚具，以穿心式千斤顶在构件上张拉时，钢筋束或钢绞线束的下料长度L为：

两端张拉 $$L = l + 2(l_4 + l_5 + l_6 + 100) \tag{3-6}$$

一端张拉 $$L = l + 2(l_4 + 100) + l_5 + l_6 \tag{3-7}$$

式中 l_4——夹片式工作锚厚度；

l_5——穿心式千斤顶长度；

l_6——夹片式工具锚厚度。

3）预应力钢丝束

钢丝束的制作一般有调直、下料、编束和安装锚具等工序。其具体制作工艺随锚具形式的不同而不同，见图3-4。

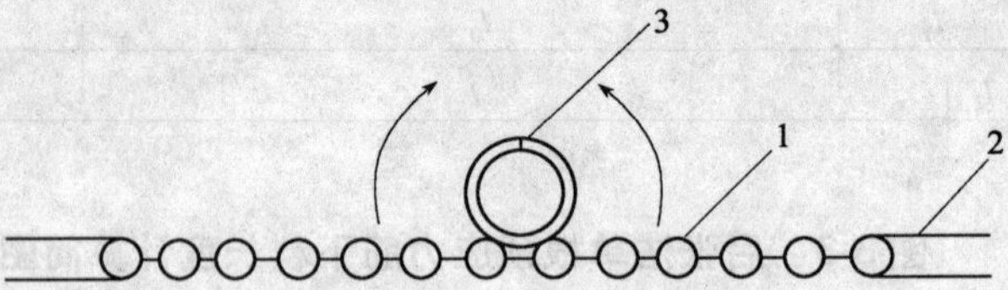

图3-4 钢丝束的编束

1—钢丝；2—镀锌钢丝；3—衬圈

当采用钢丝束镦头锚具时，为了保证张拉时钢丝束中每根钢丝应力值的均匀性，钢丝束制作时必须等长下料，同束钢丝中下料长度的相对误差应控制在$L/5000$以内，且不得大于5mm（L为钢丝下料长度）。为保证达到下料精度，一般有两种方法。一种方法是应力下料，即把钢丝拉至300MPa应力的状态下，划定长度，放松后剪切下料。另一种方法是用钢管限位法，即将钢丝通过小直径的钢管（钢管内径略粗于钢丝直径），在平直的工作台上等长下料。后一种方法比较简单，采用较广泛。钢丝下料后，应逐根理顺进行编束。用镦头锚具时，根据钢丝分圈布置的特点，编束时首先将内圈和外圈钢丝分别用钢丝顺序编扎，然后将内圈钢丝放在外圈钢丝内扎牢。钢丝束编好后，先在一端套上锚杯并完成镦头工作，另一端钢丝的镦头，待钢丝束穿过孔道后再进行。当用锥形螺杆锚具时，除应等长下料外，锚具的组装是个重要环节。锥形螺杆锚具的组装方法如图3-5所示。首先把钢丝放在锥形螺杆的锥体部分，使钢丝均匀、整齐地贴紧锥体，然后套上套筒，用锤将套筒均匀地打紧，并使锥形螺杆中心与套筒中心在同一直线上，最后用拉伸机使锥形螺杆的锥体部分进入套筒，套筒发生变形而锚固钢丝。组装锚具的张拉力为预应力筋张拉控制应力的1.05倍。锥形螺杆锚具其外径较大，为了减小构件孔道直径，一般仅在构件两端扩大孔道。因此，预应力钢丝束只能预先组装一端的锚具，而另一端则在钢丝束穿入孔道后，在现场组装。

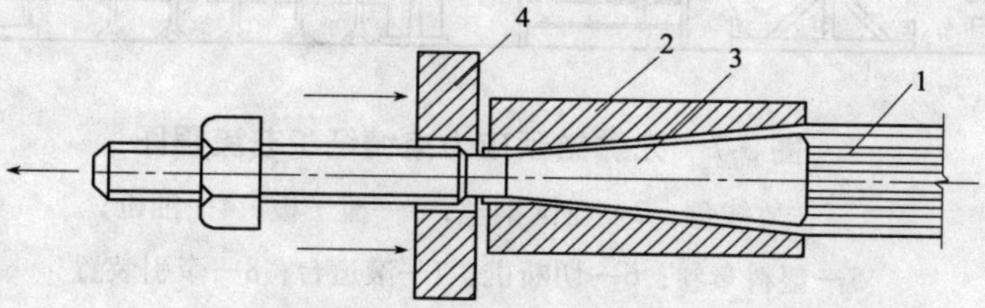

图3-5　锥形螺杆锚具安装图

1—钢丝；2—套筒；3—锥形螺杆；4—压圈

当用钢质锥形锚具、XM型锚具和KT-Z型锚具时，预应力钢丝束的制作和下料长度计算基本上与预应力钢筋束相同。

对钢丝束镦头锚固体系，如采用镦头锚具一端张拉时，钢丝的下料长度L，可按图3-6所示，用下式计算：

$$L = L_0 + 2a + a\delta - 0.5\ (H - H_1)\ - \Delta L - C \qquad (3\text{-}8)$$

式中　L_0——孔道长度；

a——锚板厚度；

δ——钢丝镦头留量（取钢丝直径的2倍）；

H——锚环高度；

H_1——螺母高度；

ΔL——张拉时钢丝伸长值；

C——混凝土弹性压缩（当其值很小时可略去不计）。

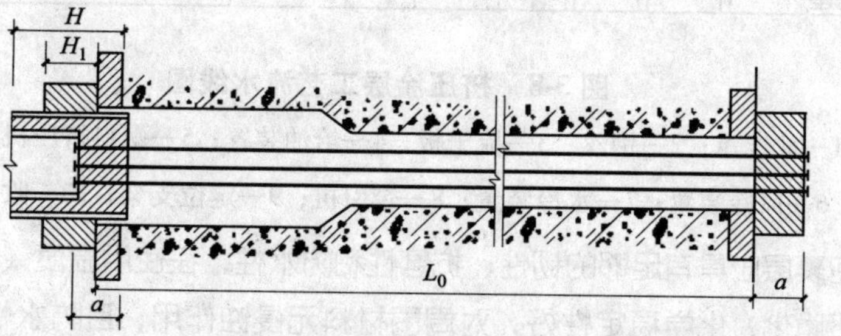

图3-6　用镦头锚具时钢丝下料长度计算简图

(3) 无黏结预应力束的制作

无黏结预应力筋的制作是无黏结后张预应力混凝土施工中的主要工序。无黏结筋一般由钢丝、钢绞线等柔性较好的预应力钢材制作，当用电热法张拉时，亦可用冷拉钢筋制作。无黏结预应力束的制作，一般采用缠纸工艺和挤压涂层工艺两种。

1) 缠纸工艺

无黏结预应力束制作的缠纸工艺是在缠纸机上连续作业，完成编束、涂油、镦头、缠塑料布和切断等工序。缠纸机的工作流程，如图3-7所示。

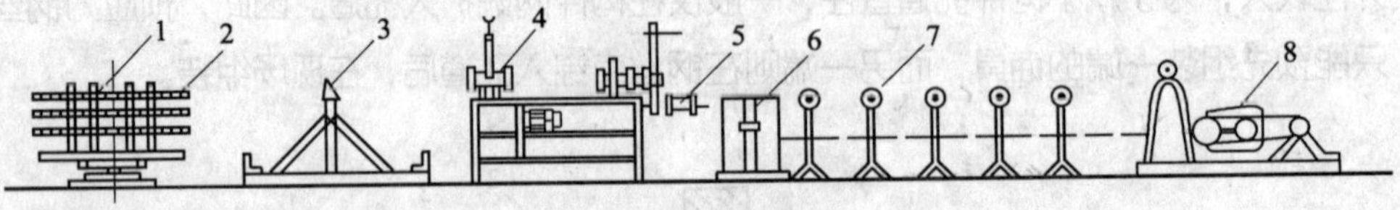

图3-7 无黏结预应力束缠纸工艺流程图

1—放线盘；2—盘圆钢丝；3—梳子板；4—油枪；
5—塑料布卷；6—切断机；7—滚道台；8—牵引装置

制作时，钢丝放在放线盘上，穿过梳子板汇集成束，成束钢丝通过油枪均匀涂油，涂油钢丝穿入锚环用冷镦机冷镦锚头，带有锚环的成束钢丝用牵引机牵引向前，与此同时开动装有塑料布条的缠纸转盘，钢丝束边前进边缠塑料布条。塑料布条的宽度根据钢丝束直径大小而定，一般宽度为5cm。在缠制过程中应确保塑料布条搭接3mm。当钢丝束达到需要长度后，进行切割，成为一完整的无黏结预应力束。

2) 挤压涂层工艺

挤压涂层工艺制作无黏结预应力束的流水工艺，如图3-8所示。挤压涂层工艺主要是钢丝通过涂油装置涂油，涂油钢丝束通过塑料挤压机涂刷塑料薄膜，再经冷却筒槽成型塑料套管。这种无黏结束挤压涂层工艺与电线、电缆包裹塑料套管的工艺相似。无黏结预应力束挤压涂层工艺的特点是效率高、质量好、设备性能稳定。

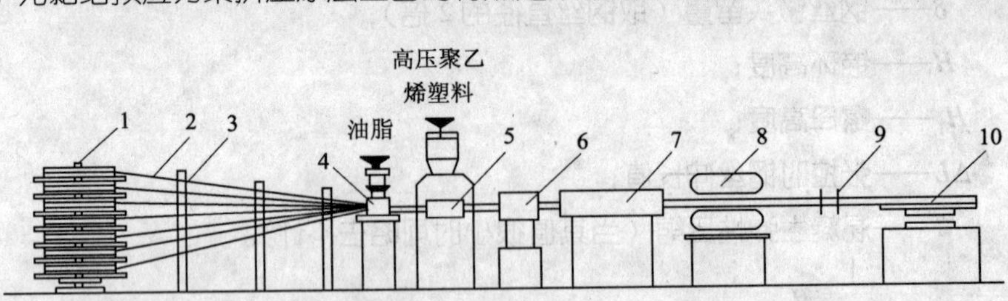

图3-8 挤压涂层工艺流水线图

1—放线盘；2—钢丝；3—梳子板；4—给油装置；5—塑料挤压机机头；
6—风冷装置；7—水冷装置；8—牵引机；9—定位支架；10—收线盘

塑料包裹层应具有足够的韧性、抗磨性和防水性，在使用温度（-20～+70℃）范围内，不脆化，化学稳定性好，对周围材料无侵蚀作用，且防水性好。常用的包裹物有高压聚乙烯塑料布、塑料管等。塑料布可分两层交叉缠绕在预应力筋上，每层重叠一半，实有四层。总厚度为0.7～0.8mm。采用塑料管包裹钢筋有两种做法，一种是将现成的塑料管套在预应力筋上；另一种是管子挤出成型，包裹在预应力筋上，壁厚为0.8～1.0mm。包裹好的无黏结筋（图3-9）应防止烈日暴晒，以防涂料流淌。

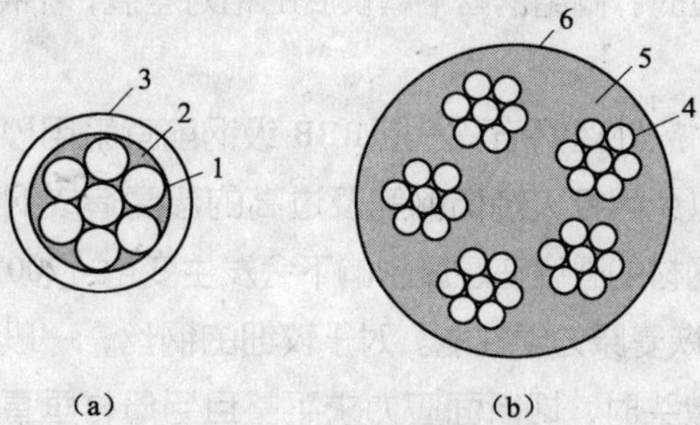

图3-9　无黏结筋横截面示意图

(a) 无黏结钢丝束或单根钢绞线；(b) 无黏结钢绞线束

1—钢丝；2—油脂；3—塑料管；4—钢绞线；5—沥青；6—塑料布

细节　预应力筋下料

(1) 下料要求

1) 钢筋束的钢筋直径一般为12mm左右，成盘供料，下料前应经开盘、冷拉、调直，镦粗（仅用镦粗锚具），下料时每根钢筋（同一钢丝束钢丝）长度应一致，误差不超过5mm。

2) 钢丝下料前先调直，ϕ5大盘径钢丝用调直机调直后即可下料；小盘径钢丝应采用应力下料方法。用冷拉设备时取下料应力为300N/mm^2，一次完成开盘、调直和在同一应力状态下量出需要下料长度，然后放松切料。当用镦粗头锚具时，同束钢丝下料相对误差应控制在L/5000以内（L为钢丝下料长度），且不大于5mm，中小型构件先张法不大于2mm；当用锥形锚具时，只需调直，不必应力下料，夏季下料应考虑温度变化的影响。

3) 钢绞线下料前应进行预拉。预拉应力值取钢绞线抗拉强度的80%～85%，保持5～10mm再放松。如出厂前经过低温回火处理，则无须预拉。下料时，在切口的两侧各5cm处用20号钢丝扎紧后切割，切口应立即焊牢。

(2) 下料方法

1) 常态下料

对于钢筋较平直或对下料长度误差要求不高的预应力筋可直接下料，如有局部弯曲，可采用机械扳直后方能下料，对于粗钢筋要先调直，再下料。

2) 应力下料

对长度要求较严的一些钢丝束，如镦头锚具钢丝束等，其下料宜采用应力下料的方法，即在预应力筋被拉紧的状态下，量出所需长度，然后放松，再进行断料，拉紧时的控制应力为300N/mm^2。此种方法尚应考虑下料后的弹性回缩值，以免下料过短。钢丝束两端采用镦头锚具时，同一束中各根钢丝下料长度的相对差值，应不大于钢丝束长度的1/5000，且不得大于5mm。对长度不大于6m的先张法预应力构件，当钢丝成组张拉时，同组钢丝下料长度的相对差值，不得大于2mm。

3）断料方法

钢丝、钢绞线、热处理钢筋及冷拉RRB级钢筋宜采用砂轮锯或切断机切断，不得采用电弧切割，以免因打火烧伤钢筋及过高的温度造成钢筋强度降低。这是因为经冷加工和热处理钢材的强度在温度影响下会发生变化：200℃时略有提高；450℃时稍有降低；700℃时恢复原力学性能。对于较细的钢丝，一般可用于手动断线钳或机动剪子断料。需要镦头时，切断面应力求平整且与母材垂直。钢绞线下料前，应在切割口两侧各5cm处用钢丝绑扎，切割后将切割口焊牢，以免钢绞线松散。

细节　预留孔道

构件预留孔道的直径、长度、形状，由设计确定，如无规定时，孔道直径应比预应力筋直径的对焊接头处外径或需穿过孔道的锚具或连接器的外径大10～15mm；对钢丝或钢绞线孔道的直径应比预应力束外径或锚具外径大5～10mm，且孔道面积应大于预应力筋的两倍以利于预应力筋穿入，孔道之间净距和孔道至构件边缘的净距均不应小于25mm。

管芯材料可采用钢管、胶管（帆布橡胶管或钢丝胶管）、镀锌双波纹金属软管（简称波纹管）、黑薄钢板管、薄钢管等。钢管管芯适于直线孔道；胶管适用于直线、曲线或折线形孔道；波纹管（黑薄钢板管或薄钢管）埋入混凝土构件内，不用抽芯，为一种新工艺，适于跨度大配筋密的构件孔道。

（1）预应力构件管芯埋设和抽管

1）钢管抽芯法

这种方法大都用于留设直线孔道时，预先将钢管埋设在模板内的孔道位置处，钢管的固定见图3-10。钢管要平直，表面要光滑，每根长度最好不超过15m，钢管两端应各伸出构件约500mm左右。较长的构件可采用两根钢管，中间用套管连接，套管连接方式，见图3-11。在混凝土浇筑过程中和混凝土初凝后，每间隔一定时间慢慢转动钢管，不让混凝土与钢管粘牢，等到混凝土终凝前抽出钢管。抽管过早，会造成坍孔事故；太晚，则混凝土与钢管黏结牢固，抽管困难。常温下抽管时间，约在混凝土浇灌后3～6h。抽管顺序宜先上后下，抽管可采用人工或用卷扬机，速度必须均匀，边抽边转，与孔道保持直线。抽管后应及时检查孔道情况，做好孔道清理工作。

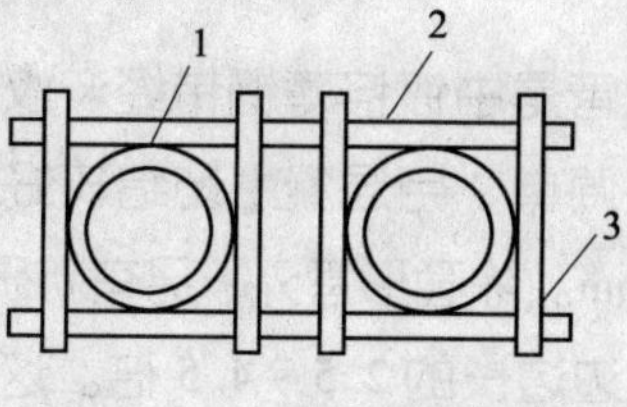

图 3-10　管芯的固定

1—钢管或胶管芯；2—钢筋；3—点焊

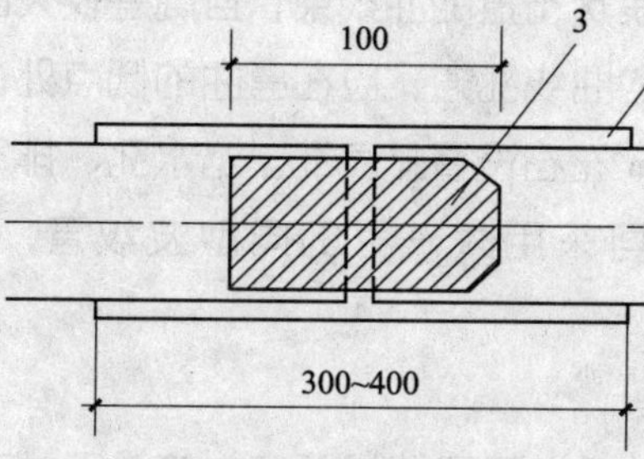

图 3-11　钢管连接方式

1—钢管；2—镀锌薄钢板套管；3—硬木塞

2）胶管抽芯法

此方法不仅可以留设直线孔道，亦可留设曲线孔道，胶管弹性好，便于弯曲，一般有五层或七层帆布胶管和钢丝网橡皮管两种，工程实践中通常用前一端密封，另一端接阀门充水或充气，见图 3-12。胶管具有一定弹性，在拉力作用下，其断面能缩小，故在混凝土初凝后即可把胶管抽拔出来。夹布胶管质软，必须在管内充气或充水。在浇筑混凝土前，胶皮管中充入压力为 0.6 ~ 0.8MPa 的压缩空气或压力水，此时胶皮管直径可增大 3mm 左右，然后浇筑混凝土，待混凝土初凝后，放出压缩空气或压力水，胶管孔径变小，并与混凝土脱离，随即抽出胶管，形成孔道。抽管顺序，一般应为先上后下，先曲后直。

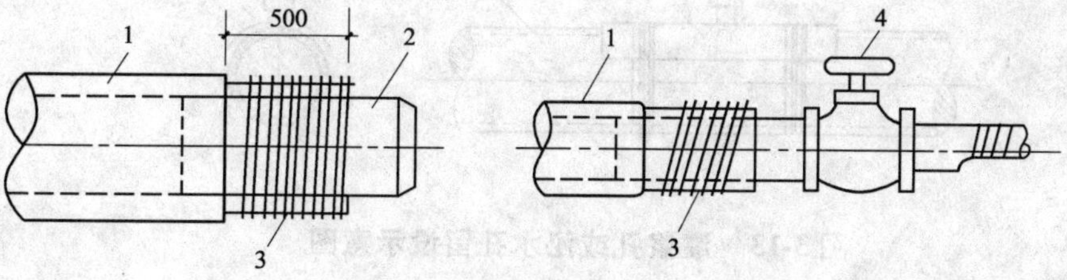

（a）　　　　（b）

图 3-12　胶管封端与连接

（a）胶管封端；（b）胶管与阀门连接

1—胶管；2—钢管堵头；3—20 号钢丝密缠；4—阀门

一般采用钢筋井字形网架固定管子在模内的位置，井字网架间距：钢管 1 ~ 2m 左右；胶管直线段一般为 500mm 左右，曲线段为 300 ~ 400mm 左右。

3）预埋管法

预埋管采用一种金属波纹软管是由镀锌薄钢带经波纹卷管机压波卷成，具有重量轻、刚度好、弯折方便、连接简单、与混凝土黏结较好等优点。波纹管的内径为50～100mm，管壁厚0.25～0.3mm。除圆形管外，另有新研制的扁形波纹管可用于板式结构中，扁管的长边边长为短边边长的2.5～4.5倍。这种孔道成型方法一般均用于采用钢丝或钢绞线作为预应力筋的大型构件或结构中，可直接把下好料的钢丝、钢绞线在孔道成型前就穿入波纹管中，这样可以省掉穿束工序，亦可待孔道成型后再进行穿束。对连续结构中呈波浪状布置的曲线束，且高差较大时，应在孔道的每个峰顶处设置泌水孔；起伏较大的曲线孔道，应在弯曲的低点处设置泌水孔；对于较长的直线孔道，应每隔12～15m左右设置排气孔。泌水孔、排气孔必要时可考虑作为灌浆孔用。波纹管的连接可采用大一号的同型波纹管，接头管的长度为200～250mm，以密封胶带封口。

（2）曲线孔道留设

现浇整体预应力框架结构中，通常配置曲线预应力筋，因此在框架梁施工中必须留设曲线孔道。曲线孔道可采用白铁管或波形白铁管留孔，曲线白铁管的制作应在平直的工作台上借助于模具定位，利用液压弯管机进行弯曲成型，其弯曲部分的坐标按预应力筋曲线方程计算确定，弯制成型后的坐标误差应控制在2mm以内。

曲线白铁管一般可制成数节，然后在现场安装成所需的曲线孔道，接头部分用300mm长的白铁管套接。关于灌浆孔和泌水孔则在白铁管上打孔后用带嘴的弧形白铁（或塑料）压板形成，如图3-13所示。灌浆孔一般留设在曲线筋的最低部位，泌水孔设在曲线筋最高的拐点处。灌浆孔和泌水孔用φ20塑料管，并伸出梁表面50mm左右。

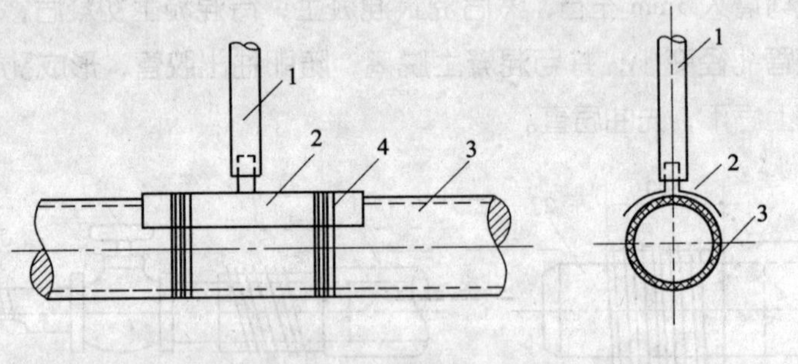

图3-13 灌浆孔或泌水孔留设示意图

1—φ20塑料管；2—带嘴弧形白铁压板；3—白铁管；4—绑扎钢丝

细节 无黏结预应力筋布置

（1）布置原则

预应力筋的铺设布置，因板的类型不同而有差异。单向板和单向连续板的预应力筋的铺设和非预应力钢筋相同。仅在支座处弯曲过梁支点，一般也形成曲线形。它的曲率可以用垫铁马凳控制，铁马凳高度可根据设计要求的曲率坐标高度制作，马凳的间距为1~2m。马凳应与非预应力筋绑扎牢固，无黏结预应力筋又要放在马凳上用钢丝扎牢，但不要扣得太紧。

在双向板及双向连续板的结构中，由于无黏结筋要配置两个方向的悬垂曲线，要经计算两个方向点的坐标高度，最后以先铺设标高低的无黏结筋层，再铺设相交叉而标高较高的无黏结筋。要避免两个方向的无黏结筋的相互穿插的编结铺设。

铺设布置应按施工图上的根数多少确定间距，进行布筋。并应严格按设计要求的曲线形状就位，并固定牢固。布筋时还应与水、电工程的管线配合进行，要避免各种管线将预应力筋的竖向坐标抬高或压低。

一般均布荷载作用下的板，预应力筋的间距约为250~500mm，最大间距对单向板允许为板厚的6倍；对双向板允许为板厚的8倍。允许安装偏差，矢高方向为±5mm；水平方向为±30mm。

无黏结预应力筋的混凝土保护层，是根据结构耐火等级及暴露条件而定，还要考虑无黏结筋铺设时的竖向偏差。

根据耐火等级不同，保护层厚度是：对无约束的板为20~40mm，对有约束的板为20~25mm。

浇筑混凝土前应对无黏结筋进行检查验收，如各控制点的矢高；塑料保护套有无脱落和歪斜；固定端镦头与锚板是否贴紧；无黏结筋涂层有无破损等；合格后方可浇筑混凝土。

为保证长期的耐久性，特别是处于侵蚀性环境的情况，采用密实优质的混凝土，足够的保护层，良好的施工作业过程和限制水溶性氯化物在混凝土中的用量，都是保护无黏结筋的必要措施。

（2）无黏结筋的铺设

1）在单向连续梁板中，无粘线筋的铺设基本上与非预应力筋相同。

2）在双向连续平板中，两个方向的无黏结筋互相穿插，给施工带来困难，为防止两方向无黏结筋互相穿插编结，必须事先将各方向无黏结筋在交叉处的标高算出，依据标高较低者先放的原则编出全部黏结筋的铺设顺序。

3）无黏结筋应按设计要求的曲线形态就位并固定。可垫铁马凳控制无黏结筋的曲率，铁马凳间隔不宜大于2m，并应用钢丝将无黏结筋扎紧。

4）无黏结筋铺放应符合下列要求

①为保证无黏结筋的曲线矢高要求，无黏结筋应和同方向非预应力筋配置在同一水平位置（跨中和支座处）。

②铺放前，应设铁马凳，以控制无黏结筋的曲率，一般每隔2m设一马凳，马凳的高度根据设计要求确定。跨中处可不设马凳，直接绑扎在底筋上。

③双向曲线配置时，还应注意筋的铺放顺序。由于筋的各点起伏高度不同，必然出现两向配筋交错相压。为避免铺放时穿筋，施工前必须进行编序。编序方法是

将各向无黏结筋的交叉点处的标高（从板底至无黏结筋上皮的高度）标出，对各交叉点相应的两个标高分别进行比较，若一个方向某一筋的各点标高均分别低于与其相交的各筋相应点标高时，则此筋就可以先放置。按此规律找出铺放顺序。按此顺序，在非预应力筋底筋绑完后，将无黏结筋铺放在模板中。

④无黏结筋应铺设在电线管的下面，避免无黏结筋张拉产生向下分力，导致电线管弯曲致使其下面混凝土破碎。

细节 波纹管安装

（1）安装准备

按设计图纸中预应力的曲线坐标，以波纹管底边为准，在一侧模板上弹出曲线来，定出波纹管的位置；也可以梁底模板为基准，按预应力筋曲线上各点坐标，在垫好底筋保护层垫块的箍筋肢上做标志（可用油漆点一下），定出波纹管的曲线位置。

（2）固定与就位

波纹管的固定，可用钢筋支架（间距为600mm）焊在箍筋肢上，箍筋下一定要把保护层垫块垫实、垫牢。波纹管放下就位后，其上用短钢筋再将管绑扎在箍筋肢上，以防止浇混凝土时将管子浮起（先穿入预应力筋的情况稍好）而造成质量事故。曲线和支架形式见图3-14和图3-15。

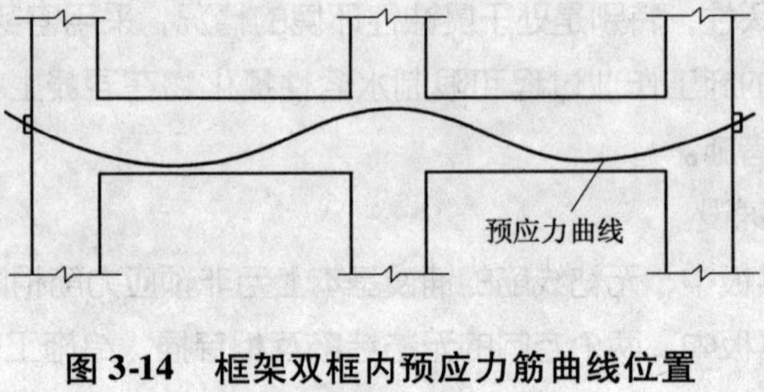

图3-14 框架双框内预应力筋曲线位置

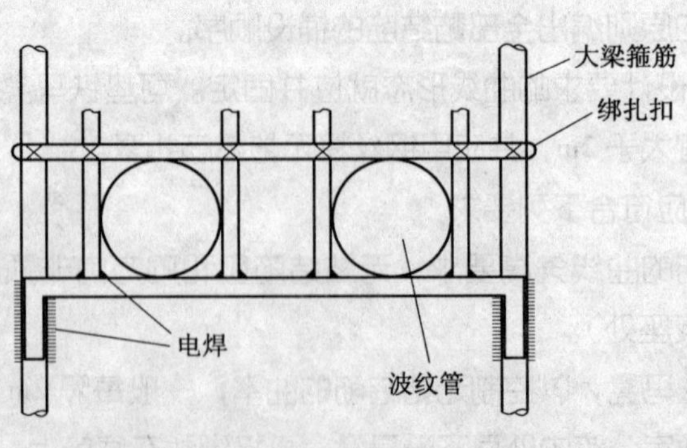

图3-15 波纹管固定支架

（3）安装要点

波纹管安装就位过程中，要避免反复弯曲造成管壁开裂。支架等应事先焊好。安装完后，应检查曲线形状是否符合设计要求，波纹管的固定是否牢固，接头是否完好，管壁有无破损等。发现破损应及时用粘胶带绑补好。波纹管的安装与坐标点允许偏差竖直向为 ±10mm；水平向为 ±20mm。

细节 预应力筋的张拉和放张

（1）先张法

1）预应力筋张拉

预应力筋张拉应根据设计要求，采用合适的张拉方法、张拉顺序、张拉设备及张拉程序进行，并应有可靠的保证质量措施和安全技术措施。

预应力筋的张拉可采用单根张拉或多根同时张拉。当预应力筋数量不多，张拉设备拉力有限时，常采用单根张拉。当预应力筋数量较多，且张拉设备拉力较大时，则可采用多根同时张拉。在确定预应力筋的张拉顺序时，应考虑尽可能减少倾覆力矩和偏心力，应先张拉靠近台座截面重心处的预应力筋。

①张拉控制应力

预应力筋的张拉工作是预应力施工中的关键工序，应严格按设计要求进行。预应力筋张拉控制应力的大小直接影响预应力效果，影响到构件的抗裂度和刚度，因而控制应力不能过低。但是，控制应力也不能过高，不允许超过其屈服强度，以使预应力筋处于弹性工作状态。否则会使构件出现裂缝的荷载与破坏荷载很接近，这是很危险的。过大的超张拉会造成反拱过大，预拉区出现裂缝也是不利的。预应力筋的张拉控制应力应符合设计要求。当施工中预应力筋需要超张拉时，可比设计要求提高 5%，但其最大张拉控制应力不得超过表 3-12 的规定。

表 3-12　最大张拉控制应力允许值　（N/mm^2）

钢筋种类	张拉方法	
	先张法	后张法
光面钢丝、刻痕钢丝、钢绞线	$0.80f_{ptk}$	$0.75f_{ptk}$
冷拔低碳钢丝、热处理钢筋	$0.75f_{ptk}$	$0.70f_{ptk}$
冷拉热轧钢筋	$0.95f_{ptk}$	$0.90f_{ptk}$

钢丝、钢绞线属于硬钢，冷拉热轧钢筋属于软钢。硬钢和软钢可根据它们是否存在屈服点划分，由于硬钢无明显屈服点，塑性较软钢差，所以其控制应力系数较软钢低。

②张拉程序

预应力筋张拉程序有以下两种：

a. $0 \rightarrow 105\%\sigma_{con} \xrightarrow{\text{持荷 2min}} \sigma_{con}$

b. 0→103% σ_{con}

以上两种张拉程序是等效的，施工中可根据构件设计标明的张拉力大小、预应力筋与锚具品种、施工速度等选用。

预应力筋进行超张拉（103% ~105% 控制应力）主要是为了减少松弛引起的应力损失值。所谓应力松弛是指钢材在常温高应力作用下，由于塑性变形而使应力随时间延续而降低的现象。这种现象在张拉后的头几分钟内发展得特别快，往后则趋于缓慢。

③张拉力

预应力筋的张拉力根据设计的张拉控制应力与钢筋截面积及超张拉系数之积而定：

$$N = m\sigma_{con}A_y \tag{3-9}$$

式中 N——预应力筋张拉力，N；

m——超张拉系数，1.03 ~ 1.05；

σ_{con}——预应力筋张拉控制应力，N/mm^2；

A_y——预应力筋的截面积，mm^2。

预应力筋张拉锚固后实际应力值与工程设计规定检验值的相对允许偏差为 ±5%。预应力钢丝的应力可利用 2CN-1 型钢丝测力计（图 3-16）或半导体频率测力计测量。

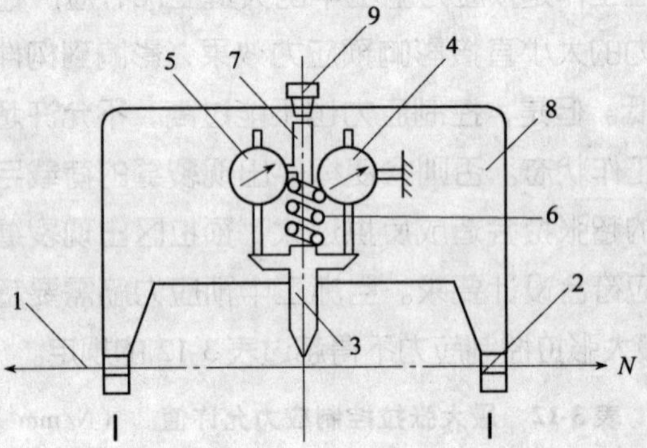

图 3-16　2CN-1 型钢丝测力计

1—钢丝；2—挂钩；3—测头；4—测挠度百分表；5—测力百分表；
6—弹簧；7—推架；8—表架；9—螺钉

2CN-1 型钢丝测力计工作时，先将挂钩 2 勾住钢丝，旋转螺钉 9 使测头与钢丝接触，此时百分表 4 和百分表 5 读数均为零，继续旋转螺钉 9 时，使测挠度百分表的读数达到 2mm 时，从测力百分表 5 的读数便可知道钢丝的拉力值 N。一根钢筋要反复测定 4 次，取后 3 次的平均值为钢丝的拉力值。2CN-1 型钢丝测力计精度为 2%。

半导体频率测力计是根据钢丝应力 σ 与钢丝振动频率 ω 的关系制成的，σ 与 ω 的关系式如下：

$$\omega = \frac{1}{2l}\sqrt{\frac{\sigma}{\rho}} \tag{3-10}$$

式中 l——钢丝的自由振动长度；

ρ——钢丝的密度。

张拉时为避免台座承受过大的偏心压力，应先张拉靠近台座面重心处的预应力筋，再轮流对称张拉两侧的预应力筋。

④张拉伸长值校核

采用应力控制方法张拉时，应校核预应力筋的伸长值，如实际伸长值比计算伸长值大于10%或小于5%，应暂停张拉，在查明原因、采用措施予以调整后，方可继续张拉。

预应力筋的计算伸长值 Δl（mm）可按下式计算：

$$\Delta l = \frac{F_p l}{A_p E_s} \tag{3-11}$$

式中 F_p——预应力筋的平均张拉力，kN；直线筋取张拉端的拉力；两端张拉的曲线筋，取张拉端的拉力与跨中扣除孔道摩阻损失后拉力的平均值；

A_p——预应力筋的截面面积，mm^2；

l——预应力筋的长度，mm；

E_s——预应力筋的弹性模量，kN/mm^2。

预应力筋的实际伸长值，宜在初应力为张拉控制应力10%左右时开始量测，但必须加上初应力以下的推算伸长值；对后张法，尚应扣除混凝土构件在张拉过程中的弹性压缩值。

预应力筋张拉应符合下列要求：

①单根预应力钢筋张拉，可采用YC18、YC200、YC60或YL60型千斤顶在双横梁式台座或钢模上单根张拉，螺杆式夹具或夹片锚固。热处理钢筋或钢绞线用优质夹片或夹具锚固。

②在三横梁式或四横梁式台座上生产大型预应力构件时，可采用台座式千斤顶成组张拉预应力钢筋（图3-17）。张拉前应调整初应力（可取5%～10%σ_{con}），使每根均匀一致，然后再进行张拉。

③单根冷拔低碳钢丝拉可采用10kN电动螺杆张拉机或电动卷扬张拉机，用弹簧测力计测力，锥锚式夹具锚固（图3-18a）。单根刻痕钢丝可采用20～30kN电动卷扬张拉机单根张拉，并用优质锥销式夹具或镦头螺杆夹具锚固（图3-18b）。

④在预制厂以机组流水法生产预应力多孔板时，可在钢模上用镦头梳筋板夹具成批张拉。钢丝两端镦粗，一端卡在固定梳筋板上，另一端卡在张拉端的活动梳筋板上，通过张拉钩和拉杆式千斤顶进行成组张拉。

⑤单根张拉钢筋（丝）时，应按对称位置进行，并考虑下批张拉所造成的预应力损失。

⑥多根预应力筋同时张拉时，必须事先调整初应力，使其相互间的应力一致。张拉过程中，应抽查预应力值，其偏差不得大于或小于按一个构件全部钢丝预应力总值的5%；其断丝或滑丝数量不得大于钢丝总数的3%。

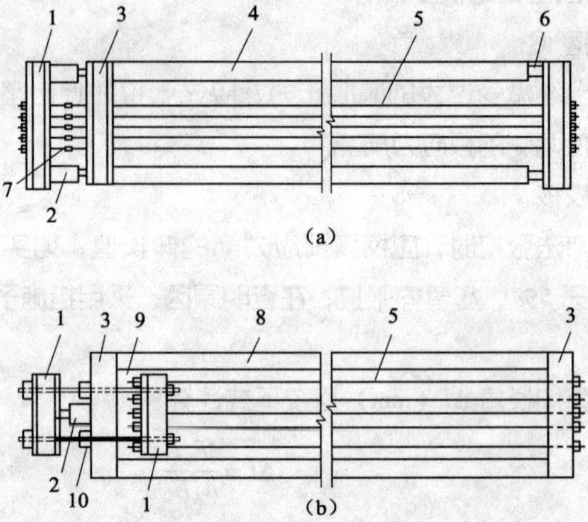

图 3-17　预应力筋张拉

（a）三横梁式成组预应力筋张拉；（b）四横梁式成组预应力筋（丝）张拉

1—活动横梁；2—千斤顶；3—固定横梁；4—槽式台座；5—预应力筋（丝）；

6—放松装置；7—连接器；8—台座传力柱；9—大螺杆；10—螺母

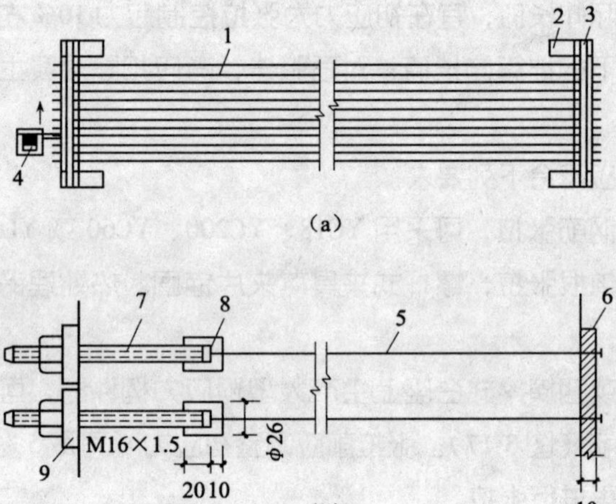

图 3-18　单根钢丝及刻痕钢丝张拉

（a）用电动卷扬机张拉单根钢丝；（b）用镦头—螺杆夹具固定单根刻痕钢丝

1—冷拔低碳钢丝；2—台墩；3—钢横梁；4—电动卷扬机张拉；

5—刻痕钢丝；6—锚板；7—螺杆；8—锚杯；9—U 形垫板

⑦锚固阶段张拉端预应力筋的内缩量不宜大于表 3-13 的规定。

⑧张拉应以稳定的速率逐渐加大拉力，并保证使拉力传到台座横梁上，而不应使预应力筋或夹具产生次应力（如钢丝在分丝板、横梁或夹具处产生尖锐的转角或弯曲）。锚固时，敲击锥塞或楔块应先轻后重；与此同时，倒开张拉机，放松钢丝，两者应密切配合，既要减少钢丝滑移，又要防止锤击力过大，导致钢丝在锚固夹具与张拉夹具处受力过大而断裂。张拉设备应逐步放松。

表 3-13 锚固阶段张拉端预应力筋的内缩量允许值 (mm)

锚具类别	内缩量允许值
支承式锚具（镦头锚、带有螺栓端杆的锚具等）	1
锥塞式锚具	5
夹片式锚具	5
每块后加的锚具垫板	1

注：1. 内缩量值系指预应力筋锚固过程中，由于锚具零件之间和锚具与预应力筋之间相对移动和局部塑性变形造成的回缩量。
2. 当设计对锚具内缩量允许值有专门规定时，可按设计规定确定。

2）混凝土的浇筑和养护

钢筋张拉、绑扎及立模工作完毕后，即应浇筑混凝土，且应一次浇筑完毕。混凝土的强度等级不得小于 C30。构件应避开台面的温度缝，当不可能避开时，在温度缝上可先铺薄钢板或垫油毡，然后浇筑混凝土。为保证钢丝与混凝土有良好的黏结，浇筑时振动器不应碰撞钢丝，混凝土未达一定强度前，也不允许碰撞或踩动钢丝。

混凝土的用水量和水泥用量必须严格控制，混凝土必须振捣密实，以减少混凝土由于收缩徐变而引起的预应力损失。

采用重叠法生产构件时，应待下层构件的混凝土强度达到 5MPa 后，方可浇筑上层构件的混凝土。一般当平均温度高于 20℃时，每两天可叠捣一层。气温较低时，可采用早强措施，以缩短养护时间，加速台座周转，提高生产率。

混凝土可采用自然养护或湿热养护。但须注意，用湿热养护时，温度升高后，预应力筋膨胀而台座的长度并无变化，因而引起预应力筋应力减小。如果在这种情况下，混凝土逐渐硬结，则在混凝土硬化前，预应力筋由于温度升高而引起的应力降低，将永远不能恢复。这就是温差引起的预应力损失。为了减少温差应力损失，必须保证在混凝土达到一定强度前，温差不能太大（一般不超过 20℃）。故采用湿热养护时，应先按设计允许的温差加热，待混凝土强度达 7.5MPa（粗钢筋配筋）或 10MPa（钢丝、钢绞线配筋）以上后，再按一般升温制度养护。这种养护制度又称为“二次升温养护”。在采用机组流水法用钢模制作、湿热养护时，由于钢模和预应力筋同样伸缩，所以不存在因温差而引起的预应力损失，因此可采用一般加热养护制度。

3）预应力筋放张

预应力筋放张过程是预应力的传递过程，是先张法构件能否获得良好质量的一个重要生产过程。应根据放张要求，确定合宜的放张顺序、放张方法及相应的技术措施，见表 3-14。

表 3-14 预应力筋放张过程表

放张要求	先张法施工的预应力放张时，预应力混凝土构件的强度必须符合设计要求。设计无要求时，其强度不低于设计的混凝土强度标准值的75%。过早放张预应力会引起较大的预应力损失或预应力钢丝产生滑动。对于薄板等预应力较低的构件，预应力筋放张时混凝土的强度可适当降低。预应力混凝土构件在预应力筋放张前要对试块进行试压 预应力混凝土构件的预应力筋为钢丝时，放张前，应根据预应力钢丝的应力传递长度，计算出预应力钢丝在混凝土内的回缩值，以检查预应力钢丝与混凝土黏结效果。若实测的回缩值小于计算的回缩值，则预应力钢丝与混凝土的黏结效果满足要求，可进行预应力钢丝的放张 预应力钢丝理论回缩值，可按下式进行计算 $a=\frac{1}{2}\frac{\sigma_{y1}}{E_s}l_a$ (3-12) 式中 a——预应力钢丝的理论回缩值，cm； σ_{y1}——第一批损失后，预应力钢丝建立起的有效预应力值，N/mm^2； E_s——预应力钢丝的弹性模量，N/mm^2； l_a——预应力筋传递长度，mm，见表3-15。 预应力钢丝实测的回缩值，必须在预应力钢丝的应力接近 σ_{y1} 时进行测定
放张顺序	为避免预应力筋放张时对预应力混凝土构件产生过大的冲击力，引起构件端部开裂、构件翘曲和预应力筋断裂，预应力筋放张必须按下述规定进行： ①对配筋不多的预应力钢丝混凝土构件，预应力钢丝放张可采用剪切、割断和熔断的方法逐根放张，并应自中间向两侧进行。对配筋较多的预应力钢丝混凝土构件，预应力钢丝放张应同时进行，不得采用逐根放张的方法，以防止最后的预应力钢丝因应力增加过大而断裂或使构件端部开裂； ②对预应力混凝土构件，预应力钢筋放张应缓慢进行。预应力钢筋数量较少，可逐根放张；预应力钢筋数量较多，则应同时放张。对于轴心受压的预应力混凝土构件，预应力筋应同时放张。对于偏心受压的预应力混凝土构件，应同时放张预压应力较小区域的预应力筋，再同时放张预压应力较大区域的预应力筋； ③如果轴心受压的或偏心受压的预应力混凝土构件，不能按上述规定进行预应力筋放张，则应采用分阶段、对称、相互交错的放张方法，以防止在放张过程中，预应力混凝土构件发生翘曲，出现裂缝和预应力筋断裂等现象； ④采用湿热养护的预应力混凝土构件宜热态放张，不宜降温后放张
放张方法	可采用千斤顶、楔块、螺杆张拉架或砂箱等工具（图3-19） 对于预应力混凝土构件，为避免预应力筋一次放张时，对构件产生过大的冲击力，可利用楔块或砂箱装置进行缓慢的放张方法 楔块装置放置在台座与横梁之间，放张预应力筋时，旋转螺母使螺杆向上运动，带动楔块向上移动，横梁向台座方向移动，预应力筋得到放松 砂箱装置放置在台座与横梁之间。砂箱装置由钢制的套箱和活塞组成，内装石英砂或铁砂。预应力筋放张时，将出砂口打开，砂缓慢流出，从而使预应力筋慢慢的放张

表 3-15 预应力钢筋传递长度 l_a

钢筋种类	放张时 混凝土强度			
	C20	C30	C40	≥C50
刻痕钢丝 $d<5$mm	150d	100d	65d	50d
钢绞线 $d=7.5\sim15$mm	–	85d	70d	70d
冷拔低碳钢丝 $d=3\sim5$mm	110d	90d	80d	80d

注：1. 确定传递长度 l_a 时，表中混凝土强度等级应按传力锚固阶段混凝土立方体抗压强度确定。
2. 当刻痕钢丝的有效预应力值 σ_{y1} 大于或小于1000MPa时，其传递长度应根据本表项次1的数值按比例增减。
3. 当采用骤然放张预应力钢筋的施工工艺时，l_a 起点应从离构件末端 $0.25l_a$ 处开始计算。
4. 冷拉HRB335级、HRB400级钢筋的传递长度 l_a 可不考虑。

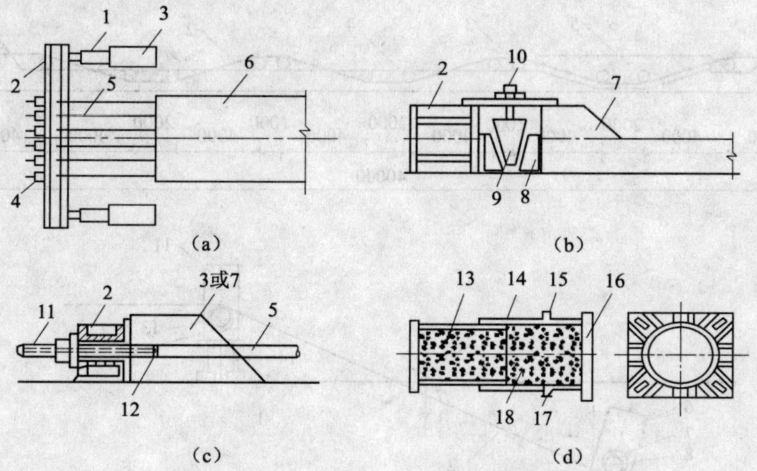

图 3-19　预应力筋（丝）的放张方法

（a）千斤顶放张；（b）楔块放张；（c）螺杆放张；（d）砂箱放张

1—千斤顶；2—横梁；3—承力支架；4—夹具；5—预应力钢筋（丝）；6—构件；7—台座；8—钢块；9—钢楔块；10—螺杆；11—螺栓端杆；12—对焊接头；13—活塞；14—钢箱套；15—进砂口；16—箱套底板；17—出砂口；18—砂子

4）折线张拉

建筑物中某些构件，如桁架式或折线式吊车梁配置折线预应力筋，可充分发挥结构受力性能，节约钢材，减轻自重。折线预应力筋可采用垂直折线张拉（构件竖直浇筑）和水平折线张拉（构件平卧浇筑）两种方法。

①垂直折线张拉

图 3-20 就是利用槽式台座制作折线式吊车梁的例子。在预应力筋转折处设有承力架，以支承竖向力。预应力筋张拉采用两端逐级同时张拉，每次加荷按 25% σ_{con} 逐级递增，直至 100% σ_{con}。为使应力均匀，这可在上承力架下的工字钢梁下设置千斤顶，将钢梁及承力架向上顶升一定的距离，以补足预应力（称为横向张拉）。

②水平折线张拉

图 3-21 为利用预制钢筋混凝土双肢柱作为台座压杆在现场成对生产 8 榀桁架式吊车梁的例子。在预制柱上相应于钢丝弯折点处，套以钢筋抱箍 5，并装置短槽钢 7，连以焊接钢筋网片，预应力筋通过网片而弯折。为承受张拉时产生的横向水平力，在短槽钢上安置木撑 6、8。

两根折线钢筋可用四台千斤顶在两端同时张拉。或采用两台千斤顶同时在一端张拉后，再在另一端补张拉。为减少应力损失，可在转折点处采取横向张拉，以补足预应力。

垂直折线张拉需要有较复杂的锚固装置，以承受横向力，但张拉和制作较方便。水平折线张拉可借自己平衡横向力，不需复杂的锚固装置，但需要有较多的千斤顶，且占地面积较大。

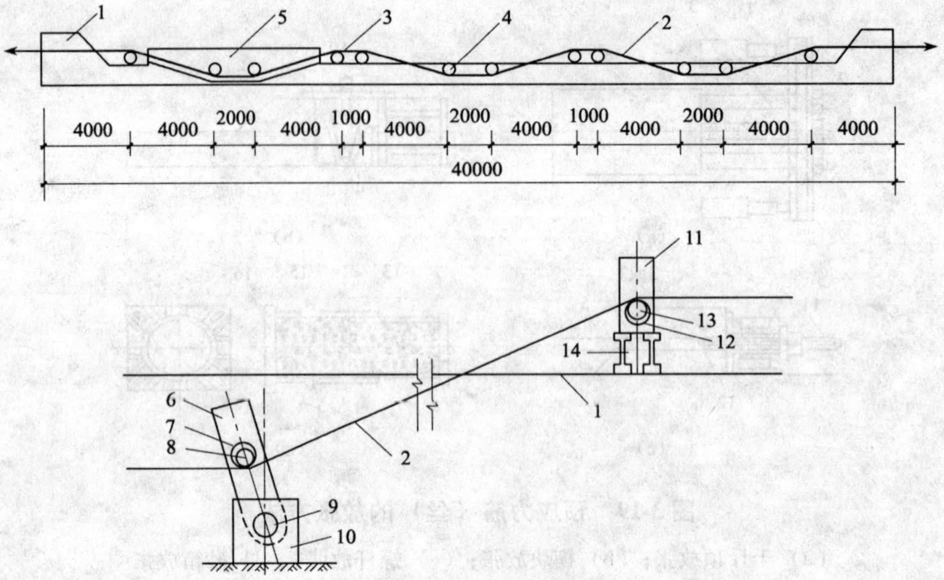

图 3-20　折线形吊车梁预应力筋垂直折线张拉示意图

1—台座；2—预应力筋；3—上支点（即圆钢管 12）；4—下支点（即圆钢管 7）；

5—吊车梁；6—下承力架；7、12—钢管；8、13—圆柱轴；9—连销；

10—地锚；11—上承力架；14—工字钢梁

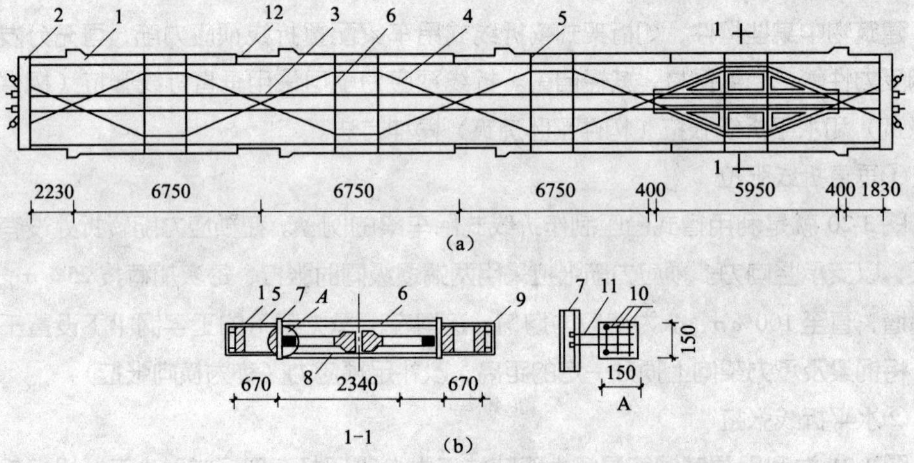

图 3-21　桁架式吊车梁预应力筋水平折线张拉示意图

（a）平面图；（b）预应力筋在转角处固定方法

1—台座；2—横梁；3—直线预应力筋；4—折线预应力筋；

5—钢筋抱箍；6、8—木撑；7—8 号槽钢；9—70mm × 70mm 方木；

10—3ϕ10 钢筋；11—2ϕ18 钢筋；12—砂浆填缝

折线张拉时，钢筋因转折摩擦引起应力损失，预应力损失值（σ_s），可用下式表示：

$$\sigma_s = \left[1 - \frac{1}{e^{\mu n\theta}}\right]\sigma_{con} \tag{3-13}$$

式中 σ_s——由于 n 次转折所引起的预应力损失，N/m^2；

σ_{con}——张拉端控制应力；

e——自然对数的底，取2.718；

μ——转折处的摩擦系数；

n——转折次数；

θ——转折角度（以弧度计）。

当混凝土达一定强度后，两端同时放松钢筋。

（2）后张法

后张法是在构件或块体上直接张拉预应力钢筋，不需要专门的台座。大型构件可分件制作，运到现场利用预应力钢筋连成整体。后张法灵活性大，现已逐渐从单个预应力构件发展到整体预应力结构。

1）预应力筋张拉

①混凝土的张拉强度

预应力筋的张拉是制作预应力构件的关键，必须按规范有关规定精心施工。张拉时构件或结构的混凝土强度应符合设计要求，当设计无具体要求时，应不低于设计强度标准值的75%。以确保在张拉过程中，混凝土不致于受压而破坏。块体拼装的预应力构件，立缝处混凝土或砂浆强度如设计无规定时，应不低于块体混凝土设计强度等级的40%，且不得低于15MPa，以防止在张拉预应力筋时，压裂混凝土块体或使混凝土产生过大的弹性压缩。

②张拉控制应力及张拉程序

预应力张拉控制应力应符合设计要求及最大张拉控制应力不能超过设计规定。其中后张法控制应力值低于先张法，这是因为后张法构件在张拉钢筋的同时，混凝土已受到弹性压缩，张拉力可以进一步补足；而先张法构件，是在预应力筋放松后，混凝土才受到弹性压缩，这时张拉力无法补足。此外，混凝土的收缩、徐变引起的预应力损失，后张法也比先张法小。

为了减少预应力筋的松弛损失等，与先张法一样采用超张拉法，其张拉程序为：

$$0 \rightarrow 150\%\sigma_{con} \xrightarrow{\text{持荷 2min}} \sigma_{con} \text{或} 0 \rightarrow 103\%\sigma_{con}$$

③后张法预应力筋张拉方法

a. 张拉方法有一端张拉和两端张拉。两端张拉，宜先在一端张拉，再在另一端补足张拉力。如有多根可一端张拉的预应力筋，宜将这些预应力筋的张拉端分别设在结构的两端。

b. 长度不大的直线预应力筋，可一端张拉。曲线预应力筋应两端张拉。抽芯成孔的直线预应力筋，长度大于24m应两端张拉；不大于24m可一端张拉。预埋波纹管成孔的直线预应力筋，长度大于30m应两端张拉；不大于30m可一端张拉。竖向预应力结构宜采用两端分别张拉，且以下端张拉为主。

c. 安装张拉设备时，应使直线预应力筋张拉力的作用线与孔道中心线重合；曲线预应力筋张拉力的作用线与孔道中心线末端的切线重合。

④张拉值的校核

张拉控制应力值除了靠油压表读数来控制，在张拉时还应测定预应力筋的实际伸长值。若实际伸长值与计算伸长值相差 10% 以上时，应检查原因，修正后再重新张拉。预应力筋的计算伸长值可由下式求得：

$$\Delta L = \frac{\sigma_{con}}{E_s} L \tag{3-14}$$

式中 ΔL——预应力筋的伸长值，mm；

σ_{con}——预应力筋张拉控制应力，N/mm^2；如需超张拉，σ_{con} 取实际超张拉的应力值；

E_s——预应力筋的弹性模量，N/mm^2；

L——预应力筋的长度，mm。

⑤张拉顺序

选择合理的张拉顺序是保证质量的重要一环。当构件或结构有多根预应力筋（束）时，应采用分批张拉，此时按设计规定进行，如设计无规定或受设备限制必须改变时，则应经核算确定。张拉时宜对称进行，避免引起偏心。在进行预应力筋张拉时，可采用一端张拉法，亦可采用两端同时张拉法。当采用一端张拉时，为了克服孔道摩擦力的影响，使预应力筋的应力得以均匀传递，采用反复张拉 2 ~ 3 次，可以达到较好的效果。采用分批张拉时，应考虑后批张拉预应力筋所产生的混凝土弹性压缩对先批预应力筋的影响；即应在先批张拉的预应力筋的张拉应力中增加。

先批张拉的预应$\frac{E_s}{E_h}\sigma_h$力筋的控制应力 σ^1_{con} 应为：

$$\sigma^1_{con} = \sigma_{con} + \frac{E_s}{E_h}\sigma_h \tag{3-15}$$

式中 σ^1_{con}——先批预应力筋张拉控制应力；

σ_{con}——设计控制应力（即后批预应力筋张拉控制应力）；

E_s——预应力筋弹性模量；

E_h——混凝土弹性模量；

σ_h——张拉后批预应力筋时在已张拉预应力筋重心处产生的混凝土法向应力。

张拉平卧重叠浇筑的构件时，宜先上后下逐层进行张拉，为了减少上下层构件之间的摩阻力引起的预应力损失，可采用逐层加大张拉力的方法。但底层张拉力值：对光面钢丝、钢绞线和热处理钢筋，不宜比顶层张拉力大 5%；对于冷拉 HRB335 级、HRB400 级、RRB400 级钢筋，不宜比顶层张拉力大 9%，但也不得大于预应力筋的最大超张拉力的规定。若构件之间隔离层的隔离效果较好（如用塑料薄膜作隔离层或用砖作隔离层）。用砖作隔离层时，大部分砖应在张拉预应力筋时取出，仅有局部的支承点，构件之间基本上架空，也可自上而下采用同一张拉力值。

后张法预应力筋张拉应符合下列要求：

①整体构件可平卧或直立张拉；分段制作的构件张拉前应进行拼装，先用拼装架将构件直立稳住，纵轴线对准，其直线偏差不得大于3mm，立缝宽度偏差不得超过+10mm或-5mm。在两端及拼接处用垫木支承，相邻块体孔道用一段10~15cm长薄钢板管连接，张拉前先焊接预拉部分的连接板（如屋架的上弦，拼缝后灌），张拉后再焊接预压部分的连接板。接缝处砂浆（或细石混凝土）应密实，强度达到块体设计强度等级的40%。且不低于C15时方可进行张拉。

②张拉前应计算预应力筋的张拉力及相应的伸长值，计算公式及测量方法参见先张法。预应力筋的实际伸长值尚应扣除混凝土构件在张拉过程中的弹性压缩值和锚具与垫板之间的压缩值。

③穿筋时，成束的预应力筋要将一头打齐，顺序编号并套上穿束器，穿入孔道使露出所需长度为止，穿入构件要防止扭结和错向。

④安装张拉设备时，对直线预应力筋，应使张拉力的作用线与孔道中心线重合；对曲线预应力筋，应使张拉力的作用线与孔道中心线末端的切线重合。

⑤预应力张拉次序，应采取分批、分阶段、对称地进行，如图3-22所示，避免构件受过大的偏心压力。采用分批张拉时，应计算分批张拉的预应力损失值，分别加到先张拉钢筋的张拉控制应力值内，或采用同一张拉值。再逐根复张补足，或统一提高张拉力，即在张拉力中增加弹性压缩损失平均值。

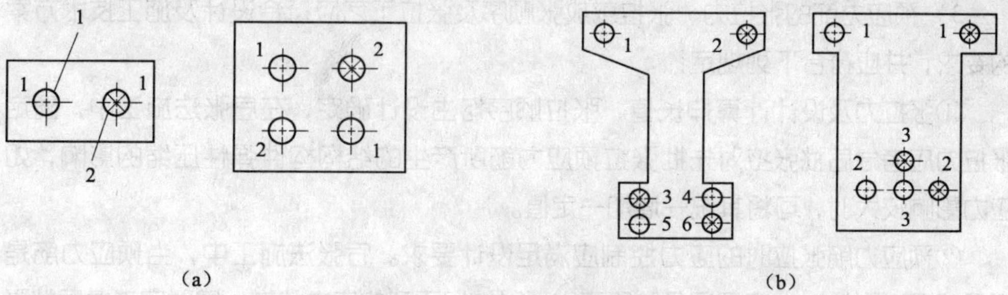

图3-22 预应力筋张拉顺序

（a）屋架下弦张拉顺序；（b）吊车梁张拉顺序

1—张拉端；2—固定端；1、2、3—预应力筋分批张拉顺序

⑥长度大于24m的预应力筋或曲线预应力筋应在两端张拉。长度等于或小于24m的直线预应力筋，可一端张拉，但张拉端宜分别设置在构件的两端。

⑦张拉平卧重叠生产的构件，宜先上后下逐层进行。为减少构件间因摩阻引起的预应力损失，可逐层加大张拉力，但底层张拉力不宜比顶层张拉力大5%（钢丝、钢绞线及热处理钢筋）或9%（冷拉HRB335级、HRB400级、RRB400级钢筋）。如构件隔离效果好，亦可采用同一张拉值。

⑧两端张拉同一束预应力筋时，为减少预应力损失，应先在一端锚固，再在另一端补足张拉力后锚固。预应力筋锚固后的外露长度，不宜小于15mm。

2）无黏结预应力束的张拉

无黏结预应力束的张拉与后张法带有螺栓端杆锚具的有黏结预应力钢丝束张拉相似。张拉程序一般采用0→103%σ_{con}进行锚固。由于无黏结预应力束一般为曲线配筋，故应采用两端同时张拉。无黏结预应力束的张拉顺序，应根据其铺设顺序，先铺设的先张拉，后铺设的后张拉。无黏结预应力束配置在预应力平板结构中往往很长，如何减少其摩阻损失值是一个重要的问题。影响摩阻损失值的主要因素是润滑介质、包裹物和预应力束截面形式。其中润滑介质和包裹物的摩阻损失值对一定的预应力束而言是个定值，相对较稳定。而截面形式则影响较大，不同截面形式其离散性是不同的，但如果能保证截面形状在全部长度内一致，则其摩阻损失值就能在一很小范围内波动。否则，因局部阻塞就有可能导致其损失值无法预测，故预应力束的制作质量必须保证。摩阻损失值，可用标准测力计或传感器等测力装置进行测定。施工时，为降低摩阻损失值，宜采用多次重复张拉工艺。通过试验表明，进行三次张拉时，第三次的摩阻损失值可比第一次降低16.8%～49.1%。

（3）预应力筋张拉和放张监理要点

1）安装张拉设备时，直线预应力筋，应使张拉力的作用线与孔道中心线重合；曲线预应力筋，应使张拉力的作用线与孔道中心线末端的切线重合。

2）预应力筋张拉或放张时，混凝土强度应符合设计要求；当设计无具体要求时，不应低于设计的混凝土立方体抗压强度标准值的75%。

3）预应力筋的张拉力、张拉或放张顺序及张拉工艺应符合设计及施工技术方案的要求，并应符合下列规定：

①张拉力及设计计算伸长值、张拉顺序均由设计确定，在后张法施工中，确定张拉力应考虑后批张拉对先批张拉预应力筋所产生的结构构件弹性压缩的影响，如应力影响较大时，可将其统一增加一定值。

②预应力筋张拉时的应力控制应满足设计要求。后张法施工中，当预应力筋是逐根或逐束张拉时，应保证各阶段不出现对结构不利的应力状态；同时宜考虑后批张拉预应力筋所产生的结构构件的弹性压缩对先批张拉预应力筋的影响，确定张拉力。

有黏结预应力筋张拉时应整束张拉，使其各根预应力筋同步受力，应力均匀。

实际施工中有部分预应力损失，可采取超张拉方法抵消，其最大张拉应力不应大于现行国家标准《混凝土结构设计规范》（GB 50010）的规定。

③当采取超张拉方法减少预应力筋的松弛损失时，预应力筋的张拉顺序为：

从零应力开始张拉至1.05倍预应力筋的张拉控制应力σ_{con}，持荷2min后，卸荷至预应力筋的张拉控制应力；或从应力为零开始张拉至1.03倍预应力筋的张拉控制应力。

其中σ_{con}为预应力筋的张拉控制应力。

④当采用应力控制方法张拉时，应校核预应力筋的伸长值，如实际伸长值比计算伸长值大于10%或小于5%，应暂停张拉，在采取措施予以调整后，方可继续张拉。

4）内缩量值控制：在预应力筋锚固过程中，由于锚具零件之间和锚具与预应力筋之间的相对移动和局部塑性变形造成的回缩量，张拉端预应力筋的内回缩量应符合设计要求，当设计无具体要求时，应符合表 3-13 的规定。

细节 孔道灌浆

有黏结的预应力，其管道内必须灌浆，灌浆需要设置灌浆孔（或泌水孔），从经验得出设置泌水孔道的曲线预应力管道的灌浆效果好。一般一根梁上设三个点为宜，灌浆孔宜设在低处，泌水孔可相对高些，灌浆时可使孔道内的空气或水从泌水孔顺利排出。位置可见图 3-23。

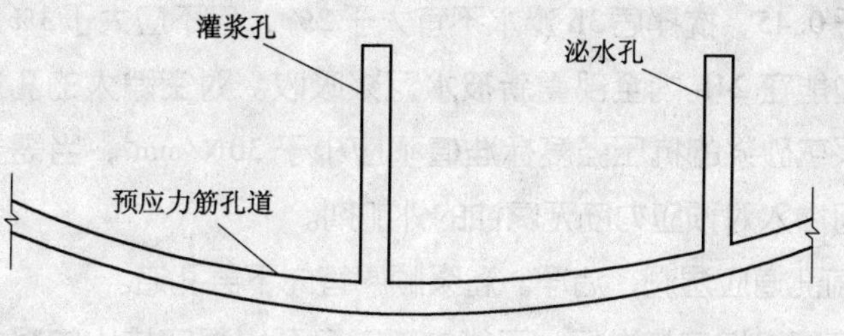

图 3-23　灌浆孔、泌水孔设置示意

在波纹管安装固定后，用钢锥在波纹管上凿孔，再在其上覆盖海绵垫片与带嘴的塑料弧形压板，用钢丝绑扎牢固，再用塑料管接在嘴上，并将其引出梁面 40 ~ 60mm。

预应力筋张拉、锚固完成后，应立即进行孔道灌浆工作，以防锈蚀，增加结构的耐久性。

灌浆用的水泥浆，除应满足强度和黏结力的要求外，应具有较大的流动性和较小的干缩性、泌水性。应采用强度等级不低于 42. 5 级普通硅酸盐水泥；水灰比宜为 0. 4 左右。对于空隙大的孔道可采用水泥砂浆灌浆，水泥浆及水泥砂浆的强度均不得小于 $20N/mm^2$。为增加灌浆密实度和强度，可使用一定比例的膨胀剂和减水剂。减水剂和膨胀剂均应事前检验，不得含有导致预应力钢材锈蚀的物质。建议拌合后的收缩率应小于 2%，自由膨胀率不大于 5%。灌浆前孔道应湿润、洁净。对于水平孔道，灌浆顺序应先灌下层孔道，后灌上层孔道。对于竖直孔道，应自下而上分段灌注，每段高度视施工条件而定，下段顶部及上段底部应分别设置排气孔和灌浆孔。灌浆压力 0. 5 ~ 0. 6MPa 为宜。灌浆应缓慢均匀地进行，不得中断，并应排气通畅。不掺外加剂的水泥浆，可采用二次灌浆法，以提高密实度。孔道灌浆前应检查灌浆孔和泌水孔是否通畅。灌浆前孔道应用高压水冲洗、湿润，并用高压风吹去积在低点的水，孔道应畅通、干净。灌浆应先灌下层孔道，对一条孔道必须在一个灌浆口一次把整个孔道灌满。灌浆应缓慢进行，不得中断，并应排气通顺；在灌满孔道并封闭排气孔（泌水口）后，宜再继续加压至0.5～0.6MPa，稍后再封闭灌浆孔。如果遇到孔道堵塞，必须更换灌浆口，此时，必须在第二灌浆口灌入整个孔道的水泥浆量，以致把第一灌浆口灌入的水泥浆排出，使两次灌入水泥浆之间的气体排出，以保证灌浆饱满密实。

冬期施工灌浆，要求把水泥浆的温度提高到20℃左右。并掺些减水剂，以防止水泥浆中的游离水造成冻害裂缝。

灌浆监理要点：

孔道灌浆是在预应力筋处于高应力状态，对其进行永久性保护的工序，所以应在预应力筋张拉后尽早进行孔道灌浆，孔道内水泥浆应饱满、密实。

（1）孔道灌浆前应进行水泥浆配合比设计。

（2）严格控制水泥浆的稠度和泌水率，以获得饱满密实的灌浆效果，水泥浆的水灰比不应大于0.45，搅拌后3h泌水不宜大于2%，且不应大于3%，应作水泥浆性能试验，泌水应能在24h内全部重新被水泥浆吸收。对空隙大的孔道，也可采用砂浆灌浆，水泥浆或砂浆的抗压强度标准值不应小于30N/mm²，当需要增加孔道灌浆密实度时，也可掺入对预应力筋无腐蚀的外加剂。

（3）灌浆前孔道应湿润、洁净。灌浆顺序宜先下层孔道。

（4）灌浆应缓慢均匀的进行，不能中断，直至出浆口排出的浆体稠度与进浆口一致，灌满孔道后，应再继续加压0.5～0.6MPa，稍后封闭灌浆孔。不掺外加剂的水泥浆，可采用二次灌浆法。封闭顺序是沿灌注方向依次封闭。

（5）灌浆工作应在水泥浆初凝前完成。每工作班留一组边长为70.7mm的立方体试件，标准养护28d，作抗压强度试验，抗压强度为一组6个试件组成，当一组试件中抗压强度最大值或最小值与平均值相差20%时，应取中间4个试件强度的平均值。

3.3 监理验收

3.3.1 监理验收资料

1. 预应力筋产品合格证、出厂检验报告、进场复验报告。
2. 预应力筋用锚具、夹具和连接器产品合格证、出厂检验报告、进场复验报告。
3. 孔道灌浆用水泥、外加剂产品合格证、出厂检验报告、进场复验报告。
4. 预应力混凝土用金属螺旋管产品合格证、出厂检验报告、进场复验报告。
5. 镦头强度试验报告。
6. 同条件养护混凝土试件试验报告。
7. 预应力张拉记录。
8. 预应力筋应力检测记录：见证张拉记录。
9. 孔道灌浆记录。

10. 孔道灌浆用水泥浆性能试验报告。
11. 孔道灌浆用水泥浆试件强度试验报告。
12. 预应力隐蔽工程验收记录。
13. 张拉机具设备及仪表的配套标定报告单。
14. 检验批质量验收记录。
15. 预应力分项工程质量验收记录。

3.3.2 工程质量验收记录表（表 3-16 ~ 表 3-18）

表 3-16 预应力原材料检验批质量验收记录表

<table>
<tr><td colspan="3">单位（子单位）工程名称</td><td colspan="4"></td></tr>
<tr><td colspan="3">分部（子分部）工程名称</td><td colspan="2"></td><td>验收部位</td><td></td></tr>
<tr><td colspan="2">施工单位</td><td colspan="3"></td><td>项目经理</td><td></td></tr>
<tr><td colspan="2">分包单位</td><td colspan="3"></td><td>分包项目经理</td><td></td></tr>
<tr><td colspan="3">施工执行标准名称及编号</td><td colspan="4"></td></tr>
<tr><td colspan="4">施工质量验收规范的规定</td><td colspan="2">施工单位检查评定记录</td><td>监理（建设）单位验收记录</td></tr>
<tr><td rowspan="4">主控项目</td><td>1</td><td>预应力筋力学性能检验</td><td>第 6.2.1 条</td><td colspan="2"></td><td rowspan="8"></td></tr>
<tr><td>2</td><td>无黏结预应力筋的涂包质量</td><td>第 6.2.2 条</td><td colspan="2"></td></tr>
<tr><td>3</td><td>锚具、夹具和连接器的性能</td><td>第 6.2.3 条</td><td colspan="2"></td></tr>
<tr><td>4</td><td>孔道灌浆用水泥和外加剂</td><td>第 6.2.4 条</td><td colspan="2"></td></tr>
<tr><td rowspan="4">一般项目</td><td>1</td><td>预应力筋外观质量</td><td>第 6.2.5 条</td><td colspan="2"></td></tr>
<tr><td>2</td><td>锚具、夹具和连接器的外观质量</td><td>第 6.2.6 条</td><td colspan="2"></td></tr>
<tr><td>3</td><td>金属螺旋管的尺寸和性能</td><td>第 6.2.7 条</td><td colspan="2"></td></tr>
<tr><td>4</td><td>金属螺旋管的外观质量</td><td>第 6.2.8 条</td><td colspan="2"></td></tr>
<tr><td colspan="3" rowspan="2">施工单位检查评定结果</td><td>专业工长（施工员）</td><td></td><td>施工班组长</td><td></td></tr>
<tr><td colspan="4">项目专业质量检查员：　　　年　月　日</td></tr>
<tr><td colspan="3">监理（建设）单位验收结论</td><td colspan="4">专业监理工程师：
（建设单位项目专业技术负责人）：　　　年　月　日</td></tr>
</table>

表 3-17　预应力制作与安装检验批质量验收记录表

单位（子单位）工程名称					
分部（子分部）工程名称				验收部位	
施工单位				项目经理	
分包单位				分包项目经理	
施工执行标准名称及编号					
施工质量验收规范的规定				施工单位检查评定记录	监理（建设）单位验收记录
主控项目	1	预应力筋品种、级别、规格和数量	第 6.3.1 条		
	2	避免隔离剂沾污	第 6.3.2 条		
	3	避免电火花损伤	第 6.3.3 条		
一般项目	1	预应力筋切断方法和钢丝下料长度	第 6.3.4 条		
	2	锚具制作质量	第 6.3.5 条		
	3	预留孔道质量	第 6.3.6 条		
	4	预应力筋束形控制	第 6.3.7 条		
	5	无黏结预应力筋铺设	第 6.3.8 条		
	6	预应力筋防锈措施	第 6.3.9 条		
施工单位检查评定结果	专业工长（施工员）			施工班组长	
	项目专业质量检查员：　　　年　月　日				
监理（建设）单位验收结论	专业监理工程师： （建设单位项目专业技术负责人）：　　　年　月　日				

表 3-18　预应力张拉、放张、灌浆及封锚检验批质量验收记录表

单位（子单位）工程名称						
分部（子分部）工程名称					验收部位	
施工单位					项目经理	
分包单位					分包项目经理	
施工执行标准名称及编号						
施工质量验收规范的规定				施工单位检查评定记录		监理（建设）单位验收记录
主控项目	1	张拉或放张时的混凝土强度	第 6.4.1 条			
	2	张拉力、张拉或放张顺序及张拉工艺	第 6.4.2 条			
	3	实际预应力值控制	第 6.4.3 条			
	4	预应力筋断裂或滑脱	第 6.4.4 条			
	5	孔道灌浆的一般要求	第 6.5.1 条			
	6	锚具的封闭保护	第 6.5.2 条			
一般项目	1	锚固阶段张拉端预应力筋的内缩量	第 6.4.5 条			
	2	先张法预应力筋张拉后位置	第 6.4.6 条			
	3	外露预应力筋的切断方法和外露长度	第 6.5.3 条			
	4	灌浆用水泥浆的水灰比和泌水率	第 6.5.4 条			
	5	灌浆用水泥浆的抗压强度	第 6.5.5 条			
施工单位检查评定结果	专业工长（施工员）				施工班组长	
	项目专业质量检查员：　　　　年　月　日					
监理（建设）单位验收结论	专业监理工程师： （建设单位项目专业技术负责人）：　　　　年　月　日					

4

混 凝 土 工 程

HUNNINGTUGONGCHENG

4.1 工程质量监理

4.1.1 施工监理要求

1. 结构构件的混凝土强度应按现行国家标准《混凝土强度检验评定标准》(GBJ 107)的规定分批检验评定。对采用蒸汽法养护的混凝土结构构件，其混凝土试件应先随同结构构件同条件蒸汽养护，再转入标准条件养护共28d。当混凝土中掺用矿物掺合料时，由于其强度增长较慢，以28d为验收龄期可能不合适。所以，确定混凝土强度时的龄期可按现行国家标准《粉煤灰混凝土应用技术规范》(GBJ 146)等的规定取值。

2. 检验评定混凝土强度用的混凝土试件的尺寸及强度的尺寸换算系数应按表4-1取用；其标准成型方法、标准养护条件及强度试验方法应符合普通混凝土力学性能试验方法标准的规定。

表4-1 混凝土试件尺寸及强度的尺寸换算系数

骨料最大粒径(mm)	试件尺寸(mm)	强度的尺寸换算系数
≤31.5	100×100×100	0.95
≤40	150×150×150	1.00
≤63	200×200×200	1.05

注：对强度等级为C60及以上的混凝土试件，其强度的尺寸换算系数可通过试验确定。

3. 由于同条件养护试件具有与结构混凝土相同的原材料、配合比和养护条件，能有效代表结构混凝土的实际质量。所以，结构构件拆模、出池、出厂、吊装、张拉、放张及施工期间临时负荷时的混凝土强度，应根据同条件养护的标准尺寸试件的混凝土强度确定。

4. 当混凝土试件强度评定不合格时，可采用非破损或局部破损的检测方法（例如回弹法超声回弹综合法、钻芯法、后装拔出法等），按国家现行有关标准的规定对结构构件中的混凝土强度进行推定，并作为处理的依据。

5. 室外日平均气温连续5d稳定低于5℃时，混凝土分项工程应采取冬期施工措施，混凝土的冬期施工应符合国家现行标准《建筑工程冬期施工规程》(JGJ 104)

和施工技术方案的规定。

4.1.2 工程质量标准

1. 原材料质量标准

（1）主控项目（表4-2）

表4-2 主控项目内容及监理验收要求

项目内容	规范条款	监理验收要求	验收方法
水泥进场检验	第7.2.1条	水泥进场时应对其品种、级别、包装或散装仓号、出厂日期等进行检查，并应对其强度、安定性及其他必要的性能指标进行复验，其质量必须符合现行国家标准《硅酸盐水泥、普通硅酸盐水泥》（GB 175）等的规定 当在使用中对水泥质量有怀疑或水泥出厂超过三个月（快硬硅酸盐水泥超过一个月）时，应进行复验，并按复验结果使用 钢筋混凝土结构、预应力混凝土结构中，严禁使用含氯化物的水泥	检查数量：按同一生产厂家、同一等级、同一品种、同一批号且连续进场的水泥，袋装不超过200t为一批，散装不超过500t为一批，每批抽样不少于一次 检验方法：检查产品合格证、出厂检验报告和进场复验报告
外加剂质量及应用	第7.2.2条	混凝土中掺用外加剂的质量及应用技术应符合现行国家标准《混凝土外加剂》（GB 8076）、《混凝土外加剂应用技术规范》（GB 50119）等和有关环境保护的规定。 预应力混凝土结构中，严禁使用含氯化物的外加剂。钢筋混凝土结构中，当使用含氯化物的外加剂时，混凝土中氯化物的总含量应符合现行国家标准《混凝土质量控制标准》（GB 50164）的规定	检查数量：按进场的批次和产品的抽样检验方案确定 检验方法：检查产品合格证、出厂检验报告和进场复验报告
混凝土中氯化物、碱的总含量控制	第7.2.3条	混凝土中氯化物和碱的总含量应符合现行国家标准《混凝土结构设计规范》（GB 50010）和设计的要求	检验方法：检查原材料试验报告和氯化物、碱的总含量计算书

（2）一般项目（表4-3）

表4-3 一般项目内容及监理验收要求

项目内容	规范条款	监理验收要求	验收方法
矿物掺合料质量及掺量	第7.2.4条	混凝土中掺用矿物掺合料的质量应符合现行国家标准《用于水泥和混凝土中的粉煤灰》（GB 1596）等的规定。矿物掺合料的掺量应通过试验确定	检查数量：按进场的批次和产品的抽样检验方案确定 检验方法：检查出厂合格证和进场复验报告
粗细骨料的质量控制	第7.2.5条	普通混凝土所用的粗、细骨料的质量应符合国家现行标准《普通混凝土用碎石或卵石质量标准及检验方法》（JGJ 53）、《普通混凝土用砂质量标准及检验方法》（JGJ 52）的规定	检查数量：按进场的批次和产品的抽样检验方案确定 检验方法：检查进场复验报告

续表

项目内容	规范条款	监理验收要求	验收方法
拌制混凝土用水	第7.2.6条	拌制混凝土宜采用饮用水；当采用其他水源时，水质应符合国家现行标准《混凝土拌合用水标准》（JGJ 63）的规定	检查数量：同一水源检查不应少于一次 检验方法：检查水质试验报告

2. 配合比设计质量标准

（1）主控项目（表4-4）

表4-4 主控项目内容及监理验收要求

项目内容	规范条款	监理验收要求	验收方法
配合比设计	第7.3.1条	混凝土应按国家现行标准《普通混凝土配合比设计规程》（JGJ 55）的有关规定，根据混凝土强度等级、耐久性和工作性等要求进行配合比设计 对有特殊要求的混凝土，其配合比设计尚应符合国家现行有关标准的专门规定	检验方法：检查配合比设计资料

（2）一般项目（表4-5）

表4-5 一般项目内容及监理验收要求

项目内容	规范条款	监理验收要求	验收方法
开盘鉴定	第7.3.2条	首次使用的混凝土配合比应进行开盘鉴定，其工作性应满足设计配合比的要求。开始生产时应至少留置一组标准养护试件，作为验证配合比的依据	检验方法：检查开盘鉴定资料和试件强度试验报告
依砂、石含水率调整配合比	第7.3.3条	混凝土拌制前，应测定砂、石含水率并根据测试结果调整材料用量，提出施工配合比	检查数量：每工作班检查一次 检验方法：检查含水率测试结果和施工配合比通知单

3. 混凝土施工质量标准

（1）主控项目（表4-6）

表4-6 主控项目内容及监理验收要求

项目内容	规范条款	监理验收要求	验收方法
混凝土强度等级及试件的取样和留置	第7.4.1条	结构混凝土的强度等级必须符合设计要求。用于检查结构构件混凝土强度的试件，应在混凝土的浇筑地点随机抽取。取样与试件留置应符合下列规定	检验方法：检查施工记录及试件强度试验报告

续表

项目内容	规范条款	监理验收要求	验收方法
混凝土强度等级及试件的取样和留置	第7.4.1条	(1) 每拌制100盘且不超过$100m^3$的同配合比的混凝土，取样不得少于一次 (2) 每工作班拌制的同一配合比的混凝土不足100盘时，取样不得少于一次 (3) 当一次连续浇筑超过$1000m^3$时，同一配合比的混凝土每$200m^3$取样不得少于一次 (4) 每一楼层、同一配合比的混凝土，取样不得少于一次 (5) 每次取样应至少留置一组标准养护试件，同条件养护试件的留置组数应根据实际需要确定	检验方法：检查施工记录及试件强度试验报告
混凝土抗渗及试件取样和留置	第7.4.2条	对有抗渗要求的混凝土结构，其混凝土试件应在浇筑地点随机取样。同一工程、同一配合比的混凝土，取样不应少于一次，留置组数可根据实际需要确定	检验方法：检查试件抗渗试验报告
原材料每盘称量的偏差	第7.4.3条	混凝土原材料每盘称量的偏差应符合表4-7的规定	检查数量：每工作班抽查不应少于一次 检验方法：复称
初凝时间控制	第7.4.4条	混凝土运输、浇筑及间歇的全部时间不应超过混凝土的初凝时间。同一施工段的混凝土应连续浇筑，并应在底层混凝土初凝之前将上一层混凝土浇筑完毕 当底层混凝土初凝后浇筑上一层混凝土时，应按施工技术方案中对施工缝的要求进行处理	检查数量：全数检查 检验方法：观察，检查施工记录

表4-7　原材料每盘称量的允许偏差

材料名称	允许偏差
水泥、掺合料	±2%
粗、细骨料	±3%
水、外加剂	±2%

注：1. 各种衡器应定期校验，每次使用前应进行零点校核，保持计量准确。
2. 当遇雨天或含水率有显著变化时，应增加含水率检测次数，并及时调整水和骨料的用量。

(2) 一般项目（表4-8）

表4-8　一般项目内容及监理验收要求

项目内容	规范条款	监理验收要求	验收方法
施工缝的留置和处理	第7.4.5条	施工缝的位置应在混凝土浇筑前按设计要求和施工技术方案确定。施工缝的处理应按施工技术方案执行	检查数量：全数检查 检验方法：观察，检查施工记录
后浇带的位置和浇筑	第7.4.6条	后浇带的留置位置应按设计要求和施工技术方案确定。后浇带混凝土浇筑应按施工技术方案进行	检查数量：全数检查 检验方法：观察，检查施工记录

续表

项目内容	规范条款	监理验收要求	验收方法
混凝土养护	第7.4.7条	混凝土浇筑完毕后，应按施工技术方案及时采取有效的养护措施，并应符合下列规定 （1）应在浇筑完毕后的12h以内对混凝土加以覆盖并保湿养护 （2）混凝土浇水养护的时间：对采用硅酸盐水泥、普通硅酸盐水泥或矿渣硅酸盐水泥拌制的混凝土，不得少于7d；对掺用缓凝型外加剂或有抗渗要求的混凝土，不得少于14d （3）浇水次数应能保持混凝土处于湿润状态；混凝土养护用水应与拌制用水相同 （4）采用塑料布覆盖养护的混凝土，其敞露的全部表面应覆盖严密，并应保持塑料布内有凝结水 （5）混凝土强度达到1.2N/mm² 前，不得在其上踩踏或安装模板及支架 （6）其他要求 1）当日平均气温低于5℃时，不得浇水 2）当采用其他品种水泥时，混凝土的养护时间应根据所采用水泥的技术性能确定 3）混凝土表面不便浇水或使用塑料布时，宜涂刷养护剂 4）对大体积混凝土的养护，应根据气候条件按施工技术方案采取控温措施	检查数量：全数检查 检验方法：观察，检查施工记录

4.2 施工监理控制细节

细节 水泥质量要求

普通混凝土工程中水泥应采用硅酸盐水泥、普通硅酸盐水泥、矿渣硅酸盐水泥、火山灰质硅酸盐水泥或粉煤灰硅酸盐水泥。水泥的强度等级由设计确定，但不宜低于32.5级。水泥是混凝土的重要组成成分，其进场时应对其品种、级别、包装或散装仓号、出厂日期等进行检查，并应对其强度、安定性及其他必要的性能指标进行复验，其质量必须符合现行国家标准《硅酸盐水泥、普通硅酸盐水泥》（GB 175—1999）等的规定。钢筋混凝土结构、预应力混凝土结构中，严禁使用含氯化合物的水泥。

（1）一般规定

1）水泥出厂质量合格证和试验单应字迹清楚，项目齐全、准确、真实，且无未了事项。

2）水泥应有生产厂家的出厂质量证明书，并应对其品种、强度等级、包装（或散装仓号）和出厂日期等检查验收。

3）有下列情况之一者，必须进行复试，混凝土应重新试配：

①用于承重结构的水泥。

②无出厂证明的。

③水泥出厂超过3个月（快硬硅酸盐水泥为1个月）复试合格可按复试强度使用。

④对水泥质量有怀疑的。

⑤进口水泥。

4）水泥复试项目

抗压强度、抗折强度。

（2）进场水泥外观检查

水泥袋上应清楚标明：工厂名称、生产许可证编号、品种、名称、代号、强度等级、包装年、月、日和编号。掺火山灰质混合材料的普通水泥还应标上“掺火山灰”字样，散装水泥应提交与袋标志相同内容的卡片和散装仓号，设计对水泥有特殊要求时，应检查是否与设计要求相符。

抽查水泥的重量是否符合规定。绝大部分水泥每袋净重为（50±1）kg，但以下品种的水泥每袋净重略有不同：

1）快凝快硬硅酸盐水泥：每袋净重为：（45±1）kg。

2）砌筑水泥：每袋净重为：（40±1）kg。

3）硫铝酸盐早强水泥：每袋净重为：（46±1）kg。

注意袋装水泥的净重，以保证水泥的合理运输和掺量。

产品合格证检查：检查产品合格证的品种、强度等级等指标是否符合要求，进货品种是否和合格证相符。

（3）水泥取样

水泥的取样应符合表6-2中的规定。取样要有代表性，一般可以从20个以上的不同部位或20袋中取等量样品，总数至少12kg，拌合均匀后分成两等份，一份由试验室按标准进行试验，一份密封保存备校验用。

1）取样步骤

水泥取样应按以下步骤进行：

①袋装水泥

在袋装水泥堆场取样。可采用图4-1的专用取样管，随机选择20个以上不同的部位，将取样管插入水泥适当深度，用大拇指按住气孔，小心抽出取样管。将所取样品放入洁净、干燥、不易受污染的容器中。

②散装水泥

在散装水泥卸料处或输送水泥运输机具上取样。当所取水泥深度不超过2m时，可采用图4-2的专用取样管，通过取样管内管控制开关，在适当位置插入水泥一定深度，关闭后小心抽出。将所取样品放入洁净、干燥、不易受污染的容器中。

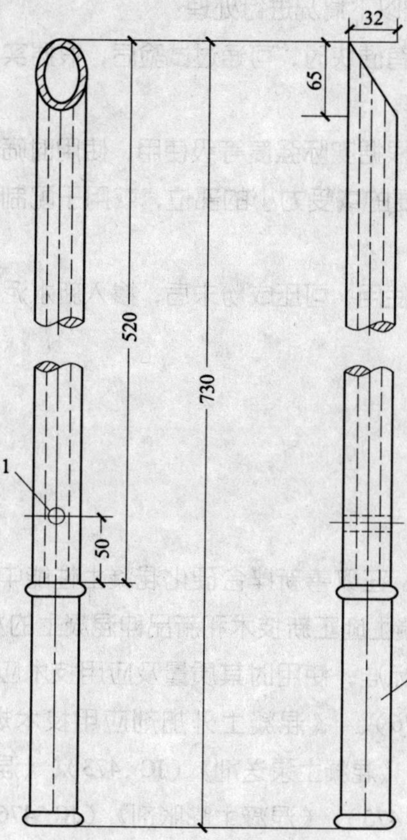

图 4-1　袋装水泥取样管

1—气孔；2—手柄

（材质：黄铜，气孔和壁厚尺寸自定）

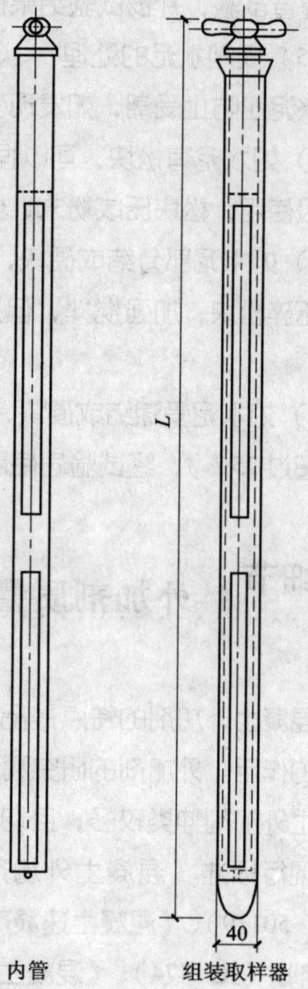

图 4-2　散装水泥取样管

（$L = 1000 \sim 2000$mm）

2）样品制备

样品缩分可采用二分器，一次或多次将样品缩分到标准要求的规定量。水泥样要通过 0.9mm 方孔筛，均分为试验样和封存样。样品应存放在密封的金属容器中，加封条。容器应洁净、干燥、防潮、密闭、不易破损、不与水泥发生反应。存放于干燥、通风的环境中。

（4）水泥的保管

1）水泥进场必须附有出厂合格证或进场试验报告，并应对其品种、强度等级、包装或散装仓号、出厂日期等检查验收，分别堆放，防止混杂使用。

2）水泥应整齐堆放，袋装水泥堆的高度一般不超过 10 包，堆宽以 5 ~ 10 袋为限；散装水泥应放置在专门的防潮仓内。临时露天堆放，应用防雨篷布遮盖。

3）水泥贮存时间一般不应超过三个月（快硬水泥为一个月）。一般水泥在正常干燥环境中存放三个月，强度将降低 10% ~ 20%；存放 6 个月，强度将降低 15% ~ 30%。水泥出厂超过三个月（快硬水泥超过一个月），或对水泥质量有怀疑时，使用前应复查试验，并按试验结果使用。

（5）受潮水泥的处理

水泥应防止受潮，如发现受潮结块，可按以下情况进行处理：

1）如水泥有松块，可以捏成粉末，但没有硬块时，可通过试验后，根据实际强度等级使用，松块压成粉末，使用时加强搅拌。

2）如水泥部分结成硬块，可通过试验后根据实际强度等级使用，使用时筛去硬块，压碎松块，加强搅拌，但只能用于不重要的或受力小的部位，或用于配制砌筑砂浆。

3）如水泥受潮结成硬块，一般不得直接使用，可压成粉末后，掺入新水泥（至多不超过25%），经试验后使用。

细节　外加剂质量要求

混凝土外加剂的特点是品种多、掺量小、在改善新拌合硬化混凝土性能中起着重要的作用。外加剂的研究和应用促进了混凝土施工新技术和新品种混凝土的发展。混凝土外加剂种类较多，且均有相应的质量标准，使用时其质量及应用技术应符合国家现行标准《混凝土外加剂》（GB 8076）、《混凝土外加剂应用技术规范》（GBJ 50119）、《混凝土速凝剂》（JC 472）、《混凝土泵送剂》（JC 473）、《混凝土防水剂》（JC 474）、《混凝土防冻剂》（JC 475）、《混凝土膨胀剂》（JC 476）等的规定。外加剂的检验项目、方法和批量应符合相应标准的规定。若外加剂中含有氯化物，同样可能引起混凝土结构中钢筋的锈蚀，故应严格控制。

细节　矿物掺合料质量要求

混凝土掺合料的种类主要有粉煤灰、粒化高炉矿渣粉、沸石粉、硅灰和复合掺合料等，有些目前尚没有产品质量标准。对各种掺合料，均应提出相应的质量要求，并通过试验确定其掺量。工程应用时，尚应符合国家现行标准《粉煤灰混凝土应用技术规范》（GBJ 146）、《粉煤灰在混凝土和砂浆中应用技术规程》（JGJ 28）、《用于水泥与混凝土中粒化高炉矿渣粉》（GB/T 18046）等的规定。

现以粉煤灰为例简要说明矿物掺合料在混凝土中的应用。

（1）各等级粉煤灰的适用范围如下：

Ⅰ级粉煤灰适用于钢筋混凝土和跨度小于6m的预应力混凝土。

Ⅱ级粉煤灰适用于钢筋混凝土和无筋混凝土。

Ⅲ级粉煤灰主要用于无筋混凝土。对设计强度等级C30及以上的无筋粉煤灰混凝土，宜采用Ⅰ、Ⅱ级粉煤灰。

用于预应力混凝土、钢筋混凝土及设计强度等级C30及以上的无筋混凝土的粉煤灰等级，如经试验论证，可采用比上述规定低一级的粉煤灰。

（2）混凝土中掺用粉煤灰，可采用等量取代法、超量取代法或外加法。

（3）粉煤灰在各种混凝土中取代水泥的最大限量（以重量计），应符合表4-9的规定。

表4-9　粉煤灰取代水泥的最大限量

混凝土种类	粉煤灰取代水泥的最大限量（%）			
	硅酸盐水泥	普通硅酸盐水泥	矿渣硅酸盐水泥	火山灰质硅酸盐水泥
预应力混凝土	25	15	10	–
钢筋混凝土 高强度混凝土 高抗冻融性混凝土 蒸汽养护混凝土	30	25	20	15
中、低强度混凝土 泵送混凝土 大体积混凝土 水下混凝土 地下混凝土 压浆混凝土	50	40	30	20
碾压混凝土	65	55	45	35

细节　粗、细骨料质量要求

（1）石子

碎石应由天然岩石或卵石经破碎、筛分而得的粒径大于5mm的岩石颗粒；卵石应由自然条件作用而形成的粒径大于5mm的岩石颗粒。碎石或卵石中针、片状颗粒含量应符合表4-10的规定。碎石或卵石中含泥量、泥块含量限值应符合表4-11的规定。碎石或卵石中有害物质含量限值应符合表4-12的规定。

表4-10　石中针、片状颗粒含量

混凝土强度等级	≥C30	<C30
针、片状颗粒含量（按重量计%）	≤15	≤25

表4-11　石中含泥量、泥块含量限值

混凝土强度等级	≥C30	<C30
含泥量（按重量计%）	≤1.0	≤2.0
泥块含量（按重量计%）	≤0.5	≤0.7

表4-12　石中有害物质含量限值

项目	质量指标
硫化物及硫酸盐含量（折算成 SO_3，按重量计%）	≤1.0
卵石中有机质含量（用比色法试验）	颜色应不深于标准色，如深于标准色，则应配制成混凝土进行强度对比试验，抗压强度比应不低于0.95

混凝土用的卵石或碎石粒径的上限，称为该粒径的最大粒径。石子粒径大，其表面积随之减少。因此保证一定厚度的润滑层所需的水泥砂浆的数量也相应减少，所以石子最大粒径在条件许可下，应尽量选用大一些的。但石子粒径的选用，取决于构件截面尺寸和配筋的疏密。石子最大颗粒尺寸不得超过结构截面最小尺寸的1/4，同时不得大于钢筋最小净距的3/4，对板类构件不得超过板厚的1/2。

（2）砂子

1）颗粒级配与粗细程度

为保证混凝土的施工和易性，并节约水泥，较经济地配制质量合格的混凝土，应选择颗粒级配好，而且粗细程度适宜的骨料。在砂子用量一定的情况下，最好采用空隙率小而总表面积也小的砂。砂的空隙率小，则混凝土骨架较密实，填充砂子空隙的水泥浆则少；砂总表面积小，包裹砂子表面的水泥浆用量则减少，这就可节约水泥用量。砂的空隙率大小取决于颗粒级配的好坏，而总表面积的大小又取决于砂的粗细程度。当采用同一粒径砂时，其空隙率较大；两种不同粒径砂搭配得当，则空隙率减小；采用多种（粗、中、细或更细）粒径混合时，空隙率会更小。这样一级一级颗粒互相填充搭配，若比例适当，就会使砂子空隙达到最小。所指砂子级配好，就是指砂子空隙率较小。砂子的粗细程度影响砂的总表面积，在相同用量条件下，细砂总表面积大，粗砂总表面积小。为了获得比较小的总表面积，并节约混凝土中水泥用量，应尽量多采用较粗的颗粒。但颗粒过粗，易使混凝土拌合物产生泌水，影响和易性。若砂中粗颗粒过多，中小颗粒搭配又不好，会使砂空隙率增大。因此，砂子粗细程度要与砂的颗粒级配同时考虑。

2）砂应采用天然砂，砂中含泥量、泥块含量限值应符合表4-13的规定；砂中有害物质限值应符合表4-14的规定。

表4-13　砂中含泥量、泥块含量限值

混凝土强度等级	≥C30	<C30
含泥量（按重量计%）	≤3.0	≤5.0
泥块含量（按重量计%）	≤1.0	≤2.0

表4-14　砂中有害物质限值

项目	质量指标
云母含量（按重量计%）	≤2.0
轻物质含量（按重量计%）	≤1.0
硫化物及硫酸盐含量（折算成 SO_3，按重量计%）	≤1.0

续表

项目	质量指标
有机物含量（用比色法试验）	颜色不应深于标准色，如深于标准色，则应按水泥胶砂强度试验方法，进行强度对比试验，抗压强度比不应低于0.95

（3）砂、石验收

砂、石的验收分别按《普通混凝土用砂质量标准及检验方法》及《普通混凝土用碎石或卵石质量标准及检验方法》中的规定进行。购货单位应按同产地同规格分批验收。用大型工具（如火车、货船或汽车）运输的，以400m^3或600t为一验收批。用小型工具（如马车等）运输的，以200m^3或300t为一验收批。不足上述数量者以一批论。

对于砂子，每验收批至少应进行颗粒级配、含泥量和泥块含量检验。如为海砂，还应检验其氯离子含量。对重要工程或特殊工程应根据工程要求，增加检测项目。当质量比较稳定、进料量又较大时，可定期检验。

对于石子，每验收批至少应进行颗粒级配、含泥量、泥块含量及针、片状颗粒含量检验。对重要工程或特殊工程应根据工程要求增加检测项目。当质量比较稳定、进料量又较大时，可定期检验。

使用单位对砂、石的质量检测报告内容应包括委托单位、样品编号、工程名称、样品产地、类别、代表数量、检测依据、检测条件、检测项目、检测结果、结论等。

细节 水质量要求

（1）拌合用水的类型

混凝土拌合用水按水源可分为饮用水、地表水、地下水、海水以及经适当处理或处置后的工业废水。现分别说明如下表4-15：

表4-15 混凝土拌合用水表

水源	说明
生活饮用水	符合国家标准的生活饮用水，可拌制各种混凝土
地表水和地下水	地表水和地下水首次使用前，应按有关标准规定进行检验合格后，方可使用拌制混凝土
海水	海水可用于拌制素混凝土，但不得用于拌制钢筋混凝土和预应力混凝土。有饰面要求的混凝土不得用海水拌制
工业废水	工业废水经检验合格后可用于拌制混凝土，否则必须予以处理，合格后方能使用

（2）混凝土拌合用水技术要求

1）拌合用水所含物质

拌合用水所含物质对混凝土、钢筋混凝土和预应力混凝土不应产生以下有害作用：

①影响混凝土的和易性及凝结。

②有损于混凝土强度发展。

③降低混凝土的耐久性，加快钢筋腐蚀及导致预应力钢筋脆断。

④污染混凝土表面。

2）凝结时间

用待检验水和蒸馏水（或符合国家标准的生活饮用水）试验所得的水泥初凝时间差及终凝时间差均不得大于30min，其初凝和终凝时间尚应符合水泥国家标准的规定。

3）抗压强度

用待检验水配制的水泥砂浆或混凝土的28d抗压强度（若有早期抗压强度要求时需增加7d抗压强度）不得低于用蒸馏水（或符合国家标准的生活饮用水）拌制的对应砂浆或混凝土抗压强度的90%。

4）水的pH值

水的pH值、不溶物、可溶物、氯化物、硫酸盐、硫化物的含量应符合表4-16的规定。

表4-16 混凝土拌合用水的物质含量限值

项目	预应力混凝土	钢筋混凝土	素混凝土
pH值	>4	>4	>4
不溶物（mg/L）	<2000	<2000	<5000
可溶物（mg/L）	<2000	<5000	<10000
氯化物（以Cl^-计）（mg/L）	<500	<1200	<3500
硫酸盐（以SO_4^{2-}计）（mg/L）	<600	<2700	<2700
硫化物（以S^{2-}计）（mg/L）	<100	—	—

注：使用钢丝或经热处理钢筋的预应力混凝土氯化物含量不得超过0.06%。

细节 配合比设计

混凝土应根据实际采用的原材料进行配合比设计并按普通混凝土拌合物性能试验方法等标准进行试验、试配，以满足混凝土强度、耐久性和工作性（坍落度等）的要求，不得采用经验配合比。同时，应符合经济、合理的原则。

实际生产时，对首次使用的混凝土配合比应进行开盘鉴定，并至少留置一组28d标准养护试件，以验证混凝土的实际质量与设计要求的一致性。施工单位应注意积累相关资料，以利于提高配合比设计水平。

混凝土生产时，砂、石的实际含水率可能与配合比设计时存在差异，故应测定实际含水率并相应地调整材料用量。

（1）配合比设计

1）设计要求

根据《混凝土结构工程施工质量验收规范》的规定，混凝土配合比设计应达到如下要求：

①满足混凝土结构设计的强度要求和各种使用环境下的耐久性要求。

②要使混凝土拌合物具有适应施工条件的流动性（坍落度）等工作性能。

③对某些特殊要求的工程，混凝土还应满足抗冻性、抗渗性等要求。

④要节约使用水泥和降低工程成本，以达到要求的技术经济效果。

2）设计方法

我国现行的《普通混凝土配合比设计规程》（JGJ 55—2000）中采用了绝对体积法和假定重量法两种配合比设计方法。所谓绝对体积法（简称“体积法”）是根据填充理论进行设计的。即将混凝土按体积配制粗骨料，细骨料填充粗骨料空隙并考虑混凝土的工作性能确定砂率，根据强度要求及其他要求确定用胶量和水胶比的混凝土配制方法。重量法则是假定混凝土的重量，考虑混凝土不同要求，采用不同重量比的设计方法。

3）设计步骤

①计算混凝土配制强度，并求出相应的水灰比。

②选取每立方米混凝土的用水量，并计算出每立方米混凝土的水泥用量。

③选取砂率，计算粗骨料和细骨料的用量，并提出供试配用的计算配合比。

④混凝土配合比试配。

⑤混凝土配合比调整。

⑥混凝土配合比确定。

⑦根据粗骨料与细骨料的实际含水量，调整计算配合比，确定混凝土施工配合比。

（2）配合比计算

为了使所配制的混凝土在工程使用时其强度标准值具有不小于95%的强度保证率，配合比设计时的混凝土配制强度应高于设计要求的强度标准值。混凝土配制强度按下式计算：

$$f_{cu,o} \geqslant f_{cu,k} + 1.645\sigma \tag{4-1}$$

式中 $f_{cu,o}$——混凝土配制强度，MPa；

$f_{cu,k}$——混凝土立方体抗压强度标准值，MPa；

σ——混凝土强度标准差。

1）遇到下列情况时应提高混凝土配制强度中的“大于”条件：

①现场条件与试验室条件有显著差异时。

②C30级及其以上强度等级的混凝土采用非统计方法评定时。

2）混凝土强度标准差宜根据同类混凝土统计资料计算确定，并应符合下列规定：

①计算时，强度试件组数不应小于25组。

②当混凝土强度等级为C20和C25级，其强度标准差计算值小于2.5MPa时，计算配制强度用的标准差应取不小于2.5MPa；当混凝土强度等级等于或大于C30级，其强度标准差计算值小于3.0MPa时，计算配制强度用的标准差应取不小于3.0MPa。

③当无统计资料计算混凝土强度标准差时，其值应按现行国家标准GB 50204的规定取用。即低于C20的混凝土取4.0，C20～C35混凝土取5.0，高于C30混凝土取6.0。

（3）混凝土拌合物试配

1）确定水灰比

①根据混凝土配制强度和耐久性要求可按下式计算相应的水灰比：

$$\frac{W}{C}=\frac{m_W}{m_C}=\frac{\alpha f_{ce}}{f_{cu,o}+\alpha_a\alpha_b f_{ce}} \tag{4-2}$$

式中 α_a，α_b——回归系数；

f_{ce}——水泥28d抗压强度实测值，MPa。

②当无水泥28d抗压强度实测值时，f_{ce}值可按下式确定：

$$f_{ce}=\gamma_c f_{ce,g} \tag{4-3}$$

式中 γ_c——水泥强度等级值的富余系数，可按实际统计资料确定；

$f_{ce,g}$——水泥强度等级值，MPa。

③回归系数α_a和α_b宜按下列规定确定：

a. 回归系数α_a和α_b应根据工程所使用的水泥、骨料，通过试验由建立的水灰比与混凝土强度关系式确定。

b. 当不具备试验统计资料时，回归系数可按表4-17采用。

表4-17 回归系数α_a、α_b选用表

石子品种 系数	碎石	卵石
α_a	0.46	0.48
α_b	0.07	0.33

2）用水量的确定

每立方米混凝土用水量的确定与成型工艺有关。常规成型工艺的干硬性混凝土或塑性混凝土用水量与粗骨料的品种、粒径及施工要求的混凝土拌合物稠度有关。水灰比在0.4～0.8范围时，见表4-18和表4-19。

表4-18 干硬性混凝土的用水量 （kg/m^3）

拌合物稠度		卵石最大粒径（mm）			碎石最大粒径（mm）		
项目	指标	10	20	40	16	20	40
维勃稠度（s）	16～20	175	160	145	180	170	155
	11～15	180	165	150	185	175	160
	5～10	185	170	155	190	180	165

表 4-19 塑性混凝土的用水量 (kg/m^3)

拌合物稠度		卵石最大粒径（mm）				碎石最大粒径（mm）			
项目	指标	10	20	31.5	40	16	20	31.5	40
坍落度（mm）	10～30	190	170	150	200	185	175	165	
	35～50	200	180	160	210	195	185	175	
	55～70	210	190	170	220	205	195	185	
	75～90	215	195	175	230	215	205	195	

表 4-18、表 4-19 中用水量系采用中砂时的平均取值。采用细砂时，每立方米混凝土用水量可增加 5～10kg；采用粗砂时可减少 5～10kg。掺用各种外加剂或掺合料时，用水量应相应调整。

①水灰比小于 0.40 的混凝土以及采用特殊成型工艺（如碾压混凝土等）的混凝土用水量应通过试验确定。

②不掺外加剂的流动性和大流动性混凝土的用水量以表 4-19 中坍落度 90mm 的用水量为基础，坍落度每增大 20mm 时用水量增加 5kg 计算。

掺外加剂的混凝土用水量可按下式计算：

$$m_{wa} = m_{wo}(1-\beta) \tag{4-4}$$

式中 m_{wa}——掺外加剂混凝土每立方米混凝土的用水量，kg；

m_{wo}——未掺外加剂混凝土每立方米混凝土的用水量，kg；

β——外加剂的减水率（应经试验确定）。

3）确定水泥用量

根据用水量和灰水比，便可计算 $1m^3$ 混凝土水泥用量 m_c 为

$$m_c = \frac{m_c}{m_w} m_w \tag{4-5}$$

为保证混凝土的耐久性和一定的密实度，采用的水灰比和水泥用量应根据设计要求或满足表 4-20 中最大水灰比和最小水泥用量的要求。如不能满足时，则应采用表 4-20 中规定的数值，此时，在不影响操作的情况下，用水量可不减，增加水泥用量，但配制普通混凝土的水泥用量不应大于 $550kg/m^3$。

表 4-20 混凝土的最大水灰比和最小水泥用量

环境条件		结构物类别	最大水灰比			最小水泥用量（kg）		
			素混凝土	钢筋混凝土	预应力混凝土	素混凝土	钢筋混凝土	预应力混凝土
干燥环境		正常的居住或办公用房屋内部件	不作规定	0.65	0.60	200	260	300
潮湿环境	无冻害	高湿度的室内部件 室外部件 在非侵蚀性土和（或）水中的部件	0.70	0.60	0.60	225	280	300

续表

环境条件		结构物类别	最大水灰比			最小水泥用量（kg）		
			素混凝土	钢筋混凝土	预应力混凝土	素混凝土	钢筋混凝土	预应力混凝土
潮湿环境	有冻害	经受冻害的室外部件在非侵蚀性土和（或）水中且经受冻害的部件高湿度且经受冻害的室内部件	0.55	0.55	0.55	250	280	300

4）确定砂率

砂率是指砂的重量占砂、石总重量的百分率。砂率可根据本单位对所用材料的使用经验确定，如无使用经验，可按骨料品种、规格及混凝土的水灰比参照表4-21选用。

表4-21　混凝土砂率选用表　（%）

水灰比（m_w/m_c）	碎石最大粒径（mm）			卵石最大粒径（mm）		
	15	20	40	10	20	40
0.40	30～35	29～34	27～32	26～32	25～31	24～30
0.50	33～38	32～37	30～35	30～35	29～34	28～33
0.60	36～41	35～40	33～38	33～38	32～37	31～36
0.70	39～44	38～43	36～41	36～41	35～40	34～39

注：1. 表中数值系中砂的选用砂率，对粗砂或细砂，可相应地增加或减少砂率。
2. 本表适用于坍落度为16～60mm的混凝土，坍落度如大于60mm或小于10mm时。应相应地增加或减小砂率。
3. 只用一个单粒级粗骨料配制混凝土时，砂率值应适当增大。

5）确定粗、细骨料用量

①重量法

重量法是假定混凝土拌合物的表观密度等于各组成材料的质量和。按以下两式计算

$$m_{co}+m_{go}+m_{so}+m_{wo}=m_{cp} \tag{4-6}$$

$$\beta_s=\frac{m_{so}}{m_{go}+m_{so}}\times 100\% \tag{4-7}$$

式中　m_{co}——每立方米混凝土的水泥用量，kg；

m_{go}——每立方米混凝土的粗骨料用量，kg；

m_{so}——每立方米混凝土的细骨料用量，kg；

m_{wo}——每立方米混凝土的用水量，kg；

β_s——砂率，%；

m_{cp}——1m^3混凝土拌合物的假定质量，kg，其值可取2350～2450kg。

联立求解即可解得混凝土各组成材料的用量。

②体积法

体积法是假定1m^3混凝土的体积应等于各组成材料的绝对体积之和。按以下两式计算：

$$\frac{m_{co}}{\rho_c}+\frac{m_{go}}{\rho_g}+\frac{m_{so}}{\rho_s}+\frac{m_{wo}}{\rho_w}+0.01\alpha=1 \tag{4-8}$$

$$\beta_s=\frac{m_{so}}{m_{go}+m_{so}}\times 100\% \tag{4-9}$$

式中 ρ_c——水泥密度，kg/m³，可取 2900～3100kg/m³；

ρ_g——粗骨料的表观密度，kg/m³；

ρ_s——细骨料的表观密度，kg/m³；

ρ_w——水的密度，kg/m³，可取 1000kg/m³；

α——混凝土的含气量百分数，在不使用引气型外加剂时，α 可取为 1。

联立求解式可解得混凝土各组成材料的用量及混凝土的配合比。

（4）混凝土配合比试配、调整与确定

1）混凝土配合比的试配

①材料要求

进行混凝土配合比试配时所用的各种原材料应采用工程中实际使用的原材料。

②搅拌方法与拌合物数量

试配混凝土的搅拌方法宜与生产时使用的方法相同。混凝土配合比试配时，每盘混凝土的最小搅拌量应符合表 4-22 的规定；当采用机械搅拌时，其搅拌量不应小于搅拌机额定搅拌量的 1/4。

表 4-22　试配混凝土的最小搅拌量

骨料最大粒径（mm）	拌合物数量（L）
31.5 及以下	15
40	25

③调整方法

按计算的配合比进行试配时，首先应进行试拌以检查拌合物的性能。当试拌得出的拌合物坍落度或维勃稠度不能满足要求，或黏聚性和保水性不好时，应在保证水灰比不变的条件下相应调整用水量或砂率，直到符合要求为止。然后提出供混凝土强度试验用的基准配合比。国内外常用的砂率和用水量调整见表 4-23。

表 4-23　砂率和用水量调整参考表

改变情况	砂率增减（%）	用水量增减（L/m³）
水灰比每增加 0.05，用水量保持不变	+1	0
砂的细度模数每增加 0.1	+0.5	0
坍落度每增加 10mm	…	+（3～4）
砂用量每增加 1%（含砂率）	…	+2
含气量每增加 1%（引气剂）	-（0.5～1）	-（5～6）
碎石	+（3～5）	+10
人造石	+（2～3）	+（6～9）

注：本表以卵石塑性混凝土的变化为基准。

④试块的制作与检验

混凝土强度试验时至少应采用三个不同的配合比制作混凝土强度试验试件。在试拌确定的基准配合比的基础上，另外两个配合比的水灰比，宜较基准配合比分别增加和减少0.05；用水量应与基准配合比相同，砂率可分别增加和减少1%。在制作混凝土强度试验试件时，应检验混凝土拌合物的坍落度或维勃稠度、黏聚性、保水性及拌合物的表观密度，并以此结果作为代表相应配合比的混凝土拌合物的性能。进行混凝土强度试验时，每种配合比至少应制作一组（三块）试件，标准养护到28d时试压。需要时可同时制作几组试件，供快速检验或较早龄期试压，以便提前定出混凝土配合比供施工使用。

2）施工配合比的确定

①计算调整后的材料用量

根据试验得出的混凝土强度与其相对应的灰水比（C/W）关系，用作图法或计算法求出与混凝土配制强度（$f_{cu,o}$）相对应的灰水比，并按下列原则确定每立方米混凝土的材料用量：

a. 用水量（m_w）应在基准配合比用水量的基础上，根据制作强度试件时测得的坍落度或维勃稠度进行调整确定。

b. 水泥用量（m_c）应以用水量乘以选定出来的灰水比计算确定。

c. 粗骨料和细骨料用量（m_g和m_s）应在基准配合比的粗骨料和细骨料用量的基础上，按选定的灰水比进行调整后确定。

②配合比调整

经试配确定配合比后，尚应按下列步骤进行校正：

a. 根据上述确定的材料用量按下式计算混凝土的表观密度计算值

$$\rho_{c,c} = m_c + m_g + m_s + m_w \tag{4-10}$$

b. 按下式计算混凝土配合比校正系数

$$\delta = \frac{\rho_{c,t}}{\rho_{c,c}} \tag{4-11}$$

式中 $\rho_{c,t}$——混凝土表观密度实测值，kg/m^3；

$\rho_{c,c}$——混凝土表观密度计算值，kg/m^3。

当混凝土表观密度实测值与计算值之差的绝对值不超过计算值的2%时，按上述程序确定的配合比即为确定的设计配合比；当两者之差超过2%时，应将配合比中每项材料用量均乘以校正系数δ，即为确定的设计配合比。

根据本单位常用的材料，可设计出常用的混凝土配合比备用，在使用过程中，应根据原材料情况及混凝土质量检验的结果予以调整。但遇有下列情况之一时，应重新进行配合比设计。

a. 对混凝土性能指标有特殊要求时；

b. 水泥、外加剂或矿物掺合料品种、质量有显著变化时；

c. 该配合比的混凝土生产间断半年以上时。

细节 混凝土配料与拌制

现代混凝土一般由水泥、骨料、水和外加剂，还有各种矿物掺合料组成。将各种组分材料按已经确定的配合比进行拌制生产。首先要进行配料，一般情况下配料与拌制是混凝土生产的连续过程，但也有在某地将各种干料配好后运送到另一地点加水拌制、浇筑的做法，主要由工程实际确定。

通常混凝土供应有商品混凝土和现场搅拌两种方式。商品混凝土由混凝土生产厂专门生产。推行商品混凝土，实施混凝土集中搅拌集中供应有以下优点：

（1）可使用散装水泥；

（2）可推广应用先进技术，实行科学管理，控制混凝土质量；

（3）可减少原材料消耗，能节约水泥10%～15%左右；

（4）可专业化生产，提高劳动生产率；

（5）可文明施工，减少环境污染，具有显著的经济效益和社会效益。

商品混凝土在生产过程中实现了机械化配料、上料；计量系统实现称量自动化，使计量准确，容易达到规范要求的材料计量精度；可以掺加外加剂和矿物掺合料。这些条件比起现场搅拌站来，要优越得多。

对于现场零星浇灌的混凝土也可使用简易搅拌站进行搅拌。现场的简易搅拌站一般设一台强制式（或自落式）搅拌机，配一杆台秤。简易搅拌站一般采用手推车上料，每班称量材料不少于2次，将砂、石称量后装入搅拌机，称出水泥、水，将外加剂溶入水中，一齐入机搅拌。

混凝土拌制是混凝土施工技术中的重要环节，对混凝土的质量将产生重要影响，切不可等闲视之。拌制混凝土的每个环节都不可大意，首先应根据配合比设计要求选好原材料，并进行严格的计量。所用计量器具必须定期送检，搅拌站（或搅拌楼）安装好后必须经政府有关部门进行计量认证。搅拌过程中对各种材料的数量要控制在允许偏差范围内。搅拌时要注意投料次序，控制最小搅拌时间。卸料后要控制混凝土的出机温度与坍落度并检查和易性与均匀性，这样才能保证拌制出优质混凝土。混凝土搅拌的最短时间，见表4-24。

表4-24 混凝土搅拌的最短时间 （s）

混凝土坍落度（mm）	搅拌机机型	搅拌机出料量（L）		
		＜250	250～500	＞500
≤30	强制式	60	90	120
	自落式	90	120	150
＞30	强制式	60	60	90
	自落式	90	90	120

注：1. 混凝土搅拌的最短时间系指自全部材料装入搅拌筒中起，到开始卸料止的时间。
2. 当掺有外加剂时，搅拌时间应适当延长。
3. 全轻混凝土宜采用强制式搅拌机搅拌，砂轻混凝土可采用自落式搅拌机搅拌，但搅拌时间应延长60～90s。
4. 采用强制式搅拌机搅拌轻骨料混凝土的加料顺序是：当轻骨料在搅拌前预湿时，先加粗、细骨料和水泥搅拌30s，再加水继续搅拌；当轻骨料在搅拌前未预湿时，先加1/2的总用水量和粗、细骨料搅拌60s，再加水泥和剩余用水量继续搅拌。
5. 当采用其他形式的搅拌设备时，搅拌的最短时间应按设备说明书的规定或经试验确定。

(1) 原材料重量的允许偏差

混凝土原材料每盘称量的偏差不得超过表4-7中的允许偏差的规定。为了保证称量准确，工地的各种衡器应定期校验；每次使用前应进行零点校核，保持计量准确。水泥、砂、石子、掺合料等干料的配合比，应采用重量法计量，严禁采用容积法；水的计量是在搅拌机上配置的水箱或定量水表上按体积计量；外加剂中的粉剂可按比例稀释为溶液，按用水量加入，也可将粉剂按比例与水泥拌匀，按水泥计量。施工现场要经常测定施工用的砂、石料的含水率，将实验室中的混凝土配合比换算成施工配合比，然后进行配料。

(2) 混凝土拌合物性能

混凝土拌合物的质量指标包括稠度、含气量、水灰比、水泥含量及均匀性等。各种混凝土拌合物应检验其稠度。检测结果应符合表4-25规定。

表4-25　混凝土稠度的分级及允许偏差

稠度分类	级别名称	级别符号	测值范围	允许偏差
坍落度（mm）	低塑性混凝土	T_1	10～40	±10
	塑性混凝土	T_2	50～90	±20
	流动性混凝土	T_3	100～150	±30
	大流动性混凝土	T_4	≥160	±30
维勃稠度（s）	超干硬性混凝土	V_0	≥31	±6
	特干硬性混凝土	V_1	30～21	±6
	干硬性混凝土	V_2	20～11	±4
	半干硬性混凝土	V_3	10～5	±3

掺引气型外加剂的混凝土拌合物应检验其含气量。一般情况下，根据混凝土所用粗骨料的最大粒径，其含气量的检测指标不宜超过表4-26的规定。

表4-26　混凝土的含气量及其允许偏差表

粗骨料最大粒径（mm）	混凝土含气量最大限值（%）
10	7.0
15	6.0
20	5.5
25	5
40	4.5
50	4
80	3.5
150	3

有时根据需要检验混凝土拌合物的水灰比和水泥含量。实测的水灰比和水泥含量应符合配合比设计要求。

混凝土拌合物应满足拌合均匀，颜色一致，不得有离析、泌水现象等要求。其检测结果应符合表4-27要求。

表 4-27 混凝土拌合物均匀性指标

检查项目	指标
混凝土中砂浆密度测值的相对误差	≤0.8%
单位体积混凝土中粗骨料含量测值的相对误差	≤5%

（3）冬期混凝土搅拌

冬期施工时，投入混凝土搅拌机中各种原材料的温度往往不同。通过搅拌，必须使混凝土内温度均匀一致。因此，搅拌时间应比表 4-24 中的规定时间延长 50%。

投入混凝土搅拌机中的骨料不得带有冰屑、雪团及冻块。否则，会影响混凝土中用水量的准确性和破坏水泥石与骨料之间的黏结。当水需加热时，还会消耗大量热能，降低混凝土的温度。

当需加热原材料以提高混凝土的温度时，应优先采用将水加热的方法。因为水的加热简便，且水的热容量大，其比热约为砂、石的 4.5 倍，故将水加热是最经济、最有效的方法。只有当加热水达不到所需的温度要求时，才可依次对砂、石进行加热。水泥不得直接加热，使用前宜事先运入暖棚内存放。

水可在锅中或锅炉中加热，或直接通入蒸汽加热。骨料可用热炕、铁板、通汽蛇形管或直接通入蒸汽等方法加热。水及骨料的加热温度应根据混凝土搅拌后的最终温度要求，通过热工计算确定，其加热最高温度不得超过表 4-28 的规定。

表 4-28 拌合水及骨料加热最高温度

项目	拌合水（℃）	集料（℃）
强度等级小于 32.5 级的普通硅酸盐水泥、矿渣硅酸盐水泥	80	60
强度等级等于及大于 42.5 级的硅酸盐水泥、普通硅酸盐水泥	60	40

当骨料不加热时，水可加热到 100℃。但搅拌时，为防止水泥“假凝”，水泥不得与 80℃以上的水直接接触。因此，投料时，应先投入骨料和已加热的水，稍加搅拌后，再投入水泥。

采用蒸汽加热时，蒸汽与冷的混凝土材料接触后放出热量，本身凝结为水。混凝土要求升高的温度越高，凝结水也越多。该部分水应该作为混凝土搅拌用水量的一部分来考虑。搅拌 1m³ 混凝土所产生的凝结水可按下式近似地计算：

$$g_H = \frac{\gamma_H c_H (t_H - t_Q)}{650 - (t_H - t_Q)} \approx \frac{600 (t_H - t_Q)}{650 - (t_H - t_Q)} \quad (4\text{-}12)$$

式中 g_H——每立方米混凝土所产生的冷凝水，kg；

γ_H——混凝土的密度（一般取 2400kg/m³）；

c_H——混凝土的比热［一般取 1046.7J/(kg · ℃)］；

t_H——混凝土搅拌完毕出料时的温度，℃；

t_Q——搅拌混凝土时的室外气温，℃；

$(t_H - t_Q)$——每千克热蒸汽凝结为水时所放出的热量，kcal/kg。

细节 混凝土运输

运输过程中，应保持混凝土的均匀性，避免产生分层离析现象，混凝土运至浇筑地点，应符合浇筑时所规定的坍落度（表4-29）；运输工作应保证混凝土的浇筑工作连续进行；运送混凝土的容器应严密，其内壁应平整光洁，不吸水，不漏浆，粘附的混凝土残渣应经常清除。

表4-29 混凝土浇筑时的坍落度

结构种类	坍落度（mm）
基础或地面等的垫层、无配筋的厚大结构（挡土墙、基础或厚大的块体等）或配筋稀疏的结构	10～30
板、梁和大型及中型截面的柱子等	30～50
配筋密列的结构（薄壁、斗仓、筒仓、细柱等）	50～70
配筋特密的结构	70～90

注：1. 本表系指采用机械振捣的坍落度，采用人工捣实时可适当增大。
2. 需要配制大坍落度混凝土时，应掺用外加剂。
3. 曲面或斜面结构的混凝土，其坍落度值，应根据实际需要另行选定。
4. 轻骨料混凝土的坍落度，宜比表中数值减少10～20mm。
5. 自密实混凝土的坍落度另行规定。

（1）运输时间

混凝土从搅拌机中卸出到浇筑完毕的延续时间不宜超过表4-30的规定，对掺用外加剂或采用快硬水泥拌制的混凝土，其延续时间应按试验确定。对于轻骨料混凝土，其延续时间应适当缩短。

表4-30 混凝土从搅拌机中卸出到浇筑完毕的延续时间 （min）

混凝土强度等级	气温	
	不高于25℃	高于25℃
不高于C30	120	90
高于C30	90	60

（2）运输工具的选择

混凝土的运输可分为地面水平运输、垂直运输和楼面水平运输三种方式：

1）地面水平运输

当采用商品混凝土或运距较远时，最好采用混凝土搅拌运输车。该车在运输过程中搅拌筒可缓慢转动进行拌合，防止了混凝土的离析。当距离过远时，可装入干料在到达浇筑现场前15～20min放入搅拌水，可边行走边进行搅拌。

如现场搅拌混凝土，可采用载重1t左右容量为400L的小型机动翻斗车或手推车运输。运距较远，运量又较大时可采用皮带运输机或窄轨翻斗车。

2）垂直运输

可采用塔式起重机、混凝土泵、快速提升斗和井架。

3）混凝土楼面水平运输

多采用双轮手推车，塔式起重机亦可兼顾楼面水平运输，如用混凝土泵则可采用布料杆布料。

（3）搅拌运输车运送混凝土

混凝土搅拌输送车是一种用于长距离输送混凝土的高效能机械。它是将运送混凝土的搅拌筒安装在汽车底盘上，将混凝土搅拌站生产的混凝土拌合物装入搅拌筒内，直接运至施工现场的大型混凝土运输工具。

采用混凝土搅拌输送车应符合下列规定：

1）混凝土必须能在最短的时间内均匀无离析地排出。出料干净、方便，能满足施工的要求。如与混凝土泵联合输送时，其排料速度应相匹配。

2）从搅拌输送车运卸的混凝土中分别取 1/4 和 3/4 处试样进行坍落度试验，两个试样的坍落度值之差不得超过 30mm。

3）混凝土搅拌输送车在运送混凝土时通常的搅动转速为 2～4r/min；整个输送过程中拌筒的总转数应控制在 300 转以内。

4）若采用干料由搅拌输送车途中加水自行搅拌时，搅拌速度一般应为 6～18r/min；搅拌转数应以混合料加水入搅拌筒起直至搅拌结束控制在 70～100r/min。

5）混凝土搅拌输送车因途中失水，到工地需加水调整混凝土的坍落度时，搅拌筒应以 6～8r/min 搅拌速度搅拌，并另外再转动至少 30r/min。

（4）泵送混凝土

混凝土泵是通过输送管将混凝土送到浇筑地点适用于以下工程：

1）大体积混凝土

大型基础、满堂基础、设备基础、机场跑道、水工建筑等。

2）连续性强和浇筑效率要求高的混凝土

高层建筑、贮罐、塔形构筑物、整体性强的结构等。

混凝土输送管道一般是用钢管制成。管径通常有 100mm、125mm、150mm 几种，标准管管长 3m，配套管有 1m 和 2m 两种，另配有 90°、45°、30°、15°等不同角度的弯管，以供管道转折处使用。

输送管的管径选择主要根据混凝土骨料的最大粒径以及管道的输送距离、输送高度和其他工程条件决定。

采用泵送混凝土应符合下列规定：

1）混凝土泵与输送管连通后，应按所用混凝土泵使用说明书的规定进行全面检查，符合要求后方能开机进行空运转。

2）混凝土泵启动后，应先泵送适量水以湿润混凝土泵的料斗、活塞及输送管内壁等直接与混凝土接触部位。

3）确认混凝土泵和输送管中无异物后，应采取下列方法润滑混凝土泵和输送管内壁：

①泵送水泥浆。

②泵送 1:2 水泥砂浆。

③泵送与混凝土内除粗骨料外的其他成分相同配合比的水泥砂浆。

4）开始泵送时，混凝土泵应处于慢速、匀速并随时可反泵的状态。泵送速度。应先慢后快，逐步加速。待各系统运转顺利后，方可以正常速度进行泵送。

5）混凝土泵送应连续进行。如必须中断时，其中断时间不得超过混凝土从搅拌至浇筑完毕所允许的延续时间。

6）泵送混凝土时，活塞应保持最大行程运转。

7）泵送完毕时，应将混凝土泵和输送管清洗干净。

细节　混凝土浇筑

浇筑混凝土前，对模板及其支架、钢筋和预埋件必须进行检查，并做好记录，符合设计要求后，清理模板内的杂物及钢筋上的油污，堵严缝隙和孔洞，方能浇筑混凝土。

（1）混凝土浇筑要点

1）混凝土自高处倾落的自由高度，不应超过2m。

2）在浇筑竖向结构混凝土前，应先在底部填以50～100mm厚与混凝土内砂浆成分相同的水泥砂浆；浇筑中不得发生离析现象；当浇筑高度超过3m时，应采用串筒、溜管或振动溜管使混凝土下落。

3）混凝土浇筑层的厚度，应符合表4-31的规定。

表4-31　混凝土浇筑层的厚度　（mm）

捣实混凝土的方法		浇筑层的厚度
插入式振捣		振捣器作用部分长度的1.25倍
表面振动		200
人工捣固	在基础、无筋混凝土或配筋稀疏的结构中	250
	在梁、墙板、柱结构中	200
	在配筋密列的结构中	150
轻骨料混凝土	插入式振捣	300
	表面振动（振动时需加荷）	200

4）钢筋混凝土框架结构中，梁、板、柱等构件是沿垂直方向重复出现的，所以一般按结构层次来分层施工。平面上，如果面积较大，还应考虑分段进行，以便混凝土、钢筋、模板等工序能相互配合、流水进行。

5）在每一施工层中，应先浇灌柱或墙。在每一施工段中的柱或墙应该连续浇灌到顶，每一排的柱子由外向内对称顺序进行，防止由一端向另一端推进，致使柱子模板逐渐受推倾斜。柱子浇筑完毕后，应停歇1～2h，使混凝土获得初步沉实，待有了一定强度以后，再浇筑梁板混凝土。梁和板应同时浇筑混凝土，只有当梁高1m以上时，为了施工方便，才可以单独先行浇筑。

6）浇筑混凝土应连续进行。当必须间歇时，其间歇时间宜缩短，并应在前层混凝土凝结之前，将次层混凝土浇筑完毕。一般情况下混凝土运输、浇筑及间歇的全部时间不得超过表4-32的规定，当超过时应留置施工缝。在浇筑与柱和墙连成整体的梁和板时，应在柱和墙浇筑完毕后停歇1～1.5h，再继续浇筑；梁和板宜同时浇筑混凝土；拱和高度大于1m的梁等结构，可单独浇筑混凝土。在混凝土浇筑过程中，应经常观察模板、支架、钢筋、预埋件和预留孔洞的情况，当发现有变形、移位时，应及时采取措施进行处理。

表4-32　混凝土运输、浇筑和间歇的允许时间　（min）

混凝土强度等级	气温	
	不高于25℃	高于25℃
不高于C30	210	180
高于C30	180	150

注：当混凝土中掺有促凝或缓凝型外加剂时，其允许时间应根据试验结果确定。

（2）施工缝

由于施工技术和施工组织上的原因，不能连续将结构整体浇筑完成，并且间歇的时间预计将超出表4-32规定的时间时，应预先选定适当的部位设置施工缝。

施工缝的位置应设置在结构受剪力较小且便于施工的部位。

1）混凝土浇筑中常见的施工缝留设位置及方法：

①柱的施工缝留在基础的顶面、梁或吊车梁牛腿的下面；或吊车梁的上面、无梁楼板柱帽的下面（图4-3）；在框架结构中如梁的负筋弯入柱内，则施工缝可留在这些钢筋的下端。

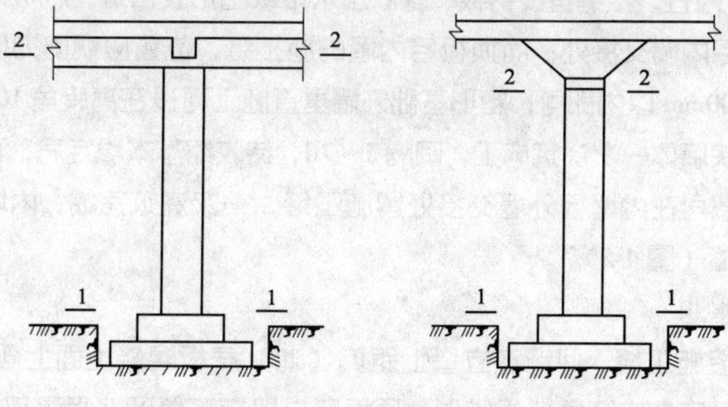

图4-3　柱子施工缝位置

1－1、2－2—施工缝位置

②梁板、肋形楼板施工缝留置应符合下列要求：

a. 与板连成整体的大截面梁，留在板底面以下20～30mm处；当板下有梁托时，留在梁托下部。单向板可留置在平行于板的短边的任何位置（但为方便施工缝的处理，一般留在跨中1/3跨度范围内）。

b. 在主、次梁的肋形楼板，宜顺着次梁方向浇筑，施工缝底留置在次梁跨度中间1/3范围内（图4-4）无负弯矩钢筋与之相交叉的部位。

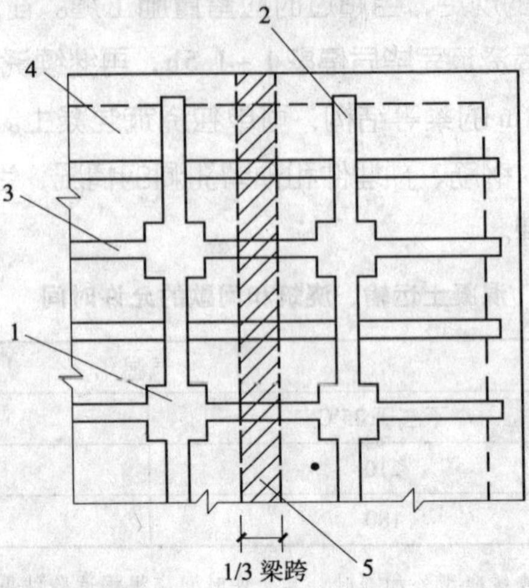

图4-4　有主次梁楼板施工缝留置

1—柱；2—主梁；3—次梁；4—楼板；5—按此方向浇筑混凝土，可留施工缝范围

③墙施工缝宜留置在门洞口过梁跨中1/3范围内，也可留在纵横墙的交接处。

④楼梯、圈梁施工缝留置应符合下列要求：

a. 楼梯施工缝留设在楼梯段跨中1/3跨度范围内无负弯矩筋的部位。

b. 圈梁施工缝留在非砖墙交接处、墙角、墙垛及门窗洞范围内。

⑤箱形基础

箱形基础的底板、顶板与外墙的水平施工缝应设在底板顶面以上及顶板底面以下300～500mm为宜，接缝宜设钢板、橡胶止水带或凸形企口缝；底板与内墙的施工缝可设在底板与内墙交接处；而顶板与内墙的施工缝，位置应视剪力墙插筋的长短而定，一般1000mm以内即可；箱形基础外墙垂直施工可设在离转角1000mm处，采取相对称的两块墙体一次浇筑施工，间隔5～7d，待收缩基本稳定后，再浇另一相对称墙体。内隔墙可在内墙与外墙交接处留施工缝，一次浇筑完成，内墙本身一般不再留垂直施工缝（图4-5）。

⑥地坑、水池

底板与立壁施工缝，可留在立壁上距坑（池）底板混凝土面上部200～500mm的范围内，转角宜做成圆角或折线形；顶板与立壁施工缝留在板下部20～30mm处（图4-6a）；大型水池可从底板、池壁到顶板在中部留设后浇带，使之形成环状（图4-6b）。

⑦地下室、地沟施工缝留置应符合下列要求：

a. 地下室梁板与基础连接处；外墙底板以上和上部梁、板下部20～30mm处可留水平施工缝（图4-7a），大型地下室可在中部留环状后浇缝。

b. 较深基础悬出的地沟，可在基础与地沟、楼梯间交接处留垂直施工缝（图4-7b）；很深的薄壁槽坑，可每4～5m留设一道水平施工缝。

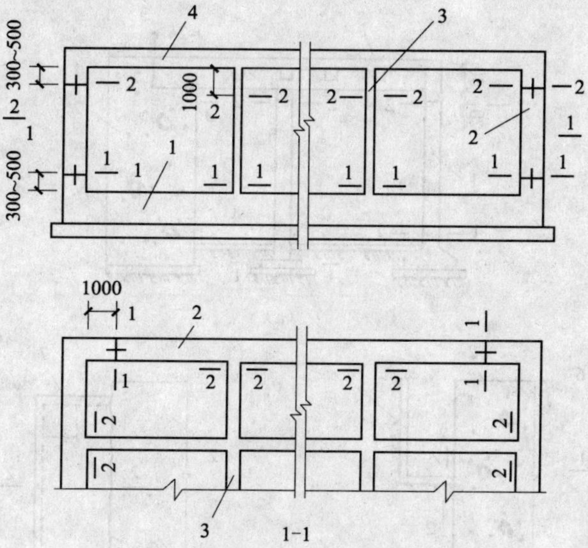

图 4-5　箱型基础施工缝的留置

1—底板；2—外墙；3—内隔墙；4—顶板；

1－1、2－2—施工缝位置

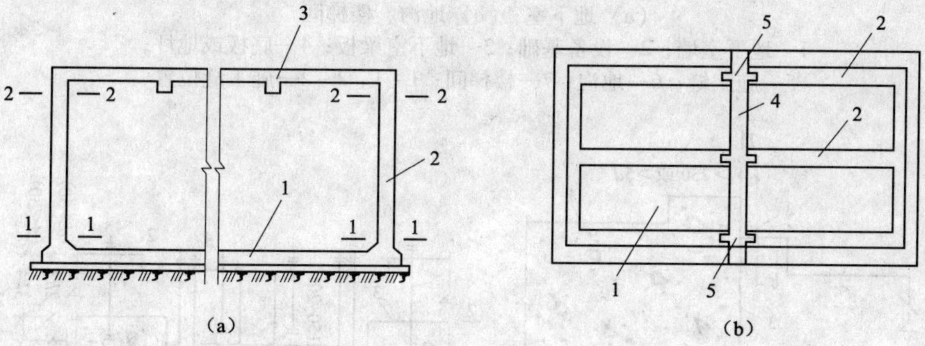

图 4-6　地坑、水池施工缝的留置

（a）水平施工缝留置；（b）后浇带留置（平面）

1—底板；2—墙壁；3—顶板；4—底板后浇带；5—墙壁后浇带；

1－1、2－2—施工缝位置

⑧大型设备基础施工缝应符合下列要求：

a. 受动力作用的设备基础互不相依的设备与机组之间、输送辊道与主基础之间可留垂直施工缝，但与地脚螺栓中心线间的距离不得小于 250mm，且不得小于螺栓直径的 5 倍（图 4-8a）。

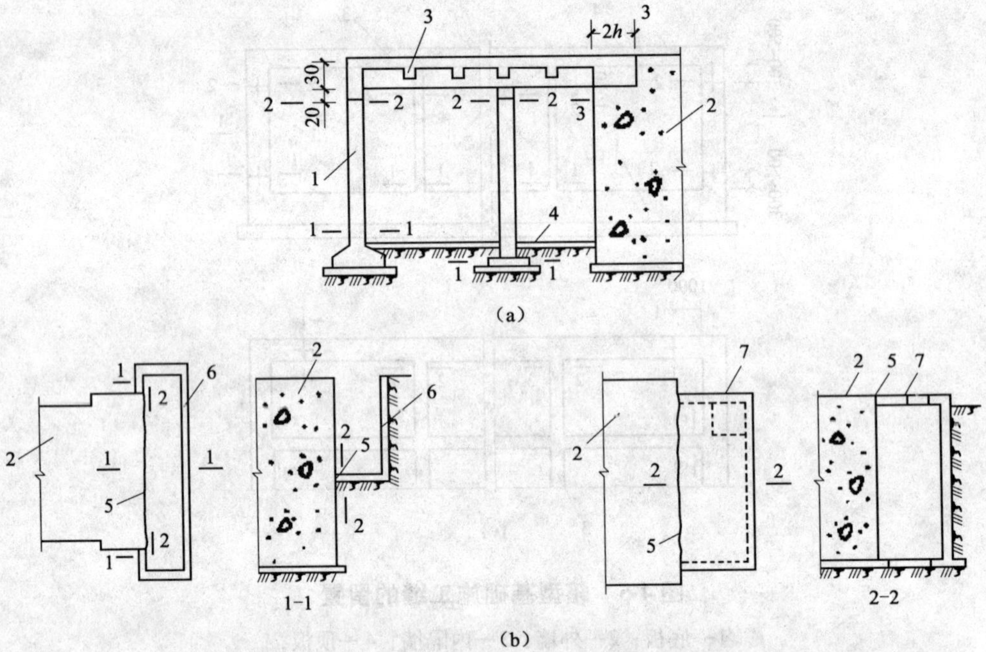

图 4-7　地下室、地沟、楼梯间施工缝的留置

（a）地下室；（b）地沟、楼梯间

1—地下室墙；2—设备基础；3—地下室梁板；4—底板或地坪；

5—施工缝；6—地沟；7—楼梯间；1－1、2－2—施工缝位置

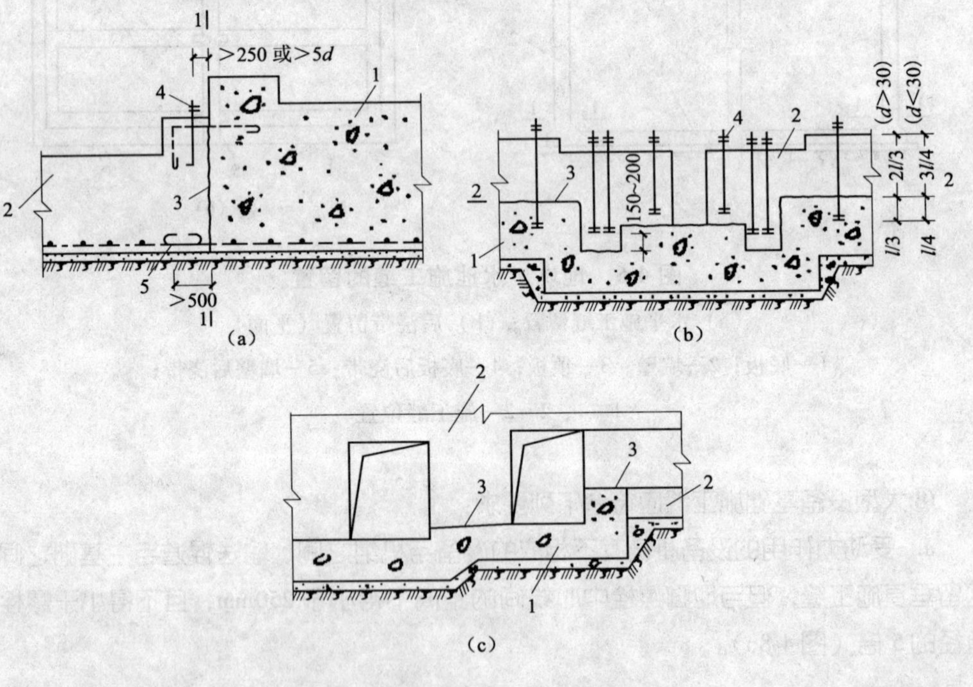

图 4-8　设备基础施工缝的留置

（a）两台机组之间适当地方留置施工缝；（b）基础分两次浇筑施工缝留置

（c）基础底板与上部块体、沟槽施工缝留置

1—第一次浇筑混凝土；2—第二次浇筑混凝土；3—施工缝；4—地脚螺栓；5—钢筋；

d—地脚螺栓直径；*l*—地脚螺栓埋入混凝土长度

b. 水平施工缝可留在低于地脚螺栓底端，其与地脚螺栓底端的距离应大于1.50mm；当地脚螺栓直径小于30mm时，水平施工缝可留置在不小于地脚螺栓埋入混凝土部分总长度的3/4处（图4-8b）；水平施工缝亦可留置在基础底板与上部块体或沟槽交界处（图4-8c）。

c. 对受动力作用的重型设备基础不允许留施工缝时，可在主基础与辅助设备基础、沟道、辊道之间，受力较小部位留设后浇缝（图4-9）。

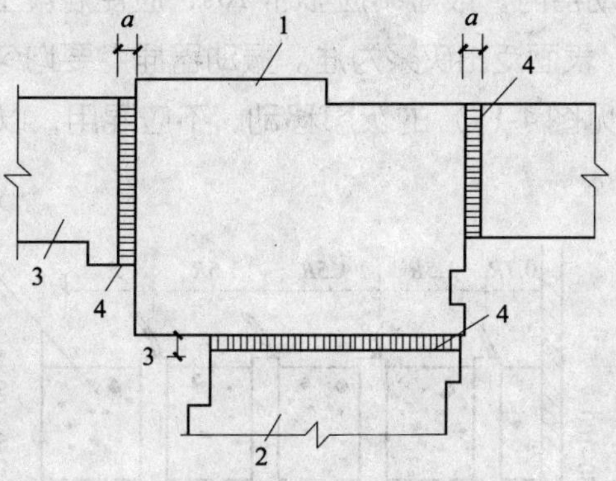

图4-9 后浇缝留置

1—主体基础；2—辅助基础；3—辊道或沟道；4—后浇缝

2）施工缝的处理

①所有水平施工缝应保持水平，并做成毛面，垂直缝处应支模浇筑；施工缝处的钢筋均应留出，不得切断。为防止在混凝土或钢筋混凝土内产生沿构件纵轴线方向错动的剪力，柱、梁施工缝的表面应垂直于构件的轴线；板的施工缝应与其表面垂直；梁、板亦可留企口缝，但企口缝不得留斜槎。

②在施工缝处继续浇筑混凝土时，已浇筑的混凝土抗压强度应≥1.2N/mm^2；首先应清除硬化的混凝土表面上的水泥薄膜和松动石子以及软混凝土层，并加以充分湿润和冲洗干净，不积水；然后在施工缝处铺一层水泥浆或与混凝土内成分相同的水泥砂浆；浇筑混凝土时，应细致捣实，使新旧混凝土紧密结合。

③承受动力作用的设备基础的施工缝，在水平施工缝上继续浇筑混凝土前，应对地脚螺栓进行一次观测校准；标高不同的两个水平施工缝，其高低结合处应留成台阶形，台阶的高宽比不得大于1.0；垂直施工缝应加插钢筋，其直径为12～16mm，长度为500～600mm，间距为500mm，在台阶式施工缝的垂直面上也应补插钢筋；施工缝的混凝土表面应凿毛，在继续浇筑混凝土前，应用水冲洗干净，湿润后在表面上抹10～15mm厚与混凝土内成分相同的一层水泥砂浆；继续浇筑混凝土时该处应仔细捣实。

④后浇缝宜做成平直缝或阶梯缝，钢筋不切断。后浇缝应在其两侧混凝土龄期达30～40d后，将接缝处混凝土凿毛、洗净、湿润、刷水泥浆一层，再用强度不低于两侧混凝土的补偿收缩混凝土浇筑密实，并养护14d以上。

（3）混凝土振捣

1）每一振点的振捣延续时间，应使混凝土表面呈现浮浆和不再沉落。

2）当采用插入式振捣器时，捣实普通混凝土的移动间距，不宜大于振捣器作用半径的1.5倍，见图4-10。捣实轻骨料混凝土的移动间距，不宜大于其作用半径；振捣器与模板的距离，不应大于其作用半径的0.5倍，并应避免碰撞钢筋、模板、预埋件等；振捣器插入下层混凝土内的深度应不小于50mm。一般每点振捣时间为20～30s，使用高频振动器时，最短不应少于10s，应使混凝土表面成水平不再显著下沉，不再出现气泡，表面泛出灰浆为准。振动器插点要均匀排列，可采用“行列式”或“交错式”（见图4-11）的次序移动，不应混用，以免造成混乱而发生漏振。

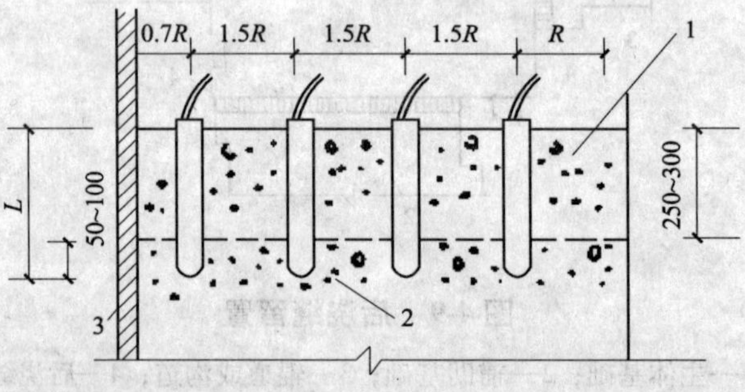

图4-10　插入式振动器的插入深度

1—新浇筑的混凝土；2—下层已振捣但尚未初凝的混凝土；3—模板

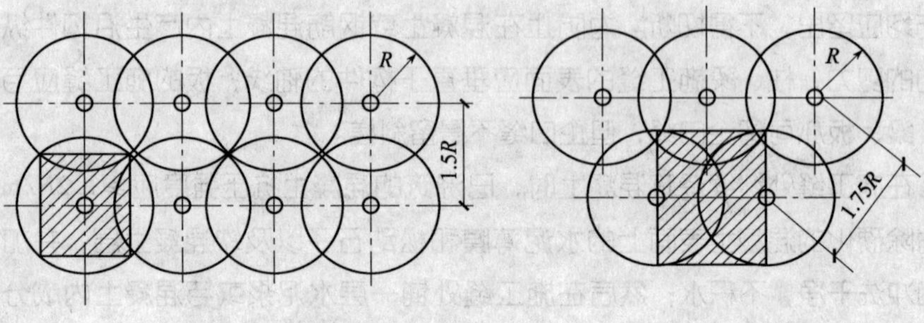

图4-11　振捣点的布置

（a）行列式；（b）交错式

R—振动棒的有效作用半径

3）采用表面振动器时，在每一位置上应连续振动一定时间，正常情况下在25～40s，但以混凝土面均匀出现浆液为准，移动时应成排依次振动前进，前后位置和排与排间相互搭接应有30～50mm，防止漏振。振动倾斜混凝土表面时，应由低处逐渐向高处移动，以保证混凝土振实。表面振动器的有效作用深度，在无筋及单筋平板中为200mm，在双筋平板中约为120mm。

4）采用外部振动器时，振动时间和有效作用随结构形状、模板坚固程度、混凝土坍落度及振动器功率大小等各项因素而定。一般每隔 1～1.5m 的距离设置一个振动器。当混凝土成一水平面不再出现气泡时，可停止振动。必要时应通过试验确定振动时间。待混凝土入模后方可开动振动器，混凝土浇筑高度要高于振动器安装部位。当钢筋较密和构件断面较深较窄时，亦可采取边浇筑边振动的方法。外部振动器的振动作用深度在 250mm 左右，如构件尺寸较厚时，需在构件两侧安设振动器同时进行振捣。

细节　混凝土养护

养护是为了保证混凝土凝结和硬化必需的湿度和适宜的温度，促使水泥水化作用充分发展的过程，它是获得优质混凝土必不可少的措施。混凝土中拌合水的用量虽比水泥水化所需的水量大得多，但由于蒸发，骨料、模板和基层的吸水作用以及环境条件等因素的影响，可使混凝土内的水分降低到水泥水化必需的用量之下，从而妨碍了水泥水化的正常进行。因此，混凝土养护不及时、不充分时（尤其在早期），不仅易产生收缩裂缝、降低强度，而且影响混凝土的耐久性以及其他各种性能。实验表明，未养护的混凝土与经充分养护的混凝土相比，其 28d 抗压强度将降低 30% 左右，一年后的抗压强度约降低 5% 左右，由此可见养护对于混凝土工程的重要性。混凝土养护种类见表 4-33。

表 4-33　混凝土养护种类表

种类	具体内容
自然养护	自然养护的覆盖与浇水除应满足表 4-6 中的规定外，还应符合下列要求： （1）当采用特种水泥时，混凝土的养护应根据所采用水泥的技术性能确定 （2）自然养护温度与龄期的混凝土强度增长百分率见表 4-34
蒸汽养护	蒸汽法养护是利用蒸汽加热养护混凝土。可选用棚罩法、蒸汽套法、热模法、蒸汽毛管法。棚罩法是用帆布或其他罩子扣罩，内部通蒸汽养护混凝土，适用于预制梁、板、地下基础、沟道等。蒸汽套法是制作密封保温外套：分段送汽养护混凝土，蒸汽通入模板与套板之间的空隙，来加热混凝土，适用于现浇梁、板、框架结构、墙、柱等。其构造见图 4-12 热模法是在模板外侧配置蒸汽管，加热模板再由模板传热给混凝土进行养护，适用于墙、柱及框架结构其构造见图 4-13。蒸汽毛管法是在结构内部预留孔道，通蒸汽加热混凝土进行养护，适用于预制梁、柱、桁架，现浇梁、柱、框架单梁其构造见图 4-14 蒸汽养护应使用低压饱和蒸汽。采用普通硅酸盐水泥时最高养护温度不超过 80℃，采用矿渣硅酸盐水泥时可提高到 85℃，但采用内部通汽法时，最高加热温度不超过 60℃。采用蒸汽养护整体浇筑的结构时，升温和降温速度不得超过表 4-35 的规定。蒸汽养护混凝土可掺入早强剂或无引气型减水剂

续表

种类	具体内容
太阳能养护	太阳能养护是在结构或构件周围表面护盖塑料薄膜或透光材料搭设的棚罩，用以吸收太阳光的热能对结构、构件进行加热蓄热养护，使混凝土在强度增长过程中有足够的温度和湿度，促进水泥水化，获得早强。太阳能养护具有工艺简单，劳动强度低，投资少，节省费用（为自然养护的45%～65%，蒸汽养护的30%），缩短养护周期30%～50%，节省能源和养护用水等优点，但需消耗一定量塑料薄膜材料，而棚罩式不便保管，占场地较多。适于中、小型构件的养护，亦可用于现场楼板、路面等的养护 太阳能养护要点： （1）养护时要加强管理，根据气候情况，随时调整养护制度，当湿度不够时，要适当喷水 （2）塑料薄膜较易损坏，要经常检查修补。修补方法是：将损坏部分擦洗干净，然后用刷子蘸点塑料胶涂刷在破损部位，再将事先剪好的塑料薄膜贴上去，用手压平即可 （3）采用太阳能集热箱养护混凝土应注意使玻璃板斜度与太阳光垂直或接近垂直射入效果最好；反射角度可以调节，以反射光能全部射入为佳；反射板在夜间宜闭合，盖在玻璃板上，以减少箱内热介质传导散热的损失；吸热材料要注意防潮 （4）当遇阴雨天气，收集的热量不足时，可在构件上加铺黑色薄膜，提高吸收效率
电热养护	电热养护是利用电能作为热源来加热养护混凝土的方法。这种方法设备简单、操作方便、热损失少、能适应各种条件。但耗电量较大、附加费用较高，只宜在其他方法不能保证混凝土在冻结前达到规定的强度、并有充足的电源时使用 （1）电极加热 电极加热是在混凝土构件内安设电极并通以交流电，利用混凝土作为导体和本身的电阻，使电能转变为热能，对混凝土进行加热（图4-15）。为保证施工安全和防止热量损失，通电加热应在混凝土的外露表面覆盖后进行。所用的工作电压宜为50～110V。加热时，混凝土的升、降温速度不得超过设计的规定，混凝土的养护温度不得超过表4-36的规定。在养护过程中，应注意观察混凝土外露表面的湿度，防止干燥脱水。当表面开始干燥时，应先停电，然后浇温水湿润混凝土表面 （2）电热器加热 电热器加热是将电热器贴近于混凝土表面，靠电热元件发出的热量来加热混凝土。电热器可以用红外线电热元件或电阻丝电热元件制成，外形可做成板状或棒状，置于混凝土表面或内部进行加热养护 （3）电磁感应加热 电磁感应加热是利用在电磁场中铁质材料发热的原理，使钢模板及混凝土中的钢筋发热，并将热量持续均匀地传给混凝土。工程中是在构件（如柱）模板表面绕上连续的感应线圈（图4-16），线圈中通入交流电，则在钢模板和钢筋中都会产生涡流，钢模板和钢筋都会发热，从而加热其周围的混凝土
养护剂养护	养护剂养护又称喷膜养护，是在结构构件表面喷涂或刷涂养护剂，溶液中水分挥发后，在混凝土表面上结成一层塑料薄膜，使混凝土表面与空气隔缝，阻止内部水分蒸发，而使水泥水化作用完成。养护剂养护结构构件不用浇水养护，节省人工和养护用水等优点，但28d龄期强度要偏低8%左右。适于表面面积大、不便浇水养护结构（如烟囱筒壁、间隔浇筑的构件等）地面、路面、机场跑道或缺水地区使用 （1）常用养护剂 1）薄膜养护剂 薄膜养护剂是将基料溶解于溶剂或乳化剂中而制成的一种液状材料。根据配制方法不同，薄膜养护剂可分为溶剂型和乳化剂型两种。溶剂型比乳化剂型涂膜均匀，成膜快。缺点是溶剂挥发会散发出异味。乳化型成本低廉，但由于水分蒸发较慢，用于垂直面易产生流淌现象。将养护剂喷涂于混凝土表面当溶剂挥发或乳化液裂化后，有10%～50%的固体物质残留于混凝土表面而形成一层不透水薄膜，从而使混凝土与空气隔离，水分被封闭在混凝土内。混凝土靠自身的水分进行水化作用，即可达到养护的目的。为了反射阳光并供直观检验涂膜的完整性起见，通常都在养护剂里掺入适量的白色或灰色短效染料。常用的薄膜养护剂有树脂型养护剂、油乳型养护剂、煤焦油养护剂和沥青养护剂几种。树脂型养护剂以树脂、清漆、干性油及其他防水性物质作基料，以高挥发性溶液

续表

种类	具体内容
养护剂养护	作溶剂配制而成。一种是以粗苯作溶剂，过氯乙烯树脂 9.5%，粗苯 86%，苯二甲酸二丁酯 4%，丙酮 0.5% 配制而成的。另一种是以溶剂油作溶剂，其中溶剂油 87.5%，过氯乙烯树脂 10%，苯二甲酸二丁酯 2.5% 配制而成 2）油乳型养护剂 油乳型养护剂以石蜡和熟亚麻油作基料，用水作乳化剂，用硬脂酸和三乙醇胺作稳定剂，其配方为石蜡 12%，熟亚麻油 20%，硬脂酸 4%，三乙醇胺 3%，水 61%。硬脂酸和三乙醇胺的比例，视乳化液的稳定状况可稍作调整 3）煤焦油养护剂 煤焦油养护剂是用溶剂将煤焦油稀释至适宜于喷涂的稠度即成 4）沥青型养护剂 沥青型养护剂是以沥青作基料，用水作乳化剂而制成。也可用溶剂制成。在炎热气温下使用时，应在涂刷养护剂 3～4h 后刷一道石灰水，否则由于表面吸热过大会使混凝土表面与内部温差过大而产生裂缝 （2）薄膜养护剂使用要点 1）薄膜养护剂用人工涂刷或机械喷洒均可，但机械喷洒的涂膜均匀，操作速度快，尤其适宜大面积使用 2）喷涂时间视环境条件和混凝土泌水情况而定，通常当混凝土表面无水渍，用手轻按无印痕时即可喷涂 3）喷涂过早会影响涂膜与混凝土表面的结合；喷涂过迟，养护剂易为混凝土表面的孔隙吸收而影响混凝土强度 4）对模内的混凝土，拆模后应立即喷涂养护剂。如混凝土表面已明显干燥或失水严重，则应喷水使其湿润均匀，等表面游离水消失后方可喷涂养护剂 5）对薄膜养护剂的技术要求是应无毒性，能粘附在混凝土表面，还应具有一定的弹性，能形成一层至少 7d 内不破裂的薄膜 6）由于薄膜相当薄，隔热效能差，在炎夏使用时为避免烈日暴晒应加盖覆盖层或遮蔽阳光

表 4-34　自然养护不同温度与龄期的混凝土强度增长百分率　（%）

水泥品种、强度等级	硬化龄期（d）	混凝土硬化时的平均温度（℃）							
		1	5	10	15	20	25	30	35
32.5 级普通水泥	2	–	–	–	28	35	41	46	50
	3	12	20	26	33	40	46	52	57
	5	20	28	35	44	50	56	62	67
	7	26	34	42	50	58	64	68	75
	10	35	44	52	61	68	75	80	86
	15	44	54	64	73	81	88	–	–
	28	65	72	82	92	100	–	–	–
42.5 级普通水泥	2	–	–	19	25	30	35	40	45
	3	14	20	25	32	37	43	48	52
	5	24	30	36	44	50	57	63	66
	7	32	40	46	54	62	68	73	76
	10	42	50	58	66	74	78	82	86
	15	52	63	71	80	88	–	–	–
	28	68	78	86	94	100	–	–	–

续表

水泥品种、强度等级	硬化龄期（d）	混凝土硬化时的平均温度（℃）							
		1	5	10	15	20	25	30	35
32.5 级矿渣水泥火山灰质水泥	2	–	–	–	15	18	24	30	35
	3	–	–	11	16	22	28	34	44
	5	–	16	21	27	33	42	50	58
	7	14	23	30	36	44	52	61	70
	10	21	32	41	49	55	65	74	81
	15	28	41	54	64	72	80	88	–
	28	41	61	77	90	100	–	–	–
42.5 级矿渣水泥火山灰质水泥	2	–	–	–	15	18	24	30	35
	3	–	–	11	17	22	26	32	38
	5	12	17	22	28	34	39	44	52
	7	18	24	32	38	45	50	55	63
	10	25	34	44	52	58	63	67	75
	15	32	46	57	67	74	80	86	92
	28	48	64	83	92	100	–	–	–

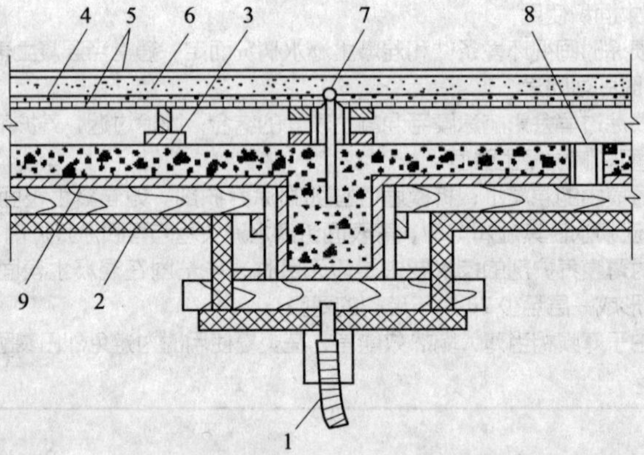

图 4-12　蒸汽套构造示意图

1—蒸汽管；2—保温套板；3—垫板；4—木板；
5—油毡；6—锯末；7—测温孔；8—送汽孔；9—模板

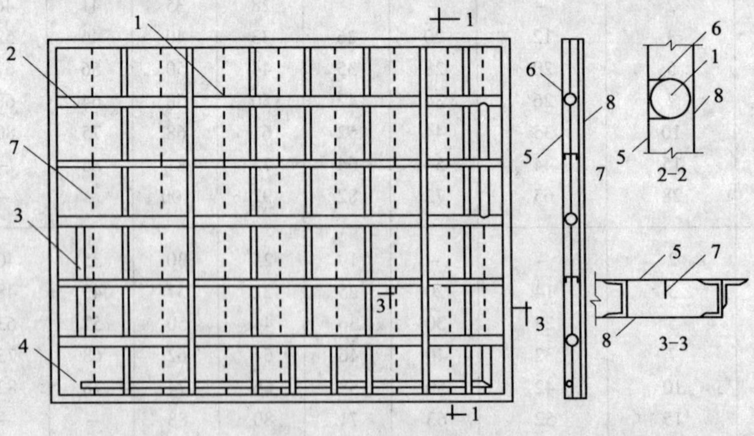

图 4-13　蒸汽热模构造

1—ϕ89 钢管；2—ϕ20 进汽口；3—ϕ50 连通管；4—ϕ20 出汽口；
5—3mm 厚面板；6—3mm×50mm 导热横肋；7—导热竖肋；8—26 号薄钢板

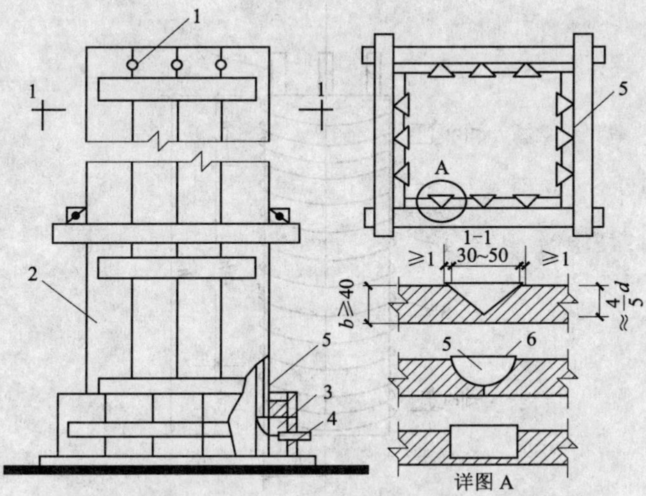

图 4-14　柱毛管模板

1—出汽孔；2—模板；3—蒸汽分配箱；4—进汽管；5—毛管；6—薄钢板

表 4-35　蒸汽加热养护混凝土升温和降温速度

结构表面系数 (m^{-1})	升温速度 (℃/h)	降温速度 (℃/h)
≥6	15	10
<6	10	5

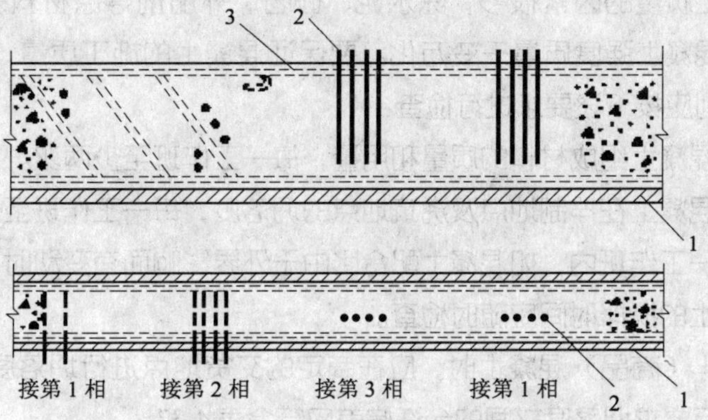

图 4-15　电极法加热梁示意图

1—模板；2—电极；3—梁内钢筋

表 4-36　电热养护混凝土的温度

水泥强度等级	结构表面系数		
	小于 10	10～15	大于 15
32.5 42.5	70℃ 40℃	50℃ 40℃	45℃ 35℃

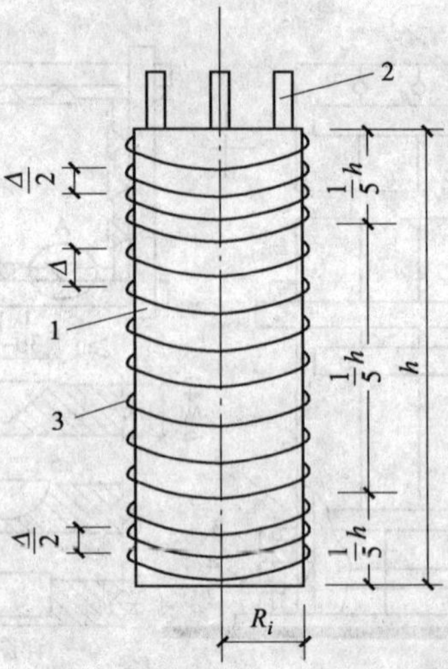

图 4-16　电磁感应加热示意图

1—模板；2—钢筋；3—感应线圈；

Δ—线圈的间距；h—感应线圈缠绕的高度

细节　拌制与浇筑过程中的检查

影响混凝土质量的因素很多，除水泥、砂石、外加剂等原材料差异的因素外，施工质量又使混凝土强度质量千变万化。要保证混凝土的施工质量，在混凝土拌制与浇筑过程中则应按下述要求进行检查：

（1）检查混凝土组成材料的质量和用量，每一工作班至少两次。

（2）检查混凝土在拌制地点及浇筑地点的坍落度，每一工作班至少两次。

（3）在每一工作班内，如混凝土配合比由于外界影响而有变动时，应及时检查。

（4）混凝土的搅拌时间应随时检查。

当采用预拌（商品）混凝土时，应在商定的交货地点进行坍落度检查，实测的混凝土坍落度与要求坍落度之间的允许偏差应符合表 4-37。

表 4-37　混凝土坍落度与要求坍落度之间的允许偏差　（mm）

要求坍落度	允许偏差
<50	±10
50～90	±20
>90	±30

细节　混凝土养护后的质量检查

混凝土养护后的检查主要是抗压强度检查，如设计上有要求，还需进行抗冻性、抗渗性等方面的检查。评定结构构件的混凝土强度应采用标准试件的混凝土强度，即按标准方法制作的边长为150mm的标准尺寸的立方体试件，在温度（20±3）℃、相对湿度为90%以上的环境或水中的标准条件下，养护至28d龄期时按标准试验方法测得的混凝土立方体抗压强度。确定混凝土结构构件的拆模、出池、出厂、吊装、张拉、放张及施工期间临时荷载时的混凝土强度，应采用与结构构件同条件养护的标准尺寸试件的混凝土强度。

用于检查结构构件混凝土质量的试件，应在混凝土的浇筑地点随机取样制作。试件的留置应符合表4-6中的规定。

混凝土强度评定时，当三个试件强度中的最大值和最小值与中间值之差均不超过中间值的15%时，取三个试件强度的平均值；当三个试件强度中的最大值或最小值之一与中间值之差超过中间值的15%时，取中间值；当三个试件强度中的最大值和最小值与中间值之差均超过中间值的15%时，该组试件不应作为强度评定的依据。

细节 混凝土抗渗性能试验

（1）试件制备

1）抗渗性能试验应采用顶面直径为175mm，底面直径为185mm，高度为150mm的圆台体或直径与高度均为150mm的圆柱体试件（视抗渗设备要求而定）。抗渗试件以6个为一组。

2）试件成型后24h拆模，用钢丝刷刷去两端面水泥浆膜，然后送入标准养护室养护。

3）试件一般养护至28d龄期进行试验，如有特殊要求，可在其他龄期进行。

（2）试验步骤

1）试件养护至试验前1d取出，将表面晾干，然后在其侧面涂一层熔化的密封材料，随即在螺旋或其他加压装置上，将试件压入经烘箱预热过的试件套中，稍冷却后，即可解除压力、连同试件套装在渗透仪上进行试验。

2）试验从水压为0.1MPa开始，以后每隔8h增加水压0.1MPa，并且要随时注意观察试件端面的渗水情况。

3）当6个试件中有3个试件端面呈有渗水现象时，即可停止试验，记下当时的水压。

4）在试验过程中，如发现水从试件周边渗出，则应停止试验，重新密封。

（3）试验结果计算

混凝土的抗渗等级以每组6个试件中4个试件未出现渗水时的最大水压力计算，其计算式为

$$P = 10H - 1 \quad (4\text{-}13)$$

式中 P——抗渗等级；

H——6 个试件中 3 个渗水时的水压力，MPa。

如压力加至 1.2MPa，经过 8h，渗水仍不超过 2 个时，混凝土的抗渗等级应等于或大于 P20。

4.3 监理验收

4.3.1 监理验收资料

1. 水泥产品合格证、出厂检验报告、进场复验报告。
2. 外加剂产品合格证、出厂检验报告、进场复验报告。
3. 混凝土中氯化物、碱的总含量计算书。
4. 掺合料出厂合格证、进场复试报告。
5. 粗、细骨料进场复验报告。
6. 水质试验报告。
7. 混凝土配合比设计资料。
8. 砂、石含水率测试结果记录。
9. 混凝土配合比通知单。
10. 混凝土试件强度试验报告。
11. 混凝土试件抗渗试验报告。
12. 施工记录。
13. 检验批质量验收记录。
14. 混凝土分项工程质量验收记录。

4.3.2 工程质量验收记录表（表 4-38、表 4-39）

表 4-38 混凝土原材料及配合比设计检验批质量验收记录表

单位（子单位）工程名称					
分部（子分部）工程名称				验收部位	
施工单位				项目经理	
分包单位				分包项目经理	
施工执行标准名称及编号					
施工质量验收规范的规定				施工单位检查评定记录	监理（建设）单位验收记录
主控项目	1	水泥进场检验	第 7.2.1 条		
	2	外加剂质量及应用	第 7.2.2 条		
	3	混凝土中氯化物、碱的总含量控制	第 7.2.3 条		
	4	配合比设计	第 7.3.1 条		

续表

一般项目	1	矿物掺合料质量及掺量	第7.2.4条		
	2	粗、细骨料的质量	第7.2.5条		
	3	拌制混凝土用水	第7.2.6条		
	4	开盘鉴定	第7.3.2条		
	5	依砂、石含水率调整配合比	第7.3.3条		
施工单位检查评定结果		专业工长（施工员）		施工班组长	
		项目专业质量检查员：			年　月　日
监理（建设）单位验收结论		专业监理工程师： （建设单位项目专业技术负责人）：			年　月　日

表4-39　混凝土施工检验批质量验收记录表

单位（子单位）工程名称					
分部（子分部）工程名称				验收部位	
施工单位				项目经理	
分包单位				分包项目经理	
施工执行标准名称及编号					
施工质量验收规范的规定				施工单位检查评定记录	监理（建设）单位验收记录
主控项目	1	混凝土强度等级及试件的取样和留置	第7.4.1条		
	2	混凝土抗渗及试件取样和留置	第7.4.2条		
	3	原材料每盘称量的偏差	第7.4.3条		
	4	初凝时间控制	第7.4.4条		
一般项目	1	施工缝的位置和处理	第7.4.5条		
	2	后浇带的位置和浇筑	第7.4.6条		
	3	混凝土养护	第7.4.7条		
施工单位检查评定结果		专业工长（施工员）		施工班组长	
		项目专业质量检查员：			年　月　日
监理（建设）单位验收结论		专业监理工程师： （建设单位项目专业技术负责人）：			年　月　日

5

现浇结构工程

XIANJIAOJIEGOUGONGCHENG

5.1 工程质量监理

5.1.1 常用检测工具

1. 水准仪

水准仪的类型很多，我国的水准仪多按精度等级进行分类。各精度等级的型号及基本参数，见表5-1。

表5-1 水准仪系列及基本参数

项目 \ 等级与型号	DS05	DSZ05	DS1	DSZ1	DS3	DSZ3	DS10	DSZ10	DS20	DSZ20
每千米往返测高差中数偶然中误差（mm/km）	±0.5	±0.5	±1	±1	±3	±3	±10	±10	±20	±20
望远镜放大率不小于（倍）	45		38		30		20		15	
望远镜有效目镜不小于（mm）	55		47		40		28		20	
水准器角值不大于 长水准器（s/2mm） 符合式	10		10		20		45			
水准器角值不大于 长水准器（s/2mm） 普通式									45	
水准器角值不大于 粗水准器（min/2mm） 十字式	3		3		8		8			
水准器角值不大于 粗水准器（min/2mm） 圆水泡					8		8		15	
测微器 量测范围（mm）	5	5	5							
测微器 最小分划值（mm）	0.05	0.05	0.05	0.05						
用途	国家一等水准测量及地震水准测量		国家二等水准测量及其他精密水准测量		国家三、四等水准测量及工程水准测量		一般工程水准测量		建筑及简易农田水利工程水准测量	

表中“等级与型号”一栏中，D为“大地测量”汉语拼音的第一个字母；第二个字母为“自动安平”汉语拼音的头一个字母；字母后的数字表示水准仪的精度等级。如05表示该仪器每千米往返测高差中数偶然中误差不大于±0.5mm。水准仪的

外形，见图5-1。

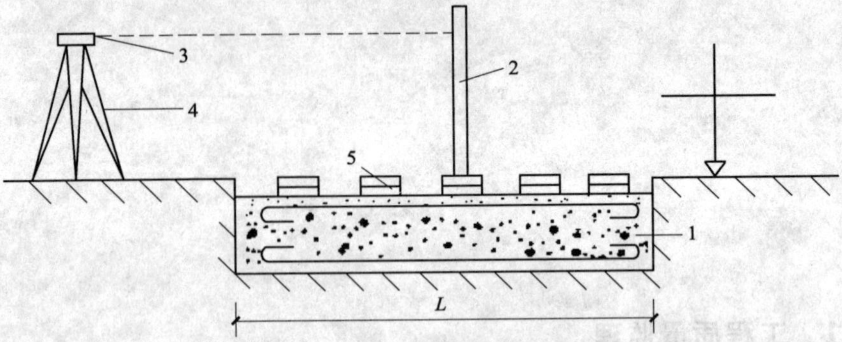

图5-1　水准仪测定基础标高方法

1—基础；2—标尺；3—小准仪；4—三脚架；5—垫铁

（1）水准仪的使用

用水准仪测量基础时，先把水准仪安装在三脚架上，用眼睛估计将三脚架的顶面大致放成水平位置后，把三脚架的三个脚踏入土中（或放在混凝土平面上），然后转动脚螺旋使圆水准器圆气泡居中。可反复操作2～3次，以使气泡居中。

（2）用水准仪测定金属结构基础的标高

根据施工图纸，首先对金属结构的基础标高进行测定。如用前述方法安装三脚架，调整气泡于中间位置，望远镜的视线处于水平位置，扳松望远镜的制动扳手，使水准仪目镜能水平转动。在金属结构基础上（最好是立于垫铁的位置，见图6-1）立放一根长标尺，用望远镜瞄准长标尺转动微倾螺栓，使观察孔中两个气泡头的影像吻合，指挥立放长标尺的人在标尺上用红铅笔画一条与望远镜十字丝相重合的水平线，然后分别对基础上各点进行测定。

2. 经纬仪

经纬仪是一种高精度的仪器，其构造见图5-2。

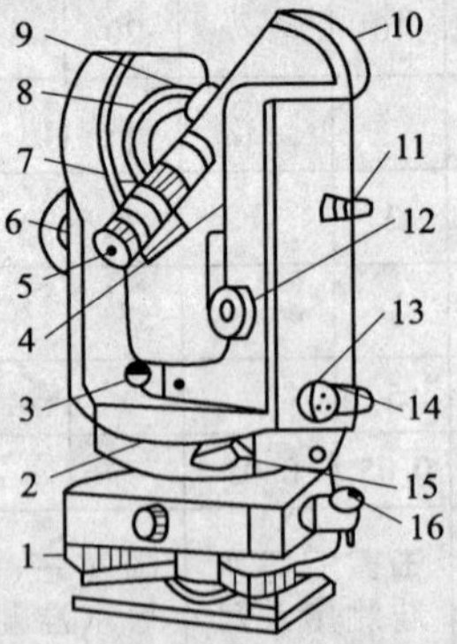

图5-2　光学经纬仪构造图

1—脚螺栓；2—水平度盘；3—光学对中器；4—读数显微镜；5—目镜；6—反光镜；7—对光螺旋；8—垂直度盘；9—瞄准器；10—望远镜；11—垂直制动扳手；12—垂直微动螺旋；13—水平微动螺栓；14—水平制动扳手；15—复测器；16—圆水准器

经纬仪的使用方法如下：

（1）粗略对中整平

1）用光学对中器对中时，一般是先对中后整平。其步骤如下：

①先将三脚架升到合适高度（齐胸高），然后在测点上方张开脚架，连接经纬仪。

②双手轻轻提起三脚架的任意两条腿，以第三条腿的脚尖为圆心左右旋转三脚架，眼睛同时通过光学对中器瞄准地面，直至对中器分划板的刻划中心与测点标志基本重合。然后轻轻放下提起的两条腿，踩实三脚架的三支脚。

在提起三脚架的两条腿时，不宜提得过高，以能转动三脚架为宜。

③根据圆水准管气泡偏离中心的位置，依次升降三脚架三条腿的高度，直至圆水准管气泡基本居中。应强调的是，在升降三脚架的高度时，应保持三条腿的脚尖在地面的位置不发生移动，这是采用光学对中器进行整平对中的基本要领。

2）用锤球对中时，其基本步骤是：

①将三脚架升到合适高度并张开脚架安置在测点上方，安置应注意使架头大致水平。在脚架的连接螺旋上挂上锤球，平移或转动脚架，使锤球尖大致对准测点。然后连接经纬仪，并踩实三脚架。

②调整脚螺旋，使圆水准管气泡居中。

③旋松连接螺旋，双手扶基座在架头上轻轻移动仪器，使锤球尖基本对准测点，然后再旋紧连接螺旋。

（2）精确对中整平

整平的目的是使仪器的竖轴处于铅垂方向。整平的方法为：

1）转动仪器照准部，使照准部水准管平行于任意两个脚螺旋的连线，如图 5-3（a）所示，用双手同时向内或向外等量转动两个与照准部水准管平行的脚螺旋使气泡居中，气泡移动的方向与左手大拇指移动的方向一致。

2）将照准部转动 90°，如图 5-3（b）所示，使照准部水准管垂直于原来两个脚螺旋连线的位置，调整第三只脚螺旋使水准管气泡居中。

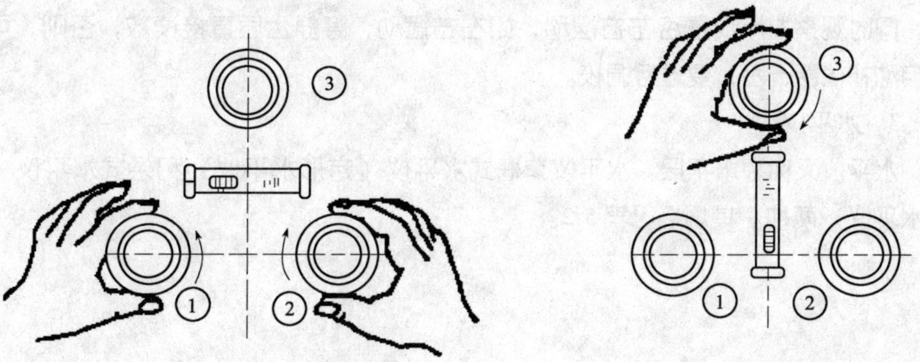

（a）　　（b）

图 5-3　经纬仪整平

整平一般需要反复进行几次，直至照准部转到任何位置水准管气泡都居中。在观测水平角过程中，可允许气泡偏离中心位置不超过 1 格。

（3）照准目标

在瞄准目标前，应松开照准部制动螺旋和望远镜制动螺旋，先检查望远镜十字丝的成像是否清晰。若不清晰，可将望远镜对向明亮的背景，调整目镜调焦螺旋，使十字线成像清晰（这项工作不需每次瞄准都做）。然后转动照准部，用望远镜上的瞄准器先大致瞄准目标（图 5-4a），旋紧照准部制动螺旋和望远镜制动螺旋。调整物镜调焦螺旋，使目标成像清晰并注意消除视差。最后用照准部微动螺旋和望远镜微动螺旋精确照准目标。观测水平角时，应用十字丝纵丝的中间部分平分或夹准目标，并尽量瞄准目标底部（图 5-4b）。观测竖直角时，应用十字丝横丝切住目标的顶部（图 5-4c）。

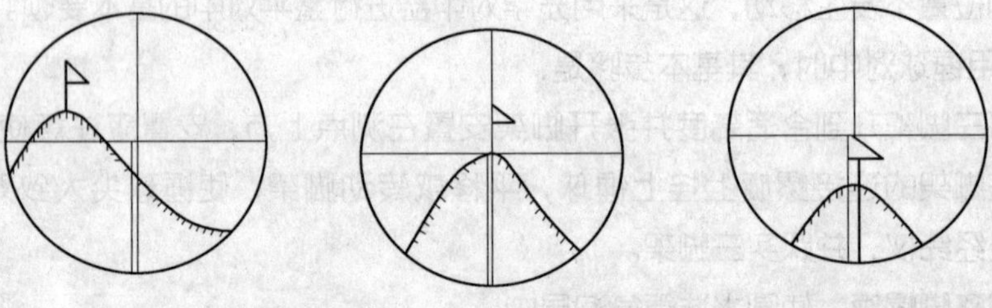
(a)　(b)　(c)

图 5-4　目标照准

（4）读数

打开反光镜，并调整其位置，使进光明亮均匀，然后进行读数显微镜调焦，使读数窗分划清晰，并消除视差。对于采用分微尺读数装置的仪器，直接进行读数；对于采用平行玻璃测微器的仪器，应先旋转测微手轮，使度盘上的某分划线位于双丝指标线中间后再进行读数。在垂直角读数前，首先要看清仪器是采用指标水准器还是采用指标自动补偿器，如是采用指标水准器，则转动指标水准器微动螺旋使指标水准器气泡居中后读数，如是采用自动补偿装置，则在读数前按一下补偿控制按钮，同时观察指标线是否左右摆动，如左右摆动，等静止后直接读数，否则，可能是自动补偿器卡固，要进行调校。

3. 水平仪

水平仪又称为水平尺。水平仪有框式水平仪（方形水平仪）和条式水平仪（钳工水平仪）两种。其规格见表 5-2。

表 5-2　水平仪规格表

品种	外形尺寸（mm）			分度值	
	长	宽	高	组别	mm/m
框式	100	25 ~ 35	100	Ⅰ	0.02
	150	30 ~ 40	150		
	200	35 ~ 45	200		
	250	40 ~ 50	250	Ⅱ	0.03 ~ 0.05
	300		300		
	100	30 ~ 35	30 ~ 40		
	150	35 ~ 40	35 ~ 45		
条式	200	40 ~ 45	40 ~ 50	Ⅲ	0.06 ~ 0.15
	250				
	300				

4．塞尺

塞尺又称为厚薄规、间隙规，用于测量和检验两平行面间的空隙。外形见图5-5，规格见表 5-3。表中带 * 的塞尺片每组配置两片，保护片不计在片数内，A 形塞尺片端头为半圆形；B 形塞尺片前端为梯形，端头为弧形。塞尺片按厚度偏差及弯曲度，分特级和普通级。成组塞尺的组别标记以塞尺片长度、型别和片数表示，例如：200A21，表示塞尺片长度为 200mm，A 型，21 片。

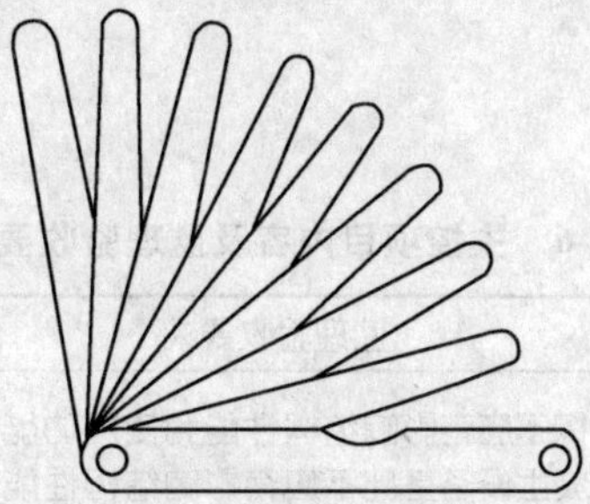

图 5-5　塞尺

表 5-3　塞尺规格表

型别	塞尺片长度（mm）	塞尺片厚度系列及组装顺序（mm）	每组片数
A 型和 B 型	75，100，150，200，300	保护片，0.02*，0.03*，0.04*，0.05*，0.06，0.07，0.08，0.09，0.1 保护片	13
		1.00，0.05，0.06，0.07，0.08，0.09，0.10，0.15，0.20，0.25，0.30，0.40，0.50，0.75	14
		0.50，0.02，0.03，0.04，0.05，0.06，0.07，0.08，0.09，0.10，0.15，0.20，0.25，0.30，0.35，0.40，0.45	17
		1.00，0.05，0.10，0.15，0.20，0.25，0.30，0.35，0.40，0.45，0.50，0.55，0.60，0.65，0.70，0.75，0.80，0.85，0.90，0.95	20
		0.50，0.02*，0.03*，0.04*，0.05*，0.06，0.07，0.08，0.09，0.10，0.15，0.20，0.25，0.30，0.35，0.40，0.45	21

5.1.2　工程质量标准

1. 外观质量质量标准

（1）主控项目（表5-4）

表5-4　主控项目内容及监理验收要求

项目内容	规范条款	监理验收要求	验收方法
外观质量	第8.2.1条	现浇结构的外观质量不应有严重缺陷 对已经出现的严重缺陷，应由施工单位提出技术处理方案，并经监理（建设）单位认可后进行处理。对经处理的部位，应重新检查验收	检查数量：全数检查 检验方法：观察，检查技术处理方案

（2）一般项目（表5-5）

表5-5　一般项目内容及监理验收要求

项目内容	规范条款	监理验收要求	验收方法
外观质量一般缺陷	第8.2.2条	现浇结构的外观质量不宜有一般缺陷 对已经出现的一般缺陷，应由施工单位按技术处理方案进行处理，并重新检查验收	检查数量：全数检查 检验方法：观察，检查技术处理方案

2. 尺寸偏差质量标准

（1）主控项目（表5-6）

表5-6　主控项目内容及监理验收要求

项目内容	规范条款	监理验收要求	验收方法
过大尺寸偏差处理及复验	第8.3.1条	现浇结构不应有影响结构性能和使用功能的尺寸偏差。混凝土设备基础不应有影响结构性能和设备安装的尺寸偏差 对超过尺寸允许偏差且影响结构性能和安装、使用功能的部位，应由施工单位提出技术处理方案，并经监理（建设）单位认可后进行处理。对经处理的部位，应重新检查验收	检查数量：全数检查 检验方法：量测，检查技术处理方案

（2）一般项目（表5-7）

表5-7　一般项目内容及监理验收要求

项目内容	规范条款	监理验收要求	验收方法
现浇结构和混凝土设备基础尺寸允许偏差	第8.3.2条	现浇结构和混凝土设备基础拆模后的尺寸偏差应符合表5-8和表5-9的规定	检查数量：按楼层、结构缝或施工段划分检验批 在同一检验批内，对梁、柱和独立基础，应抽查构件数量的10%，且不少于3件；对墙和板，应按有代表性的自然间抽查10%，且不少于3间 对大空间结构，墙可按相邻轴线间高度5m左右划分检查面，板可按纵、横轴线划分检查面，抽查10%，且均不少于3面 对电梯井，应全数检查。对设备基础，应全数检查

表 5-8 现浇结构尺寸允许偏差和检验方法

项目			允许偏差（mm）	检验方法
轴线位置	基础		15	钢尺检查
	独立基础		10	
	墙、柱、梁		8	
	剪力墙		5	
垂直度	层高	≤5m	8	经纬仪或吊线、钢尺检查
		>5m	10	经纬仪或吊线、钢尺检查
	全高（H）		H/1000 且≤30	经纬仪、钢尺检查
标高	层高		±10	水准仪或拉线、钢尺检查
	全高		±30	
截面尺寸			+8，-5	钢尺检查
电梯井	井筒长、宽对定位中心线		+25，0	钢尺检查
	井筒全高（H）垂直度		H/1000 且≤30	经纬仪、钢尺检查
表面平整度			8	2m 靠尺和塞尺检查
预埋设施中心线位置	预埋件		10	钢尺检查
	预埋螺栓		5	
	预埋管		5	
预留洞中心线位置			15	钢尺检查

注：检查轴线、中心线位置时，应沿纵、横两个方向量测，并取其中的较大值。

表 5-9 混凝土设备基础尺寸允许偏差和检验方法

项目		允许偏差（mm）	检验方法
坐标位置		20	钢尺检查
不同平面的标高		0，-20	水准仪或拉线、钢尺检查
平面外形尺寸		±20	钢尺检查
凸台上平面外形尺寸		0，-20	钢尺检查
凹穴尺寸		+20，0	钢尺检查
平面水平度	每米	5	水平尺、塞尺检查
	全长	10	水准仪或拉线、钢尺检查
垂直度	每米	5	经纬仪或吊线、钢尺检查
	全高	10	
预埋地脚螺栓	标高（顶部）	+20，0	水准仪或拉线、钢尺检查
	中心距	±2	钢尺检查
预埋地脚螺栓孔	中心线位置	10	钢尺检查
	深度	+20，0	钢尺检查
	孔垂直度	10	吊线、钢尺检查
预埋活动地脚螺栓锚板	标高	+20，0	水准仪或拉线、钢尺检查
	中心线位置	5	钢尺检查
	带槽锚板平整度	5	钢尺、塞尺检查
	带螺纹孔锚板平整度	2	钢尺、塞尺检查

注：检查坐标、中心线位置时，应沿纵、横两个方向量测，并取其中的较大值。

5.2 施工监理控制细节

细节 工程质量缺陷判定

（1）现浇结构的外观质量缺陷，应由监理（建设）单位、施工单位等各方根据其对结构性能和使用功能影响的严重程度，按表5-10确定。

表5-10 现浇结构外观质量缺陷

名称	现象	严重缺陷	一般缺陷
露筋	构件内钢筋未被混凝土包裹而外露	纵向受力钢筋有露筋	其他钢筋有少量露筋
蜂窝	混凝土表面缺少水泥砂浆而形成石子外露	构件主要受力部位有蜂窝	其他部位有少量蜂窝
孔洞	混凝土中孔穴深度和长度均超过保护层厚度	构件主要受力部位有孔洞	其他部位有少量孔洞
夹渣	混凝土中夹有杂物且深度超过保护层厚度	构件主要受力部位有夹渣	其他部位有少量夹渣
疏松	混凝土中局部不密实	构件主要受力部位有疏松	其他部位有少量疏松
裂缝	缝隙从混凝土表面延伸至混凝土内部	构件主要受力部位有影响结构性能或使用功能的裂缝	其他部位有少量不影响结构性能或使用功能的裂缝
连接部位缺陷	构件连接处混凝土缺陷及连接钢筋、连接件松动	连接部位有影响结构传力性能的缺陷	连接部位有基本不影响结构传力性能的缺陷
外形缺陷	缺棱掉角、棱角不直、翘曲不平、飞边凸肋等	清水混凝土构件有影响使用功能或装饰效果的外形缺陷	其他混凝土构件有不影响使用功能的外形缺陷
外表缺陷	构件表面麻面、掉皮、起砂、沾污等	具有重要装饰效果的清水混凝土构件有外表缺陷	其他混凝土构件有不影响使用功能的外表缺陷

（2）各种缺陷的数量限制可由各地根据实际情况做出具体规定。

（3）当外观质量缺陷的严重程度超过表5-10规定的一般缺陷时，可按严重缺陷处理。

（4）在具体实施中，外观质量缺陷对结构性能和使用功能等的影响程度，应由监理（建设）单位、施工单位等各方共同确定。

（5）对于具有重要装饰效果的清水混凝土，考虑到其装饰效果属于主要使用功能，故将其表面外形缺陷、外表缺陷确定为严重缺陷。

（6）现浇结构拆模后，应由监理（建设）单位、施工单位对外观质量和尺寸偏差进行检查，做出记录，并应及时按施工技术方案对缺陷进行处理。

细节 工程质量缺陷修整

首先应对发生问题的混凝土部位进行观察，必要时会同工程监理、建设方或质量人员一起，做好记录，并根据质量问题的情况、发生的部位、影响程度等进行全面分析。对于发生在构件表面浅层局部的质量问题，如蜂窝、麻面、露筋、缺棱掉角等可按规范规定进行修补。而对影响混凝土强度或构件承载能力的质量事故，如大孔洞、断浇、漏振等，应会同有关部门研究必要的加固方案或补强措施。

（1）露筋

要克服露筋，钢筋绑扎必须牢固，垫块铺垫要准确，保护层厚度要按规范做足，混凝土配合比应准确，对截面小的构件应改换粗骨料的粒径，模板要支撑好、拼缝严密，混凝土下料倾倒高度应小于 2m，不要振动钢筋。

出现露筋后可做如下处理：

1）构件表面露筋

可先将混凝土残渣及铁锈清理干净，将露筋部位用清水冲刷并湿润，再用 1:2 ~ 1:2.5 的水泥砂浆抹光压平整。

2）露筋部位较深

应将软弱的混凝土层及露石剔除干净，再用清水冲刷干净并使之充分湿润，可用原强度等级的细石混凝土填补，用细铁棒捣实，并包好草包认真浇水养护。

（2）蜂窝

小蜂窝的修整方法为先用钢丝刷刷清表面，用压力水冲洗，用水泥浆或 1:2 水泥砂浆填满抹平。

大蜂窝的修整方法为先将松动的石子和突出颗粒凿去，尽量凿成喇叭口，然后用水冲洗干净并湿透，用比原强度等级高一级的细石混凝土捣实，加强养护。对于较深的蜂窝，可采用水泥压浆的方法。

（3）孔洞、夹渣、疏松

孔洞的处理方法为将孔洞（夹渣、疏松）周围的疏松混凝土和软弱浆膜凿去，用压力水冲洗，支设带托盒的模板，湿润后用高一级的细石混凝土拌合物仔细浇筑捣实，注意养护。

（4）缝隙

缝隙夹层深度和宽度不大时，可将附近松散混凝土及松动的小石子凿去，洗刷干净后，用 1:2 或 1:2.5 水泥砂浆强力填嵌密实。宽而深的缝隙夹层，应清除松散部分和内部夹杂层，用压力水冲洗干净后支模，强力灌细石混凝土或在表面封闭后进行压浆处理。

（5）裂缝

对于截面高度或截面有效高度不够引起的裂缝，应做加固处理，如板加厚，梁截面加大，需作钢筋混凝土护罩；其他原因引起的裂缝，采取填充的方法，裂缝宽度在 0.1mm 以下，用 1:2 的水泥砂浆填充；裂缝宽度在 0.1mm 以上，可采用环氧树脂灌浆修补。

（6）外表缺陷

出现外表缺陷后可进行修补，修补前先将外表缺陷部位用钢丝刷加清水刷洗，并使外表缺陷部位充分湿润，然后用水泥素浆、1:2 或 1:2.5 的水泥砂浆抹平，以达到外观平整顺畅。

5.3 监理验收

5.3.1 监理验收资料

1. 现浇结构外观质量检查验收记录。
2. 现浇结构质量缺陷修整记录。
3. 现浇结构及混凝土设备基础尺寸偏差检查记录。
4. 技术处理方案。
5. 检验批质量验收记录。
6. 现浇结构分项工程质量验收记录。

5.3.2 工程质量验收记录表（表5-11、表5-12）

表5-11 现浇结构外观及尺寸偏差检验批质量验收记录表

单位（子单位）工程名称							
分部（子分部）工程名称					验收部位		
施工单位					项目经理		
施工执行标准名称及编号							
施工质量验收规范的规定						施工单位检查评定记录	监理（建设）单位验收记录
主控项目	1	外观质量			第8.2.1条		
	2	过大尺寸偏差处理及验收			第8.3.1条		
一般项目	1	外观质量一般缺陷			第8.2.2条		
	2	轴线位置（mm）	基础		15		
			独立基础		10		
			墙、柱、梁		8		
			剪力墙		5		
	3	垂直度（mm）	层高	≤5m	8		
				>5m	10		
			全高（H）		H/1000且≤30		
	4	标高（mm）	层高		±10		
			全高		±30		
	5	截面尺寸			+8，-5		
	6	电梯井	井筒长、宽对定位中心线（mm）		+25，0		
			井筒全高（H）垂直度（mm）		H/1000且≤30		
	7	表面平整度（mm）			8		

续表

一般项目	8	预埋设施中心线位置（mm）	预埋件	10											
			预埋螺栓	5											
			预埋管	5											
	9	预留洞中心线位置（mm）		15											
施工单位检查评定结果			专业工长（施工员）							施工班组长					
			项目专业质量检查员： 年 月 日												
监理（建设）单位验收结论			专业监理工程师： （建设单位项目专业技术负责人）： 年 月 日												

表 5-12 混凝土设备基础外观及尺寸偏差检验批验收记录表

单位（子单位）工程名称															
分部（子分部）工程名称											验收部位				
施工单位											项目经理				
施工执行标准名称及编号															
施工质量验收规范的规定					施工单位检查评定记录										监理（建设）单位验收记录
主控项目	1	外观质量		第 8.2.1 条											
	2	过大尺寸偏差处理及验收		第 8.3.1 条											
一般项目	1	外观质量一般缺陷		第 8.2.2 条											
	2	坐标位置(mm)		20											
	3	不同平面的标高(mm)		0，-20											
	4	平面外形尺寸(mm)		±20											
	5	凸台上平面外形尺寸(mm)		0，-20											
	6	凹穴尺寸(mm)		+20,0											
	7	平面水度	每米(mm)	5											
			全长(mm)	10											
	8	垂直度	每米(mm)	5											
			全高(mm)	10											
	9	预埋地脚螺栓	标高(顶部)(mm)	+20,0											
			中心距(mm)	±2											
	10	预埋地脚螺栓孔	中心线位置(mm)	10											
			深度(mm)	+20,0											
			孔垂直度(mm)	10											
	11	预埋活动地脚螺栓锚板	标高(mm)	+20,0											
			中心线位置(mm)	5											
			带槽锚板平整度(mm)	5											
			带螺纹孔锚板平整度(mm)	2											
施工单位检查评定结果			专业工长（施工员）							施工班组长					
			项目专业质量检查员： 年 月 日												
监理（建设）单位验收结论			专业监理工程师： （建设单位项目专业技术负责人）： 年 月 日												

6

装配式结构工程

ZHUANGPEISHIJIEGOUGONGCHENG

6.1 工程质量监理

6.1.1 施工监理要求

1. 预制构件结构性能试验条件应满足下列要求：

（1）构件应在0℃以上的温度中进行试验；

（2）蒸汽养护后的构件应在冷却至常温后进行试验；

（3）构件在试验前应量测其实际尺寸，并检查构件表面，所有的缺陷和裂缝应在构件上标出；

（4）试验用的加荷设备及量测仪表应预先进行标定或校准。

2. 试验构件的支承方式应符合下列规定：

（1）板、梁和桁架等简支构件，试验时应一端采用铰支承，另一端采用滚动支承。铰支承可采用角钢、半圆型钢或焊于钢板上的圆钢，滚动支承可采用圆钢；

（2）四边简支或四角简支的双向板，其支承方式应保证支承处构件能自由转动，支承面可以相对水平移动；

（3）当试验的构件承受较大集中力或支座反力时，应对支承部分进行局部受压承载力验算；

（4）构件与支承面应紧密接触；钢垫板与构件、钢垫板与支墩间，宜铺砂浆垫平；

（5）构件支承的中心线位置应符合标准图或设计的要求。

3. 试验构件的荷载布置应符合下列规定：

（1）构件的试验荷载布置应符合标准图或设计的要求；

（2）当试验荷载布置不能完全与标准图或设计的要求相符时，应按荷载效应等效的原则换算，即使构件试验的内力图形与设计的内力图形相似，并使控制截面上的内力值相等，但应考虑荷载布置改变后对构件其他部位的不利影响。

4. 试验中裂缝的观测应符合下列规定：

（1）观察裂缝出现可采用放大镜。若试验中未能及时观察到正截面裂缝的出现，可取荷载—挠度曲线上的转折点（曲线第一弯转段两端点切线的交点）的荷载值作为构件的开裂荷载实测值；

(2) 构件抗裂检验中，当在规定的荷载持续时间内出现裂缝时，应取本级荷载值与前一级荷载值的平均值作为其开裂荷载实测值；当在规定的荷载持续时间结束后出现裂缝时，应取本级荷载值作为其开裂荷载实测值；

(3) 裂缝宽度可采用精度为0.05mm的刻度放大镜等仪器进行观测；

(4) 对正截面裂缝，应量测受拉主筋处的最大裂缝宽度；对斜截面裂缝，应量测腹部斜裂缝的最大裂缝宽度。确定受弯构件受拉主筋处的裂缝宽度时，应在构件侧面量测。

5. 构件试验报告应符合下列要求：

(1) 试验报告应包括试验背景、试验方案、试验记录、检验结论等内容，不得漏项缺检；

(2) 试验报告中的原始数据和观察记录必须真实、准确，不得任意涂抹篡改；

(3) 试验报告宜在试验现场完成，及时审核、签字、盖章，并登记归档。

6.1.2 工程质量标准

1. 预制构件质量标准

(1) 主控项目（表6-1）

表6-1 主控项目内容及监理验收要求

项目内容	规范条款	监理验收要求	验收方法
构件标志和预埋件等	第9.2.1条	预制构件应在明显部位标明生产单位、构件型号、生产日期和质量验收标志。构件上的预埋件、插筋和预留孔洞的规格、位置和数量应符合标准图或设计的要求	检查数量：全数检查 检验方法：观察
外观质量严重缺陷处理	第9.2.2条	预制构件的外观质量不应有严重缺陷。对已经出现的严重缺陷，应按技术处理方案进行处理，并重新检查验收	检查数量：全数检查 检验方法：观察，检查技术处理方案
过大尺寸偏差处理	第9.2.3条	预制构件不应有影响结构性能和安装、使用功能的尺寸偏差。对超过尺寸允许偏差且影响结构性能和安装、使用功能的部位，应按技术处理方案进行处理，并重新检查验收	检查数量：全数检查 检验方法：量测，检查技术处理方案

(2) 一般项目（表6-2）

表6-2 一般项目内容及监理验收要求

项目内容	规范条款	监理验收要求	验收方法
外观质量一般缺陷处理	第9.2.4条	预制构件的外观质量不宜有一般缺陷。对已经出现的一般缺陷，应按技术处理方案进行处理，并重新检查验收	检查数量：全数检查 检验方法：观察，检查技术处理方案
预制构件尺寸允许偏差	第9.2.5条	预制构件的尺寸偏差应符合表6-3的规定	检查数量：同一工作班生产的同类型构件，抽查5%且不少于3件

表 6-3　预制构件尺寸的允许偏差及检验方法

项目		允许偏差（mm）	检验方法
长度	板、梁	+10，−5	钢尺检查
	柱	+5，−10	
	墙板	±5	
	薄腹梁、桁架	+15，−10	
宽度、高（厚）度	板、梁、柱、墙板、薄腹梁、桁架	±5	钢尺量一端及中部，取其中较大值
侧向弯曲	梁、柱、板	l/750 且≤20	拉线、钢尺量最大侧向弯曲处
	墙板、薄腹梁、桁架	l/1000 且≤20	
预埋件	中心线位置	10	钢尺检查
	螺栓位置	5	
	螺栓外露长度	+10，−5	
预留孔	中心线位置	5	钢尺检查
预留洞	中心线位置	15	钢尺检查
主筋保护层厚度	板	+5，−3	钢尺或保护层厚度测定仪量测
	梁、柱、墙板、薄腹梁、桁架	+10，−5	
对角线差	板、墙板	10	钢尺量两个对角线
表面平整度	板、墙板、柱、梁	5	2m 靠尺和塞尺检查
预应力构件预留孔道位置	梁、墙板、薄腹梁、桁架	3	钢尺检查
翘曲	板	l/750	调平尺在两端量测
	墙板	l/1000	

注：1. l 为构件长度（mm）。
2. 检查中心线、螺栓和孔道位置时，应沿纵、横两个方向量测，并取其中的较大值。
3. 对形状复杂或有特殊要求的构件，其尺寸偏差应符合标准图或设计的要求。

2. 装配式结构施工质量标准

（1）主控项目（表 6-4）

表 6-4　主控项目内容及监理验收要求

项目内容	规范条款	监理验收要求	验收方法
预制构件进场检查	第 9.4.1 条	进入现场的预制构件，其外观质量、尺寸偏差及结构性能应符合标准图或设计的要求	检查数量：按批检查 检验方法：检查构件合格证
预制构件的连接	第 9.4.2 条	预制构件与结构之间的连接应符合设计要求 连接处钢筋或埋件采用焊接或机械连接时，接头质量应符合国家现行标准《钢筋焊接及验收规程》（JGJ 18）、《钢筋机械连接通用技术规程》（JGJ 107）的要求	检查数量：全数检查 检验方法：观察，检查施工记录

续表

项目内容	规范条款	监理验收要求	验收方法
接头和拼缝的混凝土强度	第9.4.3条	承受内力的接头和拼缝，当其混凝土强度未达到设计要求时，不得吊装上一层结构构件；当设计无具体要求时，应在混凝土强度不小于10N/mm² 或具有足够的支承时方可吊装上一层结构构件 已安装完毕的装配式结构，应在混凝土强度达到设计要求后，方可承受全部设计荷载	检查数量：全数检查 检验方法：检查施工记录及试件强度试验报告

（2）一般项目（表6-5）

表6-5 一般项目内容及监理验收要求

项目内容	规范条款	监理验收要求	验收方法
预制构件支承位置和方法	第9.4.4条	预制构件码放和运输时的支承位置和方法应符合标准图或设计的要求	检查数量：全数检查 检验方法：观察检查
安装控制标志	第9.4.5条	预制构件吊装前，应按设计要求在构件和相应的支承结构上标志中心线、标高等控制尺寸，按标准图或设计文件校核预埋件及连接钢筋等，并做出标志	检查数量：全数检查 检验方法：观察，钢尺检查
预制构件吊装	第9.4.6条	预制构件应按标准图或设计的要求吊装。起吊时绳索与构件水平面的夹角不宜小于45°，否则应采用吊架或经验算确定	检查数量：全数检查 检验方法：观察检查
临时固定措施和位置校正	第9.4.7条	预制构件安装就位后，应采取保证构件稳定的临时固定措施，并应根据水准点和轴线校正位置	检查数量：全数检查 检验方法：观察，钢尺检查
接头和拼缝的质量要求	第9.4.8条	装配式结构中的接头和拼缝应符合设计要求；当设计无具体要求时，应符合下列规定 （1）对承受内力的接头和拼缝应采用混凝土浇筑，其强度等级应比构件混凝土强度等级提高一级 （2）对不承受内力的接头和拼缝应采用混凝土或砂浆浇筑，其强度等级不应低于C15或M15 （3）用于接头和拼缝的混凝土或砂浆，宜采取微膨胀措施和快硬措施，在浇筑过程中应振捣密实，并应采取必要的养护措施	检查数量：全数检查 检验方法：检查施工记录及试件强度试验报告

6.2 施工监理控制细节

细节 构件预制基础施工

（1）挖土时以灰线控制尺寸大小，以龙门板控制深度。清土时要按龙门板清出正确尺寸和底标高。四边土质良好的，可以以土壁作为垫层四周的模板，垫层上表面经抄平钉竹签定出标高，浇筑后按此标高抹平。

（2）放出基础边框线及十字交叉的轴线，并在边框线外支撑柱基第一台的侧模。支好侧模后，清扫内部垫层，绑扎基底钢筋，再支杯口处外周四侧模板，绑好杯口内构造钢筋，再吊杯口芯模，使浇筑混凝土之后形成安插柱子的杯口。钢筋保护层按规定垫好垫块。

（3）浇筑基础混凝土时，应注意的是防止杯口芯模上浮，否则会造成杯口内标高提高，对安装柱子造成困难，如已发生，应凿去高出的部分，再进行找平等处理。因此，要防止芯模上浮必须由专人看模板，必要时在芯模内加压重。

（4）混凝土浇筑后 8 ~ 10h 即可拆出芯模，并应量一下杯口深度是否足够，万一有上浮的现象，在混凝土强度低时较容易处理。然后拆除侧模，进行覆盖养护，也可在杯口中放水养护。

（5）进行清理后做基坑的回填土，回填土必须按规范规定分层、分次进行夯实，并应抽查土的密实度。在回填土同时，测量工应把厂房的轴线、柱子的边线、杯口标高从龙门板上返回到基础上，并用墨线弹出以便于核查和吊装时使用。

（6）回填土后，杯口四周侧面土应拍成坡度。杯口上应盖上木板，防止杂物落入杯口内，也可起到安全防护作用。

细节 构件预制平面布置

（1）现场制作

1）按施工组织设计吊装作业顺序选定平面，生产顺序应与吊装作业顺序保持一致。通常可采用旋转法、滑行法进行柱子的平面布置。

2）有利提高吊车作业效率，构件平面应布置在有利于吊车行走最少、回转角度最小、起落变幅最少的位置上。

3）便于支模板、绑扎网片、混凝土浇筑作业。

4）充分利用场地，对于矩形断面的构件，如桁架、柱子、梁等可采用重叠生产，并布置在柱基近侧。

5）应充分考虑吊车行走路线，保证吊车行走作业、回转的安全条件要求。

6）确保构件间有足够的作业间距、便于吊具、预应力张拉施工。

（2）工厂制作

在杯形基础完成之后，其他需在现场制作的构件，就需按施工组织设计的方案，在厂房内及厂房四边范围内分划各类构件制作的地点。

1）柱子的制作位置

一般以相对应的基础为中心，确定放置位置。如柱根在基础处斜向放置，或柱中部邻近基础平行或略斜放置。

2）吊车梁的制作位置

一般 6m 标准型轻量级的吊车梁可以由加工厂制作。而当重型或需采用后张法施工的预应力吊车梁，须在现场制作。其位置可对称于柱的布置，在基础的另一侧放置。

3）屋架的制作位置

屋架由于其长度长，并可采用叠浇，3～4 榀一组，所以往往在厂房中间偏一侧放置。制作完后吊装前由吊装机械根据屋架实际安装轴线位置，做一次吊装前的就位。

其他小构件如需在现场制作的，可以根据场地实际，合理安插布置。

细节 预制构件

（1）柱子的制作

1）柱子模板的铺设

柱子成型采用平卧支模，要求模板架空铺设，基底地坪必须夯实。铺板或钢模底的横楞间距不大于 1m，底模宽度应大于柱的侧面尺寸，牛腿处应更宽些。侧模高度应同柱的宽度尺寸相同，其目的是便于浇筑后，抹平表面。模板应支撑牢固，防止浇灌时脱开、胀模、变形，而使构件外形失真不合要求，造成不合格构件。柱长、柱宽等尺寸要准确。

2）绑扎柱子钢筋

柱子钢筋应按施工图的配筋进行穿箍绑扎。应注意的是：牛腿处钢筋的绑扎和预埋铁件的安装，以及柱顶部的预埋铁板安装，都要做到钢筋长短、规格、数量，箍筋规格、间距的正确无误。最后垫好保护层垫块，并进行隐蔽检查验收。

3）浇筑混凝土

混凝土浇筑应符合下列要求：

①柱浇筑前，底部应先填以 5～10cm 厚与混凝土配合比相同的减去石子砂浆，柱混凝土应分层振捣，使用插入式振捣器时每层厚度不大于 50cm，振捣棒不得触动钢筋和预埋件。除上面振捣外，下面亦要有人随时敲打模板。

②柱高在 3m 之内，可在柱顶直接下灰浇筑，超过 3m 时，应采取措施（用串桶）或在模板侧面开门子洞安装斜溜槽分段浇筑。每段高度不得超过 2m，每段混凝土浇筑后将门子洞模板封闭严实，并用箍箍牢。

③柱子混凝土应一次浇筑完毕，如需留施工缝时应留在主梁下面；无梁楼板应留在柱帽下面。在与梁板整体浇筑时，应在柱浇筑完毕后停歇 1～1.5h，使其获得初步沉实，再继续浇筑。

④浇筑完后，应随时将伸出的搭接钢筋整理到位。

⑤要求浇筑时认真振捣，混凝土水灰比和坍落度应尽可能小。尤其边角处要密实，拆模后棱角应清晰美观。浇筑面要拍抹平整，最后用铁抹子压光。

4）养护与拆模

待表面硬化、手按无痕时，覆盖草帘浇水进行养护。养护要有专人，按规范规定时间进行养护，以保证混凝土强度的增长。应在混凝土强度达到 70% 以上后，可适当抽去横楞（最后间距不大于 4m）和部分底模。

柱子制作形式可参看图 6-1。

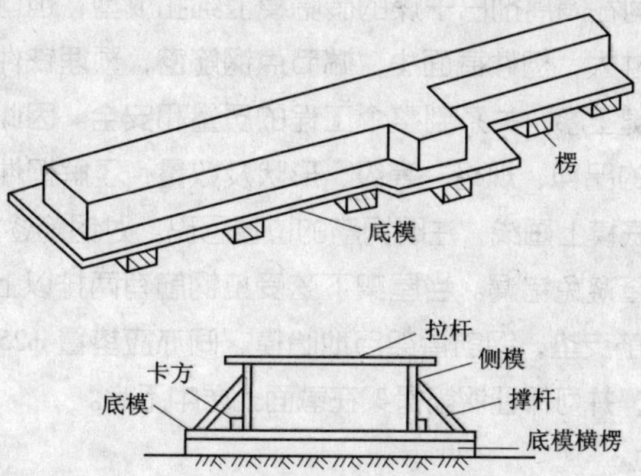

图 6-1　柱子支模示意图

（2）屋架制作

钢筋混凝土材料制作的屋架，大多在工地现场预制。当跨度为 18m 及其以上者，往往采用下弦杆预应力配筋。屋架在工地上制作时，由于场地限制而采用叠浇形式，最多叠浇四层为限。按规范规定，采用平卧、重叠法制作构件时，其下层构件混凝土的强度，需达到 5MPa 后方可浇筑上层构件的混凝土，并应有隔离措施。

1）模板制作

屋架一般采用平卧或平卧重叠的浇捣方法，在施工现场预制，以便翻身扶正直接吊装。平卧或平卧重叠法生产屋架，其底模可采用素土夯实铺砖，上抹 1∶2 水泥砂浆找平，做成砖胎模，或在混凝土地坪上直接做砖胎模。底模布置时应避开地坪伸缩缝，现场素土上的砖胎模应设有临时排水沟，预防下雨时地基下沉。平卧重叠生产可解决平卧占地面积较大的矛盾。待下层屋架混凝土强度达到设计强度的 30% 时，即可在其表面涂刷隔离剂后在上重叠制作上一层屋架，重叠的层数（高度）以不影响起重设备回转为原则，一般以 3～4 层为宜。底模制作要求表面平整光滑，用仪器抄平。几何尺寸符合设计要求，各杆件中心线应处于同一平面，底模应按施工平面布置图的位置制作以便吊装。底模做好，在使用前应刷隔离剂两道，以后每次使用脱模后及再次使用前应清扫表面，铲除残渣、涂刷隔离剂。支模的局部剖面可见图 6-2，再往上支第二层时，只要将侧模上移，侧向支牢即可。

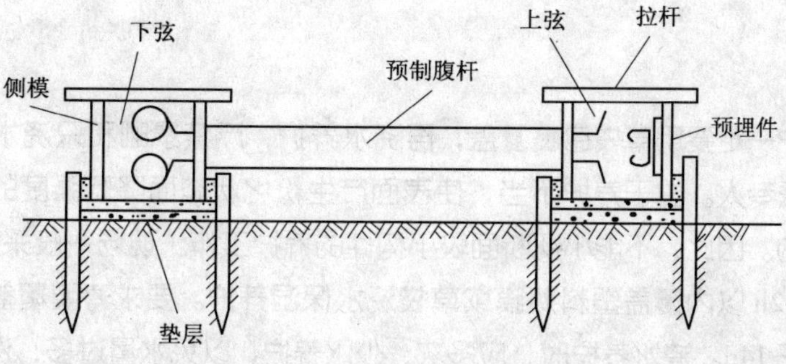

图 6-2　屋架卧式支模图

2）绑扎钢筋

屋架钢筋骨架可在隔离剂已干燥的砖胎模上绑扎成型；也可先预制后入模拼装绑扎。屋架外形尺寸大，构件截面小，端节点钢筋密，预埋铁件多。钢筋骨架的绑扎是屋架施工的关键工序，关系到整个工程的质量和安全。因此操作前必须熟悉图纸，掌握所需钢筋的品种、规格、等级、形状及数量，了解构件的轴线位置、标高及构造要求，并在底模上画线，注明钢筋的位置号码。对钢筋逐根编号，按序穿插，按号绑扎，事后检查避免错漏。当屋架下弦受拉钢筋有两排以上配筋时，两排钢筋之间可用 ϕ25 短钢筋支垫，钢筋骨架与地胎模之间亦应垫置 ϕ25 短钢筋或垫块，作为屋架侧向保护层，并可保证钢筋骨架在截面上居中不偏。

3）浇筑混凝土

浇筑混凝土前，应先检验钢筋、模板、铁件是否符合设计要求。由于屋架弦杆的断面相对较小，因此，振捣棒最好用 ϕ30 的或用振捣片。混凝土的粗骨料可采用 0.5～2.5cm 的粒径。水灰比及坍落度要小，能施工操作即可，因为水灰比过大易产生收缩裂缝。浇筑次序见图 6-3。节点处振捣必须认真仔细，并振捣密实，每一点振动时间不少于 10s，不大于 60s。尤其是预应力屋架，其支承处的端节点一定要密实，防止张拉时压碎报废。混凝土浇好后，外露面要用抹子抹平和压光，抹压要分两次，可以减少表面收缩裂纹。浇捣时下料，一定要人工用铁锹往内装料，不能用小车直接倒入模板，整榀屋架一次浇筑完成，不留施工缝。每榀屋架应有一组试块。

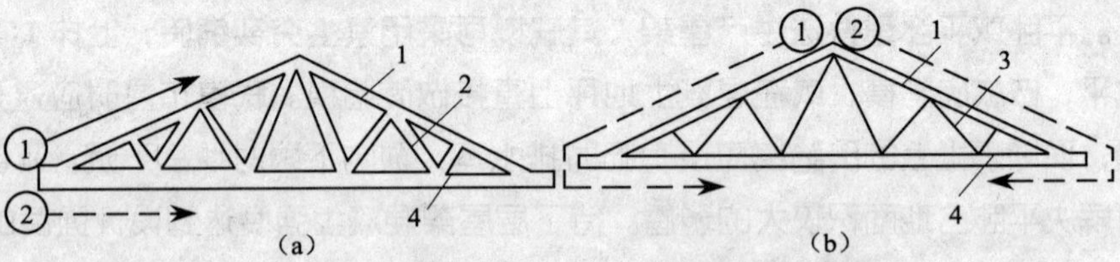

图 6-3　屋架浇筑次序图

（a）全现浇屋架；（b）腹杆预制、上下弦现浇屋架

1—上弦；2—腹杆；3—预制腹杆；4—下弦

（圆圈内数码为作业小组浇筑路线）

屋架上用于与屋面板、檩条、柱子或连系梁焊接用的预埋铁件，要求位置准确，摆放要平正。

4）养护

屋架养护一定要用草袋包裹覆盖，再浇水养护，严禁暴晒和只浇水不覆盖的养护。养护要派专人。由于养护不当，使表面产生粉化状态而降低强度的质量事故亦是时有发生的。因此，不能小视断面较小构件的养护工作。现场一般采用自然养护，在浇筑完成 12h 以内覆盖塑料薄膜或草袋浇水保湿养护。要求薄膜覆盖至底板，保湿养护不少于 14d。浇水养护时，应多次、少水养护，以免水量过多，浸软土基，引起地胎模底板下沉，导致构件变形。

5）拆模

侧模在混凝土强度达到 5MPa 后能保证构件不变形，棱角完整无裂缝时方可拆除。

6）扶正吊装

在混凝土强度达到设计要求的强度后，方可翻身扶直，吊装上柱顶。屋架翻身吊装前，应用小撬杆轻拨屋架，使屋架与底模分离，以便翻身吊装。

（3）吊车梁制作

普通钢筋混凝土吊车梁可在工厂生产，运到现场吊装；也可在现场预制，直接吊装。大型重级的吊车梁，由于运输不便，往往要在工地现场制作。制作时，支模有立式和卧式两种。立式即支模后如同吊车梁安装在柱上的位置一样，吊装时直接起吊即可，吊车梁制作形式可参看图 6-4；卧式即梁一侧面做底模，与柱卧在地下支模的情况相似，吊装时先要竖直后才能挂钩起吊。

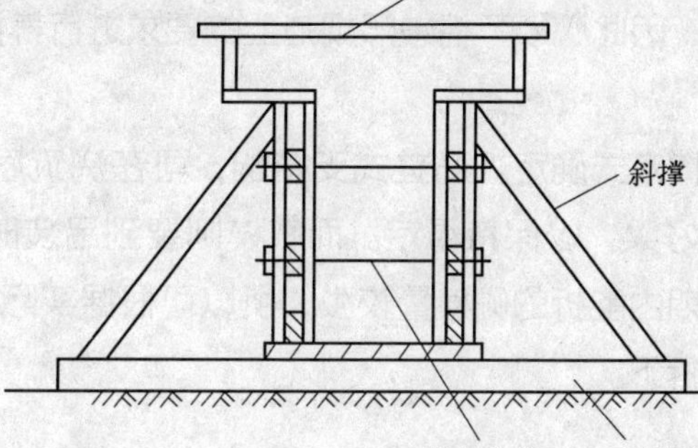

图 6-4　吊车梁支模示意图

1）模板支撑

吊车梁宜立置浇筑成型，立置堆放和运输。现场预制直接吊装的应做好现场预制平面布置，要按照吊装工序的安排，使吊车梁能就地起吊、安装。现场应设有临时的排水沟，预防下雨时原地下沉。生产采用的立式地胎模，应表面平整、尺寸准确。可优先选用型钢底模，也可采用混凝土或砖底模，底模应找平，置于坚硬的混凝土台面上，避开台面伸缩缝布置。隔离剂涂刷后应保持清洁，若被雨水冲刷应补刷。

2）钢筋绑扎

钢筋骨架安装定位前应检查钢筋骨架中钢筋的种类、规格、数量、几何形状和尺寸是否符合设计要求，预埋铁件的规格、数量、位置及焊接是否正确。安装定位应用带有横担的无水平分力的吊具吊运，平整轻落于底模上，注意钢筋骨架落位时应设置直径为 ϕ25，间距为 1000mm，长度与钢筋骨架宽度相等的垫筋，以保证受拉主筋的保护层厚度。如有预应力筋的，在施工时要预埋管道，管道根据施工实际情况确定，采用钢管或胶管待浇筑混凝土后抽出成孔；或用薄钢波纹管作永久性预埋。

3）混凝土浇筑

浇捣混凝土前应检验钢筋、预埋件规格、数量，钢筋保护层厚度及预埋孔洞是否符合设计要求，浇捣时应润湿模板，并采用人工下料；混凝土浇筑层厚度为300～350mm，采用插入式振动器振捣成型。振动时应做到不漏振，振动棒应避免撞击钢筋、模板、吊环、预埋铁件等，振动时间不少于10s，不大于60s。每振好一点，振动棒应徐徐抽出，以免留下气洞。振捣混凝土时应经常注意观察模板、支撑架、钢筋、预埋铁件和预留孔洞的情况，发现有松动变形、钢筋移位、漏浆等现象应停止振捣，并在混凝土初凝前修整完后继续振捣直至成型。浇筑顺序应从一端向另一端进行。当浇到上部预埋铁件时应注意捣实下面的混凝土，并保持预埋件位置正确。吊车梁上表面应用铁抹抹平。浇捣完毕12h内应覆盖草包或塑料薄膜，浇水养护。浇捣过程中应按规定制作试块。

4）养护

吊车梁养护要特别重视。因为吊车梁受动荷载作用，如果构件上有收缩裂缝出现，将对受力极为不利，因此必须严格遵照规范上的要求进行养护。

5）拆模

拆模应根据模板支撑方式确定。凡立式支模的，可在浇筑后的两三天内拆除两侧侧模，但拆后应支撑好梁，以保持稳定。而底模则要到吊装时才能拆下。采用卧式支模，由于浇筑后短期内能拆的侧模量较少，所以可根据实际情况有选择地拆除，底模也要到吊装时才能拆下。

细节 预制构件质量控制

由于预制成的构件最后需要吊装装配，所以要求其精确度相对较高。为此，在工厂及现场制作中应注意以下几个方面：

（1）在制作之前一定要认真看透图纸，尤其是构件尺寸、混凝土强度等级、钢筋等级及规格等。

（2）材料的检验、试验要符合设计要求，必须保证每个构件制作时原材料的可靠性。

（3）模板支撑时必须要有足够的强度、刚度和稳定性。严禁在浇筑后使构件发生不允许的变形。支模尺寸一定要符合图纸要求，支撑后要进行复核。

（4）对混凝土配料计量一定要准确，水泥称量允许误差±2%；骨料允许误差±3%；水和外加剂允许误差±2%，并要经常抽查。每台班还应抽查2～4次坍落度，每台班对梁、柱构件的浇筑，至少做一组混凝土试块；对吊车梁、屋架则要求每一榀做一组试块，用于强度检验。施工中对柱的牛腿处、屋架及吊车梁在预埋件的端头处，混凝土的振捣必须密实，避免造成隐患。

（5）对需作预应力施工的构件，在张拉中要控制好张拉应力，张拉时一定要对称张拉，以防翘曲。张拉构件均应有同条件养护的混凝土试块，以检验保证张拉时混凝土的实际强度已达到设计要求的张拉强度。

（6）拆模后，构件外观质量不宜有一般缺陷，不应有露筋、孔洞、蜂窝、裂缝等缺陷，且构件端头混凝土不应疏松，外伸钢筋不得松动。

（7）预制构件的尺寸偏差应符合表 6-3 的规定。

细节 结构性能检验内容、要求与方法

（1）检验内容

1）对钢筋混凝土构件和允许出现裂缝的预应力混凝土构件进行承载力、挠度和裂缝宽度检验。

2）对不允许出现裂缝的预应力混凝土构件进行承载力、挠度和抗裂检验。

3）预应力混凝土构件中的非预应力杆件按钢筋混凝土构件的要求进行检验。

4）对设计成熟、生产数量较少的大型构件，当采取加强材料和制作质量检验的措施时，可仅作挠度、抗裂或裂缝宽度检验。当采取上述措施并有可靠的实践经验时，可不作结构性能检验。

5）“加强材料和制作质量检验的措施”包括下列内容：

①钢筋进场检验合格后，在使用前再对用作构件受力主筋的同批钢筋按不超过 5t 抽取一组试件，并经检验合格；对经逐盘检验的预应力钢筋，可不再抽样检查。

②受力主筋焊接接头的力学性能，应按现行标准《钢筋焊接及验收规程》（JGJ 18）检验合格后，再抽取一组试件，并经检验合格。

③混凝土按 5m^{3}且不超过半个工作班生产的相同配合比的混凝土，留置一组试件，并经检验合格。

④受力主筋焊接接头的外观质量、入模后的主筋保护层厚度、张拉预应力总值和构件的截面尺寸等，应逐件检验合格。

（2）检验要求

对成批生产的构件，应按同一工艺正常生产的不超过 1000 件且不超过 3 个月的同类型产品为一批。当连续检验 10 批且每批的结构性能检验结果均符合规定的要求时，对同一工艺正常生产的构件，可改为不超过 2000 件且不超过 3 个月的同类型产品为一批。在每批中应随机抽取一个构件作为试件进行检验。其中“同类型产品”是指同一钢种、同一混凝土强度等级、同一生产工艺和同一结构形式的构件。对同类型产品进行抽样检验时，试件宜从设计荷载最大、受力最不利或生产数量最多的构件中抽取。对同类型的其他产品，也应定期进行抽样检验。

（3）检验方法

1）检验准备

结构性能检验应做好以下准备工作：

①构件在试验前应将表面刷白，并分格画线，分格大小可按构件尺寸确定。

②对试验用的设备及仪表，应进行标定或校正。

2）检验装置

结构性能检验装置主要有以下几种：

①简支板用重物加载装置见图 6-5。

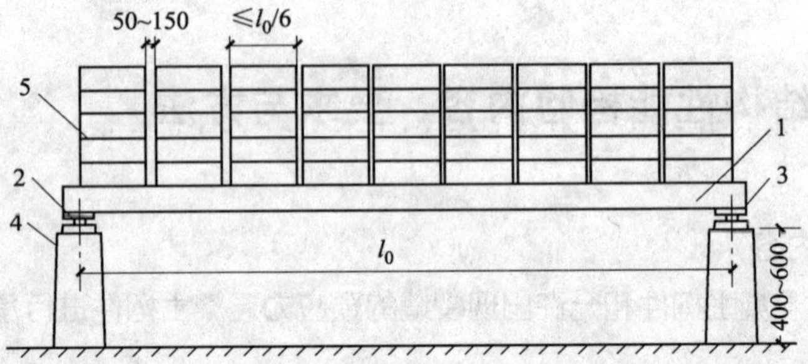

图 6-5 简支板用重物加载装置

1—试验板；2—滚动铰支座；3—固定铰支座；4—支墩；5—重物

②杠杆加载装置见图 6-6。

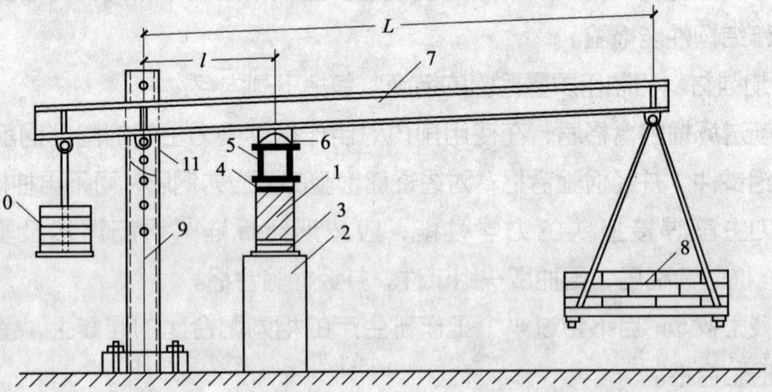

图 6-6 杠杆加载装置

1—试件；2—支墩；3—试件铰支座；4—分配梁铰支座；

5—分配梁；6—刀口支点；7—杠杆；8—加载重物；9—杠杆拉杆；

10—平衡杠杆自重的平衡重；11—钢梢（支点）

③简支梁用千斤顶分配梁加载装置见图 6-7。

④桁架用千斤顶加载装置见图 6-8。

3）加载方法

加载方法应根据标准图或设计的加载要求、构件类型及设备条件等进行选择。当按不同形式荷载组合进行加载试验（包括均布荷载、集中荷载、水平荷载和竖向荷载等）时，各种荷载应按比例增加。

①荷载块加载

荷载块加载适用于均布加载试验。荷载块应按区格成垛堆放，垛与垛之间间隙不宜小于 50mm。

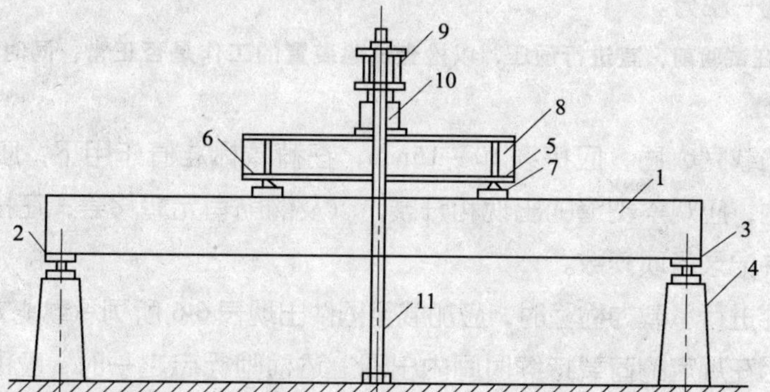

图 6-7　简支梁用千斤顶分配梁加载装置

1—试验梁；2—滚动铰支座；3—固定铰支座；4—支墩；5—分配梁滚动铰支座；6—分配梁固定铰支座；7—集中力下的垫板；8—分配梁；9—横梁；10—千斤顶；11—拉杆

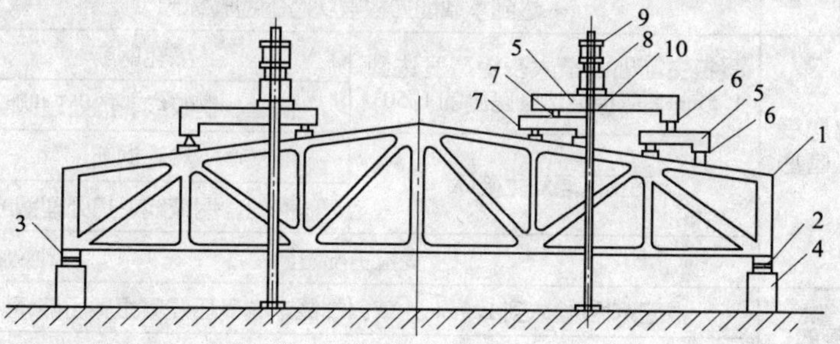

图 6-8　桁架用千斤顶加载装置

1—试验桁架；2—固定铰支座；3—滚动铰支座；4—支墩；5—分配梁；6—分配梁滚动铰支座；7—分配梁固定铰支座；8—千斤顶；9—横梁；10—拉杆

②千斤顶加载

千斤顶加载适用于集中加载试验。千斤顶加载时，可采用分配梁系统实现多点集中加载。千斤顶的加载值宜采用荷载传感器量测，也可采用油压表量测。

③水平对顶加载

梁或桁架可采用水平对顶加载方法，此时构件应垫平且不应妨碍构件在水平方向的位移。梁也可采用竖直对顶的加载方法。当屋架仅作挠度、抗裂或裂缝宽度检验时，可将两榀屋架并列，安放屋面板后进行加载试验。

4）加载程序

结构性能检验加载程序应符合下列要求：

①构件应分级加载。当荷载小于荷载标准值时，每级荷载不应大于荷载标准值的 20%；当荷载大于荷载标准值时，每级荷载不应大于荷载标准值的 10%；当荷载接近抗裂检验荷载值时，每级荷载不应大于荷载标准值的 5%；当荷载接近承载力检

验荷载值时，每级荷载不应大于承载力检验荷载设计值的5%。对仅作挠度、抗裂或裂缝宽度检验的构件应分级卸载。作用在构件上的试验设备重量及构件自重应作为第一次加载的一部分。

注：构件在试验前，宜进行预压，以检查试验装置的工作是否正常，同时应防止构件因预压而产生裂缝。

②每级加载完成后，应持续10~15min；在荷载标准值作用下，应持续30min。在持续时间内，应观察裂缝的出现和开展，以及钢筋有无滑移等；在持续时间结束时，应观察并记录各项读数。

③对构件进行承载力检验时，应加载至构件出现表6-6所列承载能力极限状态的检验标志。当在规定的荷载持续时间内出现上述检验标志之一时，应取本级荷载值与前一级荷载值的平均值作为其承载力检验荷载实测值；当在规定的荷载持续时间结束后出现上述检验标志之一时，应取本级荷载值作为其承载力检验荷载实测值。

注：当受压构件采用试验机或千斤顶加载时，承载力检验荷载实测值应取构件直至破坏的整个试验过程中所达到的最大荷载值。

表6-6 构件的承载力检验系数允许值

受力情况	达到承载能力极限状态的检验标志		$[\gamma_u]$
轴心受拉、偏心受拉、受弯、大偏心受压	受拉主筋处的最大裂缝宽度达到1.5mm，或挠度达到跨度的1/50	热轧钢筋	1.20
		钢丝、钢绞线、热处理钢筋	1.35
	受压区混凝土破坏	热轧钢筋	1.30
		钢丝、钢绞线、热处理钢筋	1.45
	受拉主筋拉断		1.50
受弯构件的受剪	腹部斜裂缝达到1.5mm，或斜裂缝末端受压混凝土剪压破坏		1.40
	沿斜截面混凝土斜压破坏，受拉主筋在端部滑脱或其他锚固破坏		1.55
轴心受压、小偏心受压	混凝土受压破坏		1.50

注：热轧钢筋系指HPB235级、HRB335级、HRB400级和RRB400级钢筋。

5）挠度检验

挠度检验应符合下列要求：

①构件挠度可用百分表、位移传感器、水平仪等进行观测。接近破坏阶段的挠度，可用水平仪或拉线、钢尺等测量。试验时，应量测构件跨中位移和支座沉陷。对宽度较大的构件，应在每一量测截面的两边或两肋布置测点，并取其量测结果的平均值作为该处的位移。

当试验荷载竖直向下作用时，对水平放置的试件，在各级荷载下的跨中挠度实测值应按下列公式计算

$$a_t^0 = a_q^0 + a_g^0 \tag{6-1}$$

$$a_q^0 = \upsilon_m^0 - \frac{1}{2}(\upsilon_l^0 + \upsilon_r^0) \tag{6-2}$$

$$a_g^0 = \frac{M_g}{M_b} a_b^0 \tag{6-3}$$

式中 a_t^0——全部荷载作用下构件跨中的挠度实测值，mm；

a_q^0——外加试验荷载作用下构件跨中的挠度实测值，mm；

a_g^0——构件自重及加荷设备重产生的跨中挠度值，mm；

υ_m^0——外加试验荷载作用下构件跨中的位移实测值，mm；

υ_l^0，υ_r^0——外加试验荷载作用下构件左、右端支座沉陷位移的实测值，mm；

M_g——构件自重和加荷设备重产生的跨中弯矩值，kN · m；

M_b——从外加试验荷载开始至构件出现裂缝的前一级荷载为止的外加荷载产生的跨中弯矩值，kN · m；

a_b^0——从外加试验荷载开始至构件出现裂缝的前一级荷载为止的外加荷载产生的跨中挠度实测值，mm。

②当采用等效集中力加载模拟均布荷载进行试验时，挠度实测值应乘以修正系数ψ。当采用三分点加载时ψ可取为0.98；当采用其他形式集中力加载时，ψ应经计算确定。

6）安全措施

试验时必须注意下列安全事项：

①试验的加荷设备、支架、支墩等，应有足够的承载力安全储备；

②对屋架等大型构件进行加载试验时，必须根据设计要求设置侧向支承，以防止构件受力后产生侧向弯曲和倾倒；侧向支承应不妨碍构件在其平面内的位移；

③试验过程中应注意人身和仪表安全；为了防止构件破坏时试验设备及构件坍落，应采取安全措施（如在试验构件下面设置防护支承等）。

细节 结构性能检验项目要求与结果验收

（1）检验规定

1）当按现行国家标准《混凝土结构设计规范》（GB 50010）的规定进行检验时，应符合下列公式的要求

$$\gamma_u^0 \geqslant \gamma_0 \left[\gamma_u\right] \tag{6-4}$$

式中 γ_u^0——构件的承载力检验系数实测值，即试件的荷载实测值与荷载设计值（均包括自重）的比值；

γ_0——结构重要性系数，按设计要求确定，当无专门要求时取1.0；

$[\gamma_u]$——构件的承载力检验系数允许值，按表6-6取用。

2）当按构件实配钢筋进行承载力检验时，应符合下列公式的要求

$$\gamma_u^0 \geqslant \gamma_0 \eta \left[\gamma_u\right] \tag{6-5}$$

式中 η——构件承载力检验修正系数，根据现行国家标准《混凝土结构设计规范》（GB 50010）按实配钢筋的承载力计算确定。

承载力检验的荷载设计值是指承载能力极限状态下，根据构件设计控制截面上

的内力设计值与构件检验的加载方式，经换算后确定的荷载值（包括自重）。

3）当按现行国家标准《混凝土结构设计规范》（GB 50010）规定的挠度允许值进行检验时，应符合下列公式的要求

$$a_s^0 \leqslant [a_s] \tag{6-6}$$

$$[a_s] = \frac{M_k}{M_q(\theta - 1) + M_k}[a_f] \tag{6-7}$$

式中 a_s^0——在荷载标准值下的构件挠度实测值；

$[a_s]$——挠度检验允许值；

$[a_f]$——受弯构件的挠度限值，按现行国家标准《混凝土结构设计规范》（GB 50010）确定；

M_k——按荷载标准组合计算的弯矩值；

M_q——按荷载准永久组合计算的弯矩值；

θ——考虑荷载长期作用对挠度增大的影响系数，按现行国家标准《混凝土结构设计规范》（GB 50010）确定。

4）当按构件实配钢筋进行挠度检验或仅检验构件的挠度、抗裂或裂缝宽度时，应符合下列公式的要求

$$a_s^0 \leqslant 1.2a_s^c \tag{6-8}$$

同时，还应符合公式（6-6）的要求。

式中 a_s^c——在荷载标准值下按实配钢筋确定的构件挠度计算值，按现行国家标准《混凝土结构设计规范》（GB 50010）确定。

正常使用极限状态检验的荷载标准值是指正常使用极限状态下，根据构件设计控制截面上的荷载标准组合效应与构件检验的加载方式，经换算后确定的荷载值。

注：直接承受重复荷载的混凝土受弯构件，当进行短期静力加荷试验时，a_s^c 值应按正常使用极限状态下静力荷载标准组合相应的刚度值确定。

5）预制构件的抗裂检验应符合下列公式的要求

$$\gamma_{cr}^0 \geqslant [\gamma_{cr}] \tag{6-9}$$

$$[\gamma_{cr}] = 0.95\frac{\sigma_{pc} + \gamma f_{tk}}{\sigma_{ck}} \tag{6-10}$$

式中 γ_{cr}^0——构件的抗裂检验系数实测值，即试件的开裂荷载实测值与荷载标准值（均包括自重）的比值；

$[\gamma_{cr}]$——构件的抗裂检验系数允许值；

σ_{pc}——由预加力产生的构件抗拉边缘混凝土法向应力值，按现行国家标准《混凝土结构设计规范》（GB 50010）确定；

γ——混凝土构件截面抵抗矩塑性影响系数，按现行国家标准《混凝土结构设计规范》（GB 50010）计算确定；

f_{tk}——混凝土抗拉强度标准值；

σ_{ck}——由荷载标准值产生的构件抗拉边缘混凝土法向应力值，按现行国家标

准《混凝土结构设计规范》（GB 50010）确定。

6）预制构件的裂缝宽度检验应符合下列公式的要求

$$\omega_{s.max}^{0} \leqslant [\omega_{max}] \tag{6-11}$$

式中 $\omega_{s.max}^{0}$——在荷载标准值下，受拉主筋处的最大裂缝宽度实测值（mm）；

$[\omega_{max}]$——构件检验的最大裂缝宽度允许值，按表6-7取用。

表6-7 构件检验的最大裂缝宽度允许值 （mm）

设计要求的最大裂缝宽度限值	0.2	0.3	0.4
$[\omega_{max}]$	0.15	0.20	0.25

（2）结果验收

预制构件结构性能的检验结果应按下列规定验收：

1）当试件结构性能的全部检验结果均符合上述（1）中1）～6）项检验要求时，该批构件的结构性能应通过验收。

2）当第一个试件的检验结果不能全部符合上述（1）中1）～6）要求，但又能符合第二次检验的要求时，可再抽两个试件进行检验。第二次检验的指标，对承载力及抗裂检验系数的允许值应取上述（1）中1）、5）两项规定的允许值减0.05；对挠度的允许值应取上述（1）中3）项规定允许值的1.10倍。当第二次抽取的两个试件的全部检验结果均符合第二次检验的要求时，该批构件的结构性能可通过验收。

3）当第二次抽取的第一个试件的全部检验结果均已符合上述（1）中1）～6）项的要求时，该批构件的结构性能可通过验收。

细节 装配式结构施工前准备

（1）场地平整与道路铺设

在起重机进场前，应作好“三通一平”工作，即水通、电通、道路通及场地平整。并做好现场的排水工作，确保道路坚实以利后面起重机的吊装。运输道路应有足够的路面宽度和转弯半径，载重汽车的单行道宽度不得小于3.5m，拖车的单行道宽度不得小于4m，双行道宽度不得小于6m；采用单行道时，要有适当的会车点，载重汽车的转弯半径不得小于10m，半拖式拖车的转弯半径不宜小于15m，全拖式拖车的转弯半径不宜小于20m。

（2）构件运输

1）构件运输时，一般构件的混凝土强度应不低于设计强度等级的70%，屋架和薄壁构件的混凝土强度应达到设计强度等级的100%。

2）构件运输应配套，并按吊装顺序方式、流向组织装运，按平面布置卸车就位、堆放，先吊的先运，避免混乱和二次倒运。

3）构件装运时的支承点和装卸车时的吊点应尽可能接近设计支承状态或设计要求的吊点，如支承吊点受力状态改变，应对构件进行抗裂度验算，裂缝宽度不能满足要求时，应进行适当加固。

4）根据构件的类型、尺寸、重量、工期要求、运距、费用和效率以及现场的具体条件，选择合适的运输工具和装卸机具。

5）构件在装车时，支承点应水平放置，并保证荷载均匀对称，构件应保持重心平衡，构件的中心须与车辆的装载中心重合，固定要牢靠。对刚度大的构件亦可平卧放置。

6）对高宽比较大的构件或多层叠放装运构件，应根据构件外形尺寸、重量，设置工具式支承框架、固定架、支撑，或用倒链等予以固定，以防倾倒。严禁采取悬挂式堆放运输。对支承钢运输架应进行设计计算，保证足够的强度和刚度，并做到支承稳固牢靠和装卸方便。

7）大型构件多采用半拖挂运输构件，在构件支承处应设有转向装置，使其能自由转动，同时应根据吊装方法及运输方向确定装车方向，以免现场调头困难。

8）在各构件之间应用隔板或垫木隔开，构件上下支承垫木应在同一垂直线上，并加垫木楔或草袋等物使其紧密接触，用钢丝绳和花篮螺栓连成一体并拴牢于车箱上，以免构件在运输时滑动变形或互碰损伤。

（3）预制构件堆放

1）堆放构件场地应平整坚实，并具有排水措施，堆放构件时应使构件与地面之间留有一定空隙。

2）根据构件的刚度及受力情况，确定构件平放或立放，板类构件一般应采用叠层平放，对宽度等于及小于500mm的板，宜采用通长垫木；大于500mm的板，可采用不通长的垫木。垫木应上下对齐，在一条垂直线上；大型桩类构件宜平放。薄腹梁、屋架、桁架等宜立放。构件的断面高宽比大于2.5时，堆放时下部应加支撑或有坚固的堆放架，上部应拉牢固定，以免倾倒。墙板类构件宜立放，立放又可分为插放与靠放两种方式。插放时场地必须清理干净，插放架必须牢固，挂钩工应扶稳构件，垂直落准；靠放时应有牢固的靠放架，必须对称靠放和吊运，其倾斜角度应保持大于80°，板的上部应用垫块隔开。

构件的最多堆放层数应按照构件强度、地面耐压力、构件形状和重量等因素确定。一般可按表6-8的规定执行。

表6-8 预制混凝土构件的最多堆放层数

构件类别	最多堆放层数	项次	构件类别	最多堆放层数
预应力大型屋面板（高240mm）	10	11	民用高低天沟板	8
预应力槽型板、卡口板（高300mm）	10	12	天窗侧板	8
槽型板（高400mm）	6	13	预应力大楼板	9
空心板（高240mm）	10	14	设备实心楼板	12
空心板（高180mm）	12	15	隔墙实心板	12
空心板（高120~130mm）	14	16	楼梯段	10
大型梁、T形梁	3	17	阳台板	10

续表

构件类别	最多堆放层数	项次	构件类别	最多堆放层数
大型桩	3	18	带坡屋面梁（立放）	1
桩	8	19	桁架（立放）	1
工业天沟板	6			

（4）构件平面布置

构件的平面布置取决于房屋的结构特点、起重机的性能及现场布置方案、构件的重量、形状和制作方法。构件布置一般应遵循以下原则：

1）预制构件应尽量布置在起重机的回转半径之内，避免二次搬运。如施工现场场地狭小时，一部分小型构件可集中堆放在施工现场附近，吊装时再运到吊装地点。

2）重型构件应尽量布置在起重机附近，中小型构件可布置在外侧。

3）构件布置地点及朝向应与构件吊装到建筑物上的位置相配合，以便在吊装时减少起重机的变幅及构件在空中调头。

柱子的平面布置方式有平行于起重机轨道和垂直于起重机轨道及斜向布置等方式，现场预制柱宜采用平行布置方式叠层预制；旋转法起吊可采用斜向布置；起重机在跨内开行时，为使吊点在起重半径之内，柱可垂直布置。梁、板等构件堆放在柱子外侧。对于梁板等较小的构件，如有可能最好采用随运随吊的方法，就是构件由汽车运至工地后，用起重机从汽车上直接吊起安装，这种方法可减少构件堆放场地，减少装卸用工，但需要有严密的施工组织，以确保构件的连续供应。

预制柱堆放位置和采用吊装作业方法有关。采用旋转法吊装的平面位置如图6-9所示，采用滑行法吊装的平面位置如图 6-10 所示。

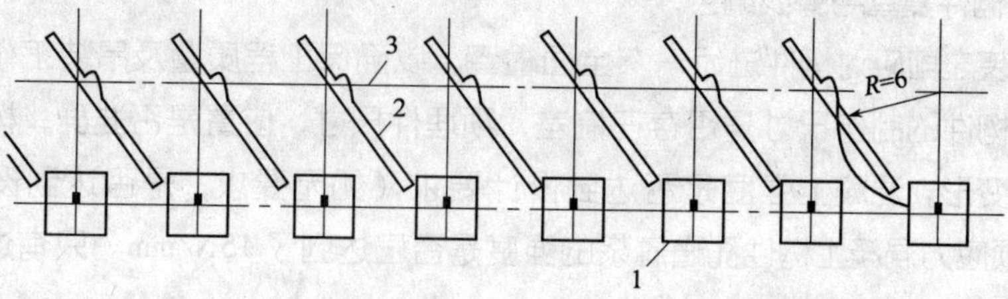

图 6-9 采用旋转法吊装柱子的平面放置

1—基坑；2—预制柱；3—起重机行驶路线

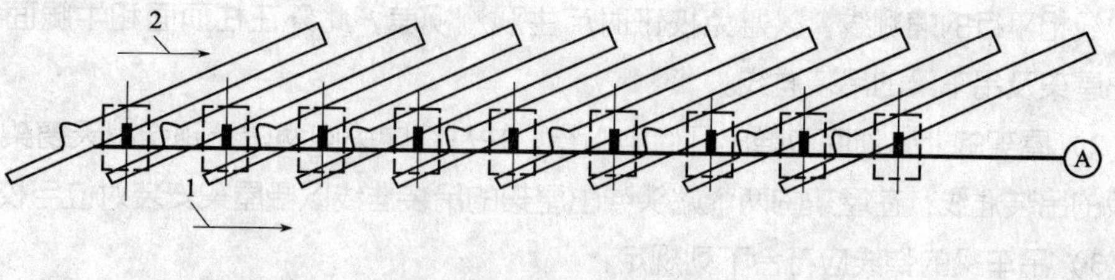

图 6-10 采用滑行法吊装柱子的平面放置

1、2—起重机行驶路线

现场预制的混凝土桁架一般均受平面预制，因此必须扶起直立（翻身）堆放，扶起直立（翻身）一般采用一台吊车以铁扁担、滑轮和两根以上钢丝绳进行吊起直立。

（5）构件现场拼装

大跨度屋架，多在预制厂分成几块预制，运至现场后再进行拼装。拼装时，要保证构件的外形几何尺寸准确，上下弦均在一个平面上，不断裂，无旁弯，保证连接质量。构件拼装有平拼和立拼两种方法，平拼即将构件平卧地面或在操作台上进行拼装，拼完后进行翻身，操作方便，不需支承，但在翻身中容易损坏或变形，因此仅限于天窗架等小型构件。立拼是将块体立着拼装，两侧须有夹木支撑，可直接拼装于起吊时的最佳位置，可减少翻身扶直的工序，避免了大型屋架在翻身中容易造成损坏或变形的疵病。图6-11为天窗架的平拼示意图。图6-12为钢筋混凝土屋架的立拼图。

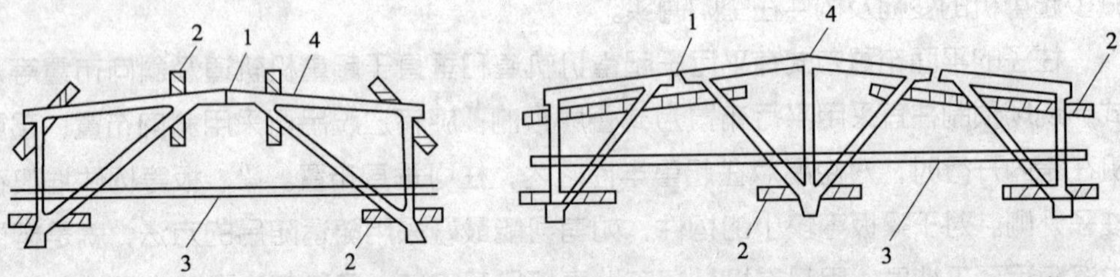

图6-11　天窗架平拼装

1—拼接点；2—垫木；3—加固木杆、用钢丝绑牢；4—天窗架

（6）构件复查与弹线编号

在吊装之前应对构件进行一次全面检查，以确保工程质量及吊装工作的顺序进行，复查构件的制作尺寸是否存在偏差，预埋件尺寸、位置是否准确；构件是否存在裂痕和变形，混凝土强度是否达到设计要求（如无要求，是否达到设计强度的75%）。预应力混凝土构件孔道灌浆的强度是否已达到了15N/mm。只有达到以上的要求，方可进行吊装。

为了使构件吊装时便于对位、校正，必须在构件上标注几何中心线作为吊装准线。

1）柱子应在柱身的三面弹出其几何中心线，此中心线应与柱基础杯口上的中心线相吻合，对于工字形截面柱，除弹出几何中心线外，尚应在其翼缘部分弹一条与中心线相平行的辅测线，以避免校正时产生观测视差，此外在柱顶面和牛腿面上要弹出屋架及吊车梁的吊装准线。

2）屋架的上弦顶面应弹出几何中心线，并从跨中央向两端分别弹出天窗架、屋面板的吊装准线；在屋架的两个端头弹出屋架的吊装准线以便屋架安装对位与校正。

3）吊车梁的弹线应符合下列规定：

①吊车梁中心线应根据柱子实际安装情况在确保吊车横向跨距的情况下，以全长适宜的小柱中心为准，取直线确定，并以此作为土建、机电共同使用的施测

控制线。

②轨道中心线在确保吊车横向跨距允许的情况下，以安装全长适宜的吊车梁或腹板的中心为准，取直线作为最终的吊车轨道中心。

③吊车梁安装前应实测梁的端部高度并尽可能将同一误差范围的吊车梁搭配安装，以求得轨面标高的均一。

在对构件弹线的同时，尚应按图纸将构件逐个编号，应标注在统一的位置，对不易区分上下左右的构件，应在构件上标明记号。

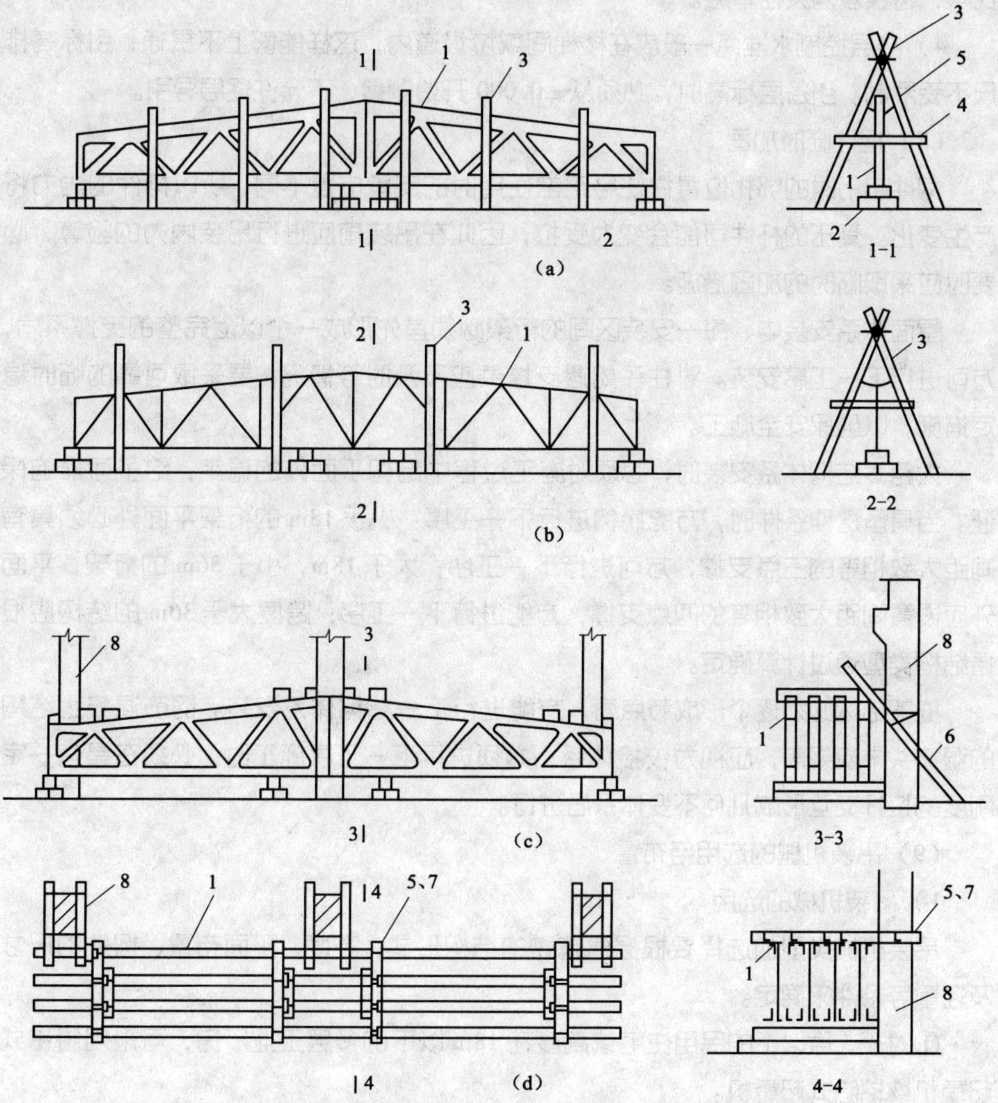

图 6-12　屋架的立拼装

(a) 33m 预应力混凝土屋架立拼装；(b) 36m 钢屋架立拼装；

(c) 多榀预应力屋架立拼装；(d) 多榀钢屋架立拼装

1—33m 预应力混凝土屋架块体、36m 钢屋架块体；2—枕木或砖墩；3—木人字架；

4—横挡木钢丝绑牢；5—8 号钢丝固定上弦；6—斜撑木；7—木方；8—柱

（7）轴线和标高控制

构件吊装工程，对建筑物的轴线和标高控制要求较为严格，具体规定如下：

1）根据建筑物的造型，在纵横轴线上设置控制桩，外围4个大角必须贯通，中间4~6个轴线留一个控制桩。控制桩的位置应便于测视，便于保护。

2）施工时应用经纬仪将轴线由一层引至施工层，由控制轴线引出全部轴线，每层的轴线误差应消除在本层。

3）楼层的标高可用事先校正的钢尺从±0.000向上直接丈量，引点后用水平仪找平，将误差消灭在本层。

4）楼层控制水准点一般放在楼梯间或垃圾道内，这样能够上下贯通，引标高排尺不受限制。引各层标高时，必须从±0.000开始测量，不允许逐层导引。

（8）构件临时加固

构件起吊时的绑扎位置往往与正常使用时的支承位置不同，所以构件的内力将产生变化。受压的杆件可能会变为受拉，因此在吊装前应进行吊装内力的验算，必要时应采取临时的加固措施。

屋面体系安装中，每一安装区间的桁架必须首先形成一个以上完整的支撑系后，方可进行下一工序安装。对柱子如遇支撑供应不及时等情况，要采取可靠的临时稳定措施，以确保安全施工。

大跨度结构体系安装时，必须对施工过程中结构平面外的稳定，给予可靠的保证。当具备这种条件时，方能摘钩进行下一工序：小于18m的桁架平面外必须具有间距大致相等的三点支撑，方可进行下一工序；大于18m，小于36m的桁架，平面外应设置间距大致相等的四点支撑，方能进行下一工序；跨度大于36m的结构应根据结构类型通过计算确定。

框架结构必须逐个形成节点后，方能进行下一结构体系安装。钢筋混凝土结构的湿接头未灌浆前，应视为铰接体系；必须进行下一工序施工时，必须在具有一定刚度的拉杆交互形成几何不变体系后进行。

（9）吊装机械的选用与布置

1）吊装机械的选用

吊装机械类型的选择要根据建筑物的结构形式、高度、平面布置、构件的尺寸及轻重等条件来确定。

①对于5层以下的民用住宅或高度在18m以下的多层工业厂房，可采用履带式起重机或轮胎式起重机。

②对于10层以下的民用建筑多采用轨道式塔式起重机。

③对于10层以上的高层住宅，可采用爬升式塔式起重机或附着式塔式起重机。

④对于起重机的选择，既要考虑到它的起吊高度，又要考虑其覆盖范围能否满足施工的要求。

2）吊装机械的布置

起重机一般布置在建筑物的外侧，有单侧或双侧及环形布置等三种形式。塔式起重机的布置参见图6-13和图6-14。

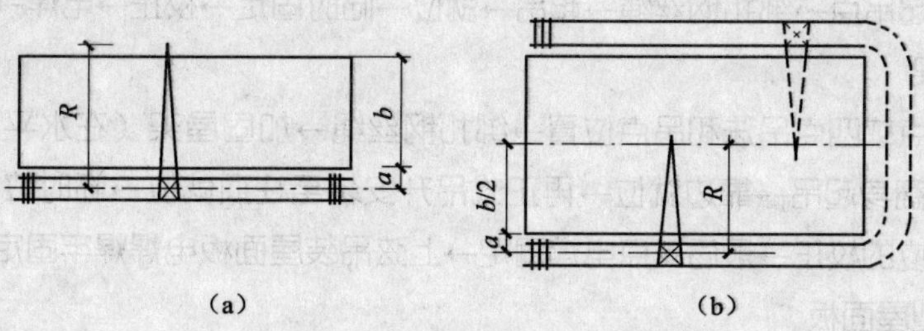

图6-13　塔式起重机在建筑物外侧布置

(a) 单侧布置；(b) 双侧（或环形）布置

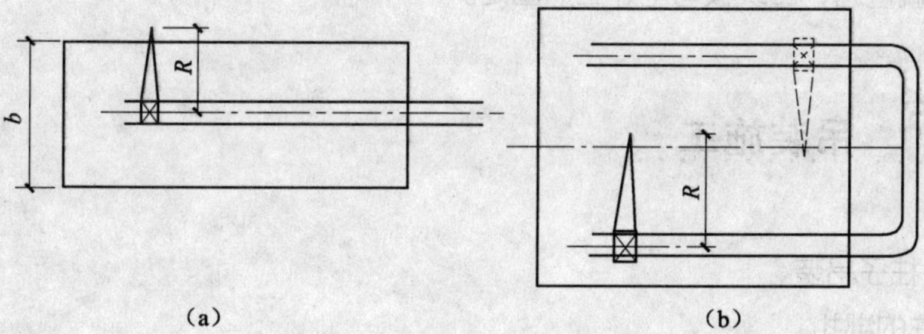

图6-14　塔式起重机环形布置

(a) 跨内单行布置；(b) 跨内环形布置

细节　吊装方法与流程

(1) 吊装方法

构件的吊装方法可分为分件吊装法和综合吊装法两类。分件吊装法是吊完一种构件，再吊一种，直至安装完毕。这种方法适用于小型厂房，它是两侧各用一台重型塔吊进行吊装。但此法用于临时稳定的支架太多，也复杂，所以实际采用较少。在施工中多将分件法和综合法结合起来用。如先把柱子全部吊装完毕后，再分单元的（一个轴线开间为一单元）进行吊梁、吊屋架及吊屋面板，完成一个单元，机械移动一个位置。

(2) 吊装流程

1) 柱子

定吊点绑扎钢丝绳→起吊→就位进入杯型基础→用大木楔临时固定并用支撑临时四面撑牢→用经纬仪观测后校正→重新用大木楔固定→并浇灌杯口内2/3高的混凝土→待混凝土硬化后拔去木楔→再浇灌满杯口混凝土→柱子安装结束。

2）吊车梁、连梁等

选两点起吊点→绑扎钢丝绳→起吊→就位→临时固定→校正→电焊→正式固定。

3）屋架

确定两点或四点吊法和吊点位置→绑扎钢丝绳→加固屋架（在水平及竖向绑加固钢管）→翻身起吊→靠边就位→再正式吊升安装至柱顶就位→临时拉撑固定→垂直度及轴线位的校正→最后支点电焊固定→上弦吊装屋面板电焊焊牢固定。

4）大型屋面板

配合屋架吊装就位→从两边檐口左右对称地吊板→逐块铺至屋脊→避免屋架受不对称荷载。

如有天窗架的，应按图先吊天窗架，天窗架的固定、校正同屋架相似。屋面板在屋架上就位后，每块板可电焊三点固定。

细节 吊装施工

（1）柱子吊装

1）柱的绑扎

柱子长度在12m以内时，通常采用一点直吊绑扎，柱子较长时，可采用两点绑扎（图6-15），但应对吊点位置进行强度和抗裂度验算。由于多点绑扎柱子受力状态多变，在吊装过程中容易产生裂缝，甚至断裂，所以尽量少采用多点绑扎的方式。

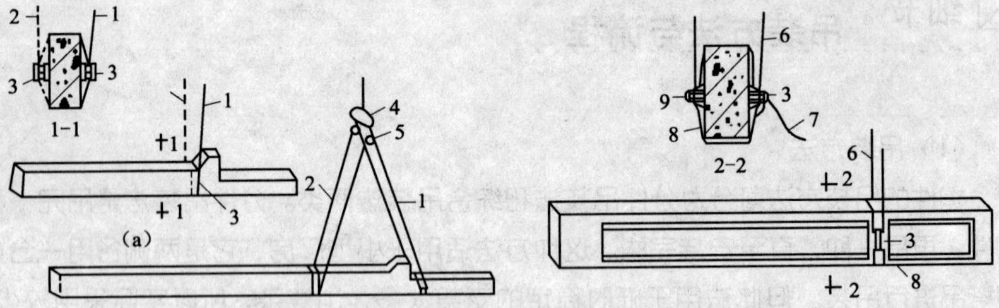

图6-15 垂直吊法绑扎

(a) 一点绑扎；(b) 两点绑扎；(c) 长短吊索绑扎

1—第一支吊索；2—第二支吊索；3—活络卡环；

4—横吊梁；5—滑车；6—长吊索；

7—白棕绳；8—短吊索；9—普通卡环

2）柱的起吊

柱的起吊通常有旋转法和滑移法两种，见图6-16和图6-17。无论采用哪种方法都应做好柱底部钢筋的保护工作，防止钢筋碰弯，给下面安装接头钢筋的对正带来麻烦，常用的保护方法有：用钢管保护柱脚外伸钢筋，用钢筋三角架套在柱端钢筋处或用垫木保护等方法。由于旋转法有利于柱脚钢筋的保护，所以一般多采用旋转法起吊。

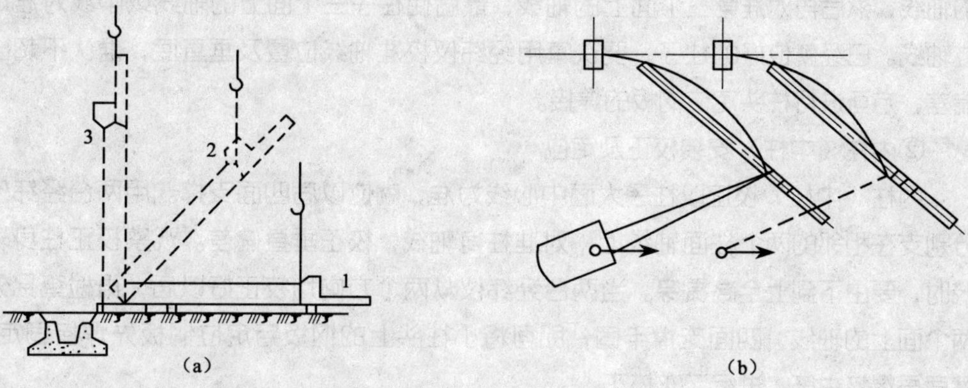

图 6-16　用旋转法吊柱

(a) 旋转过程；(b) 平面布置

1—柱平卧时；2—起吊中途；3—直立

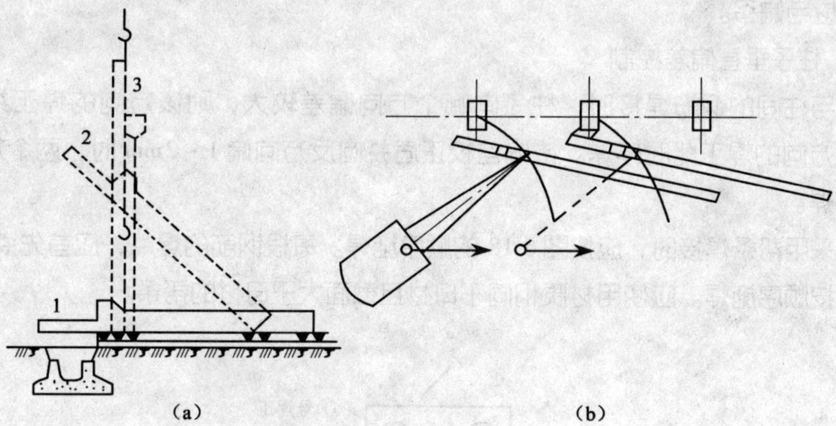

图 6-17　用滑行法吊柱

(a) 滑行过程；(b) 平面布置

1—柱平卧时；2—起吊中途；3—直立

3）柱的就位

柱的就位应符合下列要求：

①柱吊入杯口后，当柱脚距杯口底 50mm 左右时每面插入两个铁楔。

②将柱基杯口上表面中心线和柱子短边两面中心对齐，然后再平移柱子对准长边一面中心线。

③初步调整柱子垂直度（用垂球线坠自测），吊车落钩使柱落入杯口底面，均衡打紧四面楔子后吊车回钩。

4）柱的校正及定位

柱的校正及定位应符合下列要求：

①柱子垂直度校正

柱子垂直度校正可用吊线板，并在相互垂直的两个方向上架设经纬仪，使柱身立面轴线与安装位置上的柱网格轴线对准，上下垂直。校正轴线时先找好两个面上的轴线，然后再对准第三个面上的轴线，最后使柱子三个面上的轴线或中线对准定位轴线。已经就位好的柱子，要认真用经纬仪校准轴线位置及垂直度，确认不超出偏差，方可进行柱头定位钢板的焊接。

②内柱（中柱）安装校正及定位

内柱（中柱）校正以柱子大面中心线为准，就位以后四面支撑。用两台经纬仪分别支在相邻的两个柱面轴线上，对准柱身轴线，校正垂直偏差。观察校正柱身轴线时，要由下到上全高贯穿。当两台经纬仪从两个方向均校正好以后，再检查另外两个面上的轴线，四面支撑牢固，即可将小柱头上的钢板与定位钢板先焊接固定，然后再焊接主筋，进行二次校正。

③边柱、角柱安装、校正及定位

边、角柱安装只能在 2 ~ 3 个面上支顶方木，从楼层内拉紧花篮校正器进行校正。安装角柱时要对四个面上的轴线进行检查，确保上下层柱子在节点处不产生歪扭、错位与偏移。

5）柱子垂直偏差控制

柱与柱间的钢筋焊接时，柱子向哪个方向偏差较大，则该方向的焊工继续施焊；反方向的焊工此时停焊。待偏差校正后并向反方向偏 1 ~ 2mm 时，两个焊工再等速施焊。

①采用帮条焊接时，应按图 6-18 的顺序施焊。每根钢筋的焊点，应首先点焊住，然后再按顺序施焊。应使用材质相同于母材且截面大于母材的帮条。

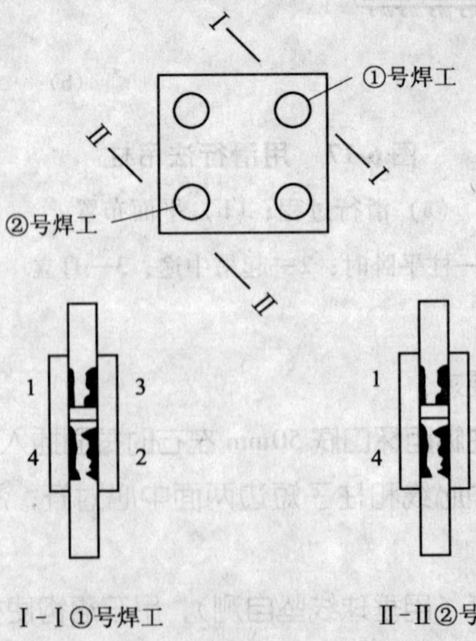

图 6-18　帮条焊接顺序

②采用立坡口焊接时，施焊前应先对焊工进行培训，并做出焊接试件，经检验合格后方可正式施焊。其施焊方法，应采用分批间歇轮流焊接的方法。当焊接的上下钢筋，其轴线偏差在1∶6以内时，可采用热、冷方法矫正；当大于1∶6时，则应通过设计处理解决。

③焊接过程中，应用经纬仪随时观察柱子的垂直偏差情况，出现偏差应及时调整。调整的方法，可根据钢筋的残余变形小于热胀变形的原理，利用电焊或氧乙炔火焰烘烤钢筋，以调整柱子的垂直偏差。

（2）吊车梁吊装

吊车梁的吊装必须在基础杯口二次灌浆的混凝土强度达到设计强度的75%以上时方可进行。

1）吊车梁起吊

按照图纸上的规定或施工方案中所确定的吊点位置，进行挂钩和锁绳。注意吊绳的夹角一般不得小于45°角。如使用吊环起吊，必须同时拴好保险绳。当采用兜底吊运时，必须用卡环卡牢。挂好钩绳后缓缓提升，绷紧钩绳，离地500mm左右时停止上升，认真检查吊具是否牢固，拴挂安全是否可靠，确认无误后方可吊运就位。吊运单侧或局部带挑边的梁，要认真考虑其重心位置，避免偏心，防止倾斜。吊点应尽量靠近吊环或梁端头部位。

2）吊车梁就位

吊装前再次检查柱头支点钢垫的标高、位置是否符合安装要求，就位时找好柱头上的定位轴线和梁上轴线之间的相互关系，以便使梁正确就位。梁的两头应用支柱顶牢。

3）吊车梁校正

吊车梁的校正应在厂房结构固定后进行，以免屋架安装时，引起柱子变形，造成吊车梁新的偏差，校正的内容主要为垂直度和平面位置，梁的标高可在铺轨时在吊车梁顶面抹一层砂浆找平，吊车梁的垂直度可用铅锤检查，可在梁与牛腿面之间垫入斜垫铁来纠正偏差，其垂直度允许偏差为5mm。

吊车梁的校正方法见图6-19和图6-20。

图6-19　拉钢丝法校正吊车梁

1—通线；2—支架；3—经纬仪；4—木桩；5—柱；6—吊车梁

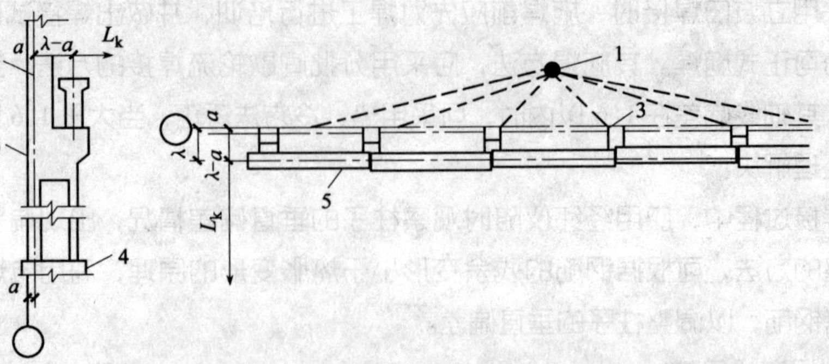

图 6-20　仪器放线法校正吊车梁

1—经纬仪；2—标志；3—柱；4—柱基础；5—吊车梁

注意在整个校正过程中，必须同时用经纬仪观察柱子的垂直有无变化。如因梁安装使柱子的垂直偏差超出允许值，必须重新进行调整。当梁的标高及支点位置校正合适，支顶牢固，即可焊接，焊接质量应符合设计和规范要求。

（3）屋架吊装

1）屋架绑扎

屋架绑扎应符合下列规定：

①屋架的绑扎点应在上弦节点或其附近，翻身扶直屋架时，吊索与水平线的夹角不宜小于60°，吊装时不宜小于45°。

②绑扎点应以屋架的重心为中心，对称布置，吊点的数目及位置一般由设计确定。

③当屋架的侧向刚度较差时，在翻身扶直与吊装时，必要时应进行临时加固（图6-21）。

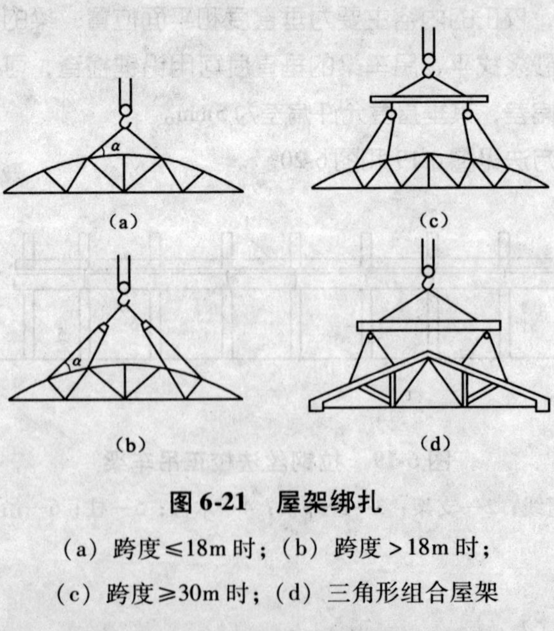

图 6-21　屋架绑扎

（a）跨度≤18m 时；（b）跨度 >18m 时；

（c）跨度≥30m 时；（d）三角形组合屋架

④跨度小于15m的屋架，可两点绑扎，跨度15m以上时，可采取四点绑扎，屋架跨度超过30m时，应配以横吊梁，以降低吊钩的高度。

2）屋架吊升、就位

屋架吊升、就位应符合下列要求：

①屋架吊装前在柱顶支点处应按纵横轴线校正测量结果给出定位线。

②当屋架重量不大时可用单机起吊，先将屋架吊离地面500mm左右，然后吊至吊装位置的下方后再升钩将屋架吊至高于柱顶的300mm左右，将屋架再缓缓降至柱顶，进行对位并立即进行临时固定，然后方能脱钩。

③屋架支点与柱顶支点间如有间隙应以钢板垫平。

④第一榀屋架应以不少于4条缆风绳临时固定，如抗风柱已立牢固，可将屋架与抗风柱连接，其他各榀屋架可用屋架校正器以前一榀屋架为依托进行校正和临时固定。

3）屋架校正与固定

屋架校正与固定应符合下列要求：

①第二榀屋架之后的各榀安装要以屋架校正器、经纬仪校正后临时固定（图6-22）。

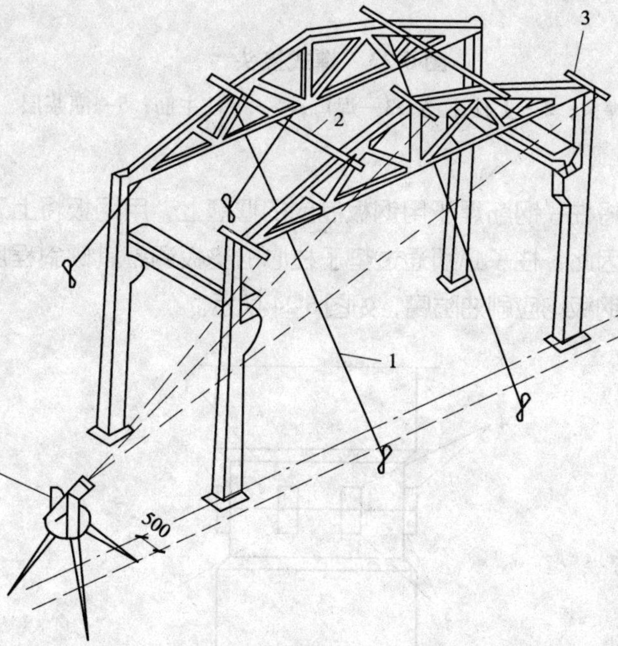

图6-22　屋架的临时固定与校正

1—缆风绳；2—屋架校正器；3—卡尺；4—经纬仪

②在屋架跨中从上弦挂线坠锤至下弦，以桁架校正器或缆风绳找准垂直度后固定。

③屋架找正后要同时进行上、下弦系杆、十字撑和水平撑的安装与固定。

④屋架找正后同时进行端部支点与柱顶支点的连接，拧紧螺栓，焊好连接焊缝。

(4) 构件接头

1) 柱接头

柱接头主要有以下几种形式:

①榫式接头

榫式接头上柱带有小榫头，与下柱相接承受施工阶段荷载，将上柱与下柱外露的受力筋用剖口焊焊接，配置相应的箍筋，最后浇筑接头混凝土，使上下柱之间形成整体结构，如图6-23所示。

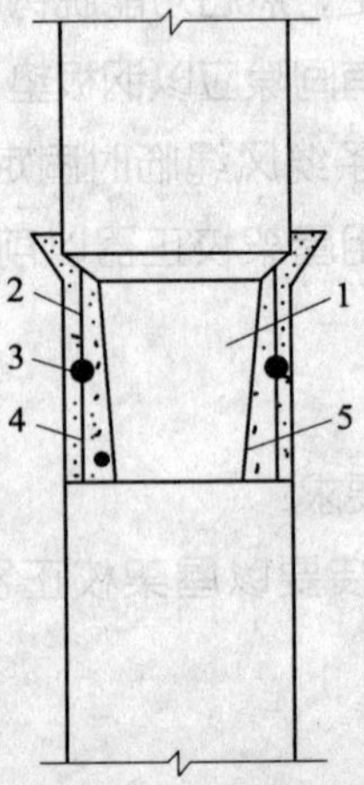

图6-23　榫式接头

1—榫头；2—上柱主筋；3—焊口；4—下柱主筋；5—灌浆层

②插入式接头

插入式接头是将柱子钢筋焊于用钢板制成的框箍上，用钢板将上下两柱框箍连接焊牢形成整体。因此，柱子必须通过垫于柱心的垫板调整其倾斜程度以利安装就位，钢框箍和连接钢板均应刷油防腐，如图6-24所示。

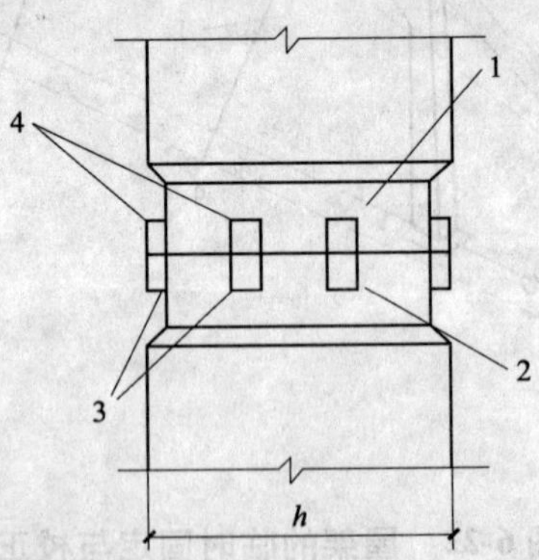

图6-24　插入式接头

1—上柱框箍；2—下柱框箍；3—连接钢板；4—焊缝

③浆锚式接头

浆锚式接头是将上柱受力钢筋插入下柱的预留孔洞中，然后用水泥砂浆灌缝锚固，使柱钢筋形成整体。也可在插入钢筋之前，向孔洞内先灌筑水泥砂浆，采用坐浆的形式使上下柱连成整体。这种接头形式在插入钢筋之前应检查端部钢筋是否弯曲，如弯曲应及时纠正，以利对正下柱预留孔洞。此种方式纵向钢筋不宜过多，否则不易对准孔洞，孔洞直径一般为 $4d$，且不小于 80mm（d 为上柱受力钢筋直径）。

2）梁与柱接头

梁与柱接头主要有以下几种：

①牛腿式接头

牛腿式接头是利用柱上的预制牛腿，将梁端放置在牛腿上将预埋钢板或钢筋焊接后即可松钩。根据施工后牛腿是否外露可分为明牛腿式与暗牛腿式，见图 6-25（a）、（b）、（c）。

②齿槽式接头

吊装齿槽式接头的梁时，需将梁端的上部接头钢筋焊好两根后才能松钩见图6-25（d）。齿槽接缝处应灌筑强度等级比构件混凝土强度等级提高二级的细石混凝土。在浇筑过程中必须确保捣实，必要时接缝处混凝土应加早强剂。以提早进行上层的施工。

③整体式梁柱接头

梁搁在柱上，柱为每层一节，上层柱可用钢支座垫起以保证梁的叠合层钢筋穿过，节点核心区加有箍筋见图 6-25（e）。柱子校正后即可浇筑混凝土。接头处混凝土强度等级要求与齿槽式接头相同。

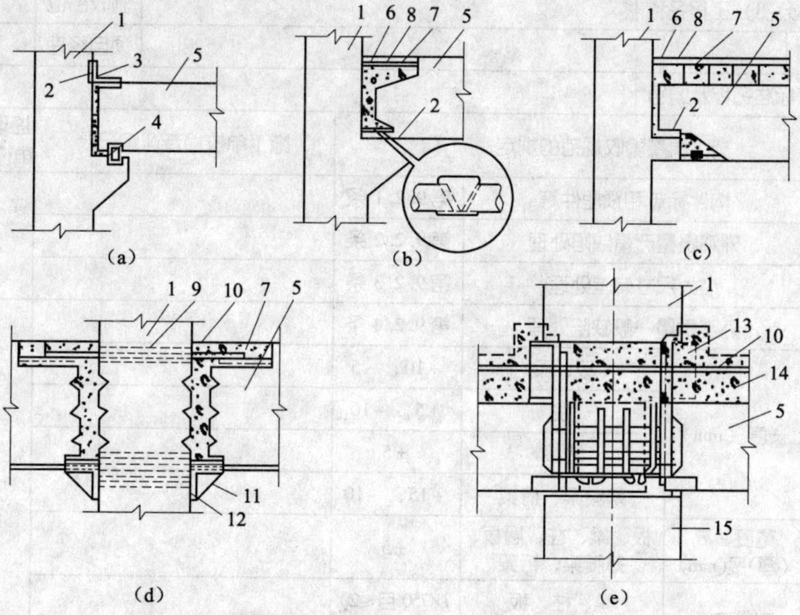

图 6-25　柱与梁接头形式

（a）、（b）明牛腿式梁柱接头；（c）暗牛腿式梁柱接头；
（d）柱与梁齿槽式接头；（e）整体式梁柱接头
1—柱；2—预埋铁板；3—贴焊角钢；4—贴焊钢板；5—梁；
6—柱的预埋钢筋；7—梁的外伸钢筋；8—剖口焊；9—预留孔；10—负筋；
11—临时牛腿；12—固定螺栓；13—钢支座；14—叠合层；15—下柱

6.3 监理验收

6.3.1 监理验收资料

1. 构件合格证。
2. 技术处理方案。
3. 施工记录。
4. 预制构件外观质量、尺寸偏差和结构性能验收合格记录。
5. 装配式结构的外观质量和尺寸偏差验收合格记录。
6. 接头和拼缝的混凝土或砂浆试件强度试验报告。
7. 检验批质量验收记录。
8. 装配式结构分项工程质量验收记录。

6.3.2 工程质量验收记录表（表6-9、表6-10）

表6-9 预制构件检验批质量验收记录表

单位（子单位）工程名称						
分部（子分部）工程名称					验收部位	
施工单位					项目经理	
施工执行标准名称及编号						
施工质量验收规范的规定					施工单位检查评定记录	监理（建设）单位验收记录
主控项目	1	构件标志和预埋件等		第9.2.1条		
	2	外观质量严重缺陷处理		第9.2.2条		
	3	过大尺寸偏差处理		第9.2.3条		
一般项目	1	外观质量一般缺陷处理		第9.2.4条		
	2	长度（mm）	板、梁	+10，-5		
			柱	+5，-10		
			墙板	±5		
			薄腹梁、桁架	+15，-10		
	3	宽度、高(厚)度(mm)	板、梁、柱、墙板、薄腹梁、桁架	±5		
	4	侧向弯曲（mm）	梁、柱、板	*L*/750且≤20		
			墙板、薄腹梁、桁架	*L*/1000且≤20		
	5	预埋件	中心线位置(mm)	10		
			螺栓位置（mm）	5		
			螺栓外露长度（mm）	+10，-5		
	6	预留孔	中心线位置(mm)	5		

续表

一般项目	7	预留洞	中心线位置(mm)	15		
	8	主筋保护层厚度（mm）	板	+5，-3		
			梁、柱、墙板、薄腹梁、桁架	+10，-5		
	9	对角线差（mm）	板、墙板	10		
	10	表面平整度（mm）	板、墙板、柱、梁	5		
	11	预应力构件预留孔道位置（mm）	梁、墙板、薄腹梁、桁架	3		
	12	翘曲（mm）	板	$L/750$		
			墙板	$L/1000$		
施工单位检查评定结果	专业工长（施工员）			施工班组长		
	项目专业质量检查员：　　年　月　日					
监理（建设）单位验收结论	专业监理工程师： （建设单位项目专业技术负责人）：　　年　月　日					

表 6-10　装配式结构施工检验批质量验收记录表

单位（子单位）工程名称					
分部（子分部）工程名称				验收部位	
施工单位				项目经理	
施工执行标准名称及编号					
施工质量验收规范的规定				施工单位检查评定记录	监理（建设）单位验收记录
主控项目	1	预制构件进场检查	第 9.4.1 条		
	2	预制构件的连接	第 9.4.2 条		
	3	接头和拼缝的混凝土强度	第 9.4.3 条		
一般项目	1	预制构件支承位置和方法	第 9.4.4 条		
	2	安装控制标志	第 9.4.5 条		
	3	预制构件吊装	第 9.4.6 条		
	4	临时固定措施和位置校正	第 9.4.7 条		
	5	接头和拼缝的质量要求	第 9.4.8 条		
施工单位检查评定结果	专业工长（施工员）			施工班组长	
	项目专业质量检查员：　　年　月　日				
监理（建设）单位验收结论	专业监理工程师： （建设单位项目专业技术负责人）：　　年　月　日				

参考文献

1. 国家标准. 滑动模板工程技术规范 GB 50113—2005. 北京：中国计划出版社，2005.

2. 国家标准. 混凝土结构工程施工质量验收规范 GB 50204—2002. 北京：中国建筑工业出版社，2002.

3. 国家标准. 混凝土结构设计规范 GB 50010—2002. 北京：中国建筑工业出版社，2002.

4. 谢尊渊，方先和主编. 建筑施工. 北京：中国建筑工业出版社，1998.

5. 国振喜编. 实用建筑工程施工及质量验收手册. 北京：中国建筑工业出版社，1999.

6. 冯大宾，奕贵臣编. 后张预应力混凝土施工手册. 北京：中国建筑工业出版社，1999.

7. 姚振纲，刘祖华编著. 建筑结构试验. 上海：同济大学出版社，1996.

8. 迟培云，吕平，周宗辉编著. 现代混凝土技术. 上海：同济大学出版社，1999.

9. 朱维益，刘宪，张玉凤编. 建筑施工便携手册. 北京：机械工业出版社，2003.

10. 邓铁军，邓寿昌，罗麒麟编著. 高层建筑主体混凝土结构施工. 长沙：湖南科学技术出版社，1997.

11. 潘景龙著. 混凝土结构性能评定和检测. 哈尔滨：黑龙江科学技术出版社，1997.

12. 江正荣编著. 实用建筑施工工程师手册（修订本）. 北京：中国建材工业出版社，1998.

13. 宋功业，邵界立编著. 混凝土工程施工技术与质量控制. 北京：中国建材工业出版社，2003.

14. 国振喜，张之书主编. 混凝土结构施工及验收手册. 北京：冶金工业出版社，1995.